新能源发电作业危险点分析及控制

海上风电分册

华能（浙江）能源开发有限公司清洁能源分公司　编

中国电力出版社
CHINA ELECTRIC POWER PRESS

内 容 提 要

为进一步提高新能源发电公司员工的安全作业水平，华能（浙江）能源开发有限公司清洁能源分公司组织编写了《新能源发电作业危险点分析及控制》丛书，分为分布式光伏、集中式光伏、陆上风电和海上风电等四个分册。

本书为海上风电分册，共收录典型作业153项，对每项作业的步骤进行分解，详细分析每个步骤的危险因素以及可能导致的后果，从发生事故的可能性、暴露于风险环境的频繁程度、发生事故产生的后果三个方面进行量化，评判出风险等级，在此基础上给出相应的控制措施。

本书内容来源于生产实际，具有较强的针对性、实用性和操作性。可用于指导现场作业的危险点查勘、操作票、工作票编制、安全交底等工作，适合从事光伏、风电专业安全、运行、维护、检修等工作的管理、技术人员阅读使用。

图书在版编目（CIP）数据

新能源发电作业危险点分析及控制. 海上风电分册/华能（浙江）能源开发有限公司清洁能源分公司编. —北京：中国电力出版社，2024.2

ISBN 978-7-5198-8547-2

Ⅰ.①新… Ⅱ.①华… Ⅲ.①新能源—发电—安全生产②风力发电—安全生产 Ⅳ.①TM62②TM614

中国国家版本馆CIP数据核字（2024）第015798号

出版发行：中国电力出版社	印　　刷：三河市航远印刷有限公司
地　　址：北京市东城区北京站西街19号	版　　次：2024年2月第一版
邮政编码：100005	印　　次：2024年2月北京第一次印刷
网　　址：http://www.cepp.sgcc.com.cn	开　　本：787毫米×1092毫米　16开本
责任编辑：赵鸣志（010-63412385）	印　　张：27
责任校对：黄　蓓　王海南　常燕昆	字　　数：235千字
装帧设计：王红柳	印　　数：0001—1000册
责任印制：吴　迪	定　　价：138.00元

《新能源发电作业危险点分析及控制》
编　委　会

前 言

为进一步推进和完善安全、健康、环境管理机制的形成，实现“零事故、零伤害、零污染”的目标，不断提升和转变员工的风险控制意识，华能（浙江）能源开发有限公司清洁能源分公司按照本质安全工作要求，从运行操作、维护检修作业、巡回检查等方面组织开展作业安全危险点分析工作。对光伏、风电场（站）典型作业进行安全、职业健康和环境等因素的分析，挖掘每一项作业潜在的危险因素，采取风险控制措施，消除或最大限度地减少事故的发生概率，预防事故发生。经过管理、技术、安全、运维等人员的共同努力下，共完成了分布式、集中式光伏电站和陆上、海上风电场作业的危险点分析，涵盖了光伏、风电场（站）生产运维的各个环节，并在公司内全面推行，有效地提高了作业现场安全管理技能和管理水平，丰富了管理手段和方法、转变了员工安全行为，为建设“竞争力一流的江南能源创新示范窗口”提供了有力的安全支撑。

针对目前新能源企业生产事故时有发生的情况，华能（浙江）能源开发有限公司清洁能源分公司组织安监、运维、工程等技术人员，对作业危险点分析工作进行整理、分类，编写了这套《新能源发电作业危险点分析及控制》丛书，分为分布式光伏、集中式光伏、陆上风电、海上风电等四个分册。本书为海上风电分册，共收录典型作业153项。编写人员对每项作业的步骤进行分解，详细分析每个步骤的危险因素以及可能导致的后果，从发生事故的可能性、暴露于风险环境的频繁程度、发生事故产生的后果三个方面进行量化，评判出风险等级，在此基础上给出相应的控制措施。

本书内容来源于生产实际，具有较强的针对性、实用性和操作性。可用于指导现场作业的危险点查勘、操作票、工作票编制、安全交底等工作，确保危险点分析全面、控制措施得当，提高一线员工的安全作业水平，提升清洁能源企业的整体安全管理水平。

由于编者水平有限，书中难免有疏漏或不足之处，敬请广大专家和读者不吝指正。

编者

2023年11月

目 录

风险等级划分表

序号	发生事故的可能性（L）		暴露于风险环境的频繁程度（E）		发生事故产生的后果（C）	
	可能性	分值	频繁程度	分值	产生的后果	分值
1	完全可以预料（1 次/周）	10	连续暴露（>2 次/天）	10	10 人以上死亡，特大设备事故	100
2	相当可能（1 次/6 个月）	6	每天工作时间内暴露（1 次/天）	6	2～9 人死亡，重大设备事故	40
3	可能，但不经常（1 次/3 年）	3	每周一次，或偶尔暴露	3	1 人死亡，一般设备事故	15
4	可能性小，完全意外（1 次/10 年）	1	每月一次暴露	2	伤残（105 个损工日以上），一类障碍	7
5	很不可能（1 次/20 年）	0.5	每年几次暴露	1	重伤（损工事件 LWC），二类障碍	3
6	极不可能（1 次/大于 20 年）	0.2	非常罕见地暴露（<1 次/年）	0.5	轻伤（医疗事件 MTC、限工事件 RWC），设备异常	1
7	实际上不可能	0.1				

总风险值（D）$=L\times E\times C$（最大 D 值为 10000，最小 D 值为 0.05）

D 值	风险程度	风险等级
$D>320$	重大风险，禁止作业	5
$160<D\leqslant 320$	高度风险，不能继续作业、制定管理方案及应急预案	4
$70<D\leqslant 160$	显著风险，需要整改，编制管理方案	3
$20<D\leqslant 70$	一般风险，需要注意	2
$D\leqslant 20$	稍有风险，可以接受	1

一、风轮检修

1. 修补风机叶片根部防尘罩

部门：			分析日期：			记录编号：			
作业地点或分析范围：风机叶片			分析人：						
作业内容描述：修补风机叶片根部防尘罩									
主要作业风险：（1）触电；（2）机械伤害；（3）高处坠落；（4）中毒；（5）其他伤害									
控制措施：（1）办理工作票，手动停机并切至维护状态，验电，挂牌；（2）穿戴个人防护用品；（3）高处作业时系好安全带；（4）设备恢复运行状态前进行全面检查									
工作负责人签名：	日期：		工作票签发人签名：		日期：		工作许可人签名：		日期：
作业步骤		危害因素	可能导致的后果	风险评价					控制措施
				L	*E*	*C*	*D*	风险程度	
作业环境	环境	（1）雷雨天气登塔作业或靠近风机； （2）大风天气作业； （3）冬季覆冰掉落； （4）夏季高温作业	人身伤害	1	6	7	42	2	（1）雷雨天气时，禁止靠近风机，不得从事检修工作； （2）突遇雷雨天气时应及时撤离，来不及撤离时，双脚并拢站在安全位置； （3）风速超过 8m/s 时，不能进行叶片吊装； （4）风速超过 10m/s 时，禁止机舱外使用吊机； （5）风速超过 12m/s 时，不得打开机舱盖； （6）风速超过 14m/s 时，应关闭机舱盖； （7）风速超过 12m/s 时，不得在轮毂内工作； （8）风速超过 18m/s 时，不得在机舱内工作； （9）风速达 18m/s 及以上时，不得登塔作业； （10）风力发电机组有结冰现象且有覆冰掉落危险时，禁止人员靠近，并在风电场入口设置警戒区域； （11）夏季高温作业做好防暑措施
检修前准备	交通	（1）车况异常； （2）驾乘人员未正确系安全带； （3）道路结冰、湿滑、落石、塌方	（1）人身伤害； （2）车辆事故	3	6	3	54	2	（1）出车前检查车况； （2）行车过程中，驾乘人员正确系好安全带； （3）根据道路情况，车辆装好防滑链，并定期对道路进行清理维护； （4）车辆停放在风机上风向 20m 以外
	安全措施确认	（1）未悬挂标示牌； （2）风机是否停机； （3）未锁定高速轴定位销或风轮盘	（1）触电； （2）机械伤害； （3）设备故障	1	3	7	21	2	（1）办理工作票，确认执行安全措施； （2）使用个人防护用品； （3）在塔基停机按钮处悬挂“禁止合闸，有人工作”标示牌； （4）在风机平台位置悬挂“在此工作”标示牌

续表

作业步骤		危害因素	可能导致的后果	风险评价					控制措施
				L	E	C	D	风险程度	
检修前准备	安全交底	(1) 扩大工作范围； (2) 发电机转速大于500r/min，切至维护状态； (3) 走错机位或误碰带电设备； (4) 误碰旋转设备	(1) 触电； (2) 机械伤害； (3) 设备故障	1	3	7	21	2	(1) 工作前对工作班成员进行工作地点及任务明示； (2) 对工作班成员进行安全技术交底
	个人防护用品准备	(1) 未正确穿戴安全帽及工作服； (2) 使用不合格的安全带	(1) 触电； (2) 高处坠落； (3) 其他伤害	3	0.5	15	22.5	2	(1) 正确穿戴安全帽及工作服； (2) 使用在安全使用期内的安全带，并正确佩戴
	工器具准备	(1) 使用的工器具无法达到工作要求； (2) 工具不全，或工具破损； (3) 使用的试验仪器超过检验期，仪器漏电或输出异常	(1) 机械伤害； (2) 触电	1	1	7	7	1	(1) 工作前确认工器具及试验仪器状态，使用合格的工器具及试验仪器； (2) 做好工具、消耗材料的准备工作
	工作班成员精神状态确认	(1) 无法正常完成指定工作； (2) 作业过程中无法清醒判断带电设备及旋转设备； (3) 作业过程中出现昏厥现象	(1) 触电； (2) 机械伤害； (3) 高处坠落； (4) 设备故障	1	1	15	15	1	合理安排工作班成员，精神状态不佳者禁止工作
检修过程	攀爬风机	(1) 塔筒平台盖板不牢固或未按规定盖好； (2) 工器具未放入工具袋，随手携带； (3) 未系安全带或未正确系好安全带； (4) 未正确佩戴安全帽； (5) 未开展安全带试坠	(1) 高处坠落； (2) 物体打击； (3) 工器具损坏	1	3	15	45	2	(1) 开工前增设围栏并悬挂警示牌； (2) 对不牢固盖板进行加固； (3) 检查免爬器或助爬器外观，系好安全带，使用工具袋等； (4) 正确佩戴安全帽
	装设吊篮	(1) 作业人员未系安全带或未正确系好安全带； (2) 吊篮未安装牢靠； (3) 机舱顶部堆放物品过多，掉落	(1) 高处坠落； (2) 物体打击； (3) 设备故障	1	0.5	40	20	1	(1) 出舱时，作业人员佩戴好安全带及双钩； (2) 吊篮锚点应选在牢固位置； (3) 机舱顶部减少物品堆放或不堆放

续表

作业步骤		危害因素	可能导致的后果	风险评价					控制措施
				L	E	C	D	风险程度	
检修过程	修补风机叶片根部防尘罩	(1) 安全锁扣失效; (2) 作业人员未系安全带; (3) 油漆中毒; (4) 吊篮物品掉落; (5) 吊篮破损	(1) 设备故障; (2) 触电; (3) 机械伤害	1	0.5	40	20	1	(1) 使用前，查看吊篮检测报告; (2) 使用前，检查吊篮外观、安全锁扣等是否正常; (3) 作业人员在作业期间，应按规定系好安全带; (4) 吊篮内物品摆放规整
	拆卸吊篮	(1) 吊篮未安装牢靠; (2) 机舱顶部堆放物品过多，掉落	(1) 高处坠落; (2) 物体打击; (3) 设备故障	1	0.5	40	20	1	(1) 出舱时，作业人员佩戴好安全带及双钩; (2) 吊篮锚点应选择牢固位置; (3) 机舱顶部减少物品堆放或不对放
	操作风机小吊车	(1) 作业人员站立在吊物口盖板处; (2) 操作手柄漏电; (3) 小吊车电动机卡涩; (4) 作业人员在吊物口位置且未系安全带; (5) 物品放置在吊物口周边; (6) 作业人员操作吊车不熟练; (7) 吊物时，物品绑扎不牢靠或未存放在指定的吊物袋中	(1) 触电; (2) 高处坠落; (3) 物体打击; (4) 设备故障	1	2	15	30	2	(1) 对作业人员进行风机吊车作业培训; (2) 定期对风机吊机进行检查; (3) 作业人员禁止站立在吊物口盖板上; (4) 吊物时，确保物品绑扎牢靠或采用指定的吊物袋; (5) 物品起吊后，人员应立即远离吊物口6m以上; (6) 物品禁止放置在吊物口附近; (7) 吊物时，应将隔离护栏关上并插入销，作业人员系好安全带
恢复检验	结束工作	(1) 遗漏工器具; (2) 现场遗留检修杂物; (3) 不结束工作票; (4) 工作班成员未全部撤离	(1) 人身伤害; (2) 设备故障	1	3	7	21	2	(1) 收齐并检查工器具; (2) 清扫检修现场; (3) 结束工作票

2. 检查轮毂与齿轮箱主轴连接螺栓

<table>
<tr><td colspan="4">部门：</td><td colspan="5">分析日期：</td><td>记录编号：</td></tr>
<tr><td colspan="4">作业地点或分析范围：轮毂</td><td colspan="6">分析人：</td></tr>
<tr><td colspan="10">作业内容描述：检查轮毂与齿轮箱主轴连接螺栓</td></tr>
<tr><td colspan="10">主要作业风险：(1) 人员思想不稳；(2) 人员精神状态不佳；(3) 着火；(4) 高处落物；(5) 车辆伤害；(6) 环境因素；(7) 触电；(8) 高处坠落</td></tr>
<tr><td colspan="10">控制措施：(1) 办理工作票，手动停机并切至维护状态，挂牌；(2) 穿戴个人防护用品；(3) 设备恢复运行状态前进行全面检查</td></tr>
<tr><td colspan="3">工作负责人签名：</td><td>日期：</td><td colspan="3">工作票签发人签名：</td><td colspan="2">日期：</td><td>工作许可人签名：　　　日期：</td></tr>
<tr><td colspan="2" rowspan="2">作业步骤</td><td rowspan="2">危害因素</td><td rowspan="2">可能导致的后果</td><td colspan="5">风险评价</td><td rowspan="2">控制措施</td></tr>
<tr><td>L</td><td>E</td><td>C</td><td>D</td><td>风险程度</td></tr>
<tr><td>作业环境</td><td>环境</td><td>(1) 雷雨天气登塔作业或靠近风机；
(2) 大风天气作业；
(3) 冬季覆冰掉落；
(4) 夏季高温作业</td><td>人身伤害</td><td>1</td><td>6</td><td>7</td><td>42</td><td>2</td><td>(1) 雷雨天气禁止靠近风机，不得从事检修工作；
(2) 突遇雷雨天气时应及时撤离，来不及撤离时，双脚并拢站在安全位置；
(3) 风速超过 10m/s 时，禁止机舱外使用吊机；
(4) 风速达 18m/s 及以上时，不得登塔作业；
(5) 风速超过 12m/s 时，不得打开机舱盖；
(6) 风速超过 14m/s 时，应关闭机舱盖；
(7) 风速超过 12m/s 时，不得在轮毂内工作；
(8) 风速超过 18m/s 时，不得在机舱内工作；
(9) 风力发电机组有结冰现象且有覆冰掉落危险时，禁止人员靠近，并在风电场入口设置警戒区域；
(10) 夏季高温作业做好防暑措施</td></tr>
<tr><td rowspan="2">检修前准备</td><td>交通</td><td>(1) 车况异常；
(2) 驾乘人员未正确系安全带；
(3) 道路结冰、湿滑、落石、塌方</td><td>(1) 人身伤害；
(2) 车辆事故</td><td>3</td><td>6</td><td>3</td><td>54</td><td>2</td><td>(1) 出车前检查车况；
(2) 行车过程中，驾乘人员正确系好安全带；
(3) 根据道路情况，车辆装好防滑链，并定期对道路进行清理维护；
(4) 车辆停放在风机上风向 20m 以外</td></tr>
<tr><td>安全措施确认</td><td>拉错开关或误送电导致设备带电或误动</td><td>(1) 触电；
(2) 机械伤害；
(3) 设备故障</td><td>1</td><td>3</td><td>7</td><td>21</td><td>2</td><td>(1) 办理工作票，确认执行安全措施；
(2) 使用个人防护用品；
(3) 在塔基停机按钮处悬挂“禁止合闸，有人工作”标示牌</td></tr>
</table>

续表

作业步骤		危害因素	可能导致的后果	风险评价					控制措施
				L	E	C	D	风险程度	
检修前准备	安全交底	（1）扩大工作范围； （2）发电机转速大于500r/min，切至维护状态； （3）走错机位或误碰带电设备	（1）触电； （2）设备故障	1	3	7	21	2	（1）工作前对工作班成员进行工作地点及任务明示； （2）对工作班成员进行安全技术交底
	个人防护用品准备	（1）未正确穿戴安全帽及工作服； （2）使用不合格的安全带	（1）触电； （2）高处坠落； （3）其他伤害	3	0.5	15	22.5	2	（1）正确穿戴安全帽及工作服； （2）使用在安全使用期内的安全带，并正确佩戴
	工器具准备	（1）使用的工器具无法达到工作要求； （2）工具不全，或工具破损； （3）使用的试验仪器超过检验期，仪器漏电或输出异常	（1）机械伤害； （2）触电	1	1	7	7	1	（1）工作前确认工器具及试验仪器状态，使用合格的工器具及试验仪器； （2）做好工具、消耗材料的准备工作
	工作班成员精神状态确认	（1）无法正常完成指定工作； （2）作业过程中无法清醒判断带电设备及旋转设备； （3）作业过程中出现昏厥现象	（1）触电； （2）机械伤害； （3）高处坠落； （4）设备故障	1	1	15	15	1	合理安排工作班成员，精神状态不佳者禁止工作
检修过程	攀爬风机	（1）塔筒平台盖板不牢固或未按规定盖好； （2）工器具未放入工具袋，随手携带； （3）未系安全带或未正确系好安全带； （4）未正确佩戴安全帽； （5）未开展安全带试坠	（1）高处坠落； （2）物体打击； （3）工器具损坏	1	3	15	45	2	（1）开工前增设围栏并悬挂警示牌； （2）对不牢固盖板进行加固； （3）检查免爬器或助爬器外观，系好安全带，使用工具袋等； （4）正确佩戴安全帽
	进入轮毂	（1）未锁定风轮锁； （2）未启动液压刹车； （3）轮毂内氧气含量低	（1）人身伤害； （2）窒息	1	2	15	30	2	（1）进入轮毂前，确保叶片收桨至90°，启动液压刹车，在叶片转速为零的情况下，插入叶轮定位销； （2）进入轮毂内部前，应检测其空间内空气含氧量，氧气含量应为19.5%～23.5%，若空气含氧量不符合要求，严禁进入作业

续表

作业步骤		危害因素	可能导致的后果	风险评价					控制措施
				L	*E*	*C*	*D*	风险程度	
检修过程	检查轮毂与齿轮箱主轴连接螺栓	（1）使用不符合规格的工器具； （2）误碰其他带电设备； （3）野蛮拆装设备； （4）未规范使用力矩扳手	（1）设备故障； （2）触电； （3）机械伤害	1	0.5	3	1.5	1	（1）与带电设备保持安全距离，并对带电区域悬挂标示牌； （2）工作人员应穿绝缘鞋； （3）严禁错误使用工器具造成设备损坏，如用过大或过小的扳手替代标准尺寸的扳手，用一字螺丝刀替代十字螺丝刀，用十字螺丝刀替代内六角或内梅花螺丝刀等； （4）严禁野蛮拆装、检修设备，造成螺丝过力滑丝、设备开裂、设备变形等
恢复检验	结束工作	（1）遗漏工器具； （2）现场遗留检修杂物； （3）不结束工作票； （4）工作班成员未全部撤离	（1）人身伤害； （2）设备故障	1	3	7	21	2	（1）收齐并检查工器具； （2）清扫检修现场； （3）结束工作票

3. 检查橡胶缓冲块固定螺栓

<table>
<tr><td colspan="4">部门：</td><td colspan="6">分析日期：</td><td>记录编号：</td></tr>
<tr><td colspan="4">作业地点或分析范围：基础爬梯</td><td colspan="7">分析人：</td></tr>
<tr><td colspan="11">作业内容描述：检查橡胶缓冲块固定螺栓</td></tr>
<tr><td colspan="11">主要作业风险：（1）人员思想不稳；（2）人员精神状态不佳；（3）着火；（4）高处落物；（5）车辆伤害；（6）环境因素；（7）触电；（8）高处坠落</td></tr>
<tr><td colspan="11">控制措施：（1）办理工作票，手动停机并切至维护状态，挂牌；（2）穿戴个人防护用品；（3）设备恢复运行状态前进行全面检查</td></tr>
<tr><td colspan="2">工作负责人签名：</td><td>日期：</td><td>工作票签发人签名：</td><td colspan="3">日期：</td><td colspan="3">工作许可人签名：</td><td>日期：</td></tr>
<tr><td colspan="2" rowspan="2">作业步骤</td><td rowspan="2">危害因素</td><td rowspan="2">可能导致的后果</td><td colspan="5">风险评价</td><td colspan="2" rowspan="2">控制措施</td></tr>
<tr><td>L</td><td>E</td><td>C</td><td>D</td><td>风险程度</td></tr>
<tr><td>作业环境</td><td>环境</td><td>（1）雷雨天气登塔作业或靠近风机；
（2）大风天气作业；
（3）冬季覆冰掉落；
（4）夏季高温作业</td><td>人身伤害</td><td>1</td><td>6</td><td>7</td><td>42</td><td>2</td><td colspan="2">（1）雷雨天气禁止靠近风机，不得从事检修工作；
（2）突遇雷雨天气时应及时撤离，来不及撤离时，双脚并拢站在安全位置；
（3）风速超过 10m/s 时，禁止机舱外使用吊机；
（4）风速达 18m/s 及以上时，不得登塔作业；
（5）风速超过 12m/s 时，不得打开机舱盖；
（6）风速超过 14m/s 时，应关闭机舱盖；
（7）风速超过 12m/s 时，不得在轮毂内工作；
（8）风速超过 18m/s 时，不得在机舱内工作；
（9）风力发电机组有结冰现象且有覆冰掉落危险时，禁止人员靠近，并在风电场入口设置警戒区域；
（10）夏季高温作业做好防暑措施</td></tr>
<tr><td rowspan="2">检修前准备</td><td>交通</td><td>（1）车况异常；
（2）驾乘人员未正确系安全带；
（3）道路结冰、湿滑、落石、塌方</td><td>（1）人身伤害；
（2）车辆事故</td><td>3</td><td>6</td><td>3</td><td>54</td><td>2</td><td colspan="2">（1）出车前检查车况；
（2）行车过程中，驾乘人员正确系好安全带；
（3）根据道路情况，车辆装好防滑链，并定期对道路进行清理维护；
（4）车辆停放在风机上风向 20m 以外</td></tr>
<tr><td>安全措施确认</td><td>（1）未悬挂标示牌；
（2）风机是否停机；
（3）未锁定高速轴定位销或风轮盘</td><td>（1）触电；
（2）机械伤害；
（3）设备故障</td><td>1</td><td>3</td><td>7</td><td>21</td><td>2</td><td colspan="2">（1）办理工作票，确认执行安全措施；
（2）使用个人防护用品；
（3）在塔基停机按钮处悬挂“禁止合闸，有人工作”标示牌；
（4）在风机平台位置悬挂“在此工作”标示牌</td></tr>
</table>

续表

作业步骤		危害因素	可能导致的后果	风险评价					控制措施
				L	E	C	D	风险程度	
检修前准备	安全交底	（1）扩大工作范围； （2）发电机转速大于500r/min，切至维护状态； （3）走错机位或误碰带电设备； （4）误碰旋转设备	（1）触电； （2）机械伤害； （3）设备故障	1	3	7	21	2	（1）工作前对工作班成员进行工作地点及任务明示； （2）对工作班成员进行安全技术交底
	个人防护用品准备	（1）未正确穿戴安全帽及工作服； （2）使用不合格的安全带	（1）触电； （2）高处坠落； （3）其他伤害	3	0.5	15	22.5	2	（1）正确穿戴安全帽及工作服； （2）使用在安全使用期内的安全带，并正确佩戴
	工器具准备	（1）使用的工器具无法达到工作要求； （2）工具不全，或工具破损； （3）使用的试验仪器超过检验期，仪器漏电或输出异常	（1）机械伤害； （2）触电	1	1	7	7	1	（1）工作前确认工器具及试验仪器状态，使用合格的工器具及试验仪器； （2）做好工具、消耗材料的准备工作
	工作班成员精神状态确认	（1）无法正常完成指定工作； （2）作业过程中无法清醒判断带电设备及旋转设备； （3）作业过程中出现昏厥现象	（1）触电； （2）机械伤害； （3）高处坠落； （4）设备故障	1	1	15	15	1	合理安排工作班成员，精神状态不佳者禁止工作
检修过程	攀爬风机	（1）塔筒平台盖板不牢固或未按规定盖好； （2）工器具未放入工具袋，随手携带； （3）未系安全带或未正确系好安全带； （4）未正确佩戴安全帽； （5）未开展安全带试坠	（1）高处坠落； （2）物体打击； （3）工器具损坏	1	3	15	45	2	（1）开工前增设围栏并悬挂警示牌； （2）对不牢固盖板进行加固； （3）检查免爬器或助爬器外观，系好安全带，使用工具袋等； （4）正确佩戴安全帽
	进入轮毂	（1）未锁定风轮锁； （2）未启动液压刹车； （3）轮毂内氧气含量低	（1）人身伤害； （2）窒息	1	2	15	30	2	（1）进入轮毂前，确保叶片收桨至90°，启动液压刹车，在叶片转速为零的情况下，插入叶轮定位销； （2）进入轮毂内部前应检测其空间内空气含氧量，氧气含量应为19.5%～23.5%，若空气含氧量不符合要求，严禁进入作业

续表

作业步骤		危害因素	可能导致的后果	风险评价					控制措施
				L	E	C	D	风险程度	
恢复检验	结束工作	(1) 遗漏工器具； (2) 现场遗留检修杂物； (3) 不结束工作票； (4) 工作班成员未全部撤离	(1) 人身伤害； (2) 设备故障	1	3	7	21	2	(1) 收齐并检查工器具； (2) 清扫检修现场； (3) 结束工作票

4. 变桨减速箱和变桨电机防腐

<table>
<tr><td colspan="4">部门：</td><td colspan="6">分析日期：</td><td>记录编号：</td></tr>
<tr><td colspan="4">作业地点或分析范围：轮毂</td><td colspan="7">分析人：</td></tr>
<tr><td colspan="11">作业内容描述：变桨减速箱和变桨电机防腐</td></tr>
<tr><td colspan="11">主要作业风险：(1) 人员思想不稳；(2) 人员精神状态不佳；(3) 着火；(4) 高处落物；(5) 车辆伤害；(6) 环境因素；(7) 触电；(8) 高处坠落</td></tr>
<tr><td colspan="11">控制措施：(1) 办理工作票，手动停机并切至维护状态，挂牌；(2) 穿戴个人防护用品；(3) 设备恢复运行状态前进行全面检查</td></tr>
<tr><td colspan="2">工作负责人签名：</td><td>日期：</td><td>工作票签发人签名：</td><td colspan="3">日期：</td><td colspan="3">工作许可人签名：</td><td>日期：</td></tr>
<tr><td colspan="2" rowspan="2">作业步骤</td><td rowspan="2">危害因素</td><td rowspan="2">可能导致的后果</td><td colspan="5">风险评价</td><td colspan="2" rowspan="2">控制措施</td></tr>
<tr><td>L</td><td>E</td><td>C</td><td>D</td><td>风险程度</td></tr>
<tr><td>作业环境</td><td>环境</td><td>(1) 雷雨天气登塔作业或靠近风机；
(2) 大风天气作业；
(3) 冬季覆冰掉落；
(4) 夏季高温作业</td><td>人身伤害</td><td>1</td><td>6</td><td>7</td><td>42</td><td>2</td><td colspan="2">(1) 雷雨天气禁止靠近风机，不得从事检修工作；
(2) 突遇雷雨天气时应及时撤离，来不及撤离时，双脚并拢站在安全位置；
(3) 风速超过 10m/s 时，禁止机舱外使用吊机；
(4) 风速达 18m/s 及以上时，不得登塔作业；
(5) 风速超过 12m/s 时，不得打开机舱盖；
(6) 风速超过 14m/s 时，应关闭机舱盖；
(7) 风速超过 12m/s 时，不得在轮毂内工作；
(8) 风速超过 18m/s 时，不得在机舱内工作；
(9) 风力发电机组有结冰现象且有覆冰掉落危险时，禁止人员靠近，并在风电场入口设置警戒区域；
(10) 夏季高温作业做好防暑措施</td></tr>
<tr><td rowspan="2">检修前准备</td><td>交通</td><td>(1) 车况异常；
(2) 驾乘人员未正确系安全带；
(3) 道路结冰、湿滑、落石、塌方</td><td>(1) 人身伤害；
(2) 车辆事故</td><td>3</td><td>6</td><td>3</td><td>54</td><td>2</td><td colspan="2">(1) 出车前检查车况；
(2) 行车过程中，驾乘人员正确系好安全带；
(3) 根据道路情况，车辆装好防滑链，并定期对道路进行清理维护；
(4) 车辆停放在风机上风向 20m 以外</td></tr>
<tr><td>安全措施确认</td><td>(1) 未悬挂标示牌；
(2) 风机是否停机；
(3) 未锁定高速轴定位销或风轮盘</td><td>(1) 触电；
(2) 机械伤害；
(3) 设备故障</td><td>1</td><td>3</td><td>7</td><td>21</td><td>2</td><td colspan="2">(1) 办理工作票，确认执行安全措施；
(2) 使用个人防护用品；
(3) 在塔基停机按钮处悬挂“禁止合闸，有人工作”标示牌；
(4) 在风机平台位置悬挂“在此工作”标示牌</td></tr>
</table>

续表

作业步骤		危害因素	可能导致的后果	风险评价					控制措施
				L	*E*	*C*	*D*	风险程度	
检修前准备	安全交底	(1) 扩大工作范围； (2) 发电机转速大于 500r/min，切至维护状态； (3) 走错机位或误碰带电设备； (4) 误碰旋转设备	(1) 触电； (2) 机械伤害； (3) 设备故障	1	3	7	21	2	(1) 工作前对工作班成员进行工作地点及任务明示； (2) 对工作班成员进行安全技术交底
	个人防护用品准备	(1) 未正确穿戴安全帽及工作服； (2) 使用不合格的安全带	(1) 触电； (2) 高处坠落； (3) 其他伤害	3	0.5	15	22.5	2	(1) 正确穿戴安全帽及工作服； (2) 使用在安全使用期内的安全带，并正确佩戴
	工器具准备	(1) 使用的工器具无法达到工作要求； (2) 工具不全，或工具破损； (3) 使用的试验仪器超过检验期，仪器漏电或输出异常	(1) 机械伤害； (2) 触电	1	1	7	7	1	(1) 工作前确认工器具及试验仪器状态，使用合格的工器具及试验仪器； (2) 做好工具、消耗材料的准备工作
	工作班成员精神状态确认	(1) 无法正常完成指定工作； (2) 作业过程中无法清醒判断带电设备及旋转设备； (3) 作业过程中出现昏厥现象	(1) 触电； (2) 机械伤害； (3) 高处坠落； (4) 设备故障	1	1	15	15	1	合理安排工作班成员，精神状态不佳者禁止工作
检修过程	攀爬风机	(1) 塔筒平台盖板不牢固或未按规定盖好； (2) 工器具未放入工具袋，随手携带； (3) 未系安全带或未正确系好安全带； (4) 未正确佩戴安全帽； (5) 未开展安全带试坠	(1) 高处坠落； (2) 物体打击； (3) 工器具损坏	1	3	15	45	2	(1) 开工前增设围栏并悬挂警示牌； (2) 对不牢固盖板进行加固； (3) 检查免爬器或助爬器外观，系好安全带，使用工具袋等； (4) 正确佩戴安全帽
	进入轮毂	(1) 未锁定风轮锁； (2) 未启动液压刹车； (3) 轮毂内氧气含量低	(1) 人身伤害； (2) 窒息	1	2	15	30	2	(1) 进入轮毂前，确保叶片收桨至 90°，启动液压刹车，在叶片转速为零的情况下，插入叶轮定位销； (2) 进入轮毂内部前应检测其空间内空气含氧量，氧气含量应为 19.5%～23.5%，若空气含氧量不符合要求，严禁进入作业

续表

作业步骤		危害因素	可能导致的后果	风险评价					控制措施
				L	E	C	D	风险程度	
检修过程	变桨减速箱和变桨电机防腐	（1）误碰其他带电设备； （2）喷涂防锈漆时未正确佩戴口罩	（1）触电； （2）中毒	1	0.5	3	1.5	1	（1）与带电设备保持安全距离，并对带电区域悬挂标示牌； （2）工作人员应穿绝缘鞋； （3）喷涂防锈漆时，应注意防护，正确佩戴防毒面具或者口罩
恢复检验	结束工作	（1）遗漏工器具； （2）现场遗留检修杂物； （3）不结束工作票； （4）工作班成员未全部撤离	（1）人身伤害； （2）设备故障	1	3	7	21	2	（1）收齐并检查工器具； （2）清扫检修现场； （3）结束工作票

5. 紧固限位开关固定螺栓

<table>
<tr><td colspan="3">部门：</td><td colspan="6">分析日期：</td><td>记录编号：</td></tr>
<tr><td colspan="3">作业地点或分析范围：偏航限位开关</td><td colspan="7">分析人：</td></tr>
<tr><td colspan="10">作业内容描述：紧固限位开关固定螺栓</td></tr>
<tr><td colspan="10">主要作业风险：（1）人员思想不稳；（2）人员精神状态不佳；（3）着火；（4）高处落物；（5）车辆伤害；（6）环境因素；（7）触电；（8）高处坠落</td></tr>
<tr><td colspan="10">控制措施：（1）办理工作票，手动停机并切至维护状态，挂牌；（2）穿戴个人防护用品；（3）设备恢复运行状态前进行全面检查</td></tr>
<tr><td colspan="2">工作负责人签名：</td><td>日期：</td><td>工作票签发人签名：</td><td colspan="2">日期：</td><td colspan="3">工作许可人签名：</td><td>日期：</td></tr>
<tr><td colspan="2" rowspan="2">作业步骤</td><td rowspan="2">危害因素</td><td rowspan="2">可能导致的后果</td><td colspan="5">风险评价</td><td rowspan="2">控制措施</td></tr>
<tr><td>L</td><td>E</td><td>C</td><td>D</td><td>风险程度</td></tr>
<tr><td>作业环境</td><td>环境</td><td>（1）雷雨天气登塔作业或靠近风机；
（2）大风天气作业；
（3）冬季覆冰掉落；
（4）夏季高温作业</td><td>人身伤害</td><td>1</td><td>6</td><td>7</td><td>42</td><td>2</td><td>（1）雷雨天气禁止靠近风机，不得从事检修工作；
（2）突遇雷雨天气时应及时撤离，来不及撤离时，双脚并拢站在安全位置；
（3）风速超过 10m/s 时，禁止机舱外使用吊机；
（4）风速达 18m/s 及以上时，不得登塔作业；
（5）风速超过 12m/s 时，不得打开机舱盖；
（6）风速超过 14m/s 时，应关闭机舱盖；
（7）风速超过 12m/s 时，不得在轮毂内工作；
（8）风速超过 18m/s 时，不得在机舱内工作；
（9）风力发电机组有结冰现象且有覆冰掉落危险时，禁止人员靠近，并在风电场入口设置警戒区域；
（10）夏季高温作业做好防暑措施</td></tr>
<tr><td rowspan="2">检修前准备</td><td>交通</td><td>（1）车况异常；
（2）驾乘人员未正确系安全带；
（3）道路结冰、湿滑、落石、塌方</td><td>（1）人身伤害；
（2）车辆事故</td><td>3</td><td>6</td><td>3</td><td>54</td><td>2</td><td>（1）出车前检查车况；
（2）行车过程中，驾乘人员正确系好安全带；
（3）根据道路情况，车辆装好防滑链，并定期对道路进行清理维护；
（4）车辆停放在风机上风向 20m 以外</td></tr>
<tr><td>安全措施确认</td><td>（1）未悬挂标示牌；
（2）风机是否停机；
（3）未锁定高速轴定位销或风轮盘</td><td>（1）触电；
（2）机械伤害；
（3）设备故障</td><td>1</td><td>3</td><td>7</td><td>21</td><td>2</td><td>（1）办理工作票，确认执行安全措施；
（2）使用个人防护用品；
（3）在塔基停机按钮处悬挂“禁止合闸，有人工作”标示牌；
（4）在风机平台位置悬挂“在此工作”标示牌</td></tr>
</table>

续表

作业步骤		危害因素	可能导致的后果	风险评价					控制措施
				L	E	C	D	风险程度	
检修前准备	安全交底	(1) 扩大工作范围； (2) 发电机转速大于500r/min，切至维护状态； (3) 走错机位或误碰带电设备； (4) 误碰旋转设备	(1) 触电； (2) 机械伤害； (3) 设备故障	1	3	7	21	2	(1) 工作前对工作班成员进行工作地点及任务明示； (2) 对工作班成员进行安全技术交底
	个人防护用品准备	(1) 未正确穿戴安全帽及工作服； (2) 使用不合格的安全带	(1) 触电； (2) 高处坠落； (3) 其他伤害	3	0.5	15	22.5	2	(1) 正确穿戴安全帽及工作服； (2) 使用在安全使用期内的安全带，并正确佩戴
	工器具准备	(1) 使用的工器具无法达到工作要求； (2) 工具不全，或工具破损； (3) 使用的试验仪器超过检验期，仪器漏电或输出异常	(1) 机械伤害； (2) 触电	1	1	7	7	1	(1) 工作前确认工器具及试验仪器状态，使用合格的工器具及试验仪器； (2) 做好工具、消耗材料的准备工作
	工作班成员精神状态确认	(1) 无法正常完成指定工作； (2) 作业过程中无法清醒判断带电设备及旋转设备； (3) 作业过程中出现昏厥现象	(1) 触电； (2) 机械伤害； (3) 高处坠落； (4) 设备故障	1	1	15	15	1	合理安排工作班成员，精神状态不佳者禁止工作
检修过程	攀爬风机	(1) 塔筒平台盖板不牢固或未按规定盖好； (2) 工器具未放入工具袋，随手携带； (3) 未系安全带或未正确系好安全带； (4) 未正确佩戴安全帽； (5) 未开展安全带试坠	(1) 高处坠落； (2) 物体打击； (3) 工器具损坏	1	3	15	45	2	(1) 开工前增设围栏并悬挂警示牌； (2) 对不牢固盖板进行加固； (3) 检查免爬器或助爬器外观，系好安全带，使用工具袋等； (4) 正确佩戴安全帽
	进入轮毂	(1) 未锁定风轮锁； (2) 未启动液压刹车； (3) 轮毂内氧气含量低	(1) 人身伤害； (2) 窒息	1	2	15	30	2	(1) 进入轮毂前，确保叶片收桨至90°，启动液压刹车，在叶片转速为零的情况下，插入叶轮定位销； (2) 进入轮毂内部前应检测其空间内空气含氧量，氧气含量应为19.5%～23.5%，若空气含氧量不符合要求，严禁进入作业

续表

作业步骤		危害因素	可能导致的后果	风险评价					控制措施
				L	E	C	D	风险程度	
检修过程	紧固限位开关固定螺栓	（1）使用不符合规格的工器具； （2）误碰其他带电设备； （3）野蛮拆装设备	（1）设备故障； （2）触电	1	0.5	3	1.5	1	（1）与带电设备保持安全距离，并对带电区域悬挂标示牌； （2）工作人员应穿绝缘鞋； （3）严禁错误使用工器具造成设备损坏，如用过大或过小的扳手替代标准尺寸的扳手，用一字螺丝刀替代十字螺丝刀，用十字螺丝刀替代内六角或内梅花螺丝刀等； （4）严禁野蛮拆装、检修设备，造成螺丝过力滑丝、设备开裂、设备变形等； （5）拆卸接线前记录每个接线的位置，安装时逐一接线，并检查接线是否牢固
恢复检验	结束工作	（1）遗漏工器具； （2）现场遗留检修杂物； （3）不结束工作票； （4）工作班成员未全部撤离	（1）人身伤害； （2）设备故障	1	3	7	21	2	（1）收齐并检查工器具； （2）清扫检修现场； （3）结束工作票

6. 清洁风机电气滑环

部门：		分析日期：		记录编号：					
作业地点或分析范围：风机滑环		分析人：							
作业内容描述：清洁风机电气滑环									
主要作业风险：（1）触电；（2）机械伤害；（3）高处坠落；（4）其他伤害									
控制措施：（1）办理工作票，手动停机并切至维护状态，验电，挂牌；（2）穿戴个人防护用品；（3）高处作业时系好安全带；（4）设备恢复运行状态前进行全面检查									
工作负责人签名：	日期：	工作票签发人签名：	日期：	工作许可人签名：	日期：				
作业步骤		危害因素	可能导致的后果	风险评价					控制措施
				L	*E*	*C*	*D*	风险程度	
作业环境	环境	（1）雷雨天气登塔作业或靠近风机； （2）大风天气作业； （3）冬季覆冰掉落； （4）夏季高温作业	人身伤害	1	6	7	42	2	（1）雷雨天气禁止靠近风机，不得从事检修工作； （2）突遇雷雨天气时应及时撤离，来不及撤离时，双脚并拢站在安全位置； （3）风速超过 10m/s 时，禁止机舱外使用吊机； （4）风速达 18m/s 及以上时，不得登塔作业； （5）风速超过 12m/s 时，不得打开机舱盖； （6）风速超过 14m/s 时，应关闭机舱盖； （7）风速超过 12m/s 时，不得在轮毂内工作； （8）风速超过 18m/s 时，不得在机舱内工作； （9）风力发电机组有结冰现象且有覆冰掉落危险时，禁止人员靠近，并在风电场入口设置警戒区域； （10）夏季高温作业做好防暑措施
检修前准备	交通	（1）车况异常； （2）驾乘人员未正确系安全带； （3）道路结冰、湿滑、落石、塌方	（1）人身伤害； （2）车辆事故	3	6	3	54	2	（1）出车前检查车况； （2）行车过程中，驾乘人员正确系好安全带； （3）根据道路情况，车辆装好防滑链，并定期对道路进行清理维护； （4）车辆停放在风机上风向 20m 以外
	安全措施确认	（1）未悬挂标示牌； （2）风机是否停机； （3）未锁定高速轴定位销或风轮盘	（1）触电； （2）机械伤害； （3）设备故障	1	3	7	21	2	（1）办理工作票，确认执行安全措施； （2）使用个人防护用品； （3）在塔基停机按钮处悬挂“禁止合闸，有人工作”标示牌； （4）在风机平台位置悬挂“在此工作”标示牌

续表

作业步骤		危害因素	可能导致的后果	风险评价					控制措施
				L	E	C	D	风险程度	
检修前准备	安全交底	（1）扩大工作范围； （2）发电机转速大于 500r/min，切至维护状态； （3）走错机位或误碰带电设备； （4）误碰旋转设备	（1）触电； （2）机械伤害； （3）设备故障	1	3	7	21	2	（1）工作前对工作班成员进行工作地点及任务明示； （2）对工作班成员进行安全技术交底
	个人防护用品准备	（1）未正确穿戴安全帽及工作服； （2）使用不合格的安全带	（1）触电； （2）高处坠落； （3）其他伤害	3	0.5	15	22.5	2	（1）正确穿戴安全帽及工作服； （2）使用在安全使用期内的安全带，并正确佩戴
	工器具准备	（1）使用的工器具无法达到工作要求； （2）工具不全，或工具破损； （3）使用的试验仪器超过检验期，仪器漏电或输出异常	（1）机械伤害； （2）触电	1	1	7	7	1	（1）工作前确认工器具及试验仪器状态，使用合格的工器具及试验仪器； （2）做好工具、消耗材料的准备工作
	工作班成员精神状态确认	（1）无法正常完成指定工作； （2）作业过程中无法清醒判断带电设备及旋转设备； （3）作业过程中出现昏厥现象	（1）触电； （2）机械伤害； （3）高处坠落； （4）设备故障	1	1	15	15	1	合理安排工作班成员，精神状态不佳者禁止工作
检修过程	攀爬风机	（1）塔筒平台盖板不牢固或未按规定盖好； （2）工器具未放入工具袋，随手携带； （3）未系安全带或未正确系好安全带； （4）未正确佩戴安全帽； （5）未开展安全带试坠	（1）高处坠落； （2）物体打击； （3）工器具损坏	1	3	15	45	2	（1）开工前增设围栏并悬挂警示牌； （2）对不牢固盖板进行加固； （3）检查免爬器或助爬器外观，系好安全带，使用工具袋等； （4）正确佩戴安全帽
	进入轮毂	（1）未锁定风轮锁； （2）未启动液压刹车； （3）轮毂内氧气含量低	（1）人身伤害； （2）窒息	1	2	15	30	2	（1）进入轮毂前，确保叶片收桨至90°，启动液压刹车，在叶片转速为零的情况下，插入叶轮定位销； （2）进入轮毂内部前应检测其空间内空气含氧量，氧气含量应为19.5%～23.5%，若空气含氧量不符合要求，严禁进入作业

续表

作业步骤		危害因素	可能导致的后果	风险评价					控制措施
				L	*E*	*C*	*D*	风险程度	
检修过程	更换滑环	（1）误将滑环滑落； （2）误将设备装反	（1）设备故障； （2）设备损坏； （3）人身伤害	3	1	3	9	1	（1）更换结束后及时清理杂物及工具； （2）插上哈丁插头； （3）合上机舱至轮毂电源； （4）测试风机是否正常启动
恢复检验	结束工作	（1）遗漏工器具； （2）现场遗留检修杂物； （3）不结束工作票； （4）工作班成员未全部撤离	（1）人身伤害； （2）设备故障	1	3	15	45	2	（1）收齐并检查工器具； （2）清扫检修现场； （3）结束工作票

二、传动链检修

1. 更换齿轮箱

部门：			分析日期：		记录编号：
作业地点或分析范围：机舱齿轮箱			分析人：		
作业内容描述：更换齿轮箱					
主要作业风险：（1）人员思想不稳；（2）人员精神状态不佳；（3）着火；（4）高处落物；（5）车辆伤害；（6）环境因素；（7）触电；（8）高处坠落					
控制措施：（1）办理工作票，手动停机并切至维护状态，挂牌；（2）穿戴个人防护用品；（3）设备恢复运行状态前进行全面检查					
工作负责人签名：	日期：	工作票签发人签名：	日期：	工作许可人签名：	日期：

作业步骤		危害因素	可能导致的后果	风险评价					控制措施
				L	*E*	*C*	*D*	风险程度	
作业环境	环境	（1）雷雨天气登塔作业或靠近风机； （2）大风天气作业； （3）冬季覆冰掉落； （4）夏季高温作业	人身伤害	1	6	7	42	2	（1）雷雨天气禁止靠近风机，不得从事检修工作； （2）突遇雷雨天气时应及时撤离，来不及撤离时，双脚并拢站在安全位置； （3）风速超过10m/s时，禁止机舱外使用吊机； （4）风速达18m/s及以上时，不得登塔作业； （5）风速超过12m/s时，不得打开机舱盖； （6）风速超过14m/s时，应关闭机舱盖； （7）风速超过12m/s时，不得在轮毂内工作； （8）风速超过18m/s时，不得在机舱内工作； （9）风力发电机组有结冰现象且有覆冰掉落危险时，禁止人员靠近，并在风电场入口设置警戒区域； （10）夏季高温作业做好防暑措施
检修前准备	交通	（1）车况异常； （2）驾乘人员未正确系安全带； （3）道路结冰、湿滑、落石、塌方	（1）人身伤害； （2）车辆事故	3	6	3	54	2	（1）出车前检查车况； （2）行车过程中，驾乘人员正确系好安全带； （3）根据道路情况，车辆装好防滑链，并定期对道路进行清理维护； （4）车辆停放在风机上风向20m以外
	安全措施确认	（1）未悬挂标示牌； （2）风机是否停机； （3）未锁定高速轴定位销或风轮盘	（1）触电； （2）机械伤害； （3）设备故障	1	3	7	21	2	（1）办理工作票，确认执行安全措施； （2）使用个人防护用品； （3）在塔基停机按钮处悬挂“禁止合闸，有人工作”标示牌； （4）在风机平台位置悬挂“在此工作”标示牌

续表

作业步骤		危害因素	可能导致的后果	风险评价					控制措施
				L	E	C	D	风险程度	
检修前准备	安全交底	（1）扩大工作范围； （2）发电机转速大于500r/min，切至维护状态； （3）走错机位或误碰带电设备； （4）误碰旋转设备	（1）触电； （2）机械伤害； （3）设备故障	1	3	7	21	2	（1）工作前对工作班成员进行工作地点及任务明示； （2）对工作班成员进行安全技术交底
	个人防护用品准备	（1）未正确穿戴安全帽及工作服； （2）使用不合格的安全带	（1）触电； （2）高处坠落； （3）其他伤害	3	0.5	15	22.5	2	（1）正确穿戴安全帽及工作服； （2）使用在安全使用期内的安全带，并正确佩戴
	工器具准备	（1）使用的工器具无法达到工作要求； （2）工具不全，或工具破损； （3）使用的试验仪器超过检验期，仪器漏电或输出异常	（1）机械伤害； （2）触电	1	1	7	7	1	（1）工作前确认工器具及试验仪器状态，使用合格的工器具及试验仪器； （2）做好工具、消耗材料的准备工作
	工作班成员精神状态确认	（1）无法正常完成指定工作； （2）作业过程中无法清醒判断带电设备及旋转设备； （3）作业过程中出现昏厥现象	（1）触电； （2）机械伤害； （3）高处坠落； （4）设备故障	1	1	15	15	1	合理安排工作班成员，精神状态不佳者禁止工作
检修过程	攀爬风机	（1）塔筒平台盖板不牢固或未按规定盖好； （2）工器具未放入工具袋，随手携带； （3）未系安全带或未正确系好安全带； （4）未正确佩戴安全帽； （5）未开展安全带试坠	（1）高处坠落； （2）物体打击； （3）工器具损坏	1	3	15	45	2	（1）开工前增设围栏并悬挂警示牌； （2）对不牢固盖板进行加固； （3）检查免爬器或助爬器外观，系好安全带，使用工具袋等； （4）正确佩戴安全帽
	使用机舱内部提升机运送备件和工具	（1）未正确使用防护用品； （2）挂钩不牢靠； （3）吊物时没有远离吊物口正下方； （4）取设备时没有轻拿轻放	（1）物体打击； （2）高处坠落； （3）设备故障	1	1	15	15	1	（1）使用前检查提升机状态； （2）使用提升机吊物时，应将两根安全绳挂在机舱内部的防护栏杆上； （3）机舱外起吊物料时，吊物口下方严禁站人； （4）作业点下方6m半径内无人员通行、逗留

续表

作业步骤		危害因素	可能导致的后果	风险评价					控制措施
				L	*E*	*C*	*D*	风险程度	
检修过程	抽装齿轮箱油	(1) 未锁高速轴； (2) 未关冷却风扇电源开关； (3) 未关油泵电机电源开关； (4) 未关油路开关； (5) 异物混入油中	(1) 热油伤害； (2) 机械伤害； (3) 设备故障	1	0.5	7	3.5	1	(1) 拆卸前，需锁高速轴； (2) 断开冷却风扇电源开关； (3) 断开油泵电动机电源开关； (4) 关闭油路； (5) 戴防毒面具或口罩，防止吸入油蒸气； (6) 按要求保证注油量，以及油品、油脂使用的正确性； (7) 注油时应防止异物掉入设备内
检修过程	拆除油管并将油管内油放空	(1) 未锁高速轴； (2) 未关冷却风扇电源开关； (3) 未关油泵电机电源开关； (4) 未关油路开关； (5) 油管混入异物	(1) 热油伤害； (2) 机械伤害； (3) 设备故障	1	0.5	7	3.5	1	(1) 拆卸前，需锁高速轴； (2) 断开冷却风扇电源开关； (3) 断开油泵电动机电源开关； (4) 关闭油路； (5) 戴防毒面具或口罩，防止吸入油蒸气； (6) 将拆除的油管用干净塑料袋包装好
检修过程	拆装齿轮箱电气线路及传感器	(1) 未停电； (2) 线路混乱、错接； (3) 传感器损坏	(1) 触电； (2) 设备故障	1	0.5	1	0.5	1	(1) 拆电气线路前，先断开冷却风扇、油泵电动机等电源开关，再逐个验电； (2) 将拆除的线、传感器打上标签，装线路时按照标签核对好再安装
检修过程	使用机舱内部提升机运送工具	(1) 未正确使用防护用品； (2) 挂钩不牢靠； (3) 吊物时没有远离吊物口正下方； (4) 取设备时没有轻拿轻放	(1) 物体打击； (2) 高处坠落； (3) 设备故障	1	1	15	15	1	(1) 使用前检查提升机状态； (2) 使用提升机吊物时，应将两根安全绳挂在机舱内部的防护栏杆上； (3) 机舱外起吊物料时，吊物口下方严禁站人； (4) 作业点下方 6m 半径内无人员通行、逗留
检修过程	拆装联轴器	(1) 拆装时被砸伤； (2) 安装时力矩未达到标准； (3) 没有锁高速轴； (4) 拆装时没有轻拿轻放	(1) 物体打击； (2) 高处坠落； (3) 设备故障； (4) 机械伤害	1	0.5	3	1.5	1	(1) 拆卸前锁定高速轴； (2) 拆装时正确佩戴劳动防护用品； (3) 拆装时，选择正确、合格的力矩扳手，按照规定打力矩； (4) 拆装时轻拿轻放
检修过程	拆装轮毂、主轴	(1) 未锁高速轴定位销进行拆除； (2) 作业人员吊装操作不熟练，未按规定摆放轮毂；	(1) 物体打击； (2) 设备故障； (3) 机械伤害	1	1	40	40	2	(1) 拆卸前锁定高速轴； (2) 拆卸前，对工作人员进行交底，要求工作人员熟悉整个操作流程；

续表

<table>
<tr><th colspan="2" rowspan="2">作业步骤</th><th rowspan="2">危害因素</th><th rowspan="2">可能导致的后果</th><th colspan="5">风险评价</th><th rowspan="2">控制措施</th></tr>
<tr><th>L</th><th>E</th><th>C</th><th>D</th><th>风险程度</th></tr>
<tr><td rowspan="3">检修过程</td><td>拆装轮毂、主轴</td><td>（3）安装力矩未达到标准；
（4）安装时作业人员手部被液压扳手夹伤；
（5）吊装作业时，下方有人员逗留；
（6）挂钩不牢靠；
（7）取设备时没有轻拿轻放</td><td></td><td></td><td></td><td></td><td></td><td></td><td>（3）使用前检查吊机绳索等各个部位情况；
（4）使用吊机吊物时，应将两根安全绳挂在机舱内部的防护栏杆上；
（5）机舱外起吊时，下方严禁站人；
（6）作业区域内无人员通行、逗留；
（7）整个更换过程应按照作业指导书的要求进行操作；
（8）使用合格的吊带，吊带规格应符合轮毂质量要求</td></tr>
<tr><td>吊装齿轮箱及机舱盖</td><td>（1）挂钩不牢靠；
（2）吊物时没有远离吊物口正下方；
（3）取设备时没有轻拿轻放；
（4）吊装前未将齿轮箱油放空</td><td>（1）物体打击；
（2）高处坠落；
（3）设备故障</td><td>1</td><td>1</td><td>15</td><td>15</td><td>1</td><td>（1）使用前检查吊机绳索等各个部位情况；
（2）使用吊机吊物时，应将两根安全绳挂在机舱内部的防护栏杆上；
（3）机舱外起吊时，下方严禁站人；
（4）作业区域内无人员通行、逗留；
（5）整个更换过程应按照作业指导书的要求进行操作；
（6）使用合格的吊带，吊带规格应符合齿轮箱质量要求</td></tr>
<tr><td>测试</td><td>（1）误碰旋转部件；
（2）油路未开通</td><td>（1）机械伤害；
（2）设备故障</td><td>1</td><td>1</td><td>1</td><td>1</td><td>1</td><td>（1）禁止靠近旋转部件，确保身体与其保持安全距离；
（2）测试前检查油路是否全部开通</td></tr>
<tr><td>恢复检验</td><td>结束工作</td><td>（1）遗漏工器具；
（2）现场遗留检修杂物；
（3）不结束工作票；
（4）工作班成员未全部撤离</td><td>（1）人身伤害；
（2）设备故障</td><td>1</td><td>3</td><td>7</td><td>21</td><td>2</td><td>（1）收齐并检查工器具；
（2）清扫检修现场；
（3）结束工作票</td></tr>
</table>

2. 更换齿轮箱油

部门：		分析日期：		记录编号：	
作业地点或分析范围：齿轮箱		分析人：			
作业内容描述：更换齿轮箱油					
主要作业风险：(1) 人员思想不稳；(2) 人员精神状态不佳；(3) 着火；(4) 高处落物；(5) 车辆伤害；(6) 环境因素；(7) 触电；(8) 高处坠落					
控制措施：(1) 办理工作票，手动停机并切至维护状态，挂牌；(2) 穿戴个人防护用品；(3) 设备恢复运行状态前进行全面检查					
工作负责人签名：	日期：	工作票签发人签名：	日期：	工作许可人签名：	日期：

作业步骤		危害因素	可能导致的后果	风险评价					控制措施
				L	*E*	*C*	*D*	风险程度	
作业环境	环境	(1) 雷雨天气登塔作业或靠近风机； (2) 大风天气作业； (3) 冬季覆冰掉落； (4) 夏季高温作业	人身伤害	1	6	7	42	2	(1) 雷雨天气禁止靠近风机，不得从事检修工作； (2) 突遇雷雨天气时应及时撤离，来不及撤离时，双脚并拢站在安全位置； (3) 风速超过 10m/s 时，禁止机舱外使用吊机； (4) 风速达 18m/s 及以上时，不得登塔作业； (5) 风速超过 12m/s 时，不得打开机舱盖； (6) 风速超过 14m/s 时，应关闭机舱盖； (7) 风速超过 12m/s 时，不得在轮毂内工作； (8) 风速超过 18m/s 时，不得在机舱内工作； (9) 风力发电机组有结冰现象且有覆冰掉落危险时，禁止人员靠近，并在风电场入口设置警戒区域； (10) 夏季高温作业做好防暑措施
检修前准备	交通	(1) 车况异常； (2) 驾乘人员未正确系安全带； (3) 道路结冰、湿滑、落石、塌方	(1) 人身伤害； (2) 车辆事故	3	6	3	54	2	(1) 出车前检查车况； (2) 行车过程中，驾乘人员正确系好安全带； (3) 根据道路情况，车辆装好防滑链，并定期对道路进行清理维护； (4) 车辆停放在风机上风向 20m 以外
	安全措施确认	(1) 未悬挂标示牌； (2) 风机是否停机； (3) 未锁定高速轴定位销或风轮盘	(1) 触电； (2) 机械伤害； (3) 设备故障	1	3	7	21	2	(1) 办理工作票，确认执行安全措施； (2) 使用个人防护用品； (3) 在塔基停机按钮处悬挂“禁止合闸，有人工作”标示牌； (4) 在风机平台位置悬挂“在此工作”标示牌

续表

<table>
<tr><th colspan="2" rowspan="2">作业步骤</th><th rowspan="2">危害因素</th><th rowspan="2">可能导致的后果</th><th colspan="5">风险评价</th><th rowspan="2">控制措施</th></tr>
<tr><th>L</th><th>E</th><th>C</th><th>D</th><th>风险程度</th></tr>
<tr><td rowspan="4">检修前准备</td><td>安全交底</td><td>（1）扩大工作范围；
（2）发电机转速大于500r/min，切至维护状态；
（3）走错机位或误碰带电设备；
（4）误碰旋转设备</td><td>（1）触电；
（2）机械伤害；
（3）设备故障</td><td>1</td><td>3</td><td>7</td><td>21</td><td>2</td><td>（1）工作前对工作班成员进行工作地点及任务明示；
（2）对工作班成员进行安全技术交底</td></tr>
<tr><td>个人防护用品准备</td><td>（1）未正确穿戴安全帽及工作服；
（2）使用不合格的安全带</td><td>（1）触电；
（2）高处坠落；
（3）其他伤害</td><td>3</td><td>0.5</td><td>15</td><td>22.5</td><td>2</td><td>（1）正确穿戴安全帽及工作服；
（2）使用在安全使用期内的安全带，并正确佩戴</td></tr>
<tr><td>工器具准备</td><td>（1）使用的工器具无法达到工作要求；
（2）工具不全，或工具破损；
（3）使用的试验仪器超过检验期，仪器漏电或输出异常</td><td>（1）机械伤害；
（2）触电</td><td>1</td><td>1</td><td>7</td><td>7</td><td>1</td><td>（1）工作前确认工器具及试验仪器状态，使用合格的工器具及试验仪器；
（2）做好工具、消耗材料的准备工作</td></tr>
<tr><td>工作班成员精神状态确认</td><td>（1）无法正常完成指定工作；
（2）作业过程中无法清醒判断带电设备及旋转设备；
（3）作业过程中出现昏厥现象</td><td>（1）触电；
（2）机械伤害；
（3）高处坠落；
（4）设备故障</td><td>1</td><td>1</td><td>15</td><td>15</td><td>1</td><td>合理安排工作班成员，精神状态不佳者禁止工作</td></tr>
<tr><td rowspan="2">检修过程</td><td>攀爬风机</td><td>（1）塔筒平台盖板不牢固或未按规定盖好；
（2）工器具未放入工具袋，随手携带；
（3）未系安全带或未正确系好安全带；
（4）未正确佩戴安全帽；
（5）未开展安全带试坠</td><td>（1）高处坠落；
（2）物体打击；
（3）工器具损坏</td><td>1</td><td>3</td><td>15</td><td>45</td><td>2</td><td>（1）开工前增设围栏并悬挂警示牌；
（2）对不牢固盖板进行加固；
（3）检查免爬器或助爬器外观，系好安全带，使用工具袋等；
（4）正确佩戴安全帽</td></tr>
<tr><td>使用机舱内部提升机运送备件和工具</td><td>（1）未正确使用防护用品；
（2）挂钩不牢靠；
（3）吊物时没有远离吊物口正下方；
（4）取设备时没有轻拿轻放</td><td>（1）物体打击；
（2）高处坠落；
（3）设备损坏</td><td>1</td><td>1</td><td>15</td><td>15</td><td>1</td><td>（1）使用前检查提升机状态；
（2）使用提升机吊物时，应将两根安全绳挂在机舱内部的防护栏杆上；
（3）机舱外起吊物料时，吊物口下方严禁站人；
（4）作业点下方6m半径内无人员通行、逗留</td></tr>
</table>

续表

<table>
<tr><th colspan="2" rowspan="2">作业步骤</th><th rowspan="2">危害因素</th><th rowspan="2">可能导致的后果</th><th colspan="5">风险评价</th><th rowspan="2">控制措施</th></tr>
<tr><th>L</th><th>E</th><th>C</th><th>D</th><th>风险程度</th></tr>
<tr><td rowspan="2">检修过程</td><td>抽装齿轮箱油</td><td>(1) 未锁高速轴；
(2) 未关冷却风扇电源开关；
(3) 未关油泵电动机电源开关；
(4) 未关油路开关；
(5) 异物混入油中</td><td>(1) 热油伤害；
(2) 机械伤害；
(3) 设备故障</td><td>1</td><td>0.5</td><td>7</td><td>3.5</td><td>1</td><td>(1) 拆卸前，需锁高速轴；
(2) 断开冷却风扇电源开关；
(3) 断开油泵电动机电源开关；
(4) 关闭油路；
(5) 戴防毒面具或口罩，防止吸入油蒸气；
(6) 按要求保证注油量，以及油品、油脂使用的正确性；
(7) 注油时应防止异物掉入设备内</td></tr>
<tr><td>测试</td><td>(1) 误碰旋转部件；
(2) 油路未开通</td><td>(1) 机械伤害；
(2) 设备故障</td><td>1</td><td>1</td><td>1</td><td>1</td><td>1</td><td>(1) 禁止靠近旋转部件，确保身体与其保持安全距离；
(2) 测试前检查油路是否全部开通</td></tr>
<tr><td>恢复检验</td><td>结束工作</td><td>(1) 遗漏工器具；
(2) 现场遗留检修杂物；
(3) 不结束工作票；
(4) 工作班成员未全部撤离</td><td>(1) 人身伤害；
(2) 设备故障</td><td>1</td><td>3</td><td>7</td><td>21</td><td>2</td><td>(1) 收齐并检查工器具；
(2) 清扫检修现场；
(3) 结束工作票</td></tr>
</table>

3. 更换高速轴

部门：					分析日期：					记录编号：
作业地点或分析范围：高速轴					分析人：					
作业内容描述：更换高速轴										
主要作业风险：（1）人员思想不稳；（2）人员精神状态不佳；（3）着火；（4）高处落物；（5）车辆伤害；（6）环境因素；（7）触电；（8）高处坠落										
控制措施：（1）办理工作票，手动停机并切至维护状态，挂牌；（2）穿戴个人防护用品；（3）设备恢复运行状态前进行全面检查										
工作负责人签名：	日期：	工作票签发人签名：		日期：		工作许可人签名：			日期：	

作业步骤		危害因素	可能导致的后果	风险评价					控制措施
				L	*E*	*C*	*D*	风险程度	
作业环境	环境	（1）雷雨天气登塔作业或靠近风机； （2）大风天气作业； （3）冬季覆冰掉落； （4）夏季高温作业	人身伤害	6	1	7	42	2	（1）雷雨天气禁止靠近风机，不得从事检修工作； （2）突遇雷雨天气时应及时撤离，来不及撤离时，双脚并拢站在安全位置； （3）风速超过10m/s时，禁止机舱外使用吊机； （4）风速达18m/s及以上时，不得登塔作业； （5）风速超过12m/s时，不得打开机舱盖； （6）风速超过14m/s时，应关闭机舱盖； （7）风速超过12m/s时，不得在轮毂内工作； （8）风速超过18m/s时，不得在机舱内工作； （9）风力发电机组有结冰现象且有覆冰掉落危险时，禁止人员靠近，并在风电场入口设置警戒区域； （10）夏季高温作业做好防暑措施
检修前准备	交通	（1）车况异常； （2）驾乘人员未正确系安全带； （3）道路结冰、湿滑、落石、塌方	（1）人身伤害； （2）车辆事故	3	6	3	54	2	（1）出车前检查车况； （2）行车过程中，驾乘人员正确系好安全带； （3）根据道路情况，车辆装好防滑链，并定期对道路进行清理维护； （4）车辆停放在风机上风向20m以外
	安全措施确认	（1）未悬挂标示牌； （2）风机是否停机； （3）未锁定高速轴定位销或风轮盘	（1）触电； （2）机械伤害； （3）设备故障	1	3	7	21	2	（1）办理工作票，确认执行安全措施； （2）使用个人防护用品； （3）在塔基停机按钮处悬挂“禁止合闸，有人工作”标示牌； （4）在风机平台位置悬挂“在此工作”标示牌

续表

作业步骤		危害因素	可能导致的后果	风险评价					控制措施
				L	E	C	D	风险程度	
检修前准备	安全交底	（1）扩大工作范围； （2）发电机转速大于500r/min，切至维护状态； （3）走错机位或误碰带电设备； （4）误碰旋转设备	（1）触电； （2）机械伤害； （3）设备故障	1	3	7	21	2	（1）工作前对工作班成员进行工作地点及任务明示； （2）对工作班成员进行安全技术交底
	个人防护用品准备	（1）未正确穿戴安全帽及工作服； （2）使用不合格的安全带	（1）触电； （2）高处坠落； （3）其他伤害	3	0.5	15	22.5	2	（1）正确穿戴安全帽及工作服； （2）使用在安全使用期内的安全带，并正确佩戴
	工器具准备	（1）使用的工器具无法达到工作要求； （2）工具不全，或工具破损； （3）使用的试验仪器超过检验期，仪器漏电或输出异常	（1）机械伤害； （2）触电	1	1	7	7	1	（1）工作前确认工器具及试验仪器状态，使用合格的工器具及试验仪器； （2）做好工具、消耗材料的准备工作
	工作班成员精神状态确认	（1）无法正常完成指定工作； （2）作业过程中无法清醒判断带电设备及旋转设备； （3）作业过程中出现昏厥现象	（1）触电； （2）机械伤害； （3）高处坠落； （4）设备故障	1	1	15	15	1	合理安排工作班成员，精神状态不佳者禁止工作
检修过程	攀爬风机	（1）塔筒平台盖板不牢固或未按规定盖好； （2）工器具未放入工具袋，随手携带； （3）未系安全带或未正确系好安全带； （4）未正确佩戴安全帽； （5）未开展安全带试坠	（1）高处坠落； （2）物体打击； （3）工器具损坏	1	3	15	45	2	（1）开工前增设围栏并悬挂警示牌； （2）对不牢固盖板进行加固； （3）检查免爬器或助爬器外观，系好安全带，使用工具袋等； （4）正确佩戴安全帽
	使用机舱内部提升机运送备件和工具	（1）未正确使用防护用品； （2）挂钩不牢靠； （3）吊物时没有远离吊物口正下方； （4）取设备时没有轻拿轻放	（1）物体打击； （2）高处坠落； （3）设备损坏	3	1	15	45	2	（1）使用前检查提升机状态； （2）使用提升机吊物时，应将两根安全绳挂在机舱内部的防护栏杆上； （3）机舱外起吊物料时，吊物口下方严禁站人； （4）作业点下方6m半径内无人员通行、逗留

续表

作业步骤		危害因素	可能导致的后果	风险评价					控制措施
				L	E	C	D	风险程度	
检修过程	拆除高速轴	(1) 未锁低速轴； (2) 未关电源开关； (3) 未关油路开关； (4) 高速轴滑落	(1) 触电； (2) 设备故障； (3) 机械伤害； (4) 物体打击	3	1	7	21	2	(1) 拆卸前，需锁低速轴； (2) 断开电源开关； (3) 关闭油路
	安装高速轴	(1) 误将设备滑落； (2) 误碰机械设备； (3) 力矩值与标准值不一致	(1) 物体打击； (2) 设备故障	3	1	7	21	2	(1) 操作时注意保持安全距离； (2) 更换时使用正确的安全工器具； (3) 拆卸时正确佩戴安全帽； (4) 若发现力矩值与标准不符则重新紧固力矩
	测试	(1) 误碰旋转部件； (2) 油路未开通	(1) 机械伤害； (2) 设备故障	3	1	1	3	1	(1) 禁止靠近旋转部件，确保身体与其保持安全距离； (2) 测试前检查油路是否全部开通
	使用机舱内部提升机运送损坏的高速轴和工具	(1) 未正确使用防护用品； (2) 挂钩不牢靠； (3) 吊物时没有远离吊物口正下方； (4) 取设备时没有轻拿轻放	(1) 物体打击； (2) 高处坠落； (3) 设备损坏	3	1	15	45	2	(1) 使用前检查提升机状态； (2) 使用提升机吊物时，应将两根安全绳挂在机舱内部的防护栏杆上； (3) 机舱外起吊物料时，吊物口下方严禁站人； (4) 作业下方 6m 半径内无人员通行、逗留
恢复检验	结束工作	(1) 遗漏工器具； (2) 现场遗留检修杂物； (3) 不结束工作票； (4) 工作班成员未全部撤离	(1) 人身伤害； (2) 设备故障	3	3	3	27	2	(1) 收齐并检查工器具； (2) 清扫检修现场； (3) 结束工作票

4. 更换扭矩限制器

<table>
<tr><td colspan="3">部门：</td><td colspan="5">分析日期：</td><td>记录编号：</td></tr>
<tr><td colspan="3">作业地点或分析范围：主轴联轴器</td><td colspan="6">分析人：</td></tr>
<tr><td colspan="9">作业内容描述：更换扭矩限制器</td></tr>
<tr><td colspan="9">主要作业风险：（1）人员思想不稳；（2）人员精神状态不佳；（3）着火；（4）高处落物；（5）车辆伤害；（6）环境因素；（7）触电；（8）高处坠落</td></tr>
<tr><td colspan="9">控制措施：（1）办理工作票，手动停机并切至维护状态，挂牌；（2）穿戴个人防护用品；（3）设备恢复运行状态前进行全面检查</td></tr>
<tr><td>工作负责人签名：</td><td>日期：</td><td>工作票签发人签名：</td><td colspan="2">日期：</td><td colspan="3">工作许可人签名：</td><td>日期：</td></tr>
</table>

<table>
<tr><th colspan="2" rowspan="2">作业步骤</th><th rowspan="2">危害因素</th><th rowspan="2">可能导致的后果</th><th colspan="5">风险评价</th><th rowspan="2">控制措施</th></tr>
<tr><th>L</th><th>E</th><th>C</th><th>D</th><th>风险程度</th></tr>
<tr><td>作业环境</td><td>环境</td><td>（1）雷雨天气登塔作业或靠近风机；
（2）大风天气作业；
（3）冬季覆冰掉落；
（4）夏季高温作业</td><td>人身伤害</td><td>6</td><td>1</td><td>7</td><td>42</td><td>2</td><td>（1）雷雨天气禁止靠近风机，不得从事检修工作；
（2）突遇雷雨天气时应及时撤离，来不及撤离时，双脚并拢站在安全位置；
（3）风速超过 10m/s 时，禁止机舱外使用吊机；
（4）风速达 18m/s 及以上时，不得登塔作业；
（5）风速超过 12m/s 时，不得打开机舱盖；
（6）风速超过 14m/s 时，应关闭机舱盖；
（7）风速超过 12m/s 时，不得在轮毂内工作；
（8）风速超过 18m/s 时，不得在机舱内工作；
（9）风力发电机组有结冰现象且有覆冰掉落危险时，禁止人员靠近，并在风电场入口设置警戒区域；
（10）夏季高温作业做好防暑措施</td></tr>
<tr><td rowspan="2">检修前准备</td><td>交通</td><td>（1）车况异常；
（2）驾乘人员未正确系安全带；
（3）道路结冰、湿滑、落石、塌方</td><td>（1）人身伤害；
（2）车辆事故</td><td>3</td><td>6</td><td>3</td><td>54</td><td>2</td><td>（1）出车前检查车况；
（2）行车过程中，驾乘人员正确系好安全带；
（3）根据道路情况，车辆装好防滑链，并定期对道路进行清理维护；
（4）车辆停放在风机上风向 20m 以外</td></tr>
<tr><td>安全措施确认</td><td>（1）未悬挂标示牌；
（2）风机是否停机；
（3）未锁定高速轴定位销或风轮盘</td><td>（1）触电；
（2）机械伤害；
（3）设备故障</td><td>1</td><td>3</td><td>7</td><td>21</td><td>2</td><td>（1）办理工作票，确认执行安全措施；
（2）使用个人防护用品；
（3）在塔基停机按钮处悬挂“禁止合闸，有人工作”标示牌；
（4）在风机平台位置悬挂“在此工作”标示牌</td></tr>
</table>

续表

作业步骤		危害因素	可能导致的后果	风险评价					控制措施
				L	E	C	D	风险程度	
检修前准备	安全交底	（1）扩大工作范围； （2）发电机转速大于500r/min，切至维护状态； （3）走错机位或误碰带电设备； （4）误碰旋转设备	（1）触电； （2）机械伤害； （3）设备故障	1	3	7	21	2	（1）工作前对工作班成员进行工作地点及任务明示； （2）对工作班成员进行安全技术交底
	个人防护用品准备	（1）未正确穿戴安全帽及工作服； （2）使用不合格的安全带	（1）触电； （2）高处坠落； （3）其他伤害	3	0.5	15	22.5	2	（1）正确穿戴安全帽及工作服； （2）使用在安全使用期内的安全带，并正确佩戴
	工器具准备	（1）使用的工器具无法达到工作要求； （2）工具不全，或工具破损； （3）使用的试验仪器超过检验期，仪器漏电或输出异常	（1）机械伤害； （2）触电	1	1	7	7	1	（1）工作前确认工器具及试验仪器状态，使用合格的工器具及试验仪器； （2）做好工具、消耗材料的准备工作
	工作班成员精神状态确认	（1）无法正常完成指定工作； （2）作业过程中无法清醒判断带电设备及旋转设备； （3）作业过程中出现昏厥现象	（1）触电； （2）机械伤害； （3）高处坠落； （4）设备故障	1	1	15	15	1	合理安排工作班成员，精神状态不佳者禁止工作
检修过程	攀爬风机	（1）塔筒平台盖板不牢固或未按规定盖好； （2）工器具未放入工具袋，随手携带； （3）未系安全带或未正确系好安全带； （4）未正确佩戴安全帽； （5）未开展安全带试坠	（1）高处坠落； （2）物体打击； （3）工器具损坏	1	3	15	45	2	（1）开工前增设围栏并悬挂警示牌； （2）对不牢固盖板加固； （3）检查免爬器或助爬器外观，系好安全带，使用工具袋等； （4）正确佩戴安全帽
	拆除扭矩限制器	误将设备滑落	（1）机械伤害； （2）设备故障	3	1	7	21	2	（1）拆除时应对照设备标识； （2）将拆除完成后的扭矩限制器及部件放置在合理位置； （3）拆除时正确佩戴安全帽

续表

作业步骤		危害因素	可能导致的后果	风险评价					控制措施
				L	E	C	D	风险程度	
检修过程	更换扭矩限制器	(1) 误将设备滑落； (2) 误碰机械设备； (3) 力矩值与标准值不一致	(1) 机械伤害； (2) 设备故障	3	1	7	21	2	(1) 操作时注意保持安全距离； (2) 更换时使用正确的安全工器具； (3) 拆卸时正确佩戴安全帽； (4) 若发现力矩值与标准不符则重新紧固力矩
	测试	误碰旋转部件	(1) 机械伤害； (2) 设备故障	3	1	1	3	1	禁止靠近旋转部件，确保身体与其保持安全距离
	使用机舱内部提升机运送损坏的散热片和工具	(1) 未正确使用防护用品； (2) 挂钩不牢靠； (3) 吊物时没有远离吊物口正下方； (4) 取设备时没有轻拿轻放	(1) 物体打击； (2) 高处坠落； (3) 设备损坏	3	1	15	45	2	(1) 使用前检查提升机状态； (2) 使用提升机吊物时，应将两根安全绳挂在机舱内部的防护栏杆上； (3) 机舱外起吊物料时，吊物口下方严禁站人； (4) 作业点下方 6m 半径内无人员通行、逗留
恢复检验	结束工作	(1) 遗漏工器具； (2) 现场遗留检修杂物； (3) 不结束工作票； (4) 工作班成员未全部撤离	(1) 人身伤害； (2) 设备故障	3	3	3	27	2	(1) 收齐并检查工器具； (2) 清扫检修现场； (3) 结束工作票

5. 更换油过滤器

部门：	分析日期：	记录编号：
作业地点或分析范围：齿轮箱	分析人：	

作业内容描述：更换油过滤器

主要作业风险：(1) 人员思想不稳；(2) 人员精神状态不佳；(3) 着火；(4) 高处落物；(5) 车辆伤害；(6) 环境因素；(7) 触电；(8) 高处坠落

控制措施：(1) 办理工作票，手动停机并切至维护状态，挂牌；(2) 穿戴个人防护用品；(3) 设备恢复运行状态前进行全面检查

工作负责人签名：	日期：	工作票签发人签名：	日期：	工作许可人签名：	日期：

作业步骤		危害因素	可能导致的后果	风险评价					控制措施
				L	E	C	D	风险程度	
作业环境	环境	(1) 雷雨天气登塔作业或靠近风机； (2) 大风天气作业； (3) 冬季覆冰掉落； (4) 夏季高温作业	人身伤害	6	1	7	42	2	(1) 雷雨天气禁止靠近风机，不得从事检修工作； (2) 突遇雷雨天气时应及时撤离，来不及撤离时，双脚并拢站在安全位置； (3) 风速超过 10m/s 时，禁止机舱外使用吊机； (4) 风速达 18m/s 及以上时，不得登塔作业； (5) 风速超过 12m/s 时，不得打开机舱盖； (6) 风速超过 14m/s 时，应关闭机舱盖； (7) 风速超过 12m/s 时，不得在轮毂内工作； (8) 风速超过 18m/s 时，不得在机舱内工作； (9) 风力发电机组有结冰现象且有覆冰掉落危险时，禁止人员靠近，并在风电场入口设置警戒区域； (10) 夏季高温作业做好防暑措施
检修前准备	交通	(1) 车况异常； (2) 驾乘人员未正确系安全带； (3) 道路结冰、湿滑、落石、塌方	(1) 人身伤害； (2) 车辆事故	3	6	3	54	2	(1) 出车前检查车况； (2) 行车过程中，驾乘人员正确系好安全带； (3) 根据道路情况，车辆装好防滑链，并定期对道路进行清理维护； (4) 车辆停放在风机上风向 20m 以外
	安全措施确认	(1) 未悬挂标示牌； (2) 风机是否停机； (3) 未锁定高速轴定位销或风轮盘	(1) 触电； (2) 机械伤害； (3) 设备故障	1	3	7	21	2	(1) 办理工作票，确认执行安全措施； (2) 使用个人防护用品； (3) 在塔基停机按钮处悬挂“禁止合闸，有人工作”标示牌； (4) 在风机平台位置悬挂“在此工作”标示牌

续表

作业步骤		危害因素	可能导致的后果	风险评价					控制措施
				L	E	C	D	风险程度	
检修前准备	安全交底	(1) 扩大工作范围； (2) 发电机转速大于 500r/min，切至维护状态； (3) 走错机位或误碰带电设备； (4) 误碰旋转设备	(1) 触电； (2) 机械伤害； (3) 设备故障	1	3	7	21	2	(1) 工作前对工作班成员进行工作地点及任务明示； (2) 对工作班成员进行安全技术交底
	个人防护用品准备	(1) 未正确穿戴安全帽及工作服； (2) 使用不合格的安全带	(1) 触电； (2) 高处坠落； (3) 其他伤害	3	0.5	15	22.5	2	(1) 正确穿戴安全帽及工作服； (2) 使用在安全使用期内的安全带，并正确佩戴
	工器具准备	(1) 使用的工器具无法达到工作要求； (2) 工具不全，或工具破损； (3) 使用的试验仪器超过检验期，仪器漏电或输出异常	(1) 机械伤害； (2) 触电	1	1	7	7	1	(1) 工作前确认工器具及试验仪器状态，使用合格的工器具及试验仪器； (2) 做好工具、消耗材料的准备工作
	工作班成员精神状态确认	(1) 无法正常完成指定工作； (2) 作业过程中无法清醒判断带电设备及旋转设备； (3) 作业过程中出现昏厥现象	(1) 触电； (2) 机械伤害； (3) 高处坠落； (4) 设备故障	1	1	15	15	1	合理安排工作班成员，精神状态不佳者禁止工作
检修过程	攀爬风机	(1) 塔筒平台盖板不牢固或未按规定盖好； (2) 工器具未放入工具袋，随手携带； (3) 未系安全带或未正确系好安全带； (4) 未正确佩戴安全帽； (5) 未开展安全带试坠	(1) 高处坠落； (2) 物体打击； (3) 工器具损坏	1	3	15	45	2	(1) 开工前增设围栏并悬挂警示牌； (2) 对不牢固盖板进行加固； (3) 检查免爬器或助爬器外观，系好安全带，使用工具袋等； (4) 正确佩戴安全帽
	使用机舱内部提升机运送备件和工具	(1) 未正确使用防护用品； (2) 挂钩不牢靠； (3) 吊物时没有远离吊物口正下方； (4) 取设备时没有轻拿轻放	(1) 物体打击； (2) 高处坠落； (3) 设备损坏	3	1	15	45	2	(1) 使用前检查提升机状态； (2) 使用提升机吊物时，应将两根安全绳挂在机舱内部的防护栏杆上； (3) 机舱外起吊物料时，吊物口下方严禁站人； (4) 作业点下方 6m 半径内无人员通行、逗留

续表

作业步骤		危害因素	可能导致的后果	风险评价					控制措施
				L	E	C	D	风险程度	
检修过程	拆开过滤器并将过滤器内油放空	（1）未锁高速轴； （2）未关冷却风扇电源开关； （3）未关油泵电动机电源开关； （4）未关油路开关	（1）热油伤害； （2）机械伤害	3	1	3	9	1	（1）拆卸前，需锁高速轴； （2）断开冷却风扇电源开关； （3）断开油泵电动机电源开关； （4）关闭油路； （5）戴防毒面具或口罩，防止吸入油蒸气
	更换过滤器滤芯	安装时因碰撞损坏设备	（1）物体打击； （2）设备故障	3	1	3	9	1	安装时禁止因碰撞导致设备损坏、工作人员被砸伤
	测试	（1）误碰旋转部件； （2）油路未开通	（1）机械伤害； （2）设备故障	3	1	1	3	1	（1）禁止靠近旋转部件，确保身体与其保持安全距离； （2）测试前检查油路是否全部开通
	使用机舱内部提升机运送损坏的油管和工具	（1）未正确使用防护用品； （2）挂钩不牢靠； （3）吊物时没有远离吊物口正下方； （4）取设备时没有轻拿轻放	（1）物体打击； （2）高处坠落； （3）设备损坏	3	1	15	45	2	（1）使用前检查提升机状态； （2）使用提升机吊物时，应将两根安全绳挂在机舱内部的防护栏杆上； （3）机舱外起吊物料时，吊物口下方严禁站人； （4）作业点下方 6m 半径内无人员通行、逗留
恢复检验	结束工作	（1）遗漏工器具； （2）现场遗留检修杂物； （3）不结束工作票； （4）工作班成员未全部撤离	（1）人身伤害； （2）设备故障	3	3	3	27	2	（1）收齐并检查工器具； （2）清扫检修现场； （3）结束工作票

6. 更换散热片

<table>
<tr><td colspan="3">部门：</td><td colspan="6">分析日期：</td><td>记录编号：</td></tr>
<tr><td colspan="3">作业地点或分析范围：散热器</td><td colspan="7">分析人：</td></tr>
<tr><td colspan="10">作业内容描述：更换散热片</td></tr>
<tr><td colspan="10">主要作业风险：(1) 人员思想不稳；(2) 人员精神状态不佳；(3) 着火；(4) 高处落物；(5) 车辆伤害；(6) 环境因素；(7) 触电；(8) 高处坠落</td></tr>
<tr><td colspan="10">控制措施：(1) 办理工作票，手动停机并切至维护状态，挂牌；(2) 穿戴个人防护用品；(3) 设备恢复运行状态前进行全面检查</td></tr>
<tr><td colspan="2">工作负责人签名：</td><td>日期：</td><td colspan="2">工作票签发人签名：</td><td colspan="3">日期：</td><td>工作许可人签名：</td><td>日期：</td></tr>
<tr><td colspan="2" rowspan="2">作业步骤</td><td rowspan="2">危害因素</td><td rowspan="2">可能导致的后果</td><td colspan="5">风险评价</td><td rowspan="2">控制措施</td></tr>
<tr><td>L</td><td>E</td><td>C</td><td>D</td><td>风险程度</td></tr>
<tr><td>作业环境</td><td>环境</td><td>(1) 雷雨天气登塔作业或靠近风机；
(2) 大风天气作业；
(3) 冬季覆冰掉落；
(4) 夏季高温作业</td><td>人身伤害</td><td>6</td><td>1</td><td>7</td><td>42</td><td>2</td><td>(1) 雷雨天气禁止靠近风机，不得从事检修工作；
(2) 突遇雷雨天气时应及时撤离，来不及撤离时，双脚并拢站在安全位置；
(3) 风速超过 10m/s 时，禁止机舱外使用吊机；
(4) 风速达 18m/s 及以上时，不得登塔作业；
(5) 风速超过 12m/s 时，不得打开机舱盖；
(6) 风速超过 14m/s 时，应关闭机舱盖；
(7) 风速超过 12m/s 时，不得在轮毂内工作；
(8) 风速超过 18m/s 时，不得在机舱内工作；
(9) 风力发电机组有结冰现象且有覆冰掉落危险时，禁止人员靠近，并在风电场入口设置警戒区域；
(10) 夏季高温作业做好防暑措施</td></tr>
<tr><td rowspan="2">检修前准备</td><td>交通</td><td>(1) 车况异常；
(2) 驾乘人员未正确系安全带；
(3) 道路结冰、湿滑、落石、塌方</td><td>(1) 人身伤害；
(2) 车辆事故</td><td>3</td><td>6</td><td>3</td><td>54</td><td>2</td><td>(1) 出车前检查车况；
(2) 行车过程中，驾乘人员正确系好安全带；
(3) 根据道路情况，车辆装好防滑链，并定期对道路进行清理维护；
(4) 车辆停放在风机上风向 20m 以外</td></tr>
<tr><td>安全措施确认</td><td>(1) 未悬挂标示牌；
(2) 风机是否停机；
(3) 未锁定高速轴定位销或风轮盘</td><td>(1) 触电；
(2) 机械伤害；
(3) 设备故障</td><td>1</td><td>3</td><td>7</td><td>21</td><td>2</td><td>(1) 办理工作票，确认执行安全措施；
(2) 使用个人防护用品；
(3) 在塔基停机按钮处悬挂“禁止合闸，有人工作”标示牌；
(4) 在风机平台位置悬挂“在此工作”标示牌</td></tr>
</table>

续表

作业步骤		危害因素	可能导致的后果	风险评价					控制措施
				L	E	C	D	风险程度	
检修前准备	安全交底	（1）扩大工作范围； （2）发电机转速大于500r/min，切至维护状态； （3）走错机位或误碰带电设备； （4）误碰旋转设备	（1）触电； （2）机械伤害； （3）设备故障	1	3	7	21	2	（1）工作前对工作班成员进行工作地点及任务明示； （2）对工作班成员进行安全技术交底
	个人防护用品准备	（1）未正确穿戴安全帽及工作服； （2）使用不合格的安全带	（1）触电； （2）高处坠落； （3）其他伤害	3	0.5	15	22.5	2	（1）正确穿戴安全帽及工作服； （2）使用在安全使用期内的安全带，并正确佩戴
	工器具准备	（1）使用的工器具无法达到工作要求； （2）工具不全，或工具破损； （3）使用的试验仪器超过检验期，仪器漏电或输出异常	（1）机械伤害； （2）触电	1	1	7	7	1	（1）工作前确认工器具及试验仪器状态，使用合格的工器具及试验仪器； （2）做好工具、消耗材料的准备工作
	工作班成员精神状态确认	（1）无法正常完成指定工作； （2）作业过程中无法清醒判断带电设备及旋转设备； （3）作业过程中出现昏厥现象	（1）触电； （2）机械伤害； （3）高处坠落； （4）设备故障	1	1	15	15	1	合理安排工作班成员，精神状态不佳者禁止工作
检修过程	攀爬风机	（1）塔筒平台盖板不牢固或未按规定盖好； （2）工器具未放入工具袋，随手携带； （3）未系安全带或未正确系好安全带； （4）未正确佩戴安全帽； （5）未开展安全带试坠	（1）高处坠落； （2）物体打击； （3）工器具损坏	1	3	15	45	2	（1）开工前增设围栏并悬挂警示牌； （2）对不牢固盖板进行加固； （3）检查免爬器或助爬器外观，系好安全带，使用工具袋等； （4）正确佩戴安全帽
	使用机舱内部提升机运送备件和工具	（1）未正确使用防护用品； （2）挂钩不牢靠； （3）吊物时没有远离吊物口正下方； （4）取设备时没有轻拿轻放	（1）物体打击； （2）高处坠落； （3）设备损坏	3	1	15	45	2	（1）使用前检查提升机状态； （2）使用提升机吊物时，应将两根安全绳挂在机舱内部的防护栏杆上； （3）机舱外起吊物料时，吊物口下方严禁站人； （4）作业点下方6m半径内无人员通行、逗留

续表

作业步骤		危害因素	可能导致的后果	风险评价					控制措施
				L	E	C	D	风险程度	
检修过程	拆除冷却风扇	（1）未锁高速轴； （2）未关冷却风扇电源开关； （3）冷却风扇跌落	（1）物体打击； （2）设备故障； （3）机械伤害	3	1	7	21	2	（1）拆卸前，需锁高速轴； （2）断开冷却风扇电源开关； （3）拆除冷却风扇后，必须将其固定好后再作业
检修过程	拆除油管并将散热片及油管内油放空	（1）未关油路开关； （2）未关油泵电动机电源开关	热油伤害	3	1	7	21	2	（1）关闭油路； （2）戴防毒面具或口罩，防止吸入油蒸气； （3）断开油泵电动机电源开关
检修过程	更换散热片	安装时因碰撞损坏设备	（1）物体打击； （2）设备故障	3	1	7	21	2	安装时禁止因碰撞导致设备损坏、工作人员被砸伤
检修过程	安装冷却风扇	冷却风扇跌落	（1）物体打击； （2）设备故障	3	1	7	21	2	安装冷却风扇时，防止设备砸伤工作人员
检修过程	测试	（1）误碰旋转部件； （2）油路未开通	（1）机械伤害； （2）设备故障	3	1	1	3	1	（1）禁止靠近旋转部件，确保身体与其保持安全距离； （2）测试前检查油路是否全部开通
恢复检验	结束工作	（1）遗漏工器具； （2）现场遗留检修杂物； （3）不结束工作票； （4）工作班成员未全部撤离	（1）人身伤害； （2）设备故障	3	3	3	27	2	（1）收齐并检查工器具； （2）清扫检修现场； （3）结束工作票

7. 测量制动盘与刹车片之间间隙

部门：	分析日期：	记录编号：
作业地点或分析范围：主轴	分析人：	

作业内容描述：测量制动盘与刹车片之间间隙

主要作业风险：（1）人员思想不稳；（2）人员精神状态不佳；（3）着火；（4）高处落物；（5）车辆伤害；（6）环境因素；（7）触电；（8）高处坠落

控制措施：（1）办理工作票，手动停机并切至维护状态，挂牌；（2）穿戴个人防护用品；（3）设备恢复运行状态前进行全面检查

工作负责人签名：	日期：	工作票签发人签名：	日期：	工作许可人签名：	日期：

作业步骤		危害因素	可能导致的后果	风险评价					控制措施
				L	E	C	D	风险程度	
作业环境	环境	（1）雷雨天气登塔作业或靠近风机； （2）大风天气作业； （3）冬季覆冰掉落； （4）夏季高温作业	人身伤害	6	1	7	42	2	（1）雷雨天气禁止靠近风机，不得从事检修工作； （2）突遇雷雨天气时应及时撤离，来不及撤离时，双脚并拢站在安全位置； （3）风速超过10m/s时，禁止机舱外使用吊机； （4）风速达18m/s及以上时，不得登塔作业； （5）风速超过12m/s时，不得打开机舱盖； （6）风速超过14m/s时，应关闭机舱盖； （7）风速超过12m/s时，不得在轮毂内工作； （8）风速超过18m/s时，不得在机舱内工作； （9）风力发电机组有结冰现象且有覆冰掉落危险时，禁止人员靠近，并在风电场入口设置警戒区域； （10）夏季高温作业做好防暑措施
检修前准备	交通	（1）车况异常； （2）驾乘人员未正确系安全带； （3）道路结冰、湿滑、落石、塌方	（1）人身伤害； （2）车辆事故	3	6	3	54	2	（1）出车前检查车况； （2）行车过程中，驾乘人员正确系好安全带； （3）根据道路情况，车辆装好防滑链，并定期对道路进行清理维护； （4）车辆停放在风机上风向20m以外
检修前准备	安全措施确认	（1）未悬挂标示牌； （2）风机是否停机； （3）未锁定高速轴定位销或风轮盘	（1）触电； （2）机械伤害； （3）设备故障	1	3	7	21	2	（1）办理工作票，确认执行安全措施； （2）使用个人防护用品； （3）在塔基停机按钮处悬挂“禁止合闸，有人工作”标示牌； （4）在风机平台位置悬挂“在此工作”标示牌

续表

作业步骤		危害因素	可能导致的后果	风险评价					控制措施
				L	E	C	D	风险程度	
检修前准备	安全交底	（1）扩大工作范围； （2）发电机转速大于500r/min，切至维护状态； （3）走错机位或误碰带电设备； （4）误碰旋转设备	（1）触电； （2）机械伤害； （3）设备故障	1	3	7	21	2	（1）工作前对工作班成员进行工作地点及任务明示； （2）对工作班成员进行安全技术交底
检修前准备	个人防护用品准备	（1）未正确穿戴安全帽及工作服； （2）使用不合格的安全带	（1）触电； （2）高处坠落； （3）其他伤害	3	0.5	15	22.5	2	（1）正确穿戴安全帽及工作服； （2）使用在安全使用期内的安全带，并正确佩戴
检修前准备	工器具准备	（1）使用的工器具无法达到工作要求； （2）工具不全，或工具破损； （3）使用的试验仪器超过检验期，仪器漏电或输出异常	（1）机械伤害； （2）触电	1	1	7	7	1	（1）工作前确认工器具及试验仪器状态，使用合格的工器具及试验仪器； （2）做好工具、消耗材料的准备工作
检修前准备	工作班成员精神状态确认	（1）无法正常完成指定工作； （2）作业过程中无法清醒判断带电设备及旋转设备； （3）作业过程中出现昏厥现象	（1）触电； （2）机械伤害； （3）高处坠落； （4）设备故障	1	1	15	15	1	合理安排工作班成员，精神状态不佳者禁止工作
检修过程	攀爬风机	（1）塔筒平台盖板不牢固或未按规定盖好； （2）工器具未放入工具袋，随手携带； （3）未系安全带或未正确系好安全带； （4）未正确佩戴安全帽； （5）未开展安全带试坠	（1）高处坠落； （2）物体打击； （3）工器具损坏	1	3	15	45	2	（1）开工前增设围栏并悬挂警示牌； （2）对不牢固盖板进行加固； （3）检查免爬器或助爬器外观，系好安全带，使用工具袋等； （4）正确佩戴安全帽
检修过程	测量制动盘与刹车片之间间隙	（1）液压系统未启动； （2）误碰刹车夹钳磨损传感器； （3）泄压阀未关闭； （4）测量工具掉落	（1）设备故障； （2）触电； （3）机械伤害； （4）其他伤害	3	1	7	21	2	（1）调整传感器到合适位置； （2）确认液压系统已启动； （3）测量时，注意手与设备保持安全距离

续表

作业步骤		危害因素	可能导致的后果	风险评价					控制措施
				L	E	C	D	风险程度	
恢复检验	结束工作	(1) 遗漏工器具； (2) 现场遗留检修杂物； (3) 不结束工作票； (4) 工作班成员未全部撤离	(1) 人身伤害； (2) 设备故障	3	3	3	27	2	(1) 收齐并检查工器具； (2) 清扫检修现场； (3) 结束工作票

三、偏航系统检修

1. 更换偏航电机

部门：		分析日期：		记录编号：	
作业地点或分析范围：偏航系统		分析人：			
作业内容描述：更换偏航电机					
主要作业风险：（1）触电；（2）机械伤害；（3）高处坠落；（4）物体打击；（5）其他伤害					
控制措施：（1）办理工作票，手动停机并切至维护状态，验电，挂牌；（2）穿戴个人防护用品；（3）高处作业时系好安全带；（4）设备恢复运行状态前进行全面检查					
工作负责人签名：	日期：	工作票签发人签名：	日期：	工作许可人签名：	日期：

作业步骤		危害因素	可能导致的后果	风险评价					控制措施
				L	*E*	*C*	*D*	风险程度	
作业环境	环境	（1）雷雨天气登塔作业或靠近风机； （2）大风天气作业； （3）冬季覆冰掉落； （4）夏季高温作业	人身伤害	6	1	7	42	2	（1）雷雨天气禁止靠近风机，不得从事检修工作； （2）突遇雷雨天气时应及时撤离，来不及撤离时，双脚并拢站在安全位置； （3）风速超过10m/s时，禁止机舱外使用吊机； （4）风速达18m/s及以上时，不得登塔作业； （5）风速超过12m/s时，不得打开机舱盖； （6）风速超过14m/s时，应关闭机舱盖； （7）风速超过12m/s时，不得在轮毂内工作； （8）风速超过18m/s时，不得在机舱内工作； （9）风力发电机组有结冰现象且有覆冰掉落危险时，禁止人员靠近，并在风电场入口设置警戒区域； （10）夏季高温作业做好防暑措施
检修前准备	交通	（1）车况异常； （2）驾乘人员未正确系安全带； （3）道路结冰、湿滑、落石、塌方	（1）人身伤害； （2）车辆事故	3	6	3	54	2	（1）出车前检查车况； （2）行车过程中，驾乘人员正确系好安全带； （3）根据道路情况，车辆装好防滑链，并定期对道路进行清理维护； （4）车辆停放在风机上风向20m以外
	安全措施确认	（1）未悬挂标示牌； （2）风机是否停机； （3）未锁定高速轴定位销或风轮盘	（1）触电； （2）机械伤害； （3）设备故障	1	3	7	21	2	（1）办理工作票，确认执行安全措施； （2）使用个人防护用品； （3）在塔基停机按钮处悬挂“禁止合闸，有人工作”标示牌； （4）在风机平台位置悬挂“在此工作”标示牌

续表

<table>
<tr><th colspan="2" rowspan="2">作业步骤</th><th rowspan="2">危害因素</th><th rowspan="2">可能导致的后果</th><th colspan="5">风险评价</th><th rowspan="2">控制措施</th></tr>
<tr><th>L</th><th>E</th><th>C</th><th>D</th><th>风险程度</th></tr>
<tr><td rowspan="4">检修前准备</td><td>安全交底</td><td>（1）扩大工作范围；
（2）发电机转速大于500r/min，切至维护状态；
（3）走错机位或误碰带电设备；
（4）误碰旋转设备</td><td>（1）触电；
（2）机械伤害；
（3）设备故障</td><td>1</td><td>3</td><td>7</td><td>21</td><td>2</td><td>（1）工作前对工作班成员进行工作地点及任务明示；
（2）对工作班成员进行安全技术交底</td></tr>
<tr><td>个人防护用品准备</td><td>（1）未正确穿戴安全帽及工作服；
（2）使用不合格的安全带</td><td>（1）触电；
（2）高处坠落；
（3）其他伤害</td><td>3</td><td>0.5</td><td>15</td><td>22.5</td><td>2</td><td>（1）正确穿戴安全帽及工作服；
（2）使用在安全使用期内的安全带，并正确佩戴</td></tr>
<tr><td>工器具准备</td><td>（1）使用的工器具无法达到工作要求；
（2）工具不全，或工具破损；
（3）使用的试验仪器超过检验期，仪器漏电或输出异常</td><td>（1）机械伤害；
（2）触电</td><td>1</td><td>1</td><td>7</td><td>7</td><td>1</td><td>（1）工作前确认工器具及试验仪器状态，使用合格的工器具及试验仪器；
（2）做好工具、消耗材料的准备工作</td></tr>
<tr><td>工作班成员精神状态确认</td><td>（1）无法正常完成指定工作；
（2）作业过程中无法清醒判断带电设备及旋转设备；
（3）作业过程中出现昏厥现象</td><td>（1）触电；
（2）机械伤害；
（3）高处坠落；
（4）设备故障</td><td>1</td><td>1</td><td>15</td><td>15</td><td>1</td><td>合理安排工作班成员，精神状态不佳者禁止工作</td></tr>
<tr><td rowspan="2">检修过程</td><td>攀爬风机</td><td>（1）塔筒平台盖板不牢固或未按规定盖好；
（2）工器具未放入工具袋，随手携带；
（3）未系安全带或未正确系好安全带；
（4）未正确佩戴安全帽；
（5）未开展安全带试坠</td><td>（1）高处坠落；
（2）物体打击；
（3）工器具损坏</td><td>1</td><td>3</td><td>15</td><td>45</td><td>2</td><td>（1）开工前增设围栏并悬挂警示牌；
（2）对不牢固盖板进行加固；
（3）检查免爬器或助爬器外观，系好安全带，使用工具袋等；
（4）正确佩戴安全帽</td></tr>
<tr><td>使用机舱内部提升机运送备件和工具</td><td>（1）未正确使用防护用品；
（2）挂钩不牢靠；
（3）吊物时没有远离吊物口正下方；
（4）取设备时没有轻拿轻放</td><td>（1）物体打击；
（2）高处坠落；
（3）设备损坏</td><td>3</td><td>1</td><td>15</td><td>45</td><td>2</td><td>（1）使用前检查提升机状态；
（2）使用提升机吊物时，应将两根安全绳挂在机舱内部的防护栏杆上；
（3）机舱外起吊物料时，吊物口下方严禁站人；
（4）作业点下方6m半径内无人员通行、逗留</td></tr>
</table>

续表

作业步骤		危害因素	可能导致的后果	风险评价					控制措施
				L	*E*	*C*	*D*	风险程度	
检修过程	拆除偏航电机	（1）未锁高速轴； （2）未关电源开关； （3）偏航电机滑落	（1）触电； （2）设备故障； （3）机械伤害； （4）物体打击	3	1	7	21	2	（1）拆卸前，需锁高速轴； （2）断开电源开关
	安装偏航电机	（1）偏航电机滑落； （2）线路相序接反	（1）物体打击； （2）设备故障	3	1	7	21	2	（1）正确安装并核对相序； （2）安装完成后检测设备是否牢固
	测试	误碰旋转部件	（1）机械伤害； （2）设备故障	3	1	1	3	1	禁止靠近旋转部件，确保身体与其保持安全距离
	使用机舱内部提升机运送损坏的油泵电动机和工具	（1）未正确使用防护用品； （2）挂钩不牢靠； （3）吊物时没有远离吊物口正下方； （4）取设备时没有轻拿轻放	（1）物体打击； （2）高处坠落； （3）设备损坏	3	1	15	45	2	（1）使用前检查提升机状态； （2）使用提升机吊物时，应将两根安全绳挂在机舱内部的防护栏杆上； （3）机舱外起吊物料时，吊物口下方严禁站人； （4）作业点下方 6m 半径内无人员通行、逗留
恢复检验	结束工作	（1）遗漏工器具； （2）现场遗留检修杂物； （3）不结束工作票； （4）工作班成员未全部撤离	（1）人身伤害； （2）设备故障	3	3	3	27	2	（1）收齐并检查工器具； （2）清扫检修现场； （3）结束工作票

2. 更换偏航减速机

部门：			分析日期：		记录编号：
作业地点或分析范围：偏航系统			分析人：		
作业内容描述：更换偏航减速机					
主要作业风险：(1) 触电；(2) 机械伤害；(3) 高处坠落；(4) 物体打击；(5) 其他伤害					
控制措施：(1) 办理工作票，手动停机并切至维护状态，验电，挂牌；(2) 穿戴个人防护用品；(3) 高处作业时系好安全带；(4) 设备恢复运行状态前进行全面检查					
工作负责人签名：	日期：	工作票签发人签名：	日期：	工作许可人签名：	日期：

作业步骤		危害因素	可能导致的后果	风险评价					控制措施
				L	*E*	*C*	*D*	风险程度	
作业环境	环境	(1) 雷雨天气登塔作业或靠近风机； (2) 大风天气作业； (3) 冬季覆冰掉落； (4) 夏季高温作业	人身伤害	6	1	7	42	2	(1) 雷雨天气禁止靠近风机，不得从事检修工作； (2) 突遇雷雨天气时应及时撤离，来不及撤离时，双脚并拢站在安全位置； (3) 风速超过 10m/s 时，禁止机舱外使用吊机； (4) 风速达 18m/s 及以上时，不得登塔作业； (5) 风速超过 12m/s 时，不得打开机舱盖； (6) 风速超过 14m/s 时，应关闭机舱盖； (7) 风速超过 12m/s 时，不得在轮毂内工作； (8) 风速超过 18m/s 时，不得在机舱内工作； (9) 风力发电机组有结冰现象且有覆冰掉落危险时，禁止人员靠近，并在风电场入口设置警戒区域； (10) 夏季高温作业做好防暑措施
检修前准备	交通	(1) 车况异常； (2) 驾乘人员未正确系安全带； (3) 道路结冰、湿滑、落石、塌方	(1) 人身伤害； (2) 车辆事故	3	6	3	54	2	(1) 出车前检查车况； (2) 行车过程中，驾乘人员正确系好安全带； (3) 根据道路情况，车辆装好防滑链，并定期对道路进行清理维护； (4) 车辆停放在风机上风向 20m 以外
	安全措施确认	(1) 未悬挂标示牌； (2) 风机是否停机； (3) 未锁定高速轴定位销或风轮盘	(1) 触电； (2) 机械伤害； (3) 设备故障	1	3	7	21	2	(1) 办理工作票，确认执行安全措施； (2) 使用个人防护用品； (3) 在塔基停机按钮处悬挂“禁止合闸，有人工作”标示牌； (4) 在风机平台位置悬挂“在此工作”标示牌

续表

作业步骤		危害因素	可能导致的后果	风险评价					控制措施
				L	E	C	D	风险程度	
检修前准备	安全交底	（1）扩大工作范围； （2）发电机转速大于500r/min，切至维护状态； （3）走错机位或误碰带电设备； （4）误碰旋转设备	（1）触电； （2）机械伤害； （3）设备故障	1	3	7	21	2	（1）工作前对工作班成员进行工作地点及任务明示； （2）对工作班成员进行安全技术交底
检修前准备	个人防护用品准备	（1）未正确穿戴安全帽及工作服； （2）使用不合格的安全带	（1）触电； （2）高处坠落； （3）其他伤害	3	0.5	15	22.5	2	（1）正确穿戴安全帽及工作服； （2）使用在安全使用期内的安全带，并正确佩戴
检修前准备	工器具准备	（1）使用的工器具无法达到工作要求； （2）工具不全，或工具破损； （3）使用的试验仪器超过检验期，仪器漏电或输出异常	（1）机械伤害； （2）触电	1	1	7	7	1	（1）工作前确认工器具及试验仪器状态，使用合格的工器具及试验仪器； （2）做好工具、消耗材料的准备工作
检修前准备	工作班成员精神状态确认	（1）无法正常完成指定工作； （2）作业过程中无法清醒判断带电设备及旋转设备； （3）作业过程中出现昏厥现象	（1）触电； （2）机械伤害； （3）高处坠落； （4）设备故障	1	1	15	15	1	合理安排工作班成员，精神状态不佳者禁止工作
检修过程	攀爬风机	（1）塔筒平台盖板不牢固或未按规定盖好； （2）工器具未放入工具袋，随手携带； （3）未系安全带或未正确系好安全带； （4）未正确佩戴安全帽； （5）未开展安全带试坠	（1）高处坠落； （2）物体打击； （3）工器具损坏	1	3	15	45	2	（1）开工前增设围栏并悬挂警示牌； （2）对不牢固盖板进行加固； （3）检查免爬器或助爬器外观，系好安全带，使用工具袋等； （4）正确佩戴安全帽
检修过程	使用机舱内部提升机运送备件和工具	（1）没有正确使用防护用品； （2）挂钩不牢靠； （3）吊物时没有远离吊物口正下方； （4）取设备时没有轻拿轻放	（1）物体打击； （2）高处坠落； （3）设备损坏	3	1	15	45	2	（1）使用前检查提升机状态； （2）使用提升机吊物时，应将两根安全绳挂在机舱内部的防护栏杆上； （3）机舱外起吊物料时，吊物口下方严禁站人； （4）作业点下方6m半径内无人员通行、逗留

续表

<table>
<tr><th colspan="2" rowspan="2">作业步骤</th><th rowspan="2">危害因素</th><th rowspan="2">可能导致的后果</th><th colspan="5">风险评价</th><th rowspan="2">控制措施</th></tr>
<tr><th>L</th><th>E</th><th>C</th><th>D</th><th>风险程度</th></tr>
<tr><td rowspan="4">检修过程</td><td>拆除偏航电机减速机</td><td>（1）未锁高速轴；
（2）未关电源开关；
（3）偏航电机减速机滑落</td><td>（1）触电；
（2）设备故障；
（3）机械伤害；
（4）物体打击</td><td>3</td><td>1</td><td>7</td><td>21</td><td>2</td><td>（1）拆卸前，需锁高速轴；
（2）断开电源开关</td></tr>
<tr><td>安装偏航电机</td><td>（1）偏航电机减速机滑落；
（2）线路相序接反</td><td>（1）物体打击；
（2）设备故障</td><td>3</td><td>1</td><td>7</td><td>21</td><td>2</td><td>（1）正确安装并核对相序；
（2）安装完成后检测设备是否牢固</td></tr>
<tr><td>测试</td><td>误碰旋转部件</td><td>（1）机械伤害；
（2）设备故障</td><td>3</td><td>1</td><td>1</td><td>3</td><td>1</td><td>禁止靠近旋转部件，确保身体与其保持安全距离</td></tr>
<tr><td>使用机舱内部提升机运送损坏的减速机和工具</td><td>（1）未正确使用防护用品；
（2）挂钩不牢靠；
（3）吊物时没有远离吊物口正下方；
（4）取设备时没有轻拿轻放</td><td>（1）物体打击；
（2）高处坠落；
（3）设备损坏</td><td>3</td><td>1</td><td>15</td><td>45</td><td>2</td><td>（1）使用前检查提升机状态；
（2）使用提升机吊物时，应将两根安全绳挂在机舱内部的防护栏杆上；
（3）机舱外起吊物料时，吊物口下方严禁站人；
（4）作业点下方 6m 半径内无人员通行、逗留</td></tr>
<tr><td>恢复检验</td><td>结束工作</td><td>（1）遗漏工器具；
（2）现场遗留检修杂物；
（3）不结束工作票；
（4）工作班成员未全部撤离</td><td>（1）人身伤害；
（2）设备故障</td><td>3</td><td>3</td><td>3</td><td>27</td><td>2</td><td>（1）收齐并检查工器具；
（2）清扫检修现场；
（3）结束工作票</td></tr>
</table>

3. 更换风速风向仪

部门：	分析日期：	记录编号：
作业地点或分析范围：风机机舱顶	分析人：	

作业内容描述：更换风速风向仪

主要作业风险：（1）触电；（2）机械伤害；（3）高处坠落；（4）高处落物；（5）其他伤害

控制措施：（1）办理工作票，手动停机并切至维护状态，验电，挂牌；（2）穿戴个人防护用品；（3）高处作业时系好安全带；（4）设备恢复运行状态前进行全面检查

工作负责人签名：	日期：	工作票签发人签名：	日期：	工作许可人签名：	日期：

作业步骤		危害因素	可能导致的后果	风险评价					控制措施
				L	*E*	*C*	*D*	风险程度	
作业环境	环境	（1）雷雨天气登塔作业或靠近风机； （2）大风天气作业； （3）冬季覆冰掉落； （4）夏季高温作业	人身伤害	6	1	7	42	2	（1）雷雨天气禁止靠近风机，不得从事检修工作； （2）突遇雷雨天气时应及时撤离，来不及撤离时，双脚并拢站在安全位置； （3）风速超过10m/s时，禁止机舱外使用吊机； （4）风速达18m/s及以上时，不得登塔作业； （5）风速超过12m/s时，不得打开机舱盖； （6）风速超过14m/s时，应关闭机舱盖； （7）风速超过12m/s时，不得在轮毂内工作； （8）风速超过18m/s时，不得在机舱内工作； （9）风力发电机组有结冰现象且有覆冰掉落危险时，禁止人员靠近，并在风电场入口设置警戒区域； （10）夏季高温作业做好防暑措施
检修前准备	交通	（1）车况异常； （2）驾乘人员未正确系安全带； （3）道路结冰、湿滑、落石、塌方	（1）人身伤害； （2）车辆事故	3	6	3	54	2	（1）出车前检查车况； （2）行车过程中，驾乘人员正确系好安全带； （3）根据道路情况，车辆装好防滑链，并定期对道路进行清理维护； （4）车辆停放在风机上风向20m以外
	安全措施确认	（1）未悬挂标示牌； （2）风机是否停机； （3）未锁定高速轴定位销或风轮盘	（1）触电； （2）机械伤害； （3）设备故障	1	3	7	21	2	（1）办理工作票，确认执行安全措施； （2）使用个人防护用品； （3）在塔基停机按钮处悬挂“禁止合闸，有人工作”标示牌； （4）在风机平台位置悬挂“在此工作”标示牌

续表

作业步骤		危害因素	可能导致的后果	风险评价					控制措施
				L	E	C	D	风险程度	
检修前准备	安全交底	（1）扩大工作范围； （2）发电机转速大于500r/min，切至维护状态； （3）走错机位或误碰带电设备； （4）误碰旋转设备	（1）触电； （2）机械伤害； （3）设备故障	1	3	7	21	2	（1）工作前对工作班成员进行工作地点及任务明示； （2）对工作班成员进行安全技术交底
	个人防护用品准备	（1）未正确穿戴安全帽及工作服； （2）使用不合格的安全带	（1）触电； （2）高处坠落； （3）其他伤害	3	0.5	15	22.5	2	（1）正确穿戴安全帽及工作服； （2）使用在安全使用期内的安全带，并正确佩戴
	工器具准备	（1）使用的工器具无法达到工作要求； （2）工具不全，或工具破损； （3）使用的试验仪器超过检验期，仪器漏电或输出异常	（1）机械伤害； （2）触电	1	1	7	7	1	（1）工作前确认工器具及试验仪器状态，使用合格的工器具及试验仪器； （2）做好工具、消耗材料的准备工作
	工作班成员精神状态确认	（1）无法正常完成指定工作； （2）作业过程中无法清醒判断带电设备及旋转设备； （3）作业过程中出现昏厥现象	（1）触电； （2）机械伤害； （3）高处坠落； （4）设备故障	1	1	15	15	1	合理安排工作班成员，精神状态不佳者禁止工作
检修过程	攀爬风机	（1）塔筒平台盖板不牢固或未按规定盖好； （2）工器具未放入工具袋，随手携带； （3）未系安全带或未正确系好安全带； （4）未正确佩戴安全帽； （5）未开展安全带试坠	（1）高处坠落； （2）物体打击； （3）工器具损坏	1	3	15	45	2	（1）开工前增设围栏并悬挂警示牌； （2）对不牢固盖板进行加固； （3）检查免爬器或助爬器外观，系好安全带，使用工具袋等； （4）正确佩戴安全帽
	出舱	（1）未锁高速轴； （2）误将其他开关断开； （3）未系安全带或未正确系好安全带； （4）未使用双钩绳； （5）误将工器具滑落	（1）设备故障； （2）高处坠落； （3）高处落物	1	2	15	30	2	（1）工作前，需锁高速轴； （2）工作前，检查风速风向仪电源开关是否断开； （3）佩戴好安全防护装置，检查双钩是否挂在合理位置； （4）使用工器具时做好防坠落措施

续表

作业步骤		危害因素	可能导致的后果	风险评价					控制措施
				L	*E*	*C*	*D*	风险程度	
检修过程	更换风速风向仪	（1）误将设备方向装反； （2）风速风向仪未安装牢固	设备故障	3	1	1	3	1	（1）更换结束后及时清理杂物及工具； （2）测试风速风向仪是否能正常使用； （3）松开高速轴刹车
恢复检验	结束工作	（1）遗漏工器具； （2）现场遗留检修杂物； （3）不结束工作票； （4）工作班成员未全部撤离	（1）人身伤害； （2）设备故障	3	3	3	27	2	（1）收齐并检查工器具； （2）清扫检修现场； （3）结束工作票

4. 加注偏航轴承润滑脂

部门：			分析日期：		记录编号：
作业地点或分析范围：风机机舱顶			分析人：		
作业内容描述：加注偏航轴承润滑脂					
主要作业风险：（1）人员思想不稳；（2）人员精神状态不佳；（3）着火；（4）高处落物；（5）车辆伤害；（6）环境因素；（7）触电；（8）高处坠落					
控制措施：（1）办理工作票，手动停机并切至维护状态，验电，挂牌；（2）穿戴个人防护用品；（3）高处作业时系好安全带；（4）设备恢复运行状态前进行全面检查					
工作负责人签名：	日期：	工作票签发人签名：	日期：	工作许可人签名：	日期：

作业步骤		危害因素	可能导致的后果	风险评价					控制措施
				L	*E*	*C*	*D*	风险程度	
作业环境	环境	（1）雷雨天气登塔作业或靠近风机； （2）大风天气作业； （3）冬季覆冰掉落； （4）夏季高温作业	人身伤害	6	1	7	42	2	（1）雷雨天气禁止靠近风机，不得从事检修工作； （2）突遇雷雨天气时应及时撤离，来不及撤离时，双脚并拢站在安全位置； （3）风速超过10m/s时，禁止机舱外使用吊机； （4）风速达18m/s及以上时，不得登塔作业； （5）风速超过12m/s时，不得打开机舱盖； （6）风速超过14m/s时，应关闭机舱盖； （7）风速超过12m/s时，不得在轮毂内工作； （8）风速超过18m/s时，不得在机舱内工作； （9）风力发电机组有结冰现象且有覆冰掉落危险时，禁止人员靠近，并在风电场入口设置警戒区域； （10）夏季高温作业做好防暑措施
检修前准备	交通	（1）车况异常； （2）驾乘人员未正确系安全带； （3）道路结冰、湿滑、落石、塌方	（1）人身伤害； （2）车辆事故	3	6	3	54	2	（1）出车前检查车况； （2）行车过程中，驾乘人员正确系好安全带； （3）根据道路情况，车辆装好防滑链，并定期对道路进行清理维护； （4）车辆停放在风机上风向20m以外
	安全措施确认	（1）未悬挂标示牌； （2）风机是否停机； （3）未锁定高速轴定位销或风轮盘	（1）触电； （2）机械伤害； （3）设备故障	1	3	7	21	2	（1）办理工作票，确认执行安全措施； （2）使用个人防护用品； （3）在塔基停机按钮处悬挂“禁止合闸，有人工作”标示牌； （4）在风机平台位置悬挂“在此工作”标示牌

续表

<table>
<tr><th colspan="2" rowspan="2">作业步骤</th><th rowspan="2">危害因素</th><th rowspan="2">可能导致的后果</th><th colspan="5">风险评价</th><th rowspan="2">控制措施</th></tr>
<tr><th>L</th><th>E</th><th>C</th><th>D</th><th>风险程度</th></tr>
<tr><td rowspan="4">检修前准备</td><td>安全交底</td><td>（1）扩大工作范围；
（2）发电机转速大于500r/min，切至维护状态；
（3）走错机位或误碰带电设备；
（4）误碰旋转设备</td><td>（1）触电；
（2）机械伤害；
（3）设备故障</td><td>1</td><td>3</td><td>7</td><td>21</td><td>2</td><td>（1）工作前对工作班成员进行工作地点及任务明示；
（2）对工作班成员进行安全技术交底</td></tr>
<tr><td>个人防护用品准备</td><td>（1）未正确穿戴安全帽及工作服；
（2）使用不合格的安全带</td><td>（1）触电；
（2）高处坠落；
（3）其他伤害</td><td>3</td><td>0.5</td><td>15</td><td>22.5</td><td>2</td><td>（1）正确穿戴安全帽及工作服；
（2）使用在安全使用期内的安全带，并正确佩戴</td></tr>
<tr><td>工器具准备</td><td>（1）使用的工器具无法达到工作要求；
（2）工具不全，或工具破损；
（3）使用的试验仪器超过检验期，仪器漏电或输出异常</td><td>（1）机械伤害；
（2）触电</td><td>1</td><td>1</td><td>7</td><td>7</td><td>1</td><td>（1）工作前确认工器具及试验仪器状态，使用合格的工器具及试验仪器；
（2）做好工具、消耗材料的准备工作</td></tr>
<tr><td>工作班成员精神状态确认</td><td>（1）无法正常完成指定工作；
（2）作业过程中无法清醒判断带电设备及旋转设备；
（3）作业过程中出现昏厥现象</td><td>（1）触电；
（2）机械伤害；
（3）高处坠落；
（4）设备故障</td><td>1</td><td>1</td><td>15</td><td>15</td><td>1</td><td>合理安排工作班成员，精神状态不佳者禁止工作</td></tr>
<tr><td rowspan="2">检修过程</td><td>攀爬风机</td><td>（1）塔筒平台盖板不牢固或未按规定盖好；
（2）工器具未放入工具袋，随手携带；
（3）未系安全带或未正确系好安全带；
（4）未正确佩戴安全帽；
（5）未开展安全带试坠</td><td>（1）高处坠落；
（2）物体打击；
（3）工器具损坏</td><td>1</td><td>3</td><td>15</td><td>45</td><td>2</td><td>（1）开工前增设围栏并悬挂警示牌；
（2）对不牢固盖板进行加固；
（3）检查免爬器或助爬器外观，系好安全带，使用工具袋等；
（4）正确佩戴安全帽</td></tr>
<tr><td>加注润滑脂</td><td>（1）油脂型号是否一致；
（2）加注油脂量是否满足要求</td><td>（1）设备故障；
（2）机械伤害</td><td>1</td><td>2</td><td>1</td><td>2</td><td>1</td><td>（1）更换结束后及时清理杂物及工具；
（2）检查偏航轴承润滑是否正常</td></tr>
<tr><td>恢复检验</td><td>结束工作</td><td>（1）遗漏工器具；
（2）现场遗留检修杂物；
（3）不结束工作票；
（4）工作班成员未全部撤离</td><td>（1）人身伤害；
（2）设备故障</td><td>3</td><td>3</td><td>3</td><td>27</td><td>2</td><td>（1）收齐并检查工器具；
（2）清扫检修现场；
（3）结束工作票</td></tr>
</table>

5. 偏航扭缆开关功能试验

部门：		分析日期：		记录编号：	
作业地点或分析范围：偏航系统		分析人：			
作业内容描述：偏航扭缆开关功能试验					
主要作业风险：(1) 触电；(2) 机械伤害；(3) 高处坠落；(4) 其他伤害					
控制措施：(1) 办理工作票，手动停机并切至维护状态，验电，挂牌；(2) 穿戴个人防护用品；(3) 高处作业时系好安全带；(4) 设备恢复运行状态前进行全面检查					
工作负责人签名：	日期：	工作票签发人签名：	日期：	工作许可人签名：	日期：

作业步骤		危害因素	可能导致的后果	风险评价					控制措施
				L	E	C	D	风险程度	
作业环境	环境	(1) 雷雨天气登塔作业或靠近风机； (2) 大风天气作业； (3) 冬季覆冰掉落； (4) 夏季高温作业	人身伤害	6	1	7	42	2	(1) 雷雨天气禁止靠近风机，不得从事检修工作； (2) 突遇雷雨天气时应及时撤离，来不及撤离时，双脚并拢站在安全位置； (3) 风速超过 10m/s 时，禁止机舱外使用吊机； (4) 风速达 18m/s 及以上时，不得登塔作业； (5) 风速超过 12m/s 时，不得打开机舱盖； (6) 风速超过 14m/s 时，应关闭机舱盖； (7) 风速超过 12m/s 时，不得在轮毂内工作； (8) 风速超过 18m/s 时，不得在机舱内工作； (9) 风力发电机组有结冰现象且有覆冰掉落危险时，禁止人员靠近，并在风电场入口设置警戒区域； (10) 夏季高温作业做好防暑措施
检修前准备	交通	(1) 车况异常； (2) 驾乘人员未正确系安全带； (3) 道路结冰、湿滑、落石、塌方	(1) 人身伤害； (2) 车辆事故	3	6	3	54	2	(1) 出车前检查车况； (2) 行车过程中，驾乘人员正确系好安全带； (3) 根据道路情况，车辆装好防滑链，并定期对道路进行清理维护； (4) 车辆停放在风机上风向 20m 以外
	安全措施确认	(1) 未悬挂标示牌； (2) 风机是否停机； (3) 未锁定高速轴定位销或风轮盘	(1) 触电； (2) 机械伤害； (3) 设备故障	1	3	7	21	2	(1) 办理工作票，确认执行安全措施； (2) 使用个人防护用品； (3) 在塔基停机按钮处悬挂“禁止合闸，有人工作”标示牌； (4) 在风机平台位置悬挂“在此工作”标示牌

续表

作业步骤		危害因素	可能导致的后果	风险评价					控制措施
				L	E	C	D	风险程度	
检修前准备	安全交底	(1) 扩大工作范围； (2) 发电机转速大于 500r/min，切至维护状态； (3) 走错机位或误碰带电设备； (4) 误碰旋转设备	(1) 触电； (2) 机械伤害； (3) 设备故障	1	3	7	21	2	(1) 工作前对工作班成员进行工作地点及任务明示； (2) 对工作班成员进行安全技术交底
	个人防护用品准备	(1) 未正确穿戴安全帽及工作服； (2) 使用不合格的安全带	(1) 触电； (2) 高处坠落； (3) 其他伤害	3	0.5	15	22.5	2	(1) 正确穿戴安全帽及工作服； (2) 使用在安全使用期内的安全带，并正确佩戴
	工器具准备	(1) 使用的工器具无法达到工作要求； (2) 工具不全，或工具破损； (3) 使用的试验仪器超过检验期，仪器漏电或输出异常	(1) 机械伤害； (2) 触电	1	1	7	7	1	(1) 工作前确认工器具及试验仪器状态，使用合格的工器具及试验仪器； (2) 做好工具、消耗材料的准备工作
	工作班成员精神状态确认	(1) 无法正常完成指定工作； (2) 作业过程中无法清醒判断带电设备及旋转设备； (3) 作业过程中出现昏厥现象	(1) 触电； (2) 机械伤害； (3) 高处坠落； (4) 设备故障	1	1	15	15	1	合理安排工作班成员，精神状态不佳者禁止工作
检修过程	攀爬风机	(1) 塔筒平台盖板不牢固或未按规定盖好； (2) 工器具未放入工具袋，随手携带； (3) 未系安全带或未正确系好安全带； (4) 未正确佩戴安全帽； (5) 未开展安全带试坠	(1) 高处坠落； (2) 物体打击； (3) 工器具损坏	1	3	15	45	2	(1) 开工前增设围栏并悬挂警示牌； (2) 对不牢固盖板进行加固； (3) 检查免爬器或助爬器外观，系好安全带，使用工具袋等； (4) 正确佩戴安全帽
	手动偏航进行解缆	(1) 电缆未处于垂直解缆状态； (2) 未锁高速轴	(1) 设备故障； (2) 机械伤害	3	1	7	21	2	(1) 手动解缆并注意观察解缆状态； (2) 作业前，需锁高速轴
	拆除解缆开关	(1) 未断开扭缆开关供电电源； (2) 拆下的接线未做记录	设备故障	3	1	7	21	2	(1) 断开扭缆开关供电电源； (2) 拆接线时做好记录，防止恢复时误接线

续表

作业步骤		危害因素	可能导致的后果	风险评价					控制措施
				L	E	C	D	风险程度	
检修过程	安装解缆开关	（1）未按做好的记录恢复接线； （2）未按要求调整拨动开关位置； （3）未安装牢固	设备故障	1	1	7	7	1	（1）按照做好的记录恢复接线； （2）按照要求调整拨动开关位置； （3）安装后检查牢固程度
	测试	误碰旋转部件	（1）机械伤害； （2）设备故障	3	1	1	3	1	禁止靠近旋转部件，确保身体与其保持安全距离
恢复检验	结束工作	（1）遗漏工器具； （2）现场遗留检修杂物； （3）不结束工作票； （4）工作班成员未全部撤离	（1）人身伤害； （2）设备故障	3	3	3	27	2	（1）收齐并检查工器具； （2）清扫检修现场； （3）结束工作票

6. 紧固偏航计数器（限位开关）接线

<table>
<tr><td colspan="5">部门：</td><td colspan="5">分析日期：</td><td>记录编号：</td></tr>
<tr><td colspan="5">作业地点或分析范围：偏航系统</td><td colspan="6">分析人：</td></tr>
<tr><td colspan="11">作业内容描述：紧固偏航计数器（限位开关）接线</td></tr>
<tr><td colspan="11">主要作业风险：（1）触电；（2）机械伤害；（3）高处坠落；（4）其他伤害</td></tr>
<tr><td colspan="11">控制措施：（1）办理工作票，手动停机并切至维护状态，验电，挂牌；（2）穿戴个人防护用品；（3）高处作业时系好安全带；（4）设备恢复运行状态前进行全面检查</td></tr>
<tr><td colspan="2">工作负责人签名：</td><td>日期：</td><td colspan="2">工作票签发人签名：</td><td colspan="2">日期：</td><td colspan="3">工作许可人签名：</td><td>日期：</td></tr>
<tr><td colspan="2" rowspan="2">作业步骤</td><td rowspan="2">危害因素</td><td rowspan="2">可能导致的后果</td><td colspan="5">风险评价</td><td rowspan="2" colspan="2">控制措施</td></tr>
<tr><td>L</td><td>E</td><td>C</td><td>D</td><td>风险程度</td></tr>
<tr><td>作业环境</td><td>环境</td><td>（1）雷雨天气登塔作业或靠近风机；
（2）大风天气作业；
（3）冬季覆冰掉落；
（4）夏季高温作业</td><td>人身伤害</td><td>6</td><td>1</td><td>7</td><td>42</td><td>2</td><td colspan="2">（1）雷雨天气禁止靠近风机，不得从事检修工作；
（2）突遇雷雨天气时应及时撤离，来不及撤离时，双脚并拢站在安全位置；
（3）风速超过 10m/s 时，禁止机舱外使用吊机；
（4）风速达 18m/s 及以上时，不得登塔作业；
（5）风速超过 12m/s 时，不得打开机舱盖；
（6）风速超过 14m/s 时，应关闭机舱盖；
（7）风速超过 12m/s 时，不得在轮毂内工作；
（8）风速超过 18m/s 时，不得在机舱内工作；
（9）风力发电机组有结冰现象且有覆冰掉落危险时，禁止人员靠近，并在风电场入口设置警戒区域；
（10）夏季高温作业做好防暑措施</td></tr>
<tr><td rowspan="2">检修前准备</td><td>交通</td><td>（1）车况异常；
（2）驾乘人员未正确系安全带；
（3）道路结冰、湿滑、落石、塌方</td><td>（1）人身伤害；
（2）车辆事故</td><td>3</td><td>6</td><td>3</td><td>54</td><td>2</td><td colspan="2">（1）出车前检查车况；
（2）行车过程中，驾乘人员正确系好安全带；
（3）根据道路情况，车辆装好防滑链，并定期对道路进行清理维护；
（4）车辆停放在风机上风向 20m 以外</td></tr>
<tr><td>安全措施确认</td><td>（1）未悬挂标示牌；
（2）风机是否停机；
（3）未锁定高速轴定位销或风轮盘</td><td>（1）触电；
（2）机械伤害；
（3）设备故障</td><td>1</td><td>3</td><td>7</td><td>21</td><td>2</td><td colspan="2">（1）办理工作票，确认执行安全措施；
（2）使用个人防护用品；
（3）在塔基停机按钮处悬挂“禁止合闸，有人工作”标示牌；
（4）在风机平台位置悬挂“在此工作”标示牌</td></tr>
</table>

续表

作业步骤		危害因素	可能导致的后果	风险评价					控制措施
				L	E	C	D	风险程度	
检修前准备	安全交底	(1) 扩大工作范围； (2) 发电机转速大于500r/min，切至维护状态； (3) 走错机位或误碰带电设备； (4) 误碰旋转设备	(1) 触电； (2) 机械伤害； (3) 设备故障	1	3	7	21	2	(1) 工作前对工作班成员进行工作地点及任务明示； (2) 对工作班成员进行安全技术交底
	个人防护用品准备	(1) 未正确穿戴安全帽及工作服； (2) 使用不合格的安全带	(1) 触电； (2) 高处坠落； (3) 其他伤害	3	0.5	15	22.5	2	(1) 正确穿戴安全帽及工作服； (2) 使用在安全使用期内的安全带，并正确佩戴
	工器具准备	(1) 使用的工器具无法达到工作要求； (2) 工具不全，或工具破损； (3) 使用的试验仪器超过检验期，仪器漏电或输出异常	(1) 机械伤害； (2) 触电	1	1	7	7	1	(1) 工作前确认工器具及试验仪器状态，使用合格的工器具及试验仪器； (2) 做好工具、消耗材料的准备工作
	工作班成员精神状态确认	(1) 无法正常完成指定工作； (2) 作业过程中无法清醒判断带电设备及旋转设备； (3) 作业过程中出现昏厥现象	(1) 触电； (2) 机械伤害； (3) 高处坠落； (4) 设备故障	1	1	15	15	1	合理安排工作班成员，精神状态不佳者禁止工作
检修过程	攀爬风机	(1) 塔筒平台盖板不牢固或未按规定盖好； (2) 工器具未放入工具袋，随手携带； (3) 未系安全带或未正确系好安全带； (4) 未正确佩戴安全帽； (5) 未开展安全带试坠	(1) 高处坠落； (2) 物体打击； (3) 工器具损坏	1	3	15	45	2	(1) 开工前增设围栏并悬挂警示牌； (2) 对不牢固盖板进行加固； (3) 检查免爬器或助爬器外观，系好安全带，使用工具袋等； (4) 正确佩戴安全帽
	紧固偏航计数器（限位开关）接线	(1) 电缆未处于垂直解缆状态； (2) 未锁高速轴	(1) 设备故障； (2) 机械伤害	3	2	15	90	3	(1) 手动解缆并注意观察解缆状态； (2) 作业前，需锁高速轴
	测试	误碰旋转部件	(1) 机械伤害； (2) 设备故障	3	1	1	3	1	(1) 禁止靠近旋转部件，确保身体与其保持安全距离； (2) 检查编码器是否正常反馈动作

续表

作业步骤		危害因素	可能导致的后果	风险评价					控制措施
				L	E	C	D	风险程度	
恢复检验	结束工作	(1) 遗漏工器具； (2) 现场遗留检修杂物； (3) 不结束工作票； (4) 工作班成员未全部撤离	(1) 人身伤害； (2) 设备故障	3	3	3	27	2	(1) 收齐并检查工器具； (2) 清扫检修现场； (3) 结束工作票

7. 调整偏航位置指示器

<table>
<tr><td colspan="3">部门：</td><td colspan="6">分析日期：</td><td>记录编号：</td></tr>
<tr><td colspan="3">作业地点或分析范围：偏航系统</td><td colspan="7">分析人：</td></tr>
<tr><td colspan="10">作业内容描述：调整偏航位置指示器</td></tr>
<tr><td colspan="10">主要作业风险：（1）触电；（2）机械伤害；（3）高处坠落；（4）其他伤害</td></tr>
<tr><td colspan="10">控制措施：（1）办理工作票，手动停机并切至维护状态，验电，挂牌；（2）穿戴个人防护用品；（3）高处作业时系好安全带；（4）设备恢复运行状态前进行全面检查</td></tr>
<tr><td colspan="2">工作负责人签名：</td><td>日期：</td><td>工作票签发人签名：</td><td colspan="2">日期：</td><td colspan="3">工作许可人签名：</td><td>日期：</td></tr>
<tr><td colspan="2" rowspan="2">作业步骤</td><td rowspan="2">危害因素</td><td rowspan="2">可能导致的后果</td><td colspan="5">风险评价</td><td rowspan="2">控制措施</td></tr>
<tr><td>L</td><td>E</td><td>C</td><td>D</td><td>风险程度</td></tr>
<tr><td>作业环境</td><td>环境</td><td>（1）雷雨天气登塔作业或靠近风机；
（2）大风天气作业；
（3）冬季覆冰掉落；
（4）夏季高温作业</td><td>人身伤害</td><td>6</td><td>1</td><td>7</td><td>42</td><td>2</td><td>（1）雷雨天气禁止靠近风机，不得从事检修工作；
（2）突遇雷雨天气时应及时撤离，来不及撤离时，双脚并拢站在安全位置；
（3）风速超过 10m/s 时，禁止机舱外使用吊机；
（4）风速达 18m/s 及以上时，不得登塔作业；
（5）风速超过 12m/s 时，不得打开机舱盖；
（6）风速超过 14m/s 时，应关闭机舱盖；
（7）风速超过 12m/s 时，不得在轮毂内工作；
（8）风速超过 18m/s 时，不得在机舱内工作；
（9）风力发电机组有结冰现象且有覆冰掉落危险时，禁止人员靠近，并在风电场入口设置警戒区域；
（10）夏季高温作业做好防暑措施</td></tr>
<tr><td rowspan="2">检修前准备</td><td>交通</td><td>（1）车况异常；
（2）驾乘人员未正确系安全带；
（3）道路结冰、湿滑、落石、塌方</td><td>（1）人身伤害；
（2）车辆事故</td><td>3</td><td>6</td><td>3</td><td>54</td><td>2</td><td>（1）出车前检查车况；
（2）行车过程中，驾乘人员正确系好安全带；
（3）根据道路情况，车辆装好防滑链，并定期对道路进行清理维护；
（4）车辆停放在风机上风向 20m 以外</td></tr>
<tr><td>安全措施确认</td><td>（1）未悬挂标示牌；
（2）风机是否停机；
（3）未锁定高速轴定位销或风轮盘</td><td>（1）触电；
（2）机械伤害；
（3）设备故障</td><td>1</td><td>3</td><td>7</td><td>21</td><td>2</td><td>（1）办理工作票，确认执行安全措施；
（2）使用个人防护用品；
（3）在塔基停机按钮处悬挂“禁止合闸，有人工作”标示牌；
（4）在风机平台位置悬挂“在此工作”标示牌</td></tr>
</table>

续表

作业步骤		危害因素	可能导致的后果	风险评价					控制措施
				L	E	C	D	风险程度	
检修前准备	安全交底	（1）扩大工作范围； （2）发电机转速大于500r/min，切至维护状态； （3）走错机位或误碰带电设备； （4）误碰旋转设备	（1）触电； （2）机械伤害； （3）设备故障	1	3	7	21	2	（1）工作前对工作班成员进行工作地点及任务明示； （2）对工作班成员进行安全技术交底
	个人防护用品准备	（1）未正确穿戴安全帽及工作服； （2）使用不合格的安全带	（1）触电； （2）高处坠落； （3）其他伤害	3	0.5	15	22.5	2	（1）正确穿戴安全帽及工作服； （2）使用在安全使用期内的安全带，并正确佩戴
	工器具准备	（1）使用的工器具无法达到工作要求； （2）工具不全，或工具破损； （3）使用的试验仪器超过检验期，仪器漏电或输出异常	（1）机械伤害； （2）触电	1	1	7	7	1	（1）工作前确认工器具及试验仪器状态，使用合格的工器具及试验仪器； （2）做好工具、消耗材料的准备工作
	工作班成员精神状态确认	（1）无法正常完成指定工作； （2）作业过程中无法清醒判断带电设备及旋转设备； （3）作业过程中出现昏厥现象	（1）触电； （2）机械伤害； （3）高处坠落； （4）设备故障	1	1	15	15	1	合理安排工作班成员，精神状态不佳者禁止工作
检修过程	攀爬风机	（1）塔筒平台盖板不牢固或未按规定盖好； （2）工器具未放入工具袋，随手携带； （3）未系安全带或未正确系好安全带； （4）未正确佩戴安全帽； （5）未开展安全带试坠	（1）高处坠落； （2）物体打击； （3）工器具损坏	1	3	15	45	2	（1）开工前增设围栏并悬挂警示牌； （2）对不牢固盖板进行加固； （3）检查免爬器或助爬器外观，系好安全带，使用工具袋等； （4）正确佩戴安全帽
	手动偏航进行解缆	（1）电缆未处于垂直解缆状态； （2）未锁高速轴	（1）设备故障； （2）机械伤害	3	1	7	21	2	（1）手动解缆并注意观察解缆状态； （2）作业前，需锁高速轴
	拆除偏航位置指示器	（1）未断开偏航位置指示器供电电源； （2）拆下的接线未做记录	设备故障	3	1	7	21	2	（1）断开偏航位置指示器供电电源； （2）拆接线时做好记录，防止恢复时误接线

续表

作业步骤		危害因素	可能导致的后果	风险评价					控制措施
				L	E	C	D	风险程度	
检修过程	安装偏航位置指示器	（1）未按记录位置恢复接线； （2）未按要求调整偏航位置指示器位置； （3）未安装牢固	设备故障	1	1	7	7	1	（1）按照做好的记录恢复接线； （2）按照要求调整偏航位置指示器位置； （3）安装后检查牢固程度
	测试	误碰旋转部件	（1）机械伤害； （2）设备故障	3	1	1	3	1	（1）禁止靠近旋转部件，确保身体与其保持安全距离； （2）检查偏航位置指示器与实际指示是否一致
恢复检验	结束工作	（1）遗漏工器具； （2）现场遗留检修杂物； （3）不结束工作票； （4）工作班成员未全部撤离	（1）人身伤害； （2）设备故障	3	3	3	27	2	（1）收齐并检查工器具； （2）清扫检修现场； （3）结束工作票

四、主控系统检修

1. 检查主控柜内所有接线回路及接线端子

<table>
<tr><td colspan="4">部门：</td><td colspan="5">分析日期：</td><td>记录编号：</td></tr>
<tr><td colspan="4">作业地点或分析范围：主控柜</td><td colspan="6">分析人：</td></tr>
<tr><td colspan="10">作业内容描述：检查主控柜内所有接线回路及接线端子</td></tr>
<tr><td colspan="10">主要作业风险：(1) 触电；(2) 机械伤害；(3) 高处坠落；(4) 其他伤害</td></tr>
<tr><td colspan="10">控制措施：(1) 办理工作票，手动停机并切至维护状态，验电，挂牌；(2) 穿戴个人防护用品；(3) 高处作业时系好安全带；(4) 设备恢复运行状态前进行全面检查</td></tr>
<tr><td colspan="2">工作负责人签名：</td><td>日期：</td><td colspan="2">工作票签发人签名：</td><td colspan="2">日期：</td><td colspan="2">工作许可人签名：</td><td>日期：</td></tr>
<tr><td colspan="2" rowspan="2">作业步骤</td><td rowspan="2">危害因素</td><td rowspan="2">可能导致的后果</td><td colspan="5">风险评价</td><td rowspan="2">控制措施</td></tr>
<tr><td>L</td><td>E</td><td>C</td><td>D</td><td>风险程度</td></tr>
<tr><td>作业环境</td><td>环境</td><td>(1) 雷雨天气登塔作业或靠近风机；
(2) 大风天气作业；
(3) 冬季覆冰掉落；
(4) 夏季高温作业</td><td>人身伤害</td><td>6</td><td>1</td><td>7</td><td>42</td><td>2</td><td>(1) 雷雨天气禁止靠近风机，不得从事检修工作；
(2) 突遇雷雨天气时应及时撤离，来不及撤离时，双脚并拢站在安全位置；
(3) 风速超过 10m/s 时，禁止机舱外使用吊机；
(4) 风速达 18m/s 及以上时，不得登塔作业；
(5) 风速超过 12m/s 时，不得打开机舱盖；
(6) 风速超过 14m/s 时，应关闭机舱盖；
(7) 风速超过 12m/s 时，不得在轮毂内工作；
(8) 风速超过 18m/s 时，不得在机舱内工作；
(9) 风力发电机组有结冰现象且有覆冰掉落危险时，禁止人员靠近，并在风电场入口设置警戒区域；
(10) 夏季高温作业做好防暑措施</td></tr>
<tr><td rowspan="2">检修前准备</td><td>交通</td><td>(1) 车况异常；
(2) 驾乘人员未正确系安全带；
(3) 道路结冰、湿滑、落石、塌方</td><td>(1) 人身伤害；
(2) 车辆事故</td><td>3</td><td>6</td><td>3</td><td>54</td><td>2</td><td>(1) 出车前检查车况；
(2) 行车过程中，驾乘人员正确系好安全带；
(3) 根据道路情况，车辆装好防滑链，并定期对道路进行清理维护；
(4) 车辆停放在风机上风向 20m 以外</td></tr>
<tr><td>安全措施确认</td><td>(1) 未悬挂标示牌；
(2) 风机是否停机；
(3) 未锁定高速轴定位销或风轮盘</td><td>(1) 触电；
(2) 机械伤害；
(3) 设备故障</td><td>1</td><td>3</td><td>7</td><td>21</td><td>2</td><td>(1) 办理工作票，确认执行安全措施；
(2) 使用个人防护用品；
(3) 在塔基停机按钮处悬挂“禁止合闸，有人工作”标示牌；
(4) 在风机平台位置悬挂“在此工作”标示牌</td></tr>
</table>

续表

作业步骤		危害因素	可能导致的后果	风险评价					控制措施
				L	E	C	D	风险程度	
检修前准备	安全交底	(1)扩大工作范围； (2)发电机转速大于500r/min，切至维护状态； (3)走错机位或误碰带电设备； (4)误碰旋转设备	(1)触电； (2)机械伤害； (3)设备故障	1	3	7	21	2	(1)工作前对工作班成员进行工作地点及任务明示； (2)对工作班成员进行安全技术交底
	个人防护用品准备	(1)未正确穿戴安全帽及工作服； (2)使用不合格的安全带	(1)触电； (2)高处坠落； (3)其他伤害	3	0.5	15	22.5	2	(1)正确穿戴安全帽及工作服； (2)使用在安全使用期内的安全带，并正确佩戴
	工器具准备	(1)使用的工器具无法达到工作要求； (2)工具不全，或工具破损； (3)使用的试验仪器超过检验期，仪器漏电或输出异常	(1)机械伤害； (2)触电	1	1	7	7	1	(1)工作前确认工器具及试验仪器状态，使用合格的工器具及试验仪器； (2)做好工具、消耗材料的准备工作
	工作班成员精神状态确认	(1)无法正常完成指定工作； (2)作业过程中无法清醒判断带电设备及旋转设备； (3)作业过程中出现昏厥现象	(1)触电； (2)机械伤害； (3)高处坠落； (4)设备故障	1	1	15	15	1	合理安排工作班成员，精神状态不佳者禁止工作
检修过程	攀爬风机	(1)塔筒平台盖板不牢固或未按规定盖好； (2)工器具未放入工具袋，随手携带； (3)未系安全带或未正确系好安全带； (4)未正确佩戴安全帽； (5)未开展安全带试坠	(1)高处坠落； (2)物体打击； (3)工器具损坏	1	3	15	45	2	(1)开工前增设围栏并悬挂警示牌； (2)对不牢固盖板进行加固； (3)检查免爬器或助爬器外观，系好安全带，使用工具袋等； (4)正确佩戴安全帽
	检查主控柜内所有接线回路及接线端子	(1)装错接线； (2)误碰其他带电设备； (3)野蛮拆装设备； (4)虚接线路	(1)设备故障； (2)机械伤害	3	2	15	90	3	(1)与带电设备保持安全距离，并对带电区域悬挂标示牌，装设围栏； (2)工作人员应穿绝缘鞋； (3)进行回路改造或更换电气元件时，要注意检查控制箱各路电源是否断开，且接线端子、裸露线头可能从其他回路反送电，工作时应按要求戴好绝缘手套、穿好绝缘鞋、螺丝刀绑好绝缘胶布；

续表

作业步骤		危害因素	可能导致的后果	风险评价					控制措施
				L	E	C	D	风险程度	
检修过程	检查主控柜内所有接线回路及接线端子								（4）拆卸接线时记录每个接线位置，更换完电气元件后，按记录逐一接线，保证接线正确，并检查接线是否牢固； （5）严禁错误使用工器具造成设备损坏，如用过大或过小的扳手替代标准尺寸的扳手，用一字螺丝刀替代十字螺丝刀，用十字螺丝刀替代内六角或内梅花螺丝刀等； （6）严禁野蛮拆装、检修设备，造成螺丝过力滑丝、设备开裂、设备变形等
恢复检验	结束工作	（1）遗漏工器具； （2）现场遗留检修杂物； （3）不结束工作票； （4）工作班成员未全部撤离	（1）人身伤害； （2）设备故障	3	3	3	27	2	（1）收齐并检查工器具； （2）清扫检修现场； （3）结束工作票

2. 更换不间断电源（UPS）

部门：	分析日期：	记录编号：
作业地点或分析范围：主控柜	分析人：	
作业内容描述：更换不间断电源（UPS）		
主要作业风险：（1）触电；（2）机械伤害；（3）高处坠落；（4）其他伤害		
控制措施：（1）办理工作票，手动停机并切至维护状态，验电，挂牌；（2）穿戴个人防护用品；（3）高处作业系好安全带；（4）设备恢复运行状态前进行全面检查		

工作负责人签名：	日期：	工作票签发人签名：	日期：	工作许可人签名：	日期：

作业步骤		危害因素	可能导致的后果	风险评价					控制措施
				L	*E*	*C*	*D*	风险程度	
作业环境	环境	（1）雷雨天气登塔作业或靠近风机； （2）大风天气作业； （3）冬季覆冰掉落； （4）夏季高温作业	人身伤害	6	1	7	42	2	（1）雷雨天气禁止靠近风机，不得从事检修工作； （2）突遇雷雨天气时应及时撤离，来不及撤离时，双脚并拢站在安全位置； （3）风速超过 10m/s 时，禁止机舱外使用吊机； （4）风速达 18m/s 及以上时，不得登塔作业； （5）风速超过 12m/s 时，不得打开机舱盖； （6）风速超过 14m/s 时，应关闭机舱盖； （7）风速超过 12m/s 时，不得在轮毂内工作； （8）风速超过 18m/s 时，不得在机舱内工作； （9）风力发电机组有结冰现象且有覆冰掉落危险时，禁止人员靠近，并在风电场入口设置警戒区域； （10）夏季高温作业做好防暑措施
检修前准备	交通	（1）车况异常； （2）驾乘人员未正确系安全带； （3）道路结冰、湿滑、落石、塌方	（1）人身伤害； （2）车辆事故	3	6	3	54	2	（1）出车前检查车况； （2）行车过程中，驾乘人员正确系好安全带； （3）根据道路情况，车辆装好防滑链，并定期对道路进行清理维护； （4）车辆停放在风机上风向 20m 以外
	安全措施确认	（1）未悬挂标示牌； （2）风机是否停机； （3）未锁定高速轴定位销或风轮盘	（1）触电； （2）机械伤害； （3）设备故障	1	3	7	21	2	（1）办理工作票，确认执行安全措施； （2）使用个人防护用品； （3）在塔基停机按钮处悬挂“禁止合闸，有人工作”标示牌； （4）在风机平台位置悬挂“在此工作”标示牌

续表

作业步骤		危害因素	可能导致的后果	风险评价					控制措施
				L	E	C	D	风险程度	
检修前准备	安全交底	(1) 扩大工作范围； (2) 发电机转速大于 500r/min，切至维护状态； (3) 走错机位或误碰带电设备； (4) 误碰旋转设备	(1) 触电； (2) 机械伤害； (3) 设备故障	1	3	7	21	2	(1) 工作前对工作班成员进行工作地点及任务明示； (2) 对工作班成员进行安全技术交底
检修前准备	个人防护用品准备	(1) 未正确穿戴安全帽及工作服； (2) 使用不合格的安全带	(1) 触电； (2) 高处坠落； (3) 其他伤害	3	0.5	15	22.5	2	(1) 正确穿戴安全帽及工作服； (2) 使用在安全使用期内的安全带，并正确佩戴
检修前准备	工器具准备	(1) 使用的工器具无法达到工作要求； (2) 工具不全，或工具破损； (3) 使用的试验仪器超过检验期，仪器漏电或输出异常	(1) 机械伤害； (2) 触电	1	1	7	7	1	(1) 工作前确认工器具及试验仪器状态，使用合格的工器具及试验仪器； (2) 做好工具、消耗材料的准备工作
检修前准备	工作班成员精神状态确认	(1) 无法正常完成指定工作； (2) 作业过程中无法清醒判断带电设备及旋转设备； (3) 作业过程中出现昏厥现象	(1) 触电； (2) 机械伤害； (3) 高处坠落； (4) 设备故障	1	1	15	15	1	合理安排工作班成员，精神状态不佳者禁止工作
检修过程	攀爬风机	(1) 塔筒平台盖板不牢固或未按规定盖好； (2) 工器具未放入工具袋，随手携带； (3) 未系安全带或未正确系好安全带； (4) 未正确佩戴安全帽； (5) 未开展安全带试坠	(1) 高处坠落； (2) 物体打击； (3) 工器具损坏	1	3	15	45	2	(1) 开工前增设围栏并悬挂警示牌； (2) 对不牢固盖板进行加固； (3) 检查免爬器或助爬器外观，系好安全带，使用工具袋等； (4) 正确佩戴安全帽
检修过程	更换不间断电源（UPS）	(1) 装错接线； (2) 误碰其他带电设备； (3) 野蛮拆装设备； (4) 虚接线路	(1) 设备故障； (2) 机械伤害	3	1	15	45	2	(1) 与带电设备保持安全距离，并对带电区域悬挂标示牌，装设围栏； (2) 工作人员应穿绝缘鞋； (3) 进行回路改造或更换电气元件时，要注意检查控制箱各路电源是否断开，且接线端子、裸露线头可能从其他回路反送电，工作时应按要求戴好绝缘手套、穿好绝缘鞋、螺丝刀绑好绝缘胶布；

续表

作业步骤		危害因素	可能导致的后果	风险评价					控制措施
				L	E	C	D	风险程度	
检修过程	更换不间断电源（UPS）								（4）拆卸接线时记录每个接线位置，更换完电气元件后，按记录逐一接线，保证接线正确，并检查接线是否牢固； （5）严禁错误使用工器具造成设备损坏，如用过大或过小的扳手替代标准尺寸的扳手，用一字螺丝刀替代十字螺丝刀，用十字螺丝刀替代内六角或内梅花螺丝刀等； （6）严禁野蛮拆装、检修设备，造成螺丝过力滑丝、设备开裂、设备变形等
恢复检验	结束工作	（1）遗漏工器具； （2）现场遗留检修杂物； （3）不结束工作票； （4）工作班成员未全部撤离	（1）人身伤害； （2）设备故障	3	3	3	27	2	（1）收齐并检查工器具； （2）清扫检修现场； （3）结束工作票

3. 更换主控柜冷却风扇

部门：			分析日期：					记录编号：
作业地点或分析范围：主控柜			分析人：					
作业内容描述：更换主控柜冷却风扇								
主要作业风险：（1）人员思想不稳；（2）人员精神状态不佳；（3）着火；（4）高处落物；（5）车辆伤害；（6）环境因素；（7）触电；（8）高处坠落								
控制措施：（1）办理工作票，手动停机并切至维护状态，挂牌；（2）穿戴个人防护用品；（3）设备恢复运行状态前进行全面检查								
工作负责人签名：	日期：	工作票签发人签名：	日期：		工作许可人签名：		日期：	

作业步骤		危害因素	可能导致的后果	风险评价					控制措施
				L	*E*	*C*	*D*	风险程度	
作业环境	环境	（1）雷雨天气登塔作业或靠近风机； （2）大风天气作业； （3）冬季覆冰掉落； （4）夏季高温作业	人身伤害	6	1	7	42	2	（1）雷雨天气禁止靠近风机，不得从事检修工作； （2）突遇雷雨天气时应及时撤离，来不及撤离时，双脚并拢站在安全位置； （3）风速超过 10m/s 时，禁止机舱外使用吊机； （4）风速达 18m/s 及以上时，不得登塔作业； （5）风速超过 12m/s 时，不得打开机舱盖； （6）风速超过 14m/s 时，应关闭机舱盖； （7）风速超过 12m/s 时，不得在轮毂内工作； （8）风速超过 18m/s 时，不得在机舱内工作； （9）风力发电机组有结冰现象且有覆冰掉落危险时，禁止人员靠近，并在风电场入口设置警戒区域； （10）夏季高温作业做好防暑措施
检修前准备	交通	（1）车况异常； （2）驾乘人员未正确系安全带； （3）道路结冰、湿滑、落石、塌方	（1）人身伤害； （2）车辆事故	3	6	3	54	2	（1）出车前检查车况； （2）行车过程中，驾乘人员正确系好安全带； （3）根据道路情况，车辆装好防滑链，并定期对道路进行清理维护； （4）车辆停放在风机上风向 20m 以外
	安全措施确认	（1）未悬挂标示牌； （2）风机是否停机； （3）未锁定高速轴定位销或风轮盘	（1）触电； （2）机械伤害； （3）设备故障	1	3	7	21	2	（1）办理工作票，确认执行安全措施； （2）使用个人防护用品； （3）在塔基停机按钮处悬挂“禁止合闸，有人工作”标示牌； （4）在风机平台位置悬挂“在此工作”标示牌

续表

作业步骤		危害因素	可能导致的后果	风险评价					控制措施
				L	E	C	D	风险程度	
检修前准备	安全交底	（1）扩大工作范围； （2）发电机转速大于500r/min，切至维护状态； （3）走错机位或误碰带电设备； （4）误碰旋转设备	（1）触电； （2）机械伤害； （3）设备故障	1	3	7	21	2	（1）工作前对工作班成员进行工作地点及任务明示； （2）对工作班成员进行安全技术交底
	个人防护用品准备	（1）未正确穿戴安全帽及工作服； （2）使用不合格的安全带	（1）触电； （2）高处坠落； （3）其他伤害	3	0.5	15	22.5	2	（1）正确穿戴安全帽及工作服； （2）使用在安全使用期内的安全带，并正确佩戴
	工器具准备	（1）使用的工器具无法达到工作要求； （2）工具不全，或工具破损； （3）使用的试验仪器超过检验期，仪器漏电或输出异常	（1）机械伤害； （2）触电	1	1	7	7	1	（1）工作前确认工器具及试验仪器状态，使用合格的工器具及试验仪器； （2）做好工具、消耗材料的准备工作
	工作班成员精神状态确认	（1）无法正常完成指定工作； （2）作业过程中无法清醒判断带电设备及旋转设备； （3）作业过程中出现昏厥现象	（1）触电； （2）机械伤害； （3）高处坠落； （4）设备故障	1	1	15	15	1	合理安排工作班成员，精神状态不佳者禁止工作
检修过程	攀爬风机	（1）塔筒平台盖板不牢固或未按规定盖好； （2）工器具未放入工具袋，随手携带； （3）未系安全带或未正确系好安全带； （4）未正确佩戴安全帽； （5）未开展安全带试坠	（1）高处坠落； （2）物体打击； （3）工器具损坏	1	3	15	45	2	（1）开工前增设围栏并悬挂警示牌； （2）对不牢固盖板进行加固； （3）检查免爬器或助爬器外观，系好安全带，使用工具袋等； （4）正确佩戴安全帽
	更换主控柜冷却风扇	（1）高处落物； （2）现场力矩未达到规定值； （3）误碰其他带电设备； （4）野蛮拆装设备； （5）未断开风扇电源空气断路器	（1）设备故障； （2）物体打击； （3）触电	3	1	1	1	3	（1）工作人员应穿绝缘鞋； （2）与带电设备保持安全距离，并对带电区域悬挂标示牌，装设围栏； （3）进行回路改造或更换电气元件时，要注意检查控制箱各路电源是否断开，且接线端子、裸露线头可能从其他回路反送电，工作时应按要求戴好绝缘手套、穿好绝缘鞋、螺丝刀绑好绝缘胶布；

续表

<table>
<tr><th colspan="2" rowspan="2">作业步骤</th><th rowspan="2">危害因素</th><th rowspan="2">可能导致的后果</th><th colspan="5">风险评价</th><th rowspan="2">控制措施</th></tr>
<tr><th>L</th><th>E</th><th>C</th><th>D</th><th>风险程度</th></tr>
<tr><td>检修过程</td><td>更换主控柜冷却风扇</td><td></td><td></td><td></td><td></td><td></td><td></td><td></td><td>（4）拆卸接线时记录每个接线位置，更换完电气元件后，按记录逐一接线，保证接线正确；
（5）严禁错误使用工器具造成设备损坏，如用过大或过小的扳手替代标准尺寸的扳手，用一字螺丝刀替代十字螺丝刀，用十字螺丝刀替代内六角或内梅花螺丝刀等；
（6）严禁野蛮拆装、检修设备，造成螺丝过力滑丝、设备开裂、设备变形等；
（7）断开风扇电源空气断路器；
（8）逐一检查螺栓力矩情况</td></tr>
<tr><td>恢复检验</td><td>结束工作</td><td>（1）遗漏工器具；
（2）现场遗留检修杂物；
（3）不结束工作票；
（4）工作班成员未全部撤离</td><td>（1）人身伤害；
（2）设备故障</td><td>3</td><td>3</td><td>3</td><td>27</td><td>2</td><td>（1）收齐并检查工器具；
（2）清扫检修现场；
（3）结束工作票</td></tr>
</table>

4. 检查、更换维护开关

部门：	分析日期：	记录编号：
作业地点或分析范围：主控柜	分析人：	

作业内容描述：检查、更换维护开关

主要作业风险：(1) 触电；(2) 机械伤害；(3) 高处坠落；(4) 其他伤害

控制措施：(1) 办理工作票，手动停机并切至维护状态，验电，挂牌；(2) 穿戴个人防护用品；(3) 高处作业系好安全带；(4) 设备恢复运行状态前进行全面检查

工作负责人签名：	日期：	工作票签发人签名：	日期：	工作许可人签名：	日期：

作业步骤		危害因素	可能导致的后果	风险评价					控制措施
				L	*E*	*C*	*D*	风险程度	
作业环境	环境	(1) 雷雨天气登塔作业或靠近风机； (2) 大风天气作业； (3) 冬季覆冰掉落； (4) 夏季高温作业	人身伤害	6	1	7	42	2	(1) 雷雨天气禁止靠近风机，不得从事检修工作； (2) 突遇雷雨天气时应及时撤离，来不及撤离时，双脚并拢站在安全位置； (3) 风速超过 10m/s 时，禁止机舱外使用吊机； (4) 风速达 18m/s 及以上时，不得登塔作业； (5) 风速超过 12m/s 时，不得打开机舱盖； (6) 风速超过 14m/s 时，应关闭机舱盖； (7) 风速超过 12m/s 时，不得在轮毂内工作； (8) 风速超过 18m/s 时，不得在机舱内工作； (9) 风力发电机组有结冰现象且有覆冰掉落危险时，禁止人员靠近，并在风电场入口设置警戒区域； (10) 夏季高温作业做好防暑措施
检修前准备	交通	(1) 车况异常； (2) 驾乘人员未正确系安全带； (3) 道路结冰、湿滑、落石、塌方	(1) 人身伤害； (2) 车辆事故	3	6	3	54	2	(1) 出车前检查车况； (2) 行车过程中，驾乘人员正确系好安全带； (3) 根据道路情况，车辆装好防滑链，并定期对道路进行清理维护； (4) 车辆停放在风机上风向 20m 以外
	安全措施确认	(1) 未悬挂标示牌； (2) 风机是否停机； (3) 未锁定高速轴定位销或风轮盘	(1) 触电； (2) 机械伤害； (3) 设备故障	1	3	7	21	2	(1) 办理工作票，确认执行安全措施； (2) 使用个人防护用品； (3) 在塔基停机按钮处悬挂“禁止合闸，有人工作”标示牌； (4) 在风机平台位置悬挂“在此工作”标示牌

续表

作业步骤		危害因素	可能导致的后果	风险评价					控制措施
				L	E	C	D	风险程度	
检修前准备	安全交底	（1）扩大工作范围； （2）发电机转速大于500r/min，切至维护状态； （3）走错机位或误碰带电设备； （4）误碰旋转设备	（1）触电； （2）机械伤害； （3）设备故障	1	3	7	21	2	（1）工作前对工作班成员进行工作地点及任务明示； （2）对工作班成员进行安全技术交底
	个人防护用品准备	（1）未正确穿戴安全帽及工作服； （2）使用不合格的安全带	（1）触电； （2）高处坠落； （3）其他伤害	3	0.5	15	22.5	2	（1）正确穿戴安全帽及工作服； （2）使用在安全使用期内的安全带，并正确佩戴
	工器具准备	（1）使用的工器具无法达到工作要求； （2）工具不全，或工具破损； （3）使用的试验仪器超过检验期，仪器漏电或输出异常	（1）机械伤害； （2）触电	1	1	7	7	1	（1）工作前确认工器具及试验仪器状态，使用合格的工器具及试验仪器； （2）做好工具、消耗材料的准备工作
	工作班成员精神状态确认	（1）无法正常完成指定工作； （2）作业过程中无法清醒判断带电设备及旋转设备； （3）作业过程中出现昏厥现象	（1）触电； （2）机械伤害； （3）高处坠落； （4）设备故障	1	1	15	15	1	合理安排工作班成员，精神状态不佳者禁止工作
检修过程	攀爬风机	（1）塔筒平台盖板不牢固或未按规定盖好； （2）工器具未放入工具袋，随手携带； （3）未系安全带或未正确系好安全带； （4）未正确佩戴安全帽； （5）未开展安全带试坠	（1）高处坠落； （2）物体打击； （3）工器具损坏	1	3	15	45	2	（1）开工前增设围栏并悬挂警示牌； （2）对不牢固盖板进行加固； （3）检查免爬器或助爬器外观，系好安全带，使用工具袋等； （4）正确佩戴安全帽
	检查、更换维护开关	（1）装错接线； （2）误碰其他带电设备； （3）野蛮拆装设备； （4）虚接线路	（1）设备故障； （2）机械伤害	3	1	1	3	1	（1）与带电设备保持安全距离，并对带电区域悬挂标示牌，装设围栏； （2）工作人员应穿绝缘鞋； （3）进行回路改造或更换电气元件时，要注意检查控制箱各路电源是否断开，且接线端子、裸露线头可能从其他回路反送电，工作时应按要求戴好绝缘手套、穿好绝缘鞋、螺丝刀绑好绝缘胶布；

续表

作业步骤		危害因素	可能导致的后果	风险评价					控制措施
				L	E	C	D	风险程度	
检修过程	检查、更换维护开关								（4）拆卸接线时记录每个接线位置，更换完电气元件后，按记录逐一接线，保证接线正确，并检查接线是否牢固； （5）严禁错误使用工器具造成设备损坏，如用过大或过小的扳手替代标准尺寸的扳手，用一字螺丝刀替代十字螺丝刀，用十字螺丝刀替代内六角或内梅花螺丝刀等； （6）严禁野蛮拆装、检修设备，造成螺丝过力滑丝、设备开裂、设备变形等
恢复检验	结束工作	（1）遗漏工器具； （2）现场遗留检修杂物； （3）不结束工作票； （4）工作班成员未全部撤离	（1）人身伤害； （2）设备故障	3	3	3	27	2	（1）收齐并检查工器具； （2）清扫检修现场； （3）结束工作票

五、发电机检修

1. 测量发电机绝缘电阻

<table>
<tr><td colspan="4">部门：</td><td colspan="4">分析日期：</td><td colspan="2">记录编号：</td></tr>
<tr><td colspan="4">作业地点或分析范围：发电机</td><td colspan="6">分析人：</td></tr>
<tr><td colspan="10">作业内容描述：测量发电机绝缘电阻</td></tr>
<tr><td colspan="10">主要作业风险：(1) 人员思想不稳；(2) 人员精神状态不佳；(3) 着火；(4) 高处落物；(5) 车辆伤害；(6) 环境因素；(7) 触电；(8) 高处坠落</td></tr>
<tr><td colspan="10">控制措施：(1) 办理工作票，手动停机并切至维护状态，挂牌；(2) 穿戴个人防护用品；(3) 设备恢复运行状态前进行全面检查</td></tr>
<tr><td colspan="2">工作负责人签名：</td><td>日期：</td><td colspan="2">工作票签发人签名：</td><td colspan="2">日期：</td><td colspan="2">工作许可人签名：</td><td>日期：</td></tr>
<tr><td colspan="2" rowspan="2">作业步骤</td><td rowspan="2">危害因素</td><td rowspan="2">可能导致的后果</td><td colspan="5">风险评价</td><td rowspan="2">控制措施</td></tr>
<tr><td>L</td><td>E</td><td>C</td><td>D</td><td>风险程度</td></tr>
<tr><td>作业环境</td><td>环境</td><td>(1) 雷雨天气登塔作业或靠近风机；
(2) 大风天气作业；
(3) 冬季覆冰掉落；
(4) 夏季高温作业</td><td>人身伤害</td><td>6</td><td>1</td><td>7</td><td>42</td><td>2</td><td>(1) 雷雨天气禁止靠近风机，不得从事检修工作；
(2) 突遇雷雨天气时应及时撤离，来不及撤离时，双脚并拢站在安全位置；
(3) 风速超过 10m/s 时，禁止机舱外使用吊机；
(4) 风速达 18m/s 及以上时，不得登塔作业；
(5) 风速超过 12m/s 时，不得打开机舱盖；
(6) 风速超过 14m/s 时，应关闭机舱盖；
(7) 风速超过 12m/s 时，不得在轮毂内工作；
(8) 风速超过 18m/s 时，不得在机舱内工作；
(9) 风力发电机组有结冰现象且有覆冰掉落危险时，禁止人员靠近，并在风电场入口设置警戒区域；
(10) 夏季高温作业做好防暑措施</td></tr>
<tr><td rowspan="2">检修前准备</td><td>交通</td><td>(1) 车况异常；
(2) 驾乘人员未正确系安全带；
(3) 道路结冰、湿滑、落石、塌方</td><td>(1) 人身伤害；
(2) 车辆事故</td><td>3</td><td>6</td><td>3</td><td>54</td><td>2</td><td>(1) 出车前检查车况；
(2) 行车过程中，驾乘人员正确系好安全带；
(3) 根据道路情况，车辆装好防滑链，并定期对道路进行清理维护；
(4) 车辆停放在风机上风向 20m 以外</td></tr>
<tr><td>安全措施确认</td><td>(1) 未悬挂标示牌；
(2) 风机是否停机；
(3) 未锁定高速轴定位销或风轮盘</td><td>(1) 触电；
(2) 机械伤害；
(3) 设备故障</td><td>1</td><td>3</td><td>7</td><td>21</td><td>2</td><td>(1) 办理工作票，确认执行安全措施；
(2) 使用个人防护用品；
(3) 在塔基停机按钮处悬挂“禁止合闸，有人工作”标示牌；
(4) 在风机平台位置悬挂“在此工作”标示牌</td></tr>
</table>

续表

作业步骤		危害因素	可能导致的后果	风险评价					控制措施
				L	E	C	D	风险程度	
检修前准备	安全交底	(1) 扩大工作范围； (2) 发电机转速大于 500r/min，切至维护状态； (3) 走错机位或误碰带电设备； (4) 误碰旋转设备	(1) 触电； (2) 机械伤害； (3) 设备故障	1	3	7	21	2	(1) 工作前对工作班成员进行工作地点及任务明示； (2) 对工作班成员进行安全技术交底
	个人防护用品准备	(1) 未正确穿戴安全帽及工作服； (2) 使用不合格的安全带	(1) 触电； (2) 高处坠落； (3) 其他伤害	3	0.5	15	22.5	2	(1) 正确穿戴安全帽及工作服； (2) 使用在安全使用期内的安全带，并正确佩戴
	工器具准备	(1) 使用的工器具无法达到工作要求； (2) 工具不全，或工具破损； (3) 使用的试验仪器超过检验期，仪器漏电或输出异常	(1) 机械伤害； (2) 触电	1	1	7	7	1	(1) 工作前确认工器具及试验仪器状态，使用合格的工器具及试验仪器； (2) 做好工具、消耗材料的准备工作
	工作班成员精神状态确认	(1) 无法正常完成指定工作； (2) 作业过程中无法清醒判断带电设备及旋转设备； (3) 作业过程中出现昏厥现象	(1) 触电； (2) 机械伤害； (3) 高处坠落； (4) 设备故障	1	1	15	15	1	合理安排工作班成员，精神状态不佳者禁止工作
检修过程	攀爬风机	(1) 塔筒平台盖板不牢固或未按规定盖好； (2) 工器具未放入工具袋，随手携带； (3) 未系安全带或未正确系好安全带； (4) 未正确佩戴安全帽； (5) 未开展安全带试坠	(1) 高处坠落； (2) 物体打击； (3) 工器具损坏	1	3	15	45	2	(1) 开工前增设围栏并悬挂警示牌； (2) 对不牢固盖板进行加固； (3) 检查免爬器或助爬器外观，系好安全带，使用工具袋等； (4) 正确佩戴安全帽
	测量发电机绝缘电阻	(1) 测量设备不合格； (2) 工作前未验电； (3) 误碰带电设备； (4) 野蛮拆装设备； (5) 现场接线未恢复或力矩未达到规定值	(1) 设备故障； (2) 触电； (3) 数据不准	3	1	15	45	2	(1) 测量开始前，反复检查接线是否正确，是否存在虚接； (2) 测量前对绝缘电阻表进行检查，确定为检测合格的仪表； (3) 与带电设备保持安全距离，并对带电区域悬挂标示牌，装设围栏；

续表

作业步骤		危害因素	可能导致的后果	风险评价					控制措施
				L	E	C	D	风险程度	
检修过程	测量发电机绝缘电阻								(4) 工作人员应穿绝缘鞋； (5) 进行回路改造或更换电气元件时，要注意检查控制箱各路电源是否断开，且接线端子、裸露线头可能从其他回路反送电，工作时应按要求戴好绝缘手套、穿好绝缘鞋、螺丝刀绑好绝缘胶布； (6) 拆卸接线时记录每个接线位置，更换完电气元件后按照记录逐一接线，保证接线正确； (7) 高压试验工作应至少由2名熟悉高压试验操作规范的人员进行； (8) 严禁错误使用工器具造成设备损坏，如用过大或过小的扳手替代标准尺寸的扳手，用一字螺丝刀替代十字螺丝刀，用十字螺丝刀替代内六角或内梅花螺丝刀等； (9) 严禁野蛮拆装、检修设备，造成螺丝过力滑丝、设备开裂、设备变形等； (10) 工作前验电； (11) 检修完成后逐一检查力矩是否符合要求
恢复检验	结束工作	(1) 遗漏工器具； (2) 现场遗留检修杂物； (3) 不结束工作票； (4) 工作班成员未全部撤离	(1) 人身伤害； (2) 设备故障	3	3	3	27	2	(1) 收齐并检查工器具； (2) 清扫检修现场； (3) 结束工作票

2. 更换发电机轴承

部门：				分析日期：					记录编号：
作业地点或分析范围：发电机				分析人：					
作业内容描述：更换发电机轴承									
主要作业风险：（1）人员思想不稳；（2）人员精神状态不佳；（3）着火；（4）高处落物；（5）车辆伤害；（6）环境因素；（7）触电；（8）高处坠落									
控制措施：（1）办理工作票，手动停机并切至维护状态，挂牌；（2）穿戴个人防护用品；（3）设备恢复运行状态前进行全面检查									
工作负责人签名：		日期：	工作票签发人签名：		日期：		工作许可人签名：		日期：
作业步骤		危害因素	可能导致的后果	风险评价					控制措施
				L	*E*	*C*	*D*	风险程度	
作业环境	环境	（1）雷雨天气登塔作业或靠近风机； （2）大风天气作业； （3）冬季覆冰掉落； （4）夏季高温作业	人身伤害	6	1	7	42	2	（1）雷雨天气禁止靠近风机，不得从事检修工作； （2）突遇雷雨天气时应及时撤离，来不及撤离时，双脚并拢站在安全位置； （3）风速超过10m/s时，禁止机舱外使用吊机； （4）风速达18m/s及以上时，不得登塔作业； （5）风速超过12m/s时，不得打开机舱盖； （6）风速超过14m/s时，应关闭机舱盖； （7）风速超过12m/s时，不得在轮毂内工作； （8）风速超过18m/s时，不得在机舱内工作； （9）风力发电机组有结冰现象且有覆冰掉落危险时，禁止人员靠近，并在风电场入口设置警戒区域； （10）夏季高温作业做好防暑措施
检修前准备	交通	（1）车况异常； （2）驾乘人员未正确系安全带； （3）道路结冰、湿滑、落石、塌方	（1）人身伤害； （2）车辆事故	3	6	3	54	2	（1）出车前检查车况； （2）行车过程中，驾乘人员正确系好安全带； （3）根据道路情况，车辆装好防滑链，并定期对道路进行清理维护； （4）车辆停放在风机上风向20m以外
	安全措施确认	（1）未悬挂标示牌； （2）风机是否停机； （3）未锁定高速轴定位销或风轮盘	（1）触电； （2）机械伤害； （3）设备故障	1	3	7	21	2	（1）办理工作票，确认执行安全措施； （2）使用个人防护用品； （3）在塔基停机按钮处悬挂“禁止合闸，有人工作”标示牌； （4）在风机平台位置悬挂“在此工作”标示牌

续表

作业步骤		危害因素	可能导致的后果	风险评价					控制措施
				L	E	C	D	风险程度	
检修前准备	安全交底	(1) 扩大工作范围； (2) 发电机转速大于 500r/min，切至维护状态； (3) 走错机位或误碰带电设备； (4) 误碰旋转设备	(1) 触电； (2) 机械伤害； (3) 设备故障	1	3	7	21	2	(1) 工作前对工作班成员进行工作地点及任务明示； (2) 对工作班成员进行安全技术交底
	个人防护用品准备	(1) 未正确穿戴安全帽及工作服； (2) 使用不合格的安全带	(1) 触电； (2) 高处坠落； (3) 其他伤害	3	0.5	15	22.5	2	(1) 正确穿戴安全帽及工作服； (2) 使用在安全使用期内的安全带，并正确佩戴
	工器具准备	(1) 使用的工器具无法达到工作要求； (2) 工具不全，或工具破损； (3) 使用的试验仪器超过检验期，仪器漏电或输出异常	(1) 机械伤害； (2) 触电	1	1	7	7	1	(1) 工作前确认工器具及试验仪器状态，使用合格的工器具及试验仪器； (2) 做好工具、消耗材料的准备工作
	工作班成员精神状态确认	(1) 无法正常完成指定工作； (2) 作业过程中无法清醒判断带电设备及旋转设备； (3) 作业过程中出现昏厥现象	(1) 触电； (2) 机械伤害； (3) 高处坠落； (4) 设备故障	1	1	15	15	1	合理安排工作班成员，精神状态不佳者禁止工作
检修过程	攀爬风机	(1) 塔筒平台盖板不牢固或未按规定盖好； (2) 工器具未放入工具袋，随手携带； (3) 未系安全带或未正确系好安全带； (4) 未正确佩戴安全帽； (5) 未开展安全带试坠	(1) 高处坠落； (2) 物体打击； (3) 工器具损坏	1	3	15	45	2	(1) 开工前增设围栏并悬挂警示牌； (2) 对不牢固盖板进行加固； (3) 检查免爬器或助爬器外观，系好安全带，使用工具袋等； (4) 正确佩戴安全帽
	更换发电机轴承	(1) 高处落物； (2) 拆装轴承时被烫伤； (3) 设备力矩未达到规定值； (4) 野蛮拆装设备； (5) 未执行风轮锁紧措施；	(1) 设备故障； (2) 烫伤； (3) 物体打击； (4) 机械伤害； (5) 触电	3	1	7	21	2	(1) 工作人员应穿绝缘鞋； (2) 开始工作前，执行风轮锁紧措施； (3) 拆装轴承时戴隔热手套； (4) 使用吊机吊轴承时，应将轴承固定好，且下方 100m 半径内无人员、车辆逗留；

续表

作业步骤		危害因素	可能导致的后果	风险评价					控制措施
				L	E	C	D	风险程度	
检修过程	更换发电机轴承	（6）误碰其他带电设备； （7）折装轴承时被砸伤							（5）与带电设备保持安全距离，并对带电区域悬挂标示牌，装设围栏； （6）严禁错误使用工器具造成设备损坏，如用过大或过小的扳手替代标准尺寸的扳手，用一字螺丝刀替代十字螺丝刀，用十字螺丝刀替代内六角或内梅花螺丝刀等； （7）严禁野蛮拆装、检修设备，造成螺丝过力滑丝、设备开裂、设备变形等； （8）工作前进行验电； （9）检修完成后逐一检查力矩是否符合要求
恢复检验	结束工作	（1）遗漏工器具； （2）现场遗留检修杂物； （3）不结束工作票； （4）工作班成员未全部撤离	（1）人身伤害； （2）设备故障	3	3	3	27	2	（1）收齐并检查工器具； （2）清扫检修现场； （3）结束工作票

3. 更换发电机

<table>
<tr><td colspan="4">部门：</td><td colspan="5">分析日期：</td><td>记录编号：</td></tr>
<tr><td colspan="4">作业地点或分析范围：发电机</td><td colspan="6">分析人：</td></tr>
<tr><td colspan="10">作业内容描述：更换发电机</td></tr>
<tr><td colspan="10">主要作业风险：(1) 人员思想不稳；(2) 人员精神状态不佳；(3) 着火；(4) 高处落物；(5) 车辆伤害；(6) 环境因素；(7) 触电；(8) 高处坠落</td></tr>
<tr><td colspan="10">控制措施：(1) 办理工作票，手动停机并切至维护状态，挂牌；(2) 穿戴个人防护用品；(3) 设备恢复运行状态前进行全面检查</td></tr>
<tr><td colspan="2">工作负责人签名：</td><td>日期：</td><td>工作票签发人签名：</td><td colspan="2">日期：</td><td colspan="3">工作许可人签名：</td><td>日期：</td></tr>
<tr><td colspan="2" rowspan="2">作业步骤</td><td rowspan="2">危害因素</td><td rowspan="2">可能导致的后果</td><td colspan="5">风险评价</td><td rowspan="2">控制措施</td></tr>
<tr><td>L</td><td>E</td><td>C</td><td>D</td><td>风险程度</td></tr>
<tr><td>作业环境</td><td>环境</td><td>(1) 雷雨天气登塔作业或靠近风机；
(2) 大风天气作业；
(3) 冬季覆冰掉落；
(4) 夏季高温作业</td><td>人身伤害</td><td>6</td><td>1</td><td>7</td><td>42</td><td>2</td><td>(1) 雷雨天气禁止靠近风机，不得从事检修工作；
(2) 突遇雷雨天气时应及时撤离，来不及撤离时，双脚并拢站在安全位置；
(3) 风速超过 10m/s 时，禁止机舱外使用吊机；
(4) 风速达 18m/s 及以上时，不得登塔作业；
(5) 风速超过 12m/s 时，不得打开机舱盖；
(6) 风速超过 14m/s 时，应关闭机舱盖；
(7) 风速超过 12m/s 时，不得在轮毂内工作；
(8) 风速超过 18m/s 时，不得在机舱内工作；
(9) 风力发电机组有结冰现象且有覆冰掉落危险时，禁止人员靠近，并在风电场入口设置警戒区域；
(10) 夏季高温作业做好防暑措施</td></tr>
<tr><td rowspan="2">检修前准备</td><td>交通</td><td>(1) 车况异常；
(2) 驾乘人员未正确系安全带；
(3) 道路结冰、湿滑、落石、塌方</td><td>(1) 人身伤害；
(2) 车辆事故</td><td>3</td><td>6</td><td>3</td><td>54</td><td>2</td><td>(1) 出车前检查车况；
(2) 行车过程中，驾乘人员正确系好安全带；
(3) 根据道路情况，车辆装好防滑链，并定期对道路进行清理维护；
(4) 车辆停放在风机上风向 20m 以外</td></tr>
<tr><td>安全措施确认</td><td>(1) 未悬挂标示牌；
(2) 风机是否停机；
(3) 未锁定高速轴定位销或风轮盘</td><td>(1) 触电；
(2) 机械伤害；
(3) 设备故障</td><td>1</td><td>3</td><td>7</td><td>21</td><td>2</td><td>(1) 办理工作票，确认执行安全措施；
(2) 使用个人防护用品；
(3) 在塔基停机按钮处悬挂“禁止合闸，有人工作”标示牌；
(4) 在风机平台位置悬挂“在此工作”标示牌</td></tr>
</table>

续表

作业步骤		危害因素	可能导致的后果	风险评价					控制措施
				L	E	C	D	风险程度	
检修前准备	安全交底	（1）扩大工作范围； （2）发电机转速大于500r/min，切至维护状态； （3）走错机位或误碰带电设备； （4）误碰旋转设备	（1）触电； （2）机械伤害； （3）设备故障	1	3	7	21	2	（1）工作前对工作班成员进行工作地点及任务明示； （2）对工作班成员进行安全技术交底
	个人防护用品准备	（1）未正确穿戴安全帽及工作服； （2）使用不合格的安全带	（1）触电； （2）高处坠落； （3）其他伤害	3	0.5	15	22.5	2	（1）正确穿戴安全帽及工作服； （2）使用在安全使用期内的安全带，并正确佩戴
	工器具准备	（1）使用的工器具无法达到工作要求； （2）工具不全，或工具破损； （3）使用的试验仪器超过检验期，仪器漏电或输出异常	（1）机械伤害； （2）触电	1	1	7	7	1	（1）工作前确认工器具及试验仪器状态，使用合格的工器具及试验仪器； （2）做好工具、消耗材料的准备工作
	工作班成员精神状态确认	（1）无法正常完成指定工作； （2）作业过程中无法清醒判断带电设备及旋转设备； （3）作业过程中出现昏厥现象	（1）触电； （2）机械伤害； （3）高处坠落； （4）设备故障	1	1	15	15	1	合理安排工作班成员，精神状态不佳者禁止工作
检修过程	攀爬风机	（1）塔筒平台盖板不牢固或未按规定盖好； （2）工器具未放入工具袋，随手携带； （3）未系安全带或未正确系好安全带； （4）未正确佩戴安全帽； （5）未开展安全带试坠	（1）高处坠落； （2）物体打击； （3）工器具损坏	1	3	15	45	2	（1）开工前增设围栏并悬挂警示牌； （2）对不牢固盖板进行加固； （3）检查免爬器或助爬器外观，系好安全带，使用工具袋等； （4）正确佩戴安全帽
	更换发电机	（1）工作前未进行停电、验电、挂接地线； （2）使用不合格的工器具； （3）装置拆卸后乱放； （4）未执行起重吊装作业“十不吊”原则；	（1）设备故障； （2）触电； （3）高处落物； （4）物体打击	3	1	15	45	2	（1）工作前对风机箱式变压器低压侧进行停电、验电、挂接地线； （2）验电前对工具进行检查，应为检测合格的工器具； （3）拆卸接线前，记录每个接线的位置，安装时按照记录逐一接线，并检查接线是否牢固；

续表

作业步骤		危害因素	可能导致的后果	风险评价					控制措施
				L	E	C	D	风险程度	
检修过程	更换发电机	（5）吊车作业区域下方未严格执行隔离措施； （6）未执行起重作业前检查的各项内容； （7）作业现场存在可燃物、易燃物、助燃物； （8）临时用电插排无剩余电流动作装置； （9）在主变压器上方工作未正确穿戴安全带； （10）未回收发电机润滑油； （11）未执行风轮锁紧措施； （12）吊车操作人员无特种作业证； （13）安装时力矩未达到规定值							（4）在起吊任何大的零部件时，必须找平找正； （5）备件、设备要轻拿轻放，防止撞击造成设备损伤； （6）严禁野蛮拆装、检修设备，造成螺丝过力滑丝、设备开裂、设备变形等； （7）拆下的零部件应妥善保管，防止丢失、损坏； （8）动火作业前对需使用的氧气、乙炔罐体及减压阀、胶皮管、烤枪、回火保护器进行检查，检查无问题后方可动火作业，动火结束后检查场地无火种残留； （9）动火作业下方铺设好防火毯，工作结束必须切断焊机电源，并确认作业点周围无遗留火种后方可离开； （10）正确、安全地使用检验合格的带有剩余电流动作装置的电源线轴，且线轴配有专用检修箱电源插头； （11）动火作业间断、终结时清理并检查现场无残留火种； （12）高压试验工作应至少由2名熟悉高压试验操作规范的人员进行； （13）预试设备周围应设置隔离区域，悬挂警示带，并设专人监护； （14）对设备进行加压试验时应缓慢升压，升压过程中应保持头脑清醒、注意力集中，发现异常情况应立即停止升压并切断电源，待问题查清后方可继续进行试验； （15）试验结束后应对被试验设备充分放电，并由试验接线人员拆除被试验设备上的临时线，再由工作负责人进行仔细核查； （16）仔细检查钢丝绳和倒链，无断股、无开裂，所承受的荷重不准超过规定值； （17）正确使用吊环和U形环，使用前应仔细检查其完好性； （18）禁止绳锁与其他易损设备接触；

续表

作业步骤		危害因素	可能导致的后果	风险评价					控制措施
				L	E	C	D	风险程度	
检修过程	更换发电机								（19）使用倒链起吊时应做好防滑措施； （20）严禁站在拉紧的钢丝绳对面； （21）不得随意泼倒检修产生的废弃绝缘油，要倒至指定的废油池中集中处理； （22）设备需要补充的新油必须经试验合格，并与原设备使用的油品一致，若不一致必须做混油试验，合格后方可使用； （23）进行喷漆等作业时应戴好防毒面具； （24）检修完后逐一检查力矩是否符合要求
恢复检验	结束工作	（1）遗漏工器具； （2）现场遗留检修杂物； （3）不结束工作票； （4）工作班成员未全部撤离	（1）人身伤害； （2）设备故障	3	3	3	27	2	（1）收齐并检查工器具； （2）清扫检修现场； （3）结束工作票

4. 更换扭矩限制器

<table>
<tr><td colspan="3">部门：</td><td colspan="5">分析日期：</td><td>记录编号：</td></tr>
<tr><td colspan="3">作业地点或分析范围：主轴系统、发电机</td><td colspan="6">分析人：</td></tr>
<tr><td colspan="9">作业内容描述：更换扭矩限制器</td></tr>
<tr><td colspan="9">主要作业风险：(1) 人员思想不稳；(2) 人员精神状态不佳；(3) 着火；(4) 高处落物；(5) 车辆伤害；(6) 环境因素；(7) 触电；(8) 高处坠落</td></tr>
<tr><td colspan="9">控制措施：(1) 办理工作票，手动停机并切至维护状态，挂牌；(2) 穿戴个人防护用品；(3) 设备恢复运行状态前进行全面检查</td></tr>
<tr><td colspan="2">工作负责人签名：</td><td>日期：</td><td colspan="2">工作票签发人签名：</td><td colspan="2">日期：</td><td>工作许可人签名：</td><td>日期：</td></tr>
</table>

<table>
<tr><th colspan="2" rowspan="2">作业步骤</th><th rowspan="2">危害因素</th><th rowspan="2">可能导致的后果</th><th colspan="5">风险评价</th><th rowspan="2">控制措施</th></tr>
<tr><th>L</th><th>E</th><th>C</th><th>D</th><th>风险程度</th></tr>
<tr><td>作业环境</td><td>环境</td><td>(1) 雷雨天气登塔作业或靠近风机；
(2) 大风天气作业；
(3) 冬季覆冰掉落；
(4) 夏季高温作业</td><td>人身伤害</td><td>6</td><td>1</td><td>7</td><td>42</td><td>2</td><td>(1) 雷雨天气禁止靠近风机，不得从事检修工作；
(2) 突遇雷雨天气时应及时撤离，来不及撤离时，双脚并拢站在安全位置；
(3) 风速超过 10m/s 时，禁止机舱外使用吊机；
(4) 风速达 18m/s 及以上时，不得登塔作业；
(5) 风速超过 12m/s 时，不得打开机舱盖；
(6) 风速超过 14m/s 时，应关闭机舱盖；
(7) 风速超过 12m/s 时，不得在轮毂内工作；
(8) 风速超过 18m/s 时，不得在机舱内工作；
(9) 风力发电机组有结冰现象且有覆冰掉落危险时，禁止人员靠近，并在风电场入口设置警戒区域；
(10) 夏季高温作业做好防暑措施</td></tr>
<tr><td rowspan="2">检修前准备</td><td>交通</td><td>(1) 车况异常；
(2) 驾乘人员未正确系安全带；
(3) 道路结冰、湿滑、落石、塌方</td><td>(1) 人身伤害；
(2) 车辆事故</td><td>3</td><td>6</td><td>3</td><td>54</td><td>2</td><td>(1) 出车前检查车况；
(2) 行车过程中，驾乘人员正确系好安全带；
(3) 根据道路情况，车辆装好防滑链，并定期对道路进行清理维护；
(4) 车辆停放在风机上风向 20m 以外</td></tr>
<tr><td>安全措施确认</td><td>(1) 未悬挂标示牌；
(2) 风机是否停机；
(3) 未锁定高速轴定位销或风轮盘</td><td>(1) 触电；
(2) 机械伤害；
(3) 设备故障</td><td>1</td><td>3</td><td>7</td><td>21</td><td>2</td><td>(1) 办理工作票，确认执行安全措施；
(2) 使用个人防护用品；
(3) 在塔基停机按钮处悬挂“禁止合闸，有人工作”标示牌；
(4) 在风机平台位置悬挂“在此工作”标示牌</td></tr>
</table>

续表

作业步骤		危害因素	可能导致的后果	风险评价					控制措施
				L	*E*	*C*	*D*	风险程度	
检修前准备	安全交底	（1）扩大工作范围； （2）发电机转速大于 500r/min，切至维护状态； （3）走错机位或误碰带电设备； （4）误碰旋转设备	（1）触电； （2）机械伤害； （3）设备故障	1	3	7	21	2	（1）工作前对工作班成员进行工作地点及任务明示； （2）对工作班成员进行安全技术交底
	个人防护用品准备	（1）未正确穿戴安全帽及工作服； （2）使用不合格的安全带	（1）触电； （2）高处坠落； （3）其他伤害	3	0.5	15	22.5	2	（1）正确穿戴安全帽及工作服； （2）使用在安全使用期内的安全带，并正确佩戴
	工器具准备	（1）使用的工器具无法达到工作要求； （2）工具不全，或工具破损； （3）使用的试验仪器超过检验期，仪器漏电或输出异常	（1）机械伤害； （2）触电	1	1	7	7	1	（1）工作前确认工器具及试验仪器状态，使用合格的工器具及试验仪器； （2）做好工具、消耗材料的准备工作
	工作班成员精神状态确认	（1）无法正常完成指定工作； （2）作业过程中无法清醒判断带电设备及旋转设备； （3）作业过程中出现昏厥现象	（1）触电； （2）机械伤害； （3）高处坠落； （4）设备故障	1	1	15	15	1	合理安排工作班成员，精神状态不佳者禁止工作
检修过程	攀爬风机	（1）塔筒平台盖板不牢固或未按规定盖好； （2）工器具未放入工具袋，随手携带； （3）未系安全带或未正确系好安全带； （4）未正确佩戴安全帽； （5）未开展安全带试坠	（1）高处坠落； （2）物体打击； （3）工器具损坏	1	3	15	45	2	（1）开工前增设围栏并悬挂警示牌； （2）对不牢固盖板进行加固； （3）检查免爬器或助爬器外观，系好安全带，使用工具袋等； （4）正确佩戴安全帽
	更换扭矩限制器	（1）使用不合格的工器具； （2）误碰其他带电设备； （3）力矩不达标； （4）野蛮拆装设备； （5）未执行风轮锁紧措施	（1）设备故障； （2）触电	3	1	15	45	2	（1）与带电设备保持安全距离，并对带电区域悬挂标示牌，装设围栏； （2）工作人员应穿绝缘鞋； （3）检查力矩扳手，应检验合格； （4）执行风轮锁紧措施；

续表

作业步骤		危害因素	可能导致的后果	风险评价					控制措施
				L	E	C	D	风险程度	
检修过程	更换扭矩限制器								（5）严禁错误使用工器具造成设备损坏，如用过大或过小的扳手替代标准尺寸的扳手，用一字螺丝刀替代十字螺丝刀；用十字螺丝刀替代内六角或内梅花螺丝刀等； （6）严禁野蛮拆装、检修设备，造成螺丝过力滑丝、设备开裂、设备变形等； （7）检修完成后逐一检查力矩是否符合要求
恢复检验	结束工作	（1）遗漏工器具； （2）现场遗留检修杂物； （3）不结束工作票； （4）工作班成员未全部撤离	（1）人身伤害； （2）设备故障	3	3	3	27	2	（1）收齐并检查工器具； （2）清扫检修现场； （3）结束工作票

5. 更换发电机主炭刷、接地炭刷

部门：			分析日期：		记录编号：
作业地点或分析范围：发电机			分析人：		
作业内容描述：更换发电机主炭刷、接地炭刷					
主要作业风险：（1）人员思想不稳；（2）人员精神状态不佳；（3）着火；（4）高处落物；（5）车辆伤害；（6）环境因素；（7）触电；（8）高处坠落					
控制措施：（1）办理工作票，手动停机并切至维护状态，挂牌；（2）穿戴个人防护用品；（3）设备恢复运行状态前进行全面检查					
工作负责人签名：	日期：	工作票签发人签名：	日期：	工作许可人签名：	日期：

作业步骤		危害因素	可能导致的后果	风险评价					控制措施
				L	E	C	D	风险程度	
作业环境	环境	（1）雷雨天气登塔作业或靠近风机； （2）大风天气作业； （3）冬季覆冰掉落； （4）夏季高温作业	人身伤害	6	1	7	42	2	（1）雷雨天气禁止靠近风机，不得从事检修工作； （2）突遇雷雨天气时应及时撤离，来不及撤离时，双脚并拢站在安全位置； （3）风速超过 10m/s 时，禁止机舱外使用吊机； （4）风速达 18m/s 及以上时，不得登塔作业； （5）风速超过 12m/s 时，不得打开机舱盖； （6）风速超过 14m/s 时，应关闭机舱盖； （7）风速超过 12m/s 时，不得在轮毂内工作； （8）风速超过 18m/s 时，不得在机舱内工作； （9）风力发电机组有结冰现象且有覆冰掉落危险时，禁止人员靠近，并在风电场入口设置警戒区域； （10）夏季高温作业做好防暑措施
检修前准备	交通	（1）车况异常； （2）驾乘人员未正确系安全带； （3）道路结冰、湿滑、落石、塌方	（1）人身伤害； （2）车辆事故	3	6	3	54	2	（1）出车前检查车况； （2）行车过程中，驾乘人员正确系好安全带； （3）根据道路情况，车辆装好防滑链，并定期对道路进行清理维护； （4）车辆停放在风机上风向 20m 以外
	安全措施确认	（1）未悬挂标示牌； （2）风机是否停机； （3）未锁定高速轴定位销或风轮盘	（1）触电； （2）机械伤害； （3）设备故障	1	3	7	21	2	（1）办理工作票，确认执行安全措施； （2）使用个人防护用品； （3）在塔基停机按钮处悬挂“禁止合闸，有人工作”标示牌； （4）在风机平台位置悬挂“在此工作”标示牌

续表

作业步骤		危害因素	可能导致的后果	风险评价					控制措施
				L	E	C	D	风险程度	
检修前准备	安全交底	(1) 扩大工作范围； (2) 发电机转速大于500r/min，切至维护状态； (3) 走错机位或误碰带电设备； (4) 误碰旋转设备	(1) 触电； (2) 机械伤害； (3) 设备故障	1	3	7	21	2	(1) 工作前对工作班成员进行工作地点及任务明示； (2) 对工作班成员进行安全技术交底
	个人防护用品准备	(1) 未正确佩戴安全帽及工作服； (2) 使用不合格的安全带	(1) 触电； (2) 高处坠落； (3) 其他伤害	3	0.5	15	22.5	2	(1) 正确穿戴安全帽及工作服； (2) 使用在安全使用期内的安全带，并正确佩戴
	工器具准备	(1) 使用的工器具无法达到工作要求； (2) 工具不全，或工具破损； (3) 使用的试验仪器超过检验期，仪器漏电或输出异常	(1) 机械伤害； (2) 触电	1	1	7	7	1	(1) 工作前确认工器具及试验仪器状态，使用合格的工器具及试验仪器； (2) 做好工具、消耗材料的准备工作
	工作班成员精神状态确认	(1) 无法正常完成指定工作； (2) 作业过程中无法清醒判断带电设备及旋转设备； (3) 作业过程中出现昏厥现象	(1) 触电； (2) 机械伤害； (3) 高处坠落； (4) 设备故障	1	1	15	15	1	合理安排工作班成员，精神状态不佳者禁止工作
检修过程	攀爬风机	(1) 塔筒平台盖板不牢固或未按规定盖好； (2) 工器具未放入工具袋，随手携带； (3) 未系安全带或未正确系好安全带； (4) 未正确佩戴安全帽； (5) 未开展安全带试坠	(1) 高处坠落； (2) 物体打击； (3) 工器具损坏	1	3	15	45	2	(1) 开工前增设围栏并悬挂警示牌； (2) 对不牢固盖板进行加固； (3) 检查免爬器或助爬器外观，系好安全带，使用工具袋等； (4) 正确佩戴安全帽
	更换发电机主炭刷、接地炭刷	(1) 误碰其他带电设备； (2) 使用不合格的工器具； (3) 野蛮拆装设备； (4) 未戴防护口罩	(1) 人身伤害； (2) 触电	3	1	15	45	2	(1) 与带电设备保持安全距离，并对带电区域悬挂标示牌，装设围栏； (2) 工作时，工作人员应戴防护口罩； (3) 测量炭刷前，检查工器具，应检验合格； (4) 进行回路改造或更换电气元件时，要注意检查控制箱各路电源是否断开，且接线端子、裸露线头可能从其他回路反送电，工作时应按要求戴好绝缘手套、穿好绝缘鞋、螺丝刀绑好绝缘胶布；

续表

作业步骤		危害因素	可能导致的后果	风险评价					控制措施
				L	E	C	D	风险程度	
检修过程	更换发电机主炭刷、接地炭刷								（5）拆卸接线时记录每个接线位置，更换完电气元件后按记录逐一接线，保证接线正确； （6）严禁错误使用工器具造成设备损坏，如用过大或过小的扳手替代标准尺寸的扳手，用一字螺丝刀替代十字螺丝刀，用十字螺丝刀替代内六角或内梅花螺丝刀等； （7）严禁野蛮拆装、检修设备，造成螺丝过力滑丝、设备开裂、设备变形等
恢复检验	结束工作	（1）遗漏工器具； （2）现场遗留检修杂物； （3）不结束工作票； （4）工作班成员未全部撤离	（1）人身伤害； （2）设备故障	3	3	3	27	2	（1）收齐并检查工器具； （2）清扫检修现场； （3）结束工作票

6. 更换发电机编码器

部门：		分析日期：	记录编号：
作业地点或分析范围：发电机		分析人：	

作业内容描述：更换发电机编码器

主要作业风险：（1）人员思想不稳；（2）人员精神状态不佳；（3）着火；（4）高处落物；（5）车辆伤害；（6）环境因素；（7）触电；（8）高处坠落

控制措施：（1）办理工作票，手动停机并切至维护状态，挂牌；（2）穿戴个人防护用品；（3）设备恢复运行状态前进行全面检查

工作负责人签名：	日期：	工作票签发人签名：	日期：	工作许可人签名：	日期：

作业步骤		危害因素	可能导致的后果	风险评价					控制措施
				L	E	C	D	风险程度	
作业环境	环境	（1）雷雨天气登塔作业或靠近风机； （2）大风天气作业； （3）冬季覆冰掉落； （4）夏季高温作业	人身伤害	6	1	7	42	2	（1）雷雨天气禁止靠近风机，不得从事检修工作； （2）突遇雷雨天气时应及时撤离，来不及撤离时，双脚并拢站在安全位置； （3）风速超过10m/s时，禁止机舱外使用吊机； （4）风速达18m/s及以上时，不得登塔作业； （5）风速超过12m/s时，不得打开机舱盖； （6）风速超过14m/s时，应关闭机舱盖； （7）风速超过12m/s时，不得在轮毂内工作； （8）风速超过18m/s时，不得在机舱内工作； （9）风力发电机组有结冰现象且有覆冰掉落危险时，禁止人员靠近，并在风电场入口设置警戒区域； （10）夏季高温作业做好防暑措施
检修前准备	交通	（1）车况异常； （2）驾乘人员未正确系安全带； （3）道路结冰、湿滑、落石、塌方	（1）人身伤害； （2）车辆事故	3	6	3	54	2	（1）出车前检查车况； （2）行车过程中，驾乘人员正确系好安全带； （3）根据道路情况，车辆装好防滑链，并定期对道路进行清理维护； （4）车辆停放在风机上风向20m以外
	安全措施确认	（1）未悬挂标示牌； （2）风机是否停机； （3）未锁定高速轴定位销或风轮盘	（1）触电； （2）机械伤害； （3）设备故障	1	3	7	21	2	（1）办理工作票，确认执行安全措施； （2）使用个人防护用品； （3）在塔基停机按钮处悬挂“禁止合闸，有人工作”标示牌； （4）在风机平台位置悬挂“在此工作”标示牌

续表

<table>
<tr><th colspan="2" rowspan="2">作业步骤</th><th rowspan="2">危害因素</th><th rowspan="2">可能导致的后果</th><th colspan="5">风险评价</th><th rowspan="2">控制措施</th></tr>
<tr><th>L</th><th>E</th><th>C</th><th>D</th><th>风险程度</th></tr>
<tr><td rowspan="4">检修前准备</td><td>安全交底</td><td>(1) 扩大工作范围；
(2) 发电机转速大于500r/min，切至维护状态；
(3) 走错机位或误碰带电设备；
(4) 误碰旋转设备</td><td>(1) 触电；
(2) 机械伤害；
(3) 设备故障</td><td>1</td><td>3</td><td>7</td><td>21</td><td>2</td><td>(1) 工作前对工作班成员进行工作地点及任务明示；
(2) 对工作班成员进行安全技术交底</td></tr>
<tr><td>个人防护用品准备</td><td>(1) 未正确穿戴安全帽及工作服；
(2) 使用不合格的安全带</td><td>(1) 触电；
(2) 高处坠落；
(3) 其他伤害</td><td>3</td><td>0.5</td><td>15</td><td>22.5</td><td>2</td><td>(1) 正确穿戴安全帽及工作服；
(2) 使用在安全使用期内的安全带，并正确佩戴</td></tr>
<tr><td>工器具准备</td><td>(1) 使用的工器具无法达到工作要求；
(2) 工具不全，或工具破损；
(3) 使用的试验仪器超过检验期，仪器漏电或输出异常</td><td>(1) 机械伤害；
(2) 触电</td><td>1</td><td>1</td><td>7</td><td>7</td><td>1</td><td>(1) 工作前确认工器具及试验仪器状态，使用合格的工器具及试验仪器；
(2) 做好工具、消耗材料的准备工作</td></tr>
<tr><td>工作班成员精神状态确认</td><td>(1) 无法正常完成指定工作；
(2) 作业过程中无法清醒判断带电设备及旋转设备；
(3) 作业过程中出现昏厥现象</td><td>(1) 触电；
(2) 机械伤害；
(3) 高处坠落；
(4) 设备故障</td><td>1</td><td>1</td><td>15</td><td>15</td><td>1</td><td>合理安排工作班成员，精神状态不佳者禁止工作</td></tr>
<tr><td rowspan="2">检修过程</td><td>攀爬风机</td><td>(1) 塔筒平台盖板不牢固或未按规定盖好；
(2) 工器具未放入工具袋，随手携带；
(3) 未系安全带或未正确系好安全带；
(4) 未正确佩戴安全帽；
(5) 未开展安全带试坠</td><td>(1) 高处坠落；
(2) 物体打击；
(3) 工器具损坏</td><td>1</td><td>3</td><td>15</td><td>45</td><td>2</td><td>(1) 开工前增设围栏并悬挂警示牌；
(2) 对不牢固盖板进行加固；
(3) 检查免爬器或助爬器外观，系好安全带，使用工具袋等；
(4) 正确佩戴安全帽</td></tr>
<tr><td>更换发电机编码器</td><td>(1) 装错接线；
(2) 误碰其他带电设备；
(3) 野蛮拆装设备；
(4) 虚接线路</td><td>(1) 设备故障；
(2) 触电</td><td>3</td><td>1</td><td>15</td><td>45</td><td>2</td><td>(1) 与带电设备保持安全距离，并对带电区域悬挂标示牌，装设围栏；
(2) 工作人员应穿绝缘鞋；
(3) 进行回路改造或更换电气元件时，要注意检查控制箱各路电源是否断开，且接线端子、裸露线头可能从其他回路反送电，工作时应按要求戴好绝缘手套、穿好绝缘鞋、螺丝刀绑好绝缘胶布；</td></tr>
</table>

续表

作业步骤		危害因素	可能导致的后果	风险评价					控制措施
				L	E	C	D	风险程度	
检修过程	更换发电机编码器								（4）拆卸接线时记录每个接线位置，更换完电气元件后按记录逐一接线，保证接线正确并检查接线是否牢固； （5）严禁错误使用工器具造成设备损坏，如用过大或过小的扳手替代标准尺寸的扳手，用一字螺丝刀替代十字螺丝刀，用十字螺丝刀替代内六角或内梅花螺丝刀等； （6）严禁野蛮拆装、检修设备，造成螺丝过力滑丝、设备开裂、设备变形等
恢复检验	结束工作	（1）遗漏工器具； （2）现场遗留检修杂物； （3）不结束工作票； （4）工作班成员未全部撤离	（1）人身伤害； （2）设备故障	3	3	3	27	2	（1）收齐并检查工器具； （2）清扫检修现场； （3）结束工作票

7. 更换发电机注油泵

<table>
<tr><td colspan="4">部门：</td><td colspan="5">分析日期：</td><td>记录编号：</td></tr>
<tr><td colspan="4">作业地点或分析范围：发电机注油泵</td><td colspan="6">分析人：</td></tr>
<tr><td colspan="10">作业内容描述：更换发电机注油泵</td></tr>
<tr><td colspan="10">主要作业风险：（1）人员思想不稳；（2）人员精神状态不佳；（3）着火；（4）高处落物；（5）车辆伤害；（6）环境因素；（7）触电；（8）高处坠落</td></tr>
<tr><td colspan="10">控制措施：（1）办理工作票，手动停机并切至维护状态，挂牌；（2）穿戴个人防护用品；（3）设备恢复运行状态前进行全面检查</td></tr>
<tr><td colspan="2">工作负责人签名：</td><td>日期：</td><td colspan="2">工作票签发人签名：</td><td colspan="3">日期：</td><td>工作许可人签名：</td><td>日期：</td></tr>
<tr><td colspan="2" rowspan="2">作业步骤</td><td rowspan="2">危害因素</td><td rowspan="2">可能导致的后果</td><td colspan="5">风险评价</td><td rowspan="2">控制措施</td></tr>
<tr><td>L</td><td>E</td><td>C</td><td>D</td><td>风险程度</td></tr>
<tr><td>作业环境</td><td>环境</td><td>（1）雷雨天气登塔作业或靠近风机；
（2）大风天气作业；
（3）冬季覆冰掉落；
（4）夏季高温作业</td><td>人身伤害</td><td>6</td><td>1</td><td>7</td><td>42</td><td>2</td><td>（1）雷雨天气禁止靠近风机，不得从事检修工作；
（2）突遇雷雨天气时应及时撤离，来不及撤离时，双脚并拢站在安全位置；
（3）风速超过 10m/s 时，禁止机舱外使用吊机；
（4）风速达 18m/s 及以上时，不得登塔作业；
（5）风速超过 12m/s 时，不得打开机舱盖；
（6）风速超过 14m/s 时，应关闭机舱盖；
（7）风速超过 12m/s 时，不得在轮毂内工作；
（8）风速超过 18m/s 时，不得在机舱内工作；
（9）风力发电机组有结冰现象且有覆冰掉落危险时，禁止人员靠近，并在风电场入口设置警戒区域；
（10）夏季高温作业做好防暑措施</td></tr>
<tr><td rowspan="2">检修前准备</td><td>交通</td><td>（1）车况异常；
（2）驾乘人员未正确系安全带；
（3）道路结冰、湿滑、落石、塌方</td><td>（1）人身伤害；
（2）车辆事故</td><td>3</td><td>6</td><td>3</td><td>54</td><td>2</td><td>（1）出车前检查车况；
（2）行车过程中，驾乘人员正确系好安全带；
（3）根据道路情况，车辆装好防滑链，并定期对道路进行清理维护；
（4）车辆停放在风机上风向 20m 以外</td></tr>
<tr><td>安全措施确认</td><td>（1）未悬挂标示牌；
（2）风机是否停机；
（3）未锁定高速轴定位销或风轮盘</td><td>（1）触电；
（2）机械伤害；
（3）设备故障</td><td>1</td><td>3</td><td>7</td><td>21</td><td>2</td><td>（1）办理工作票，确认执行安全措施；
（2）使用个人防护用品；
（3）在塔基停机按钮处悬挂“禁止合闸，有人工作”标示牌；
（4）在风机平台位置悬挂“在此工作”标示牌</td></tr>
</table>

续表

作业步骤		危害因素	可能导致的后果	风险评价					控制措施
				L	E	C	D	风险程度	
检修前准备	安全交底	(1) 扩大工作范围; (2) 发电机转速大于 500r/min,切至维护状态; (3) 走错机位或误碰带电设备; (4) 误碰旋转设备	(1) 触电; (2) 机械伤害; (3) 设备故障	1	3	7	21	2	(1) 工作前对工作班成员进行工作地点及任务明示; (2) 对工作班成员进行安全技术交底
	个人防护用品准备	(1) 未正确穿戴安全帽及工作服; (2) 使用不合格的安全带	(1) 触电; (2) 高处坠落; (3) 其他伤害	3	0.5	15	22.5	2	(1) 正确穿戴安全帽及工作服; (2) 使用在安全使用期内的安全带,并正确佩戴
	工器具准备	(1) 使用的工器具无法达到工作要求; (2) 工具不全,或工具破损; (3) 使用的试验仪器超过检验期,仪器漏电或输出异常	(1) 机械伤害; (2) 触电	1	1	7	7	1	(1) 工作前确认工器具及试验仪器状态,使用合格的工器具及试验仪器; (2) 做好工具、消耗材料的准备工作
	工作班成员精神状态确认	(1) 无法正常完成指定工作; (2) 作业过程中无法清醒判断带电设备及旋转设备; (3) 作业过程中出现昏厥现象	(1) 触电; (2) 机械伤害; (3) 高处坠落; (4) 设备故障	1	1	15	15	1	合理安排工作班成员,精神状态不佳者禁止工作
检修过程	攀爬风机	(1) 塔筒平台盖板不牢固或未按规定盖好; (2) 工器具未放入工具袋,随手携带; (3) 未系安全带或未正确系好安全带; (4) 未正确佩戴安全帽; (5) 未开展安全带试坠	(1) 高处坠落; (2) 物体打击; (3) 工器具损坏	1	3	15	45	2	(1) 开工前增设围栏并悬挂警示牌; (2) 对不牢固盖板进行加固; (3) 检查免爬器或助爬器外观,系好安全带,使用工具袋等; (4) 正确佩戴安全帽
	更换发电机注油泵	(1) 高处落物; (2) 现场力矩未达标; (3) 未执行风轮锁紧措施; (4) 误碰其他带电设备; (5) 野蛮拆装设备;	(1) 设备故障; (2) 物体打击; (3) 触电	3	1	3	9	1	(1) 工作人员应穿绝缘鞋; (2) 开始工作前,执行风轮锁紧措施; (3) 使用吊机吊注油泵时,将注油泵固定好,下方 100m 内无人员、车辆逗留; (4) 与带电设备保持安全距离,并对带电区域悬挂标示牌,装设围栏;

续表

作业步骤		危害因素	可能导致的后果	风险评价					控制措施
				L	E	C	D	风险程度	
检修过程	更换发电机注油泵	（6）未断开注油泵工作电源空气断路器； （7）拆装注油泵时被砸伤							（5）进行回路改造或更换电气元件时，要注意检查控制箱各路电源是否断开，且接线端子、裸露线头可能从其他回路反送电，工作时应按要求戴好绝缘手套、穿好绝缘鞋、螺丝刀绑好绝缘胶布； （6）拆卸接线时记录每个接线位置，更换完电气元件后按记录逐一接线，保证接线正确； （7）严禁错误使用工器具造成设备损坏，如用过大或过小的扳手替代标准尺寸的扳手，用一字螺丝刀替代十字螺丝刀，用十字螺丝刀替代内六角或内梅花螺丝刀等； （8）严禁野蛮拆装、检修设备，造成螺丝过力滑丝、设备开裂、设备变形等； （9）工作开始前断开注油泵工作电源空气断路器； （10）逐一检查螺栓力矩情况
恢复检验	结束工作	（1）遗漏工器具； （2）现场遗留检修杂物； （3）不结束工作票； （4）工作班成员未全部撤离	（1）人身伤害； （2）设备故障	3	3	3	27	2	（1）收齐并检查工器具； （2）清扫检修现场； （3）结束工作票

8. 更换发电机集电环

部门：				分析日期：					记录编号：
作业地点或分析范围：发电机				分析人：					
作业内容描述：更换发电机集电环									
主要作业风险：（1）人员思想不稳；（2）人员精神状态不佳；（3）着火；（4）高处落物；（5）车辆伤害；（6）环境因素；（7）触电；（8）高处坠落									
控制措施：（1）办理工作票，手动停机并切至维护状态，挂牌；（2）穿戴个人防护用品；（3）设备恢复运行状态前进行全面检查									
工作负责人签名：	日期：	工作票签发人签名：		日期：		工作许可人签名：			日期：

作业步骤		危害因素	可能导致的后果	风险评价					控制措施
				L	*E*	*C*	*D*	风险程度	
作业环境	环境	（1）雷雨天气登塔作业或靠近风机； （2）大风天气作业； （3）冬季覆冰掉落； （4）夏季高温作业	人身伤害	6	1	7	42	2	（1）雷雨天气禁止靠近风机，不得从事检修工作； （2）突遇雷雨天气时应及时撤离，来不及撤离时，双脚并拢站在安全位置； （3）风速超过 10m/s 时，禁止机舱外使用吊机； （4）风速达 18m/s 及以上时，不得登塔作业； （5）风速超过 12m/s 时，不得打开机舱盖； （6）风速超过 14m/s 时，应关闭机舱盖； （7）风速超过 12m/s 时，不得在轮毂内工作； （8）风速超过 18m/s 时，不得在机舱内工作； （9）风力发电机组有结冰现象且有覆冰掉落危险时，禁止人员靠近，并在风电场入口设置警戒区域； （10）夏季高温作业做好防暑措施
检修前准备	交通	（1）车况异常； （2）驾乘人员未正确系安全带； （3）道路结冰、湿滑、落石、塌方	（1）人身伤害； （2）车辆事故	3	6	3	54	2	（1）出车前检查车况； （2）行车过程中，驾乘人员正确系好安全带； （3）根据道路情况，车辆装好防滑链，并定期对道路进行清理维护； （4）车辆停放在风机上风向 20m 以外
	安全措施确认	（1）未悬挂标示牌； （2）风机是否停机； （3）未锁定高速轴定位销或风轮盘	（1）触电； （2）机械伤害； （3）设备故障	1	3	7	21	2	（1）办理工作票，确认执行安全措施； （2）使用个人防护用品； （3）在塔基停机按钮处悬挂“禁止合闸，有人工作”标示牌； （4）在风机平台位置悬挂“在此工作”标示牌

续表

作业步骤		危害因素	可能导致的后果	风险评价					控制措施
				L	E	C	D	风险程度	
检修前准备	安全交底	（1）扩大工作范围； （2）发电机转速大于 500r/min，切至维护状态； （3）走错机位或误碰带电设备； （4）误碰旋转设备	（1）触电； （2）机械伤害； （3）设备故障	1	3	7	21	2	（1）工作前对工作班成员进行工作地点及任务明示； （2）对工作班成员进行安全技术交底
	个人防护用品准备	（1）未正确穿戴安全帽及工作服； （2）使用不合格的安全带	（1）触电； （2）高处坠落； （3）其他伤害	3	0.5	15	22.5	2	（1）正确穿戴安全帽及工作服； （2）使用在安全使用期内的安全带，并正确佩戴
	工器具准备	（1）使用的工器具无法达到工作要求； （2）工具不全，或工具破损； （3）使用的试验仪器超过检验期，仪器漏电或输出异常	（1）机械伤害； （2）触电	1	1	7	7	1	（1）工作前确认工器具及试验仪器状态，使用合格的工器具及试验仪器； （2）做好工具、消耗材料的准备工作
	工作班成员精神状态确认	（1）无法正常完成指定工作； （2）作业过程中无法清醒判断带电设备及旋转设备； （3）作业过程中出现昏厥现象	（1）触电； （2）机械伤害； （3）高处坠落； （4）设备故障	1	1	15	15	1	合理安排工作班成员，精神状态不佳者禁止工作
检修过程	攀爬风机	（1）塔筒平台盖板不牢固或未按规定盖好； （2）工器具未放入工具袋，随手携带； （3）未系安全带或未正确系好安全带； （4）未正确佩戴安全帽； （5）未开展安全带试坠	（1）高处坠落； （2）物体打击； （3）工器具损坏	1	3	15	45	2	（1）开工前增设围栏并悬挂警示牌； （2）对不牢固盖板进行加固； （3）检查免爬器或助爬器外观，系好安全带，使用工具袋等； （4）正确佩戴安全帽
	更换发电机集电环	（1）高处落物； （2）现场力矩未达标； （3）误碰其他带电设备； （4）野蛮拆装设备； （5）未断开集电环工作电源空气断路器； （6）拆装集电环时被砸伤	（1）设备故障； （2）物体打击； （3）触电	3	1	7	21	2	（1）工作人员应穿绝缘鞋； （2）使用吊机吊集电环时，将集电环固定好，下方 100m 半径内无人员、车辆逗留； （3）与带电设备保持安全距离，并对带电区域悬挂标示牌，装设围栏；

续表

作业步骤		危害因素	可能导致的后果	风险评价					控制措施
				L	E	C	D	风险程度	
检修过程	更换发电机集电环								（4）进行回路改造或更换电气元件时，要注意检查控制箱各路电源是否断开，且接线端子、裸露线头可能从其他回路反送电，工作时应按要求戴好绝缘手套、穿好绝缘鞋、螺丝刀绑好绝缘胶布； （5）拆卸接线时记录每个接线位置，更换完电气元件后按记录逐一接线，保证接线正确； （6）严禁错误使用工器具造成设备损坏，如用过大或过小的扳手替代标准尺寸的扳手，用一字螺丝刀替代十字螺丝刀，用十字螺丝刀替代内六角或内梅花螺丝刀等； （7）严禁野蛮拆装、检修设备，造成螺丝过力滑丝、设备开裂、设备变形等； （8）断开集电环工作电源空气断路器； （9）逐一检查螺栓力矩情况
恢复检验	结束工作	（1）遗漏工器具； （2）现场遗留检修杂物； （3）不结束工作票； （4）工作班成员未全部撤离	（1）人身伤害； （2）设备故障	3	3	3	27	2	（1）收齐并检查工器具； （2）清扫检修现场； （3）结束工作票

9. 更换发电机 PT100

<table>
<tr><td colspan="3">部门：</td><td colspan="5">分析日期：</td><td colspan="2">记录编号：</td></tr>
<tr><td colspan="3">作业地点或分析范围：发电机</td><td colspan="7">分析人：</td></tr>
<tr><td colspan="10">作业内容描述：更换发电机 PT100</td></tr>
<tr><td colspan="10">主要作业风险：（1）人员思想不稳；（2）人员精神状态不佳；（3）着火；（4）高处落物；（5）车辆伤害；（6）环境因素；（7）触电；（8）高处坠落</td></tr>
<tr><td colspan="10">控制措施：（1）办理工作票，手动停机并切至维护状态，挂牌；（2）穿戴个人防护用品；（3）设备恢复运行状态前进行全面检查</td></tr>
<tr><td colspan="2">工作负责人签名：</td><td>日期：</td><td>工作票签发人签名：</td><td colspan="3">日期：</td><td colspan="2">工作许可人签名：</td><td>日期：</td></tr>
<tr><td colspan="2" rowspan="2">作业步骤</td><td rowspan="2">危害因素</td><td rowspan="2">可能导致的后果</td><td colspan="5">风险评价</td><td rowspan="2">控制措施</td></tr>
<tr><td>L</td><td>E</td><td>C</td><td>D</td><td>风险程度</td></tr>
<tr><td>作业环境</td><td>环境</td><td>（1）雷雨天气登塔作业或靠近风机；
（2）大风天气作业；
（3）冬季覆冰掉落；
（4）夏季高温作业</td><td>人身伤害</td><td>6</td><td>1</td><td>7</td><td>42</td><td>2</td><td>（1）雷雨天气禁止靠近风机，不得从事检修工作；
（2）突遇雷雨天气时应及时撤离，来不及撤离时，双脚并拢站在安全位置；
（3）风速超过 10m/s 时，禁止机舱外使用吊机；
（4）风速达 18m/s 及以上时，不得登塔作业；
（5）风速超过 12m/s 时，不得打开机舱盖；
（6）风速超过 14m/s 时，应关闭机舱盖；
（7）风速超过 12m/s 时，不得在轮毂内工作；
（8）风速超过 18m/s 时，不得在机舱内工作；
（9）风力发电机组有结冰现象且有覆冰掉落危险时，禁止人员靠近，并在风电场入口设置警戒区域；
（10）夏季高温作业做好防暑措施</td></tr>
<tr><td rowspan="2">检修前准备</td><td>交通</td><td>（1）车况异常；
（2）驾乘人员未正确系安全带；
（3）道路结冰、湿滑、落石、塌方</td><td>（1）人身伤害；
（2）车辆事故</td><td>3</td><td>6</td><td>3</td><td>54</td><td>2</td><td>（1）出车前检查车况；
（2）行车过程中，驾乘人员正确系好安全带；
（3）根据道路情况，车辆装好防滑链，并定期对道路进行清理维护；
（4）车辆停放在风机上风向 20m 以外</td></tr>
<tr><td>安全措施确认</td><td>（1）未悬挂标示牌；
（2）风机是否停机；
（3）未锁定高速轴定位销或风轮盘</td><td>（1）触电；
（2）机械伤害；
（3）设备故障</td><td>1</td><td>3</td><td>7</td><td>21</td><td>2</td><td>（1）办理工作票，确认执行安全措施；
（2）使用个人防护用品；
（3）在塔基停机按钮处悬挂“禁止合闸，有人工作”标示牌；
（4）在风机平台位置悬挂“在此工作”标示牌</td></tr>
</table>

续表

作业步骤		危害因素	可能导致的后果	风险评价					控制措施
				L	E	C	D	风险程度	
检修前准备	安全交底	（1）扩大工作范围； （2）发电机转速大于500r/min，切至维护状态； （3）走错机位或误碰带电设备； （4）误碰旋转设备	（1）触电； （2）机械伤害； （3）设备故障	1	3	7	21	2	（1）工作前对工作班成员进行工作地点及任务明示； （2）对工作班成员进行安全技术交底
	个人防护用品准备	（1）未正确穿戴安全帽及工作服； （2）使用不合格的安全带	（1）触电； （2）高处坠落； （3）其他伤害	3	0.5	15	22.5	2	（1）正确穿戴安全帽及工作服； （2）使用在安全使用期内的安全带，并正确佩戴
	工器具准备	（1）使用的工器具无法达到工作要求； （2）工具不全，或工具破损； （3）使用的试验仪器超过检验期，仪器漏电或输出异常	（1）机械伤害； （2）触电	1	1	7	7	1	（1）工作前确认工器具及试验仪器状态，使用合格的工器具及试验仪器； （2）做好工具、消耗材料的准备工作
	工作班成员精神状态确认	（1）无法正常完成指定工作； （2）作业过程中无法清醒判断带电设备及旋转设备； （3）作业过程中出现昏厥现象	（1）触电； （2）机械伤害； （3）高处坠落； （4）设备故障	1	1	15	15	1	合理安排工作班成员，精神状态不佳者禁止工作
检修过程	攀爬风机	（1）塔筒平台盖板不牢固或未按规定盖好； （2）工器具未放入工具袋，随手携带； （3）未系安全带或未正确系好安全带； （4）未正确佩戴安全帽； （5）未开展安全带试坠	（1）高处坠落； （2）物体打击； （3）工器具损坏	1	3	15	45	2	（1）开工前增设围栏并悬挂警示牌； （2）对不牢固盖板进行加固； （3）检查免爬器或助爬器外观，系好安全带，使用工具袋等； （4）正确佩戴安全帽
	更换发电机PT100	（1）装错接线； （2）误碰其他带电设备； （3）野蛮拆装设备； （4）虚接线路	（1）设备故障； （2）触电	3	1	15	45	2	（1）与带电设备保持安全距离，并对带电区域悬挂标示牌，装设围栏； （2）工作人员应穿绝缘鞋； （3）进行回路改造或更换电气元件时，要注意检查控制箱各路电源是否断开，且接线端子、裸露线头可能从其他回路反送电，工作时应按要求戴好绝缘手套、穿好绝缘鞋、螺丝刀绑好绝缘胶布；

续表

作业步骤		危害因素	可能导致的后果	风险评价					控制措施
				L	E	C	D	风险程度	
检修过程	更换发电机PT100								（4）拆卸接线时记录每个接线位置，更换完电气元件后，按记录逐一接线，保证接线正确，并检查接线是否牢固； （5）严禁错误使用工器具造成设备损坏，如用过大或过小的扳手替代标准尺寸的扳手，用一字螺丝刀替代十字螺丝刀，用十字螺丝刀替代内六角或内梅花螺丝刀等； （6）严禁野蛮拆装、检修设备，造成螺丝过力滑丝、设备开裂、设备变形等
恢复检验	结束工作	（1）遗漏工器具； （2）现场遗留检修杂物； （3）不结束工作票； （4）工作班成员未全部撤离	（1）人身伤害； （2）设备故障	3	3	3	27	2	（1）收齐并检查工器具； （2）清扫检修现场； （3）结束工作票

10. 添加发电机润滑油脂

部门：		分析日期：		记录编号：	
作业地点或分析范围：发电机		分析人：			
作业内容描述：添加发电机润滑油脂					
主要作业风险：(1) 人员思想不稳；(2) 人员精神状态不佳；(3) 着火；(4) 高处落物；(5) 车辆伤害；(6) 环境因素；(7) 触电；(8) 高处坠落					
控制措施：(1) 办理工作票，手动停机并切至维护状态，挂牌；(2) 穿戴个人防护用品；(3) 设备恢复运行状态前进行全面检查					
工作负责人签名：	日期：	工作票签发人签名：	日期：	工作许可人签名：	日期：

作业步骤		危害因素	可能导致的后果	风险评价					控制措施
				L	E	C	D	风险程度	
作业环境	环境	(1) 雷雨天气登塔作业或靠近风机； (2) 大风天气作业； (3) 冬季覆冰掉落； (4) 夏季高温作业	人身伤害	6	1	7	42	2	(1) 雷雨天气禁止靠近风机，不得从事检修工作； (2) 突遇雷雨天气时应及时撤离，来不及撤离时，双脚并拢站在安全位置； (3) 风速超过 10m/s 时，禁止机舱外使用吊机； (4) 风速达 18m/s 及以上时，不得登塔作业； (5) 风速超过 12m/s 时，不得打开机舱盖； (6) 风速超过 14m/s 时，应关闭机舱盖； (7) 风速超过 12m/s 时，不得在轮毂内工作； (8) 风速超过 18m/s 时，不得在机舱内工作； (9) 风力发电机组有结冰现象且有覆冰掉落危险时，禁止人员靠近，并在风电场入口设置警戒区域； (10) 夏季高温作业做好防暑措施
检修前准备	交通	(1) 车况异常； (2) 驾乘人员未正确系安全带； (3) 道路结冰、湿滑、落石、塌方	(1) 人身伤害； (2) 车辆事故	3	6	3	54	2	(1) 出车前检查车况； (2) 行车过程中，驾乘人员正确系好安全带； (3) 根据道路情况，车辆装好防滑链，并定期对道路进行清理维护； (4) 车辆停放在风机上风向 20m 以外
	安全措施确认	(1) 未悬挂标示牌； (2) 风机是否停机； (3) 未锁定高速轴定位销或风轮盘	(1) 触电； (2) 机械伤害； (3) 设备故障	1	3	7	21	2	(1) 办理工作票，确认执行安全措施； (2) 使用个人防护用品； (3) 在塔基停机按钮处悬挂“禁止合闸，有人工作”标示牌； (4) 在风机平台位置悬挂“在此工作”标示牌

续表

作业步骤		危害因素	可能导致的后果	风险评价					控制措施
				L	E	C	D	风险程度	
检修前准备	安全交底	（1）扩大工作范围； （2）发电机转速大于 500r/min，切至维护状态； （3）走错机位或误碰带电设备； （4）误碰旋转设备	（1）触电； （2）机械伤害； （3）设备故障	1	3	7	21	2	（1）工作前对工作班成员进行工作地点及任务明示； （2）对工作班成员进行安全技术交底
	个人防护用品准备	（1）未正确穿戴安全帽及工作服； （2）使用不合格的安全带	（1）触电； （2）高处坠落； （3）其他伤害	3	0.5	15	22.5	2	（1）正确穿戴安全帽及工作服； （2）使用在安全使用期内的安全带，并正确佩戴
	工器具准备	（1）使用的工器具无法达到工作要求； （2）工具不全，或工具破损； （3）使用的试验仪器超过检验期，仪器漏电或输出异常	（1）机械伤害； （2）触电	1	1	7	7	1	（1）工作前确认工器具及试验仪器状态，使用合格的工器具及试验仪器； （2）做好工具、消耗材料的准备工作
	工作班成员精神状态确认	（1）无法正常完成指定工作； （2）作业过程中无法清醒判断带电设备及旋转设备； （3）作业过程中出现昏厥现象	（1）触电； （2）机械伤害； （3）高处坠落； （4）设备故障	1	1	15	15	1	合理安排工作班成员，精神状态不佳者禁止工作
检修过程	攀爬风机	（1）塔筒平台盖板不牢固或未按规定盖好； （2）工器具未放入工具袋，随手携带； （3）未系安全带或未正确系好安全带； （4）未正确佩戴安全帽； （5）未开展安全带试坠	（1）高处坠落； （2）物体打击； （3）工器具损坏	1	3	15	45	2	（1）开工前增设围栏并悬挂警示牌； （2）对不牢固盖板进行加固； （3）检查免爬器或助爬器外观，系好安全带，使用工具袋等； （4）正确佩戴安全帽
	添加发电机润滑油脂	（1）误碰其他带电设备； （2）身体接触润滑油脂	（1）设备故障； （2）触电； （3）油腐蚀	3	2	1	6	1	（1）与带电设备保持安全距离，并对带电区域悬挂标示牌，装设围栏； （2）工作人员应穿绝缘鞋； （3）添加油脂时，戴防油腐蚀手套

续表

作业步骤		危害因素	可能导致的后果	风险评价					控制措施
				L	E	C	D	风险程度	
恢复检验	结束工作	(1) 遗漏工器具; (2) 现场遗留检修杂物; (3) 不结束工作票; (4) 工作班成员未全部撤离	(1) 人身伤害; (2) 设备故障	3	3	3	27	2	(1) 收齐并检查工器具; (2) 清扫检修现场; (3) 结束工作票

六、液压系统检修

1. 更换油位传感器

<table>
<tr><td colspan="4">部门：</td><td colspan="3">分析日期：</td><td colspan="3">记录编号：</td></tr>
<tr><td colspan="4">作业地点或分析范围：液压系统</td><td colspan="6">分析人：</td></tr>
<tr><td colspan="10">作业内容描述：更换油位传感器</td></tr>
<tr><td colspan="10">主要作业风险：(1) 人员思想不稳；(2) 人员精神状态不佳；(3) 着火；(4) 高处落物；(5) 车辆伤害；(6) 环境因素；(7) 触电；(8) 高处坠落</td></tr>
<tr><td colspan="10">控制措施：(1) 办理工作票，手动停机并切至维护状态，挂牌；(2) 穿戴个人防护用品；(3) 设备恢复运行状态前进行全面检查</td></tr>
<tr><td colspan="2">工作负责人签名：</td><td>日期：</td><td>工作票签发人签名：</td><td colspan="2">日期：</td><td colspan="2">工作许可人签名：</td><td colspan="2">日期：</td></tr>
<tr><td colspan="2" rowspan="2">作业步骤</td><td rowspan="2">危害因素</td><td rowspan="2">可能导致的后果</td><td colspan="5">风险评价</td><td rowspan="2">控制措施</td></tr>
<tr><td>L</td><td>E</td><td>C</td><td>D</td><td>风险程度</td></tr>
<tr><td>作业环境</td><td>环境</td><td>(1) 雷雨天气登塔作业或靠近风机；
(2) 大风天气作业；
(3) 冬季覆冰掉落；
(4) 夏季高温作业</td><td>人身伤害</td><td>6</td><td>1</td><td>7</td><td>42</td><td>2</td><td>(1) 雷雨天气禁止靠近风机，不得从事检修工作；
(2) 突遇雷雨天气时应及时撤离，来不及撤离时，双脚并拢站在安全位置；
(3) 风速超过 10m/s 时，禁止机舱外使用吊机；
(4) 风速达 18m/s 及以上时，不得登塔作业；
(5) 风速超过 12m/s 时，不得打开机舱盖；
(6) 风速超过 14m/s 时，应关闭机舱盖；
(7) 风速超过 12m/s 时，不得在轮毂内工作；
(8) 风速超过 18m/s 时，不得在机舱内工作；
(9) 风力发电机组有结冰现象且有覆冰掉落危险时，禁止人员靠近，并在风电场入口设置警戒区域；
(10) 夏季高温作业做好防暑措施</td></tr>
<tr><td rowspan="2">检修前准备</td><td>交通</td><td>(1) 车况异常；
(2) 驾乘人员未正确系安全带；
(3) 道路结冰、湿滑、落石、塌方</td><td>(1) 人身伤害；
(2) 车辆事故；</td><td>3</td><td>6</td><td>3</td><td>54</td><td>2</td><td>(1) 出车前检查车况；
(2) 行车过程中，驾乘人员正确系好安全带；
(3) 根据道路情况，车辆装好防滑链，并定期对道路进行清理维护；
(4) 车辆停放在风机上风向 20m 以外</td></tr>
<tr><td>安全措施确认</td><td>(1) 未悬挂标示牌；
(2) 风机是否停机；
(3) 未锁定高速轴定位销或风轮盘</td><td>(1) 触电；
(2) 机械伤害；
(3) 设备故障</td><td>1</td><td>3</td><td>7</td><td>21</td><td>2</td><td>(1) 办理工作票，确认执行安全措施；
(2) 使用个人防护用品；
(3) 在塔基停机按钮处悬挂“禁止合闸，有人工作”标示牌；
(4) 在风机平台位置悬挂“在此工作”标示牌</td></tr>
</table>

续表

作业步骤		危害因素	可能导致的后果	风险评价					控制措施
				L	E	C	D	风险程度	
检修前准备	安全交底	(1) 扩大工作范围； (2) 发电机转速大于 500r/min，切至维护状态； (3) 走错机位或误碰带电设备； (4) 误碰旋转设备	(1) 触电； (2) 机械伤害； (3) 设备故障	1	3	7	21	2	(1) 工作前对工作班成员进行工作地点及任务明示； (2) 对工作班成员进行安全技术交底
	个人防护用品准备	(1) 未正确穿戴安全帽及工作服； (2) 使用不合格的安全带	(1) 触电； (2) 高处坠落； (3) 其他伤害	3	0.5	15	22.5	2	(1) 正确穿戴安全帽及工作服； (2) 使用在安全使用期内的安全带，并正确佩戴
	工器具准备	(1) 使用的工器具无法达到工作要求； (2) 工具不全，或工具破损； (3) 使用的试验仪器超过检验期，仪器漏电或输出异常	(1) 机械伤害； (2) 触电	1	1	7	7	1	(1) 工作前确认工器具及试验仪器状态，使用合格的工器具及试验仪器； (2) 做好工具、消耗材料的准备工作
	工作班成员精神状态确认	(1) 无法正常完成指定工作； (2) 作业过程中无法清醒判断带电设备及旋转设备； (3) 作业过程中出现昏厥现象	(1) 触电； (2) 机械伤害； (3) 高处坠落； (4) 设备故障	1	1	15	15	1	合理安排工作班成员，精神状态不佳者禁止工作
检修过程	攀爬风机	(1) 塔筒平台盖板不牢固或未按规定盖好； (2) 工器具未放入工具袋，随手携带； (3) 未系安全带或未正确系好安全带； (4) 未正确佩戴安全帽； (5) 未开展安全带试坠	(1) 高处坠落； (2) 物体打击； (3) 工器具损坏	1	3	15	45	2	(1) 开工前增设围栏并悬挂警示牌； (2) 对不牢固盖板进行加固； (3) 检查免爬器或助爬器外观，系好安全带，使用工具袋等； (4) 正确佩戴安全帽
	更换油位传感器	(1) 误碰其他带电设备； (2) 身体接触润滑油脂； (3) 装错接线； (4) 野蛮拆装设备； (5) 虚接线路	(1) 设备故障； (2) 触电； (3) 油腐蚀	3	1	15	45	2	(1) 与带电设备保持安全距离，并对带电区域悬挂标示牌，装设围栏； (2) 工作人员应穿绝缘鞋； (3) 进行回路改造或更换电气元件时，要注意检查控制箱各路电源是否断开，且接线端子、裸露线头可能从其他回路反送电，工作时应按要求戴好绝缘手套、穿好绝缘鞋、螺丝刀绑好绝缘胶布；

续表

作业步骤		危害因素	可能导致的后果	风险评价					控制措施
				L	E	C	D	风险程度	
检修过程	更换油位传感器								（4）拆卸接线时记录每个接线位置，更换完电气元件后按记录逐一接线，保证接线正确，并检查接线是否牢固； （5）严禁错误使用工器具造成设备损坏，如用过大或过小的扳手替代标准尺寸的扳手，用一字螺丝刀替代十字螺丝刀，用十字螺丝刀替代内六角或内梅花螺丝刀等； （6）严禁野蛮拆装、检修设备，造成螺丝过力滑丝、设备开裂、设备变形等； （7）添加油脂时，戴防油腐蚀手套
恢复检验	结束工作	（1）遗漏工器具； （2）现场遗留检修杂物； （3）不结束工作票； （4）工作班成员未全部撤离	（1）人身伤害； （2）设备故障	3	3	3	27	2	（1）收齐并检查工器具； （2）清扫检修现场； （3）结束工作票

2. 加注液压油

部门：					分析日期：					记录编号：
作业地点或分析范围：液压系统					分析人：					
作业内容描述：加注液压油										
主要作业风险：（1）人员思想不稳；（2）人员精神状态不佳；（3）着火；（4）高处落物；（5）车辆伤害；（6）环境因素；（7）触电；（8）高处坠落										
控制措施：（1）办理工作票，手动停机并切至维护状态，挂牌；（2）穿戴个人防护用品；（3）设备恢复运行状态前进行全面检查										
工作负责人签名：		日期：		工作票签发人签名：		日期：		工作许可人签名：		日期：
作业步骤		危害因素	可能导致的后果	风险评价					控制措施	
				L	*E*	*C*	*D*	风险程度		
作业环境	环境	（1）雷雨天气登塔作业或靠近风机； （2）大风天气作业； （3）冬季覆冰掉落； （4）夏季高温作业	人身伤害	6	1	7	42	2	（1）雷雨天气禁止靠近风机，不得从事检修工作； （2）突遇雷雨天气时应及时撤离，来不及撤离时，双脚并拢站在安全位置； （3）风速超过10m/s时，禁止机舱外使用吊机； （4）风速达18m/s及以上时，不得登塔作业； （5）风速超过12m/s时，不得打开机舱盖； （6）风速超过14m/s时，应关闭机舱盖； （7）风速超过12m/s时，不得在轮毂内工作； （8）风速超过18m/s时，不得在机舱内工作； （9）风力发电机组有结冰现象且有覆冰掉落危险时，禁止人员靠近，并在风电场入口设置警戒区域； （10）夏季高温作业做好防暑措施	
检修前准备	交通	（1）车况异常； （2）驾乘人员未正确系安全带； （3）道路结冰、湿滑、落石、塌方	（1）人身伤害； （2）车辆事故	3	6	3	54	2	（1）出车前检查车况； （2）行车过程中，驾乘人员正确系好安全带； （3）根据道路情况，车辆装好防滑链，并定期对道路进行清理维护； （4）车辆停放在风机上风向20m以外	
	安全措施确认	（1）未悬挂标示牌； （2）风机是否停机； （3）未锁定高速轴定位销或风轮盘	（1）触电； （2）机械伤害； （3）设备故障	1	3	7	21	2	（1）办理工作票，确认执行安全措施； （2）使用个人防护用品； （3）在塔基停机按钮处悬挂“禁止合闸，有人工作”标示牌； （4）在风机平台位置悬挂“在此工作”标示牌	

续表

作业步骤		危害因素	可能导致的后果	风险评价					控制措施
				L	E	C	D	风险程度	
检修前准备	安全交底	(1) 扩大工作范围； (2) 发电机转速大于500r/min，切至维护状态； (3) 走错机位或误碰带电设备； (4) 误碰旋转设备	(1) 触电； (2) 机械伤害； (3) 设备故障	1	3	7	21	2	(1) 工作前对工作班成员进行工作地点及任务明示； (2) 对工作班成员进行安全技术交底
	个人防护用品准备	(1) 未正确穿戴安全帽及工作服； (2) 使用不合格的安全带	(1) 触电； (2) 高处坠落； (3) 其他伤害	3	0.5	15	22.5	2	(1) 正确穿戴安全帽及工作服； (2) 使用在安全使用期内的安全带，并正确佩戴
	工器具准备	(1) 使用的工器具无法达到工作要求； (2) 工具不全，或工具破损； (3) 使用的试验仪器超过检验期，仪器漏电或输出异常	(1) 机械伤害； (2) 触电	1	1	7	7	1	(1) 工作前确认工器具及试验仪器状态，使用合格的工器具及试验仪器； (2) 做好工具、消耗材料的准备工作
	工作班成员精神状态确认	(1) 无法正常完成指定工作； (2) 作业过程中无法清醒判断带电设备及旋转设备； (3) 作业过程中出现昏厥现象	(1) 触电； (2) 机械伤害； (3) 高处坠落； (4) 设备故障	1	1	15	15	1	合理安排工作班成员，精神状态不佳者禁止工作
检修过程	攀爬风机	(1) 塔筒平台盖板不牢固或未按规定盖好； (2) 工器具未放入工具袋，随手携带； (3) 未系安全带或未正确系好安全带； (4) 未正确佩戴安全帽； (5) 未开展安全带试坠	(1) 高处坠落； (2) 物体打击； (3) 工器具损坏	1	3	15	45	2	(1) 开工前增设围栏并悬挂警示牌； (2) 对不牢固盖板进行加固； (3) 检查免爬器或助爬器外观，系好安全带，使用工具袋等； (4) 正确佩戴安全帽
	加注液压油	(1) 误碰其他带电设备； (2) 身体接触润滑油脂	(1) 设备故障； (2) 触电； (3) 油腐蚀	3	1	1	3	1	(1) 与带电设备保持安全距离，并对带电区域悬挂标示牌，装设围栏； (2) 工作人员应穿绝缘鞋； (3) 添加油脂时，戴防油腐蚀手套

续表

作业步骤		危害因素	可能导致的后果	风险评价					控制措施
				L	E	C	D	风险程度	
恢复检验	结束工作	(1) 遗漏工器具; (2) 现场遗留检修杂物; (3) 不结束工作票; (4) 工作班成员未全部撤离	(1) 人身伤害; (2) 设备故障	3	3	3	27	2	(1) 收齐并检查工器具; (2) 清扫检修现场; (3) 结束工作票

3. 更换液压阀

<table>
<tr><td colspan="3">部门：</td><td colspan="4">分析日期：</td><td colspan="2">记录编号：</td></tr>
<tr><td colspan="3">作业地点或分析范围：液压系统</td><td colspan="6">分析人：</td></tr>
<tr><td colspan="9">作业内容描述：更换液压阀</td></tr>
<tr><td colspan="9">主要作业风险：(1) 人员思想不稳；(2) 人员精神状态不佳；(3) 着火；(4) 高处落物；(5) 车辆伤害；(6) 环境因素；(7) 触电；(8) 高处坠落</td></tr>
<tr><td colspan="9">控制措施：(1) 办理工作票，手动停机并切至维护状态，挂牌；(2) 穿戴个人防护用品；(3) 设备恢复运行状态前进行全面检查</td></tr>
<tr><td colspan="2">工作负责人签名：</td><td>日期：</td><td colspan="2">工作票签发人签名：</td><td colspan="2">日期：</td><td>工作许可人签名：</td><td>日期：</td></tr>
</table>

<table>
<tr><th colspan="2" rowspan="2">作业步骤</th><th rowspan="2">危害因素</th><th rowspan="2">可能导致的后果</th><th colspan="5">风险评价</th><th rowspan="2">控制措施</th></tr>
<tr><th>L</th><th>E</th><th>C</th><th>D</th><th>风险程度</th></tr>
<tr><td>作业环境</td><td>环境</td><td>(1) 雷雨天气登塔作业或靠近风机；
(2) 大风天气作业；
(3) 冬季覆冰掉落；
(4) 夏季高温作业</td><td>人身伤害</td><td>6</td><td>1</td><td>7</td><td>42</td><td>2</td><td>(1) 雷雨天气禁止靠近风机，不得从事检修工作；
(2) 突遇雷雨天气时应及时撤离，来不及撤离时，双脚并拢站在安全位置；
(3) 风速超过 10m/s 时，禁止机舱外使用吊机；
(4) 风速达 18m/s 及以上时，不得登塔作业；
(5) 风速超过 12m/s 时，不得打开机舱盖；
(6) 风速超过 14m/s 时，应关闭机舱盖；
(7) 风速超过 12m/s 时，不得在轮毂内工作；
(8) 风速超过 18m/s 时，不得在机舱内工作；
(9) 风力发电机组有结冰现象且有覆冰掉落危险时，禁止人员靠近，并在风电场入口设置警戒区域；
(10) 夏季高温作业做好防暑措施</td></tr>
<tr><td rowspan="2">检修前准备</td><td>交通</td><td>(1) 车况异常；
(2) 驾乘人员未正确系安全带；
(3) 道路结冰、湿滑、落石、塌方</td><td>(1) 人身伤害；
(2) 车辆事故</td><td>3</td><td>6</td><td>3</td><td>54</td><td>2</td><td>(1) 出车前检查车况；
(2) 行车过程中，驾乘人员正确系好安全带；
(3) 根据道路情况，车辆装好防滑链，并定期对道路进行清理维护；
(4) 车辆停放在风机上风向 20m 以外</td></tr>
<tr><td>安全措施确认</td><td>(1) 未悬挂标示牌；
(2) 风机是否停机；
(3) 未锁定高速轴定位销或风轮盘</td><td>(1) 触电；
(2) 机械伤害；
(3) 设备故障</td><td>1</td><td>3</td><td>7</td><td>21</td><td>2</td><td>(1) 办理工作票，确认执行安全措施；
(2) 使用个人防护用品；
(3) 在塔基停机按钮处悬挂“禁止合闸，有人工作”标示牌；
(4) 在风机平台位置悬挂“在此工作”标示牌</td></tr>
</table>

续表

作业步骤		危害因素	可能导致的后果	风险评价					控制措施
				L	*E*	*C*	*D*	风险程度	
检修前准备	安全交底	(1) 扩大工作范围； (2) 发电机转速大于500r/min，切至维护状态； (3) 走错机位或误碰带电设备； (4) 误碰旋转设备	(1) 触电； (2) 机械伤害； (3) 设备故障	1	3	7	21	2	(1) 工作前对工作班成员进行工作地点及任务明示； (2) 对工作班成员进行安全技术交底
	个人防护用品准备	(1) 未正确穿戴安全帽及工作服； (2) 使用不合格的安全带	(1) 触电； (2) 高处坠落； (3) 其他伤害	3	0.5	15	22.5	2	(1) 正确穿戴安全帽及工作服； (2) 使用在安全使用期内的安全带，并正确佩戴
	工器具准备	(1) 使用的工器具无法达到工作要求； (2) 工具不全，或工具破损； (3) 使用的试验仪器超过检验期，仪器漏电或输出异常	(1) 机械伤害； (2) 触电	1	1	7	7	1	(1) 工作前确认工器具及试验仪器状态，使用合格的工器具及试验仪器； (2) 做好工具、消耗材料的准备工作
	工作班成员精神状态确认	(1) 无法正常完成指定工作； (2) 作业过程中无法清醒判断带电设备及旋转设备； (3) 作业过程中出现昏厥现象	(1) 触电； (2) 机械伤害； (3) 高处坠落； (4) 设备故障	1	1	15	15	1	合理安排工作班成员，精神状态不佳者禁止工作
检修过程	攀爬风机	(1) 塔筒平台盖板不牢固或未按规定盖好； (2) 工器具未放入工具袋，随手携带； (3) 未系安全带或未正确系好安全带； (4) 未正确佩戴安全帽； (5) 未开展安全带试坠	(1) 高处坠落； (2) 物体打击； (3) 工器具损坏	1	3	15	45	2	(1) 开工前增设围栏并悬挂警示牌； (2) 对不牢固盖板进行加固； (3) 检查免爬器或助爬器外观，系好安全带，使用工具袋等； (4) 正确佩戴安全帽
	更换液压阀	(1) 误碰其他带电设备； (2) 身体接触润滑油脂； (3) 野蛮拆装设备； (4) 设备力矩未达标	(1) 设备故障； (2) 触电； (3) 油腐蚀	3	1	15	45	2	(1) 与带电设备保持安全距离，并对带电区域悬挂标示牌，装设围栏； (2) 工作人员应穿绝缘鞋； (3) 逐一检查螺栓力矩情况；

续表

作业步骤		危害因素	可能导致的后果	风险评价					控制措施
				L	*E*	*C*	*D*	风险程度	
检修过程	更换液压阀								(4) 严禁错误使用工器具造成设备损坏，如用过大或过小的扳手替代标准尺寸的扳手，用一字螺丝刀替代十字螺丝刀，用十字螺丝刀替代内六角或内梅花螺丝刀等； (5) 严禁野蛮拆装、检修设备，造成螺丝过力滑丝、设备开裂、设备变形等； (6) 添加油脂时，戴防油腐蚀手套
恢复检验	结束工作	(1) 遗漏工器具； (2) 现场遗留检修杂物； (3) 不结束工作票； (4) 工作班成员未全部撤离	(1) 人身伤害； (2) 设备故障	3	3	3	27	2	(1) 收齐并检查工器具； (2) 清扫检修现场； (3) 结束工作票

4. 更换滤芯

部门：					分析日期：					记录编号：
作业地点或分析范围：液压系统					分析人：					
作业内容描述：更换滤芯										
主要作业风险：(1) 人员思想不稳；(2) 人员精神状态不佳；(3) 着火；(4) 高处落物；(5) 车辆伤害；(6) 环境因素；(7) 触电；(8) 高处坠落										
控制措施：(1) 办理工作票，手动停机并切至维护状态，挂牌；(2) 穿戴个人防护用品；(3) 设备恢复运行状态前进行全面检查										
工作负责人签名：	日期：	工作票签发人签名：		日期：		工作许可人签名：		日期：		

作业步骤		危害因素	可能导致的后果	风险评价					控制措施
				L	E	C	D	风险程度	
作业环境	环境	(1) 雷雨天气登塔作业或靠近风机； (2) 大风天气作业； (3) 冬季覆冰掉落； (4) 夏季高温作业	人身伤害	6	1	7	42	2	(1) 雷雨天气禁止靠近风机，不得从事检修工作； (2) 突遇雷雨天气时应及时撤离，来不及撤离时，双脚并拢站在安全位置； (3) 风速超过 10m/s 时，禁止机舱外使用吊机； (4) 风速达 18m/s 及以上时，不得登塔作业； (5) 风速超过 12m/s 时，不得打开机舱盖； (6) 风速超过 14m/s 时，应关闭机舱盖； (7) 风速超过 12m/s 时，不得在轮毂内工作； (8) 风速超过 18m/s 时，不得在机舱内工作； (9) 风力发电机组有结冰现象且有覆冰掉落危险时，禁止人员靠近，并在风电场入口设置警戒区域； (10) 夏季高温作业做好防暑措施
检修前准备	交通	(1) 车况异常； (2) 驾乘人员未正确系安全带； (3) 道路结冰、湿滑、落石、塌方	(1) 人身伤害； (2) 车辆事故	3	6	3	54	2	(1) 出车前检查车况； (2) 行车过程中，驾乘人员正确系好安全带； (3) 根据道路情况，车辆装好防滑链，并定期对道路进行清理维护； (4) 车辆停放在风机上风向 20m 以外
	安全措施确认	(1) 未悬挂标示牌； (2) 风机是否停机； (3) 未锁定高速轴定位销或风轮盘	(1) 触电； (2) 机械伤害； (3) 设备故障	1	3	7	21	2	(1) 办理工作票，确认执行安全措施； (2) 使用个人防护用品； (3) 在塔基停机按钮处悬挂“禁止合闸，有人工作”标示牌； (4) 在风机平台位置悬挂“在此工作”标示牌

续表

作业步骤		危害因素	可能导致的后果	风险评价					控制措施
				L	E	C	D	风险程度	
检修前准备	安全交底	（1）扩大工作范围； （2）发电机转速大于 500r/min，切至维护状态； （3）走错机位或误碰带电设备； （4）误碰旋转设备	（1）触电； （2）机械伤害； （3）设备故障	1	3	7	21	2	（1）工作前对工作班成员进行工作地点及任务明示； （2）对工作班成员进行安全技术交底
	个人防护用品准备	（1）未正确穿戴安全帽及工作服； （2）使用不合格的安全带	（1）触电； （2）高处坠落； （3）其他伤害	3	0.5	15	22.5	2	（1）正确穿戴安全帽及工作服； （2）使用在安全使用期内的安全带，并正确佩戴
	工器具准备	（1）使用的工器具无法达到工作要求； （2）工具不全，或工具破损； （3）使用的试验仪器超过检验期，仪器漏电或输出异常	（1）机械伤害； （2）触电	1	1	7	7	1	（1）工作前确认工器具及试验仪器状态，使用合格的工器具及试验仪器； （2）做好工具、消耗材料的准备工作
	工作班成员精神状态确认	（1）无法正常完成指定工作； （2）作业过程中无法清醒判断带电设备及旋转设备； （3）作业过程中出现昏厥现象	（1）触电； （2）机械伤害； （3）高处坠落； （4）设备故障	1	1	15	15	1	合理安排工作班成员，精神状态不佳者禁止工作
检修过程	攀爬风机	（1）塔筒平台盖板不牢固或未按规定盖好； （2）工器具未放入工具袋，随手携带； （3）未系安全带或未正确系好安全带； （4）未正确佩戴安全帽； （5）未开展安全带试坠	（1）高处坠落； （2）物体打击； （3）工器具损坏	1	3	15	45	2	（1）开工前增设围栏并悬挂警示牌； （2）对不牢固盖板进行加固； （3）检查免爬器或助爬器外观，系好安全带，使用工具袋等； （4）正确佩戴安全帽
	更换滤芯	（1）误碰其他带电设备； （2）身体接触润滑油脂； （3）野蛮拆装设备； （4）液压系统未泄压	（1）设备故障； （2）触电； （3）油腐蚀； （4）喷油	3	1	15	45	2	（1）与带电设备保持安全距离，并对带电区域悬挂标示牌，装设围栏； （2）工作人员应穿绝缘鞋； （3）严禁错误使用工器具造成设备损坏，如用过大或过小的扳手替代标准尺寸的扳手，用一字螺丝刀替代十字螺丝刀，用十字螺丝刀替代内六角或内梅花螺丝刀等；

续表

作业步骤		危害因素	可能导致的后果	风险评价					控制措施
				L	E	C	D	风险程度	
检修过程	更换滤芯								（4）严禁野蛮拆装、检修设备，造成螺丝过力滑丝、设备开裂、设备变形等； （5）取出滤芯时，戴防油腐蚀手套； （6）更换滤芯前，要先对液压系统泄压
恢复检验	结束工作	（1）遗漏工器具； （2）现场遗留检修杂物； （3）不结束工作票； （4）工作班成员未全部撤离	（1）人身伤害； （2）设备故障	3	3	3	27	2	（1）收齐并检查工器具； （2）清扫检修现场； （3）结束工作票

5. 更换液压站

部门：			分析日期：		记录编号：
作业地点或分析范围：液压站			分析人：		
作业内容描述：更换液压站					
主要作业风险：(1) 人员思想不稳；(2) 人员精神状态不佳；(3) 着火；(4) 高处落物；(5) 车辆伤害；(6) 环境因素；(7) 触电；(8) 高处坠落					
控制措施：(1) 办理工作票，手动停机并切至维护状态，挂牌；(2) 穿戴个人防护用品；(3) 设备恢复运行状态前进行全面检查					
工作负责人签名：	日期：	工作票签发人签名：	日期：	工作许可人签名：	日期：

作业步骤		危害因素	可能导致的后果	风险评价					控制措施
				L	*E*	*C*	*D*	风险程度	
作业环境	环境	(1) 雷雨天气登塔作业或靠近风机； (2) 大风天气作业； (3) 冬季覆冰掉落； (4) 夏季高温作业	人身伤害	6	1	7	42	2	(1) 雷雨天气禁止靠近风机，不得从事检修工作； (2) 突遇雷雨天气时应及时撤离，来不及撤离时，双脚并拢站在安全位置； (3) 风速超过 10m/s 时，禁止机舱外使用吊机； (4) 风速达 18m/s 及以上时，不得登塔作业； (5) 风速超过 12m/s 时，不得打开机舱盖； (6) 风速超过 14m/s 时，应关闭机舱盖； (7) 风速超过 12m/s 时，不得在轮毂内工作； (8) 风速超过 18m/s 时，不得在机舱内工作； (9) 风力发电机组有结冰现象且有覆冰掉落危险时，禁止人员靠近，并在风电场入口设置警戒区域； (10) 夏季高温作业做好防暑措施
检修前准备	交通	(1) 车况异常； (2) 驾乘人员未正确系安全带； (3) 道路结冰、湿滑、落石、塌方	(1) 人身伤害； (2) 车辆事故	3	6	3	54	2	(1) 出车前检查车况； (2) 行车过程中，驾乘人员正确系好安全带； (3) 根据道路情况，车辆装好防滑链，并定期对道路进行清理维护； (4) 车辆停放在风机上风向 20m 以外
	安全措施确认	(1) 未悬挂标示牌； (2) 风机是否停机； (3) 未锁定高速轴定位销或风轮盘	(1) 触电； (2) 机械伤害； (3) 设备故障	1	3	7	21	2	(1) 办理工作票，确认执行安全措施； (2) 使用个人防护用品； (3) 在塔基停机按钮处悬挂“禁止合闸，有人工作”标示牌； (4) 在风机平台位置悬挂“在此工作”标示牌

续表

作业步骤		危害因素	可能导致的后果	风险评价					控制措施
				L	*E*	*C*	*D*	风险程度	
检修前准备	安全交底	（1）扩大工作范围； （2）发电机转速大于500r/min，切至维护状态； （3）走错机位或误碰带电设备； （4）误碰旋转设备	（1）触电； （2）机械伤害； （3）设备故障	1	3	7	21	2	（1）工作前对工作班成员进行工作地点及任务明示； （2）对工作班成员进行安全技术交底
	个人防护用品准备	（1）未正确穿戴安全帽及工作服； （2）使用不合格的安全带	（1）触电； （2）高处坠落； （3）其他伤害	3	0.5	15	22.5	2	（1）正确穿戴安全帽及工作服； （2）使用在安全使用期内的安全带，并正确佩戴
	工器具准备	（1）使用的工器具无法达到工作要求； （2）工具不全，或工具破损； （3）使用的试验仪器超过检验期，仪器漏电或输出异常	（1）机械伤害； （2）触电	1	1	7	7	1	（1）工作前确认工器具及试验仪器状态，使用合格的工器具及试验仪器； （2）做好工具、消耗材料的准备工作
	工作班成员精神状态确认	（1）无法正常完成指定工作； （2）作业过程中无法清醒判断带电设备及旋转设备； （3）作业过程中出现昏厥现象	（1）触电； （2）机械伤害； （3）高处坠落； （4）设备故障	1	1	15	15	1	合理安排工作班成员，精神状态不佳者禁止工作
检修过程	攀爬风机	（1）塔筒平台盖板不牢固或未按规定盖好； （2）工器具未放入工具袋，随手携带； （3）未系安全带或未正确系好安全带； （4）未正确佩戴安全帽； （5）未开展安全带试坠	（1）高处坠落； （2）物体打击； （3）工器具损坏	1	3	15	45	2	（1）开工前增设围栏并悬挂警示牌； （2）对不牢固盖板进行加固； （3）检查免爬器或助爬器外观，系好安全带，使用工具袋等； （4）正确佩戴安全帽
	更换液压站	（1）误碰其他带电设备； （2）身体接触润滑油脂； （3）液压系统未泄压； （4）设备力矩未达标； （5）高处落物； （6）野蛮拆装设备；	（1）设备故障； （2）触电； （3）油腐蚀； （4）喷油	3	1	15	45	2	（1）与带电设备保持安全距离，并对带电区域悬挂标示牌，装设围栏； （2）工作人员应穿绝缘鞋； （3）取出液压站时，戴防油腐蚀手套； （4）更换液压站前，要先对液压系统泄压；

续表

作业步骤		危害因素	可能导致的后果	风险评价					控制措施
				L	E	C	D	风险程度	
检修过程	更换液压站	（7）拆装液压站时被砸伤； （8）未执行风轮锁紧措施							（5）严禁错误使用工器具造成设备损坏，如用过大或过小的扳手替代标准尺寸的扳手，用一字螺丝刀替代十字螺丝刀，用十字螺丝刀替代内六角或内梅花螺丝刀等； （6）严禁野蛮拆装、检修设备，造成螺丝过力滑丝、设备开裂、设备变形等； （7）开始工作前，执行风轮锁紧措施； （8）使用吊机吊轴承时，将轴承固定好，下方100m内无人员、车辆逗留； （9）逐一检查螺栓力矩情况
恢复检验	结束工作	（1）遗漏工器具； （2）现场遗留检修杂物； （3）不结束工作票； （4）工作班成员未全部撤离	（1）人身伤害； （2）设备故障	3	3	3	27	2	（1）收齐并检查工器具； （2）清扫检修现场； （3）结束工作票

七、通信系统检修

1. 机舱风机控制系统通信模块故障处理

部门：			分析日期：					记录编号：
作业地点或分析范围：机舱控制柜			分析人：					
作业内容描述：机舱风机控制系统通信模块故障处理								
主要作业风险：(1) 人员思想不稳；(2) 人员精神状态不佳；(3) 着火；(4) 高处落物；(5) 车辆伤害；(6) 环境因素；(7) 触电；(8) 高处坠落								
控制措施：(1) 办理工作票，手动停机并切至维护状态，挂牌；(2) 穿戴个人防护用品；(3) 设备恢复运行状态前进行全面检查								
工作负责人签名：	日期：	工作票签发人签名：	日期：		工作许可人签名：			日期：

作业步骤		危害因素	可能导致的后果	风险评价					控制措施
				L	E	C	D	风险程度	
作业环境	环境	(1) 雷雨天气登塔作业或靠近风机； (2) 大风天气作业； (3) 冬季覆冰掉落； (4) 夏季高温作业	人身伤害	6	1	7	42	2	(1) 雷雨天气禁止靠近风机，不得从事检修工作； (2) 突遇雷雨天气时应及时撤离，来不及撤离时，双脚并拢站在安全位置； (3) 风速超过 10m/s 时，禁止机舱外使用吊机； (4) 风速达 18m/s 及以上时，不得登塔作业； (5) 风速超过 12m/s 时，不得打开机舱盖； (6) 风速超过 14m/s 时，应关闭机舱盖； (7) 风速超过 12m/s 时，不得在轮毂内工作； (8) 风速超过 18m/s 时，不得在机舱内工作； (9) 风力发电机组有结冰现象且有覆冰掉落危险时，禁止人员靠近，并在风电场入口设置警戒区域； (10) 夏季高温作业做好防暑措施
检修前准备	交通	(1) 车况异常； (2) 驾乘人员未正确系安全带； (3) 道路结冰、湿滑、落石、塌方	(1) 人身伤害； (2) 车辆事故	3	6	3	54	2	(1) 出车前检查车况； (2) 行车过程中，驾乘人员正确系好安全带； (3) 根据道路情况，车辆装好防滑链，并定期对道路进行清理维护； (4) 车辆停放在风机上风向 20m 以外
	安全措施确认	(1) 未悬挂标示牌； (2) 风机是否停机； (3) 未锁定高速轴定位销或风轮盘	(1) 触电； (2) 机械伤害； (3) 设备故障	1	3	7	21	2	(1) 办理工作票，确认执行安全措施； (2) 使用个人防护用品； (3) 在塔基停机按钮处悬挂“禁止合闸，有人工作”标示牌； (4) 在风机平台位置悬挂“在此工作”标示牌

续表

作业步骤		危害因素	可能导致的后果	风险评价					控制措施
				L	E	C	D	风险程度	
检修前准备	安全交底	（1）扩大工作范围； （2）发电机转速大于500r/min，切至维护状态； （3）走错机位或误碰带电设备； （4）误碰旋转设备	（1）触电； （2）机械伤害； （3）设备故障	1	3	7	21	2	（1）工作前对工作班成员进行工作地点及任务明示； （2）对工作班成员进行安全技术交底
	个人防护用品准备	（1）未正确穿戴安全帽及工作服； （2）使用不合格的安全带	（1）触电； （2）高处坠落； （3）其他伤害	3	0.5	15	22.5	2	（1）正确穿戴安全帽及工作服； （2）使用在安全使用期内的安全带，并正确佩戴
	工器具准备	（1）使用的工器具无法达到工作要求； （2）工具不全，或工具破损； （3）使用的试验仪器超过检验期，仪器漏电或输出异常	（1）机械伤害； （2）触电	1	1	7	7	1	（1）工作前确认工器具及试验仪器状态，使用合格的工器具及试验仪器； （2）做好工具、消耗材料的准备工作
	工作班成员精神状态确认	（1）无法正常完成指定工作； （2）作业过程中无法清醒判断带电设备及旋转设备； （3）作业过程中出现昏厥现象	（1）触电； （2）机械伤害； （3）高处坠落； （4）设备故障	1	1	15	15	1	合理安排工作班成员，精神状态不佳者禁止工作
检修过程	攀爬风机	（1）塔筒平台盖板不牢固或未按规定盖好； （2）工器具未放入工具袋，随手携带； （3）未系安全带或未正确系好安全带； （4）未正确佩戴安全帽； （5）未开展安全带试坠	（1）高处坠落； （2）物体打击； （3）工器具损坏	1	3	15	45	2	（1）开工前增设围栏并悬挂警示牌； （2）对不牢固盖板进行加固； （3）检查免爬器或助爬器外观，系好安全带，使用工具袋等； （4）正确佩戴安全帽
	机舱风机控制系统通信模块故障处理	（1）误碰其他带电设备； （2）接线错误； （3）野蛮拆装设备； （4）误将光纤弄断； （5）IP地址设置错误； （6）虚接线路	（1）设备故障； （2）触电	3	1	15	45	2	（1）与带电设备保持安全距离，并对带电区域悬挂标示牌，装设围栏； （2）工作人员应穿绝缘鞋； （3）更换视频监控球机后需重新设置为原视频监控的IP地址；

续表

作业步骤		危害因素	可能导致的后果	风险评价					控制措施
				L	E	C	D	风险程度	
检修过程	机舱风机控制系统通信模块故障处理								（4）进行回路改造或更换电气元件时，要注意检查控制箱各路电源是否断开，且接线端子、裸露线头可能从其他回路反送电，工作时应按要求戴好绝缘手套、穿好绝缘鞋、螺丝刀绑好绝缘胶布； （5）拆卸接线时记录每个接线位置，更换完电气元件后，按记录逐一接线，保证接线正确，并检查接线是否牢固； （6）严禁错误使用工器具造成设备损坏，如用过大或过小的扳手替代标准尺寸的扳手，用一字螺丝刀替代十字螺丝刀，用十字螺丝刀替代内六角或内梅花螺丝刀等； （7）严禁野蛮拆装、检修设备，造成螺丝过力滑丝、设备开裂、设备变形等； （8）插拔光纤时，应轻插轻拔，弯折角度不能太大
恢复检验	结束工作	（1）遗漏工器具； （2）现场遗留检修杂物； （3）不结束工作票； （4）工作班成员未全部撤离	（1）人身伤害； （2）设备故障	3	3	3	27	2	（1）收齐并检查工器具； （2）清扫检修现场； （3）结束工作票

2. 风机塔基控制系统通信模块故障处理

部门：		分析日期：		记录编号：	
作业地点或分析范围：塔基控制柜		分析人：			
作业内容描述：风机塔基控制系统通信模块故障处理					
主要作业风险：(1) 人员思想不稳；(2) 人员精神状态不佳；(3) 着火；(4) 高处落物；(5) 车辆伤害；(6) 环境因素；(7) 触电；(8) 高处坠落					
控制措施：(1) 办理工作票，手动停机并切至维护状态，挂牌；(2) 穿戴个人防护用品；(3) 设备恢复运行状态前进行全面检查					
工作负责人签名：	日期：	工作票签发人签名：	日期：	工作许可人签名：	日期：

作业步骤		危害因素	可能导致的后果	风险评价					控制措施
				L	*E*	*C*	*D*	风险程度	
作业环境	环境	(1) 雷雨天气登塔作业或靠近风机； (2) 大风天气作业； (3) 冬季覆冰掉落； (4) 夏季高温作业	人身伤害	6	1	7	42	2	(1) 雷雨天气禁止靠近风机，不得从事检修工作； (2) 突遇雷雨天气时应及时撤离，来不及撤离时，双脚并拢站在安全位置； (3) 风速超过 10m/s 时，禁止机舱外使用吊机； (4) 风速达 18m/s 及以上时，不得登塔作业； (5) 风速超过 12m/s 时，不得打开机舱盖； (6) 风速超过 14m/s 时，应关闭机舱盖； (7) 风速超过 12m/s 时，不得在轮毂内工作； (8) 风速超过 18m/s 时，不得在机舱内工作； (9) 风力发电机组有结冰现象且有覆冰掉落危险时，禁止人员靠近，并在风电场入口设置警戒区域； (10) 夏季高温作业做好防暑措施
检修前准备	交通	(1) 车况异常； (2) 驾乘人员未正确系安全带； (3) 道路结冰、湿滑、落石、塌方	(1) 人身伤害； (2) 车辆事故	3	6	3	54	2	(1) 出车前检查车况； (2) 行车过程中，驾乘人员正确系好安全带； (3) 根据道路情况，车辆装好防滑链，并定期对道路进行清理维护； (4) 车辆停放在风机上风向 20m 以外
	安全措施确认	(1) 未悬挂标示牌； (2) 风机是否停机； (3) 未锁定高速轴定位销或风轮盘	(1) 触电； (2) 机械伤害； (3) 设备故障	1	3	7	21	2	(1) 办理工作票，确认执行安全措施； (2) 使用个人防护用品； (3) 在塔基停机按钮处悬挂“禁止合闸，有人工作”标示牌； (4) 在风机平台位置悬挂“在此工作”标示牌

续表

作业步骤		危害因素	可能导致的后果	风险评价					控制措施
				L	E	C	D	风险程度	
检修前准备	安全交底	(1) 扩大工作范围; (2) 发电机转速大于 500r/min,切至维护状态; (3) 走错机位或误碰带电设备; (4) 误碰旋转设备	(1) 触电; (2) 机械伤害; (3) 设备故障	1	3	7	21	2	(1) 工作前对工作班成员进行工作地点及任务明示; (2) 对工作班成员进行安全技术交底
	个人防护用品准备	(1) 未正确穿戴安全帽及工作服; (2) 使用不合格的安全带	(1) 触电; (2) 高处坠落; (3) 其他伤害	3	0.5	15	22.5	2	(1) 正确佩戴安全帽及工作服; (2) 使用在安全使用期内的安全带,并正确佩戴
	工器具准备	(1) 使用的工器具无法达到工作要求; (2) 工具不全,或工具破损; (3) 使用的试验仪器超过检验期,仪器漏电或输出异常	(1) 机械伤害; (2) 触电	1	1	7	7	1	(1) 工作前确认工器具及试验仪器状态,使用合格的工器具及试验仪器; (2) 做好工具、消耗材料的准备工作
	工作班成员精神状态确认	(1) 无法正常完成指定工作; (2) 作业过程中无法清醒判断带电设备及旋转设备; (3) 作业过程中出现昏厥现象	(1) 触电; (2) 机械伤害; (3) 高处坠落; (4) 设备故障	1	1	15	15	1	合理安排工作班成员,精神状态不佳者禁止工作
检修过程	攀爬风机	(1) 塔筒平台盖板不牢固或未按规定盖好; (2) 工器具未放入工具袋,随手携带; (3) 未系安全带或未正确系好安全带; (4) 未正确佩戴安全帽; (5) 未开展安全带试坠	(1) 高处坠落; (2) 物体打击; (3) 工器具损坏	1	3	15	45	2	(1) 开工前增设围栏并悬挂警示牌; (2) 对不牢固盖板进行加固; (3) 检查免爬器或助爬器外观,系好安全带,使用工具袋等; (4) 正确佩戴安全帽
恢复检验	结束工作	(1) 遗漏工器具; (2) 现场遗留检修杂物; (3) 不结束工作票; (4) 工作班成员未全部撤离	(1) 人身伤害; (2) 设备故障	3	3	3	27	2	(1) 收齐并检查工器具; (2) 清扫检修现场; (3) 结束工作票

3. 在线振动检测系统通信模块故障处理

<table>
<tr><td colspan="3">部门：</td><td colspan="6">分析日期：</td><td>记录编号：</td></tr>
<tr><td colspan="3">作业地点或分析范围：塔基控制柜</td><td colspan="7">分析人：</td></tr>
<tr><td colspan="10">作业内容描述：在线振动检测系统通信模块故障处理</td></tr>
<tr><td colspan="10">主要作业风险：（1）人员思想不稳；（2）人员精神状态不佳；（3）着火；（4）高处落物；（5）车辆伤害；（6）环境因素；（7）触电；（8）高处坠落</td></tr>
<tr><td colspan="10">控制措施：（1）办理工作票，手动停机并切至维护状态，挂牌；（2）穿戴个人防护用品；（3）设备恢复运行状态前进行全面检查</td></tr>
<tr><td colspan="2">工作负责人签名：</td><td>日期：</td><td colspan="2">工作票签发人签名：</td><td colspan="2">日期：</td><td colspan="2">工作许可人签名：</td><td>日期：</td></tr>
<tr><td colspan="2" rowspan="2">作业步骤</td><td rowspan="2">危害因素</td><td rowspan="2">可能导致的后果</td><td colspan="5">风险评价</td><td rowspan="2">控制措施</td></tr>
<tr><td>L</td><td>E</td><td>C</td><td>D</td><td>风险程度</td></tr>
<tr><td>作业环境</td><td>环境</td><td>（1）雷雨天气登塔作业或靠近风机；
（2）大风天气作业；
（3）冬季覆冰掉落；
（4）夏季高温作业</td><td>人身伤害</td><td>6</td><td>1</td><td>7</td><td>42</td><td>2</td><td>（1）雷雨天气禁止靠近风机，不得从事检修工作；
（2）突遇雷雨天气时应及时撤离，来不及撤离时，双脚并拢站在安全位置；
（3）风速超过 10m/s 时，禁止机舱外使用吊机；
（4）风速达 18m/s 及以上时，不得登塔作业；
（5）风速超过 12m/s 时，不得打开机舱盖；
（6）风速超过 14m/s 时，应关闭机舱盖；
（7）风速超过 12m/s 时，不得在轮毂内工作；
（8）风速超过 18m/s 时，不得在机舱内工作；
（9）风力发电机组有结冰现象且有覆冰掉落危险时，禁止人员靠近，并在风电场入口设置警戒区域；
（10）夏季高温作业做好防暑措施</td></tr>
<tr><td rowspan="2">检修前准备</td><td>交通</td><td>（1）车况异常；
（2）驾乘人员未正确系安全带；
（3）道路结冰、湿滑、落石、塌方</td><td>（1）人身伤害；
（2）车辆事故</td><td>3</td><td>6</td><td>3</td><td>54</td><td>2</td><td>（1）出车前检查车况；
（2）行车过程中，驾乘人员正确系好安全带；
（3）根据道路情况，车辆装好防滑链，并定期对道路进行清理维护；
（4）车辆停放在风机上风向 20m 以外</td></tr>
<tr><td>安全措施确认</td><td>（1）未悬挂标示牌；
（2）风机是否停机；
（3）未锁定高速轴定位销或风轮盘</td><td>（1）触电；
（2）机械伤害；
（3）设备故障</td><td>1</td><td>3</td><td>7</td><td>21</td><td>2</td><td>（1）办理工作票，确认执行安全措施；
（2）使用个人防护用品；
（3）在塔基停机按钮处悬挂“禁止合闸，有人工作”标示牌；
（4）在风机平台位置悬挂“在此工作”标示牌</td></tr>
</table>

续表

作业步骤		危害因素	可能导致的后果	风险评价					控制措施
				L	E	C	D	风险程度	
检修前准备	安全交底	(1) 扩大工作范围; (2) 发电机转速大于500r/min,切至维护状态; (3) 走错机位或误碰带电设备; (4) 误碰旋转设备	(1) 触电; (2) 机械伤害; (3) 设备故障	1	3	7	21	2	(1) 工作前对工作班成员进行工作地点及任务明示; (2) 对工作班成员进行安全技术交底
	个人防护用品准备	(1) 未正确穿戴安全帽及工作服; (2) 使用不合格的安全带	(1) 触电; (2) 高处坠落; (3) 其他伤害	3	0.5	15	22.5	2	(1) 正确穿戴安全帽及工作服; (2) 使用在安全使用期内的安全带,并正确佩戴
	工器具准备	(1) 使用的工器具无法达到工作要求; (2) 工具不全,或工具破损; (3) 使用的试验仪器超过检验期,仪器漏电或输出异常	(1) 机械伤害; (2) 触电	1	1	7	7	1	(1) 工作前确认工器具及试验仪器状态,使用合格的工器具及试验仪器; (2) 做好工具、消耗材料的准备工作
	工作班成员精神状态确认	(1) 无法正常完成指定工作; (2) 作业过程中无法清醒判断带电设备及旋转设备; (3) 作业过程中出现昏厥现象	(1) 触电; (2) 机械伤害; (3) 高处坠落; (4) 设备故障	1	1	15	15	1	合理安排工作班成员,精神状态不佳者禁止工作
检修过程	攀爬风机	(1) 塔筒平台盖板不牢固或未按规定盖好; (2) 工器具未放入工具袋,随手携带; (3) 未系安全带或未正确系好安全带; (4) 未正确佩戴安全帽; (5) 未开展安全带试坠	(1) 高处坠落; (2) 物体打击; (3) 工器具损坏	1	3	15	45	2	(1) 开工前增设围栏并悬挂警示牌; (2) 对不牢固盖板进行加固; (3) 检查免爬器或助爬器外观,系好安全带,使用工具袋等; (4) 正确佩戴安全帽
	在线振动检测系统通信模块故障处理	(1) 误碰其他带电设备; (2) 接线错误; (3) 野蛮拆装设备; (4) 虚接线路	(1) 设备故障; (2) 触电	3	1	15	45	2	(1) 与带电设备保持安全距离,并对带电区域悬挂标示牌,装设围栏; (2) 工作人员应穿绝缘鞋; (3) 进行回路改造或更换电气元件时,要注意检查控制箱各路电源是否断开,且接线端子、裸露线头可能从其他回路反送电,工作时应按要求戴好绝缘手套、穿好绝缘鞋、螺丝刀绑好绝缘胶布;

续表

作业步骤		危害因素	可能导致的后果	风险评价					控制措施
				L	E	C	D	风险程度	
检修过程	在线振动检测系统通信模块故障处理								（4）拆卸接线时记录每个接线位置，更换完电气元件后，按记录逐一接线，保证接线正确，并检查接线是否牢固； （5）严禁错误使用工器具造成设备损坏，如用过大或过小的扳手替代标准尺寸的扳手，用一字螺丝刀替代十字螺丝刀，用十字螺丝刀替代内六角或内梅花螺丝刀等； （6）严禁野蛮拆装、检修设备，造成螺丝过力滑丝、设备开裂、设备变形等设备损坏
恢复检验	结束工作	（1）遗漏工器具； （2）现场遗留检修杂物； （3）不结束工作票； （4）工作班成员未全部撤离	（1）人身伤害； （2）设备故障	3	3	3	27	2	（1）收齐并检查工器具； （2）清扫检修现场； （3）结束工作票

4. 视频监视系统通信模块故障处理

<table>
<tr><td colspan="3">部门：</td><td colspan="6">分析日期：</td><td>记录编号：</td></tr>
<tr><td colspan="3">作业地点或分析范围：塔基控制柜</td><td colspan="7">分析人：</td></tr>
<tr><td colspan="10">作业内容描述：视频监视系统通信模块故障处理</td></tr>
<tr><td colspan="10">主要作业风险：（1）人员思想不稳；（2）人员精神状态不佳；（3）着火；（4）高处落物；（5）车辆伤害；（6）环境因素；（7）触电；（8）高处坠落</td></tr>
<tr><td colspan="10">控制措施：（1）办理工作票，手动停机并切至维护状态，挂牌；（2）穿戴个人防护用品；（3）设备恢复运行状态前进行全面检查</td></tr>
<tr><td colspan="2">工作负责人签名：</td><td>日期：</td><td>工作票签发人签名：</td><td colspan="3">日期：</td><td colspan="2">工作许可人签名：</td><td>日期：</td></tr>
<tr><td colspan="2" rowspan="2">作业步骤</td><td rowspan="2">危害因素</td><td rowspan="2">可能导致的后果</td><td colspan="5">风险评价</td><td rowspan="2">控制措施</td></tr>
<tr><td>L</td><td>E</td><td>C</td><td>D</td><td>风险程度</td></tr>
<tr><td>作业环境</td><td>环境</td><td>（1）雷雨天气登塔作业或靠近风机；
（2）大风天气作业；
（3）冬季覆冰掉落；
（4）夏季高温作业</td><td>人身伤害</td><td>6</td><td>1</td><td>7</td><td>42</td><td>2</td><td>（1）雷雨天气禁止靠近风机，不得从事检修工作；
（2）突遇雷雨天气时应及时撤离，来不及撤离时，双脚并拢站在安全位置；
（3）风速超过 10m/s 时，禁止机舱外使用吊机；
（4）风速达 18m/s 及以上时，不得登塔作业；
（5）风速超过 12m/s 时，不得打开机舱盖；
（6）风速超过 14m/s 时，应关闭机舱盖；
（7）风速超过 12m/s 时，不得在轮毂内工作；
（8）风速超过 18m/s 时，不得在机舱内工作；
（9）风力发电机组有结冰现象且有覆冰掉落危险时，禁止人员靠近，并在风电场入口设置警戒区域；
（10）夏季高温作业做好防暑措施</td></tr>
<tr><td rowspan="2">检修前准备</td><td>交通</td><td>（1）车况异常；
（2）驾乘人员未正确系安全带；
（3）道路结冰、湿滑、落石、塌方</td><td>（1）人身伤害；
（2）车辆事故</td><td>3</td><td>6</td><td>3</td><td>54</td><td>2</td><td>（1）出车前检查车况；
（2）行车过程中，驾乘人员正确系好安全带；
（3）根据道路情况，车辆装好防滑链，并定期对道路进行清理维护；
（4）车辆停放在风机上风向 20m 以外</td></tr>
<tr><td>安全措施确认</td><td>（1）未悬挂标示牌；
（2）风机是否停机；
（3）未锁定高速轴定位销或风轮盘</td><td>（1）触电；
（2）机械伤害；
（3）设备故障</td><td>1</td><td>3</td><td>7</td><td>21</td><td>2</td><td>（1）办理工作票，确认执行安全措施；
（2）使用个人防护用品；
（3）在塔基停机按钮处悬挂“禁止合闸，有人工作”标示牌；
（4）在风机平台位置悬挂“在此工作”标示牌</td></tr>
</table>

续表

作业步骤		危害因素	可能导致的后果	风险评价					控制措施
				L	E	C	D	风险程度	
检修前准备	安全交底	（1）扩大工作范围； （2）发电机转速大于500r/min，切至维护状态； （3）走错机位或误碰带电设备； （4）误碰旋转设备	（1）触电； （2）机械伤害； （3）设备故障	1	3	7	21	2	（1）工作前对工作班成员进行工作地点及任务明示； （2）对工作班成员进行安全技术交底
	个人防护用品准备	（1）未正确穿戴安全帽及工作服； （2）使用不合格的安全带	（1）触电； （2）高处坠落； （3）其他伤害	3	0.5	15	22.5	2	（1）正确穿戴安全帽及工作服； （2）使用在安全使用期内的安全带，并正确佩戴
	工器具准备	（1）使用的工器具无法达到工作要求； （2）工具不全，或工具破损； （3）使用的试验仪器超过检验期，仪器漏电或输出异常	（1）机械伤害； （2）触电	1	1	7	7	1	（1）工作前确认工器具及试验仪器状态，使用合格的工器具及试验仪器； （2）做好工具、消耗材料的准备工作
	工作班成员精神状态确认	（1）无法正常完成指定工作； （2）作业过程中无法清醒判断带电设备及旋转设备； （3）作业过程中出现昏厥现象	（1）触电； （2）机械伤害； （3）高处坠落； （4）设备故障	1	1	15	15	1	合理安排工作班成员，精神状态不佳者禁止工作
检修过程	攀爬风机	（1）塔筒平台盖板不牢固或未按规定盖好； （2）工器具未放入工具袋，随手携带； （3）未系安全带或未正确系好安全带； （4）未正确佩戴安全帽； （5）未开展安全带试坠	（1）高处坠落； （2）物体打击； （3）工器具损坏	1	3	15	45	2	（1）开工前增设围栏并悬挂警示牌； （2）对不牢固盖板进行加固； （3）检查免爬器或助爬器外观，系好安全带，使用工具袋等； （4）正确佩戴安全帽
	视频监视系统通信模块故障处理	（1）误碰其他带电设备； （2）接线错误； （3）野蛮拆装设备； （4）误将光纤弄断； （5）虚接线路	（1）设备故障； （2）触电	3	1	15	45	2	（1）与带电设备保持安全距离，并对带电区域悬挂标示牌，装设围栏； （2）工作人员应穿绝缘鞋； （3）进行回路改造或更换电气元件时，要注意检查控制柜各路电源是否断开，且接线端子、裸露线头可能从其他回路反送电，工作时应按要求戴好绝缘手套、穿好绝缘鞋、螺丝刀绑好绝缘胶布；

续表

作业步骤		危害因素	可能导致的后果	风险评价					控制措施
				L	E	C	D	风险程度	
检修过程	视频监视系统通信模块故障处理								（4）拆卸接线时记录每个接线位置，更换完电气元件后，按记录逐一接线，保证接线正确，并检查接线是否牢固； （5）严禁错误使用工器具造成设备损坏，如用过大或过小的扳手替代标准尺寸的扳手，用一字螺丝刀替代十字螺丝刀，用十字螺丝刀替代内六角或内梅花螺丝刀等； （6）严禁野蛮拆装、检修设备，造成螺丝过力滑丝、设备开裂、设备变形等； （7）插拔光纤时，应轻插轻拔，弯折角度不能太大
恢复检验	结束工作	（1）遗漏工器具； （2）现场遗留检修杂物； （3）不结束工作票； （4）工作班成员未全部撤离	（1）人身伤害； （2）设备故障	3	3	3	27	2	（1）收齐并检查工器具； （2）清扫检修现场； （3）结束工作票

5. 自动消防系统通信模块故障处理

<table>
<tr><td colspan="3">部门：</td><td colspan="5">分析日期：</td><td>记录编号：</td></tr>
<tr><td colspan="3">作业地点或分析范围：塔基控制柜</td><td colspan="6">分析人：</td></tr>
<tr><td colspan="9">作业内容描述：自动消防系统通信模块故障处理</td></tr>
<tr><td colspan="9">主要作业风险：（1）人员思想不稳；（2）人员精神状态不佳；（3）着火；（4）高处落物；（5）车辆伤害；（6）环境因素；（7）触电；（8）高处坠落</td></tr>
<tr><td colspan="9">控制措施：（1）办理工作票，手动停机并切至维护状态，挂牌；（2）穿戴个人防护用品；（3）设备恢复运行状态前进行全面检查</td></tr>
<tr><td>工作负责人签名：</td><td>日期：</td><td>工作票签发人签名：</td><td colspan="2">日期：</td><td colspan="3">工作许可人签名：</td><td>日期：</td></tr>
<tr><td colspan="2" rowspan="2">作业步骤</td><td rowspan="2">危害因素</td><td rowspan="2">可能导致的后果</td><td colspan="5">风险评价</td><td rowspan="2">控制措施</td></tr>
<tr><td>L</td><td>E</td><td>C</td><td>D</td><td>风险程度</td></tr>
<tr><td>作业环境</td><td>环境</td><td>（1）雷雨天气登塔作业或靠近风机；
（2）大风天气作业；
（3）冬季覆冰掉落；
（4）夏季高温作业</td><td>人身伤害</td><td>6</td><td>1</td><td>7</td><td>42</td><td>2</td><td>（1）雷雨天气禁止靠近风机，不得从事检修工作；
（2）突遇雷雨天气时应及时撤离，来不及撤离时，双脚并拢站在安全位置；
（3）风速超过 10m/s 时，禁止机舱外使用吊机；
（4）风速达 18m/s 及以上时，不得登塔作业；
（5）风速超过 12m/s 时，不得打开机舱盖；
（6）风速超过 14m/s 时，应关闭机舱盖；
（7）风速超过 12m/s 时，不得在轮毂内工作；
（8）风速超过 18m/s 时，不得在机舱内工作；
（9）风力发电机组有结冰现象且有覆冰掉落危险时，禁止人员靠近，并在风电场入口设置警戒区域；
（10）夏季高温作业做好防暑措施</td></tr>
<tr><td rowspan="2">检修前准备</td><td>交通</td><td>（1）车况异常；
（2）驾乘人员未正确系安全带；
（3）道路结冰、湿滑、落石、塌方</td><td>（1）人身伤害；
（2）车辆事故</td><td>3</td><td>6</td><td>3</td><td>54</td><td>2</td><td>（1）出车前检查车况；
（2）行车过程中，驾乘人员正确系好安全带；
（3）根据道路情况，车辆装好防滑链，并定期对道路进行清理维护；
（4）车辆停放在风机上风向 20m 以外</td></tr>
<tr><td>安全措施确认</td><td>（1）未悬挂标示牌；
（2）风机是否停机；
（3）未锁定高速轴定位销或风轮盘</td><td>（1）触电；
（2）机械伤害；
（3）设备故障</td><td>1</td><td>3</td><td>7</td><td>21</td><td>2</td><td>（1）办理工作票，确认执行安全措施；
（2）使用个人防护用品；
（3）在塔基停机按钮处悬挂“禁止合闸，有人工作”标示牌；
（4）在风机平台位置悬挂“在此工作”标示牌</td></tr>
</table>

续表

作业步骤		危害因素	可能导致的后果	风险评价					控制措施
				L	E	C	D	风险程度	
检修前准备	安全交底	（1）扩大工作范围； （2）发电机转速大于500r/min，切至维护状态； （3）走错机位或误碰带电设备； （4）误碰旋转设备	（1）触电； （2）机械伤害； （3）设备故障	1	3	7	21	2	（1）工作前对工作班成员进行工作地点及任务明示； （2）对工作班成员进行安全技术交底
	个人防护用品准备	（1）未正确穿戴安全帽及工作服； （2）使用不合格的安全带	（1）触电； （2）高处坠落； （3）其他伤害	3	0.5	15	22.5	2	（1）正确穿戴安全帽及工作服； （2）使用在安全使用期内的安全带，并正确佩戴
	工器具准备	（1）使用的工器具无法达到工作要求； （2）工具不全，或工具破损； （3）使用的试验仪器超过检验期，仪器漏电或输出异常	（1）机械伤害； （2）触电	1	1	7	7	1	（1）工作前确认工器具及试验仪器状态，使用合格的工器具及试验仪器； （2）做好工具、消耗材料的准备工作
	工作班成员精神状态确认	（1）无法正常完成指定工作； （2）作业过程中无法清醒判断带电设备及旋转设备； （3）作业过程中出现昏厥现象	（1）触电； （2）机械伤害； （3）高处坠落； （4）设备故障	1	1	15	15	1	合理安排工作班成员，精神状态不佳者禁止工作
检修过程	攀爬风机	（1）塔筒平台盖板不牢固或未按规定盖好； （2）工器具未放入工具袋，随手携带； （3）未系安全带或未正确系好安全带； （4）未正确佩戴安全帽； （5）未开展安全带试坠	（1）高处坠落； （2）物体打击； （3）工器具损坏	1	3	15	45	2	（1）开工前增设围栏并悬挂警示牌； （2）对不牢固盖板进行加固； （3）检查免爬器或助爬器外观，系好安全带，使用工具袋等； （4）正确佩戴安全帽
	自动消防系统通信模块故障处理	（1）误碰其他带电设备； （2）接线错误； （3）野蛮拆装设备； （4）误将光纤弄断； （5）虚接线路	（1）设备故障； （2）触电	3	1	15	45	2	（1）与带电设备保持安全距离，并对带电区域悬挂标示牌，装设围栏； （2）工作人员应穿绝缘鞋； （3）若需要更换设备，更换后需重新设置为原视频监控的IP地址；

续表

作业步骤		危害因素	可能导致的后果	风险评价					控制措施
				L	E	C	D	风险程度	
检修过程	自动消防系统通信模块故障处理								(4) 光纤熔接前，检查熔纤机应检测合格，熔接头无异物； (5) 剥开光纤玻璃纤维后，立即将玻璃纤维放入专用工具袋； (6) 进行回路改造或更换电气元件时，要注意检查控制箱各路电源是否断开，且接线端子、裸露线头可能从其他回路反送电，工作时应按要求戴好绝缘手套、穿好绝缘鞋、螺丝刀绑好绝缘胶布； (7) 拆卸接线时记录每个接线位置，更换完电气元件后，按记录逐一接线，保证接线正确，并检查接线是否牢固； (8) 严禁错误使用工器具造成设备损坏，如用过大或过小的扳手替代标准尺寸的扳手，用一字螺丝刀替代十字螺丝刀，用十字螺丝刀替代内六角或内梅花螺丝刀等； (9) 严禁野蛮拆装、检修设备，造成螺丝过力滑丝、设备开裂、设备变形等； (10) 插拔光纤时，应轻插轻拔，弯折角度不能太大
恢复检验	结束工作	(1) 遗漏工器具； (2) 现场遗留检修杂物； (3) 不结束工作票； (4) 工作班成员未全部撤离	(1) 人身伤害； (2) 设备故障	3	3	3	27	2	(1) 收齐并检查工器具； (2) 清扫检修现场； (3) 结束工作票

八、防雷保护系统检修

1. 更换防雷模块

<table>
<tr><td colspan="3">部门：</td><td colspan="6">分析日期：</td><td>记录编号：</td></tr>
<tr><td colspan="3">作业地点或分析范围：塔基控制柜</td><td colspan="7">分析人：</td></tr>
<tr><td colspan="10">作业内容描述：更换防雷模块</td></tr>
<tr><td colspan="10">主要作业风险：(1) 人员思想不稳；(2) 人员精神状态不佳；(3) 着火；(4) 高处落物；(5) 车辆伤害；(6) 环境因素；(7) 触电；(8) 高处坠落</td></tr>
<tr><td colspan="10">控制措施：(1) 办理工作票，手动停机并切至维护状态，挂牌；(2) 穿戴个人防护用品；(3) 设备恢复运行状态前进行全面检查</td></tr>
<tr><td colspan="2">工作负责人签名：</td><td>日期：</td><td colspan="2">工作票签发人签名：</td><td colspan="2">日期：</td><td colspan="2">工作许可人签名：</td><td>日期：</td></tr>
<tr><td colspan="2" rowspan="2">作业步骤</td><td rowspan="2">危害因素</td><td rowspan="2">可能导致的后果</td><td colspan="5">风险评价</td><td rowspan="2">控制措施</td></tr>
<tr><td>L</td><td>E</td><td>C</td><td>D</td><td>风险程度</td></tr>
<tr><td>作业环境</td><td>环境</td><td>(1) 雷雨天气登塔作业或靠近风机；
(2) 大风天气作业；
(3) 冬季覆冰掉落；
(4) 夏季高温作业</td><td>人身伤害</td><td>6</td><td>1</td><td>7</td><td>42</td><td>2</td><td>(1) 雷雨天气禁止靠近风机，不得从事检修工作；
(2) 突遇雷雨天气时应及时撤离，来不及撤离时，双脚并拢站在安全位置；
(3) 风速超过 10m/s 时，禁止机舱外使用吊机；
(4) 风速达 18m/s 及以上时，不得登塔作业；
(5) 风速超过 12m/s 时，不得打开机舱盖；
(6) 风速超过 14m/s 时，应关闭机舱盖；
(7) 风速超过 12m/s 时，不得在轮毂内工作；
(8) 风速超过 18m/s 时，不得在机舱内工作；
(9) 风力发电机组有结冰现象且有覆冰掉落危险时，禁止人员靠近，并在风电场入口设置警戒区域；
(10) 夏季高温作业做好防暑措施</td></tr>
<tr><td rowspan="2">检修前准备</td><td>交通</td><td>(1) 车况异常；
(2) 驾乘人员未正确系安全带；
(3) 道路结冰、湿滑、落石、塌方</td><td>(1) 人身伤害；
(2) 车辆事故</td><td>3</td><td>6</td><td>3</td><td>54</td><td>2</td><td>(1) 出车前检查车况；
(2) 行车过程中，驾乘人员正确系好安全带；
(3) 根据道路情况，车辆装好防滑链，并定期对道路进行清理维护；
(4) 车辆停放在风机上风向 20m 以外</td></tr>
<tr><td>安全措施确认</td><td>(1) 未悬挂标示牌；
(2) 风机是否停机；
(3) 未锁定高速轴定位销或风轮盘</td><td>(1) 触电；
(2) 机械伤害；
(3) 设备故障</td><td>1</td><td>3</td><td>7</td><td>21</td><td>2</td><td>(1) 办理工作票，确认执行安全措施；
(2) 使用个人防护用品；
(3) 在塔基停机按钮处悬挂“禁止合闸，有人工作”标示牌；
(4) 在风机平台位置悬挂“在此工作”标示牌</td></tr>
</table>

续表

作业步骤		危害因素	可能导致的后果	风险评价					控制措施
				L	E	C	D	风险程度	
检修前准备	安全交底	(1) 扩大工作范围； (2) 发电机转速大于500r/min，切至维护状态； (3) 走错机位或误碰带电设备； (4) 误碰旋转设备	(1) 触电； (2) 机械伤害； (3) 设备故障	1	3	7	21	2	(1) 工作前对工作班成员进行工作地点及任务明示； (2) 对工作班成员进行安全技术交底
	个人防护用品准备	(1) 未正确穿戴安全帽及工作服； (2) 使用不合格的安全带	(1) 触电； (2) 高处坠落； (3) 其他伤害	3	0.5	15	22.5	2	(1) 正确穿戴安全帽及工作服； (2) 使用在安全使用期内的安全带，并正确佩戴
	工器具准备	(1) 使用的工器具无法达到工作要求； (2) 工具不全，或工具破损； (3) 使用的试验仪器超过检验期，仪器漏电或输出异常	(1) 机械伤害； (2) 触电	1	1	7	7	1	(1) 工作前确认工器具及试验仪器状态，使用合格的工器具及试验仪器； (2) 做好工具、消耗材料的准备工作
	工作班成员精神状态确认	(1) 无法正常完成指定工作； (2) 作业过程中无法清醒判断带电设备及旋转设备； (3) 作业过程中出现昏厥现象	(1) 触电； (2) 机械伤害； (3) 高处坠落； (4) 设备故障	1	1	15	15	1	合理安排工作班成员，精神状态不佳者禁止工作
检修过程	攀爬风机	(1) 塔筒平台盖板不牢固或未按规定盖好； (2) 工器具未放入工具袋，随手携带； (3) 未系安全带或未正确系好安全带； (4) 未正确佩戴安全帽； (5) 未开展安全带试坠	(1) 高处坠落； (2) 物体打击； (3) 工器具损坏	1	3	15	45	2	(1) 开工前增设围栏并悬挂警示牌； (2) 对不牢固盖板进行加固； (3) 检查免爬器或助爬器外观，系好安全带，使用工具袋等； (4) 正确佩戴安全帽
	更换防雷模块	(1) 误碰其他带电设备； (2) 装错接线； (3) 野蛮拆装设备； (4) 虚接线路	(1) 设备故障； (2) 触电	3	1	15	45	2	(1) 与带电设备保持安全距离，并对带电区域悬挂标示牌，装设围栏； (2) 工作人员应穿绝缘鞋； (3) 进行回路改造或更换电气元件时，要注意检查控制箱各路电源是否断开，且接线端子、裸露线头可能从其他回路反送电，工作时应按要求戴好绝缘手套、穿好绝缘鞋、螺丝刀绑好绝缘胶布；

续表

作业步骤		危害因素	可能导致的后果	风险评价					控制措施
				L	E	C	D	风险程度	
检修过程	更换防雷模块								（4）拆卸接线时记录每个接线位置，更换完电气元件后，按记录逐一接线，保证接线正确，并检查接线是否牢固； （5）严禁错误使用工器具造成设备损坏，如用过大或过小的扳手替代标准尺寸的扳手，用一字螺丝刀替代十字螺丝刀，用十字螺丝刀替代内六角或内梅花螺丝刀等； （6）严禁野蛮拆装、检修设备，造成螺丝过力滑丝、设备开裂、设备变形等
恢复检验	结束工作	（1）遗漏工器具； （2）现场遗留检修杂物； （3）不结束工作票； （4）工作班成员未全部撤离	（1）人身伤害； （2）设备故障	3	3	3	27	2	（1）收齐并检查工器具； （2）清扫检修现场； （3）结束工作票

2. 更换叶片接闪器

<table>
<tr><td colspan="4">部门：</td><td colspan="6">分析日期：</td><td>记录编号：</td></tr>
<tr><td colspan="4">作业地点或分析范围：叶片叶尖</td><td colspan="7">分析人：</td></tr>
<tr><td colspan="11">作业内容描述：更换叶片接闪器</td></tr>
<tr><td colspan="11">主要作业风险：（1）人员思想不稳；（2）人员精神状态不佳；（3）着火；（4）高处落物；（5）车辆伤害；（6）环境因素；（7）触电；（8）高处坠落</td></tr>
<tr><td colspan="11">控制措施：（1）办理工作票，手动停机并切至维护状态，挂牌；（2）穿戴个人防护用品；（3）设备恢复运行状态前进行全面检查</td></tr>
<tr><td colspan="3">工作负责人签名：</td><td>日期：</td><td colspan="3">工作票签发人签名：</td><td colspan="2">日期：</td><td>工作许可人签名：</td><td>日期：</td></tr>
<tr><td colspan="2" rowspan="2">作业步骤</td><td rowspan="2">危害因素</td><td rowspan="2">可能导致的后果</td><td colspan="5">风险评价</td><td colspan="2" rowspan="2">控制措施</td></tr>
<tr><td>L</td><td>E</td><td>C</td><td>D</td><td>风险程度</td></tr>
<tr><td>作业环境</td><td>环境</td><td>（1）雷雨天气登塔作业或靠近风机；
（2）大风天气作业；
（3）冬季覆冰掉落；
（4）夏季高温作业</td><td>人身伤害</td><td>6</td><td>1</td><td>7</td><td>42</td><td>2</td><td colspan="2">（1）雷雨天气禁止靠近风机，不得从事检修工作；
（2）突遇雷雨天气时应及时撤离，来不及撤离时，双脚并拢站在安全位置；
（3）风速超过 10m/s 时，禁止机舱外使用吊机；
（4）风速达 18m/s 及以上时，不得登塔作业；
（5）风速超过 12m/s 时，不得打开机舱盖；
（6）风速超过 14m/s 时，应关闭机舱盖；
（7）风速超过 12m/s 时，不得在轮毂内工作；
（8）风速超过 18m/s 时，不得在机舱内工作；
（9）风力发电机组有结冰现象且有覆冰掉落危险时，禁止人员靠近，并在风电场入口设置警戒区域；
（10）夏季高温作业做好防暑措施</td></tr>
<tr><td rowspan="2">检修前准备</td><td>交通</td><td>（1）车况异常；
（2）驾乘人员未正确系安全带；
（3）道路结冰、湿滑、落石、塌方</td><td>（1）人身伤害；
（2）车辆事故</td><td>3</td><td>6</td><td>3</td><td>54</td><td>2</td><td colspan="2">（1）出车前检查车况；
（2）行车过程中，驾乘人员正确系好安全带；
（3）根据道路情况，车辆装好防滑链，并定期对道路进行清理维护；
（4）车辆停放在风机上风向 20m 以外</td></tr>
<tr><td>安全措施确认</td><td>（1）未悬挂标示牌；
（2）风机是否停机；
（3）未锁定高速轴定位销或风轮盘</td><td>（1）触电；
（2）机械伤害；
（3）设备故障</td><td>1</td><td>3</td><td>7</td><td>21</td><td>2</td><td colspan="2">（1）办理工作票，确认执行安全措施；
（2）使用个人防护用品；
（3）在塔基停机按钮处悬挂“禁止合闸，有人工作”标示牌；
（4）在风机平台位置悬挂“在此工作”标示牌</td></tr>
</table>

续表

作业步骤		危害因素	可能导致的后果	风险评价					控制措施
				L	E	C	D	风险程度	
检修前准备	安全交底	(1) 扩大工作范围; (2) 发电机转速大于 500r/min,切至维护状态; (3) 走错机位或误碰带电设备; (4) 误碰旋转设备	(1) 触电; (2) 机械伤害; (3) 设备故障	1	3	7	21	2	(1) 工作前对工作班成员进行工作地点及任务明示; (2) 对工作班成员进行安全技术交底
	个人防护用品准备	(1) 未正确穿戴安全帽及工作服; (2) 使用不合格的安全带	(1) 触电; (2) 高处坠落; (3) 其他伤害	3	0.5	15	22.5	2	(1) 正确穿戴安全帽及工作服; (2) 使用在安全使用期内的安全带,并正确佩戴
	工器具准备	(1) 使用的工器具无法达到工作要求; (2) 工具不全,或工具破损; (3) 使用的试验仪器超过检验期,仪器漏电或输出异常	(1) 机械伤害; (2) 触电	1	1	7	7	1	(1) 工作前确认工器具及试验仪器状态,使用合格的工器具及试验仪器; (2) 做好工具、消耗材料的准备工作
	工作班成员精神状态确认	(1) 无法正常完成指定工作; (2) 作业过程中无法清醒判断带电设备及旋转设备; (3) 作业过程中出现昏厥现象	(1) 触电; (2) 机械伤害; (3) 高处坠落; (4) 设备故障	1	1	15	15	1	合理安排工作班成员,精神状态不佳者禁止工作
检修过程	攀爬风机	(1) 塔筒平台盖板不牢固或未按规定盖好; (2) 工器具未放入工具袋,随手携带; (3) 未系安全带或未正确系好安全带; (4) 未正确佩戴安全帽; (5) 未开展安全带试坠	(1) 高处坠落; (2) 物体打击; (3) 工器具损坏	1	3	15	45	2	(1) 开工前增设围栏并悬挂警示牌; (2) 对不牢固盖板进行加固; (3) 检查免爬器或助爬器外观,系好安全带,使用工具袋等; (4) 正确佩戴安全帽
	更换叶片接闪器	(1) 使用不合格的工器具; (2) 未执行风轮锁紧措施; (3) 吊篮作业区域下方未严格执行隔离措施; (4) 野蛮拆装设备; (5) 吊篮作业时,工具未放入工具包;	(1) 设备故障; (2) 高空落物; (3) 物体打击; (4) 人身伤害	3	1	15	2	45	(1) 与带电设备保持安全距离,并对带电区域悬挂标示牌,装设围栏; (2) 工作人员应穿绝缘鞋; (3) 吊篮作业时,工具放入工具包; (4) 吊篮作业区域下方严格执行隔离措施; (5) 严格审查作业人员体检报告,禁止患有影响高处作业的疾病的人员作业;

续表

作业步骤		危害因素	可能导致的后果	风险评价					控制措施
				L	*E*	*C*	*D*	风险程度	
检修过程	更换叶片接闪器	（6）吊篮作业人员患有高血压等影响高处作业的疾病							（6）作业前执行风轮锁紧措施； （7）严禁错误使用工器具造成设备损坏，如用过大或过小的扳手替代标准尺寸的扳手，用一字螺丝刀替代十字螺丝刀，用十字螺丝刀替代内六角或内梅花螺丝刀等； （8）严禁野蛮拆装、检修设备，造成螺丝过力滑丝、设备开裂、设备变形等； （9）作业前严格检查相关工具的安全性能、检验报告
恢复检验	结束工作	（1）遗漏工器具； （2）现场遗留检修杂物； （3）不结束工作票； （4）工作班成员未全部撤离	（1）人身伤害； （2）设备故障	3	3	3	27	2	（1）收齐并检查工器具； （2）清扫检修现场； （3）结束工作票

3. 塔基接地引下线断裂处理

部门：				分析日期：				记录编号：
作业地点或分析范围：塔基				分析人：				
作业内容描述：塔基接地引下线断裂处理								
主要作业风险：（1）人员思想不稳；（2）人员精神状态不佳；（3）着火；（4）高处落物；（5）车辆伤害；（6）环境因素；（7）触电；（8）高处坠落								
控制措施：（1）办理工作票，手动停机并切至维护状态，挂牌；（2）穿戴个人防护用品；（3）设备恢复运行状态前进行全面检查								
工作负责人签名：	日期：	工作票签发人签名：		日期：		工作许可人签名：		日期：

作业步骤		危害因素	可能导致的后果	风险评价					控制措施
				L	*E*	*C*	*D*	风险程度	
作业环境	环境	（1）雷雨天气登塔作业或靠近风机； （2）大风天气作业； （3）冬季覆冰掉落； （4）夏季高温作业	人身伤害	6	1	7	42	2	（1）雷雨天气禁止靠近风机，不得从事检修工作； （2）突遇雷雨天气时应及时撤离，来不及撤离时，双脚并拢站在安全位置； （3）风速超过 10m/s 时，禁止机舱外使用吊机； （4）风速达 18m/s 及以上时，不得登塔作业； （5）风速超过 12m/s 时，不得打开机舱盖； （6）风速超过 14m/s 时，应关闭机舱盖； （7）风速超过 12m/s 时，不得在轮毂内工作； （8）风速超过 18m/s 时，不得在机舱内工作； （9）风力发电机组有结冰现象且有覆冰掉落危险时，禁止人员靠近，并在风电场入口设置警戒区域； （10）夏季高温作业做好防暑措施
检修前准备	交通	（1）车况异常； （2）驾乘人员未正确系安全带； （3）道路结冰、湿滑、落石、塌方	（1）人身伤害； （2）车辆事故	3	6	3	54	2	（1）出车前检查车况； （2）行车过程中，驾乘人员正确系好安全带； （3）根据道路情况，车辆装好防滑链，并定期对道路进行清理维护； （4）车辆停放在风机上风向 20m 以外
	安全措施确认	（1）未悬挂标示牌； （2）风机是否停机； （3）未锁定高速轴定位销或风轮盘	（1）触电； （2）机械伤害； （3）设备故障	1	3	7	21	2	（1）办理工作票，确认执行安全措施； （2）使用个人防护用品； （3）在塔基停机按钮处悬挂“禁止合闸，有人工作”标示牌； （4）在风机平台位置悬挂“在此工作”标示牌

续表

作业步骤		危害因素	可能导致的后果	风险评价					控制措施
				L	E	C	D	风险程度	
检修前准备	安全交底	（1）扩大工作范围； （2）发电机转速大于500r/min，切至维护状态； （3）走错机位或误碰带电设备； （4）误碰旋转设备	（1）触电； （2）机械伤害； （3）设备故障	1	3	7	21	2	（1）工作前对工作班成员进行工作地点及任务明示； （2）对工作班成员进行安全技术交底
	个人防护用品准备	（1）未正确穿戴安全帽及工作服； （2）使用不合格的安全带	（1）触电； （2）高处坠落； （3）其他伤害	3	0.5	15	22.5	2	（1）正确穿戴安全帽及工作服； （2）使用在安全使用期内的安全带，并正确佩戴
	工器具准备	（1）使用的工器具无法达到工作要求； （2）工具不全，或工具破损； （3）使用的试验仪器超过检验期，仪器漏电或输出异常	（1）机械伤害； （2）触电	1	1	7	7	1	（1）工作前确认工器具及试验仪器状态，使用合格的工器具及试验仪器； （2）做好工具、消耗材料的准备工作
	工作班成员精神状态确认	（1）无法正常完成指定工作； （2）作业过程中无法清醒判断带电设备及旋转设备； （3）作业过程中出现昏厥现象	（1）触电； （2）机械伤害； （3）高处坠落； （4）设备故障	1	1	15	15	1	合理安排工作班成员，精神状态不佳者禁止工作
检修过程	攀爬风机	（1）塔筒平台盖板不牢固或未按规定盖好； （2）工器具未放入工具袋，随手携带； （3）未系安全带或未正确系好安全带； （4）未正确佩戴安全帽	（1）高处坠落； （2）物体打击； （3）工器具损坏	1	3	15	45	2	（1）开工前增设围栏并悬挂警示牌； （2）对不牢固盖板进行加固； （3）检查免爬器或助爬器外观，系好安全带，使用工具袋等； （4）正确佩戴安全帽
恢复检验	结束工作	（1）遗漏工器具； （2）现场遗留检修杂物； （3）不结束工作票； （4）工作班成员未全部撤离	（1）人身伤害； （2）设备故障	3	3	3	27	2	（1）收齐并检查工器具； （2）清扫检修现场； （3）结束工作票

4. 测试机组接地电阻

<table>
<tr><td colspan="4">部门：</td><td colspan="5">分析日期：</td><td>记录编号：</td></tr>
<tr><td colspan="4">作业地点或分析范围：基础、塔基</td><td colspan="6">分析人：</td></tr>
<tr><td colspan="10">作业内容描述：测试机组接地电阻</td></tr>
<tr><td colspan="10">主要作业风险：（1）人员思想不稳；（2）人员精神状态不佳；（3）着火；（4）高处落物；（5）车辆伤害；（6）环境因素；（7）触电；（8）高处坠落</td></tr>
<tr><td colspan="10">控制措施：（1）办理工作票，手动停机并切至维护状态，挂牌；（2）穿戴个人防护用品；（3）设备恢复运行状态前进行全面检查</td></tr>
<tr><td colspan="2">工作负责人签名：</td><td>日期：</td><td>工作票签发人签名：</td><td colspan="2">日期：</td><td colspan="3">工作许可人签名：</td><td>日期：</td></tr>
<tr><td colspan="2" rowspan="2">作业步骤</td><td rowspan="2">危害因素</td><td rowspan="2">可能导致的后果</td><td colspan="5">风险评价</td><td rowspan="2">控制措施</td></tr>
<tr><td>L</td><td>E</td><td>C</td><td>D</td><td>风险程度</td></tr>
<tr><td>作业环境</td><td>环境</td><td>（1）雷雨天气登塔作业或靠近风机；
（2）大风天气作业；
（3）冬季覆冰掉落；
（4）夏季高温作业</td><td>人身伤害</td><td>6</td><td>1</td><td>7</td><td>42</td><td>2</td><td>（1）雷雨天气禁止靠近风机，不得从事检修工作；
（2）突遇雷雨天气时应及时撤离，来不及撤离时，双脚并拢站在安全位置；
（3）风速超过 10m/s 时，禁止机舱外使用吊机；
（4）风速达 18m/s 及以上时，不得登塔作业；
（5）风速超过 12m/s 时，不得打开机舱盖；
（6）风速超过 14m/s 时，应关闭机舱盖；
（7）风速超过 12m/s 时，不得在轮毂内工作；
（8）风速超过 18m/s 时，不得在机舱内工作；
（9）风力发电机组有结冰现象且有覆冰掉落危险时，禁止人员靠近，并在风电场入口设置警戒区域；
（10）夏季高温作业做好防暑措施</td></tr>
<tr><td rowspan="2">检修前准备</td><td>交通</td><td>（1）车况异常；
（2）驾乘人员未正确系安全带；
（3）道路结冰、湿滑、落石、塌方</td><td>（1）人身伤害；
（2）车辆事故</td><td>3</td><td>6</td><td>3</td><td>54</td><td>2</td><td>（1）出车前检查车况；
（2）行车过程中，驾乘人员正确系好安全带；
（3）根据道路情况，车辆装好防滑链，并定期对道路进行清理维护；
（4）车辆停放在风机上风向 20m 以外</td></tr>
<tr><td>安全措施确认</td><td>（1）未悬挂标示牌；
（2）风机是否停机；
（3）未锁定高速轴定位销或风轮盘</td><td>（1）触电；
（2）机械伤害；
（3）设备故障</td><td>1</td><td>3</td><td>7</td><td>21</td><td>2</td><td>（1）办理工作票，确认执行安全措施；
（2）使用个人防护用品；
（3）在塔基停机按钮处悬挂“禁止合闸，有人工作”标示牌；
（4）在风机平台位置悬挂“在此工作”标示牌</td></tr>
</table>

续表

作业步骤		危害因素	可能导致的后果	风险评价					控制措施
				L	E	C	D	风险程度	
检修前准备	安全交底	（1）扩大工作范围； （2）发电机转速大于500r/min，切至维护状态； （3）走错机位或误碰带电设备； （4）误碰旋转设备	（1）触电； （2）机械伤害； （3）设备故障	1	3	7	21	2	（1）工作前对工作班成员进行工作地点及任务明示； （2）对工作班成员进行安全技术交底
	个人防护用品准备	（1）未正确穿戴安全帽及工作服； （2）使用不合格的安全带	（1）触电； （2）高处坠落； （3）其他伤害	3	0.5	15	22.5	2	（1）正确穿戴安全帽及工作服； （2）使用在安全使用期内的安全带，并正确佩戴
	工器具准备	（1）使用的工器具无法达到工作要求； （2）工具不全，或工具破损； （3）使用的试验仪器超过检验期，仪器漏电或输出异常	（1）机械伤害； （2）触电	1	1	7	7	1	（1）工作前确认工器具及试验仪器状态，使用合格的工器具及试验仪器； （2）做好工具、消耗材料的准备工作
	工作班成员精神状态确认	（1）无法正常完成指定工作； （2）作业过程中无法清醒判断带电设备及旋转设备； （3）作业过程中出现昏厥现象	（1）触电； （2）机械伤害； （3）高处坠落； （4）设备故障	1	1	15	15	1	合理安排工作班成员，精神状态不佳者禁止工作
检修过程	攀爬风机	（1）塔筒平台盖板不牢固或未按规定盖好； （2）工器具未放入工具袋，随手携带； （3）未系安全带或未正确系好安全带； （4）未正确佩戴安全帽； （5）未开展安全带试坠	（1）高处坠落； （2）物体打击； （3）工器具损坏	1	3	15	45	2	（1）开工前增设围栏并悬挂警示牌； （2）对不牢固盖板进行加固； （3）检查免爬器或助爬器外观，系好安全带，使用工具袋等； （4）正确佩戴安全帽
	测试机组接地电阻	（1）误碰其他带电设备； （2）装错接线； （3）野蛮拆装设备； （4）进入轮毂前未锁风轮； （5）虚接线路	（1）设备故障； （2）触电； （3）机械伤害	3	1	15	45	2	（1）与带电设备保持安全距离，并对带电区域悬挂标示牌，装设围栏； （2）工作人员应穿绝缘鞋； （3）严禁错误使用工器具造成设备损坏，如用过大或过小的扳手替代标准尺寸的扳手，用一字螺丝刀替代十字螺丝刀，用十字螺丝刀替代内六角或内梅花螺丝刀等；

续表

作业步骤		危害因素	可能导致的后果	风险评价					控制措施
				L	E	C	D	风险程度	
检修过程	测试机组接地电阻								（4）严禁野蛮拆装、检修设备，造成螺丝过力滑丝、设备开裂、设备变形等； （5）拆卸接线时记录每个接线位置，更换完电气元件后，按记录逐一接线，保证接线正确，并检查接线是否牢固
恢复检验	结束工作	（1）遗漏工器具； （2）现场遗留检修杂物； （3）不结束工作票； （4）工作班成员未全部撤离	（1）人身伤害； （2）设备故障	3	3	3	27	2	（1）收齐并检查工器具； （2）清扫检修现场； （3）结束工作票

5. 更换防雷爪

<table>
<tr><td colspan="3">部门：</td><td colspan="5">分析日期：</td><td colspan="2">记录编号：</td></tr>
<tr><td colspan="3">作业地点或分析范围：防雷系统</td><td colspan="7">分析人：</td></tr>
<tr><td colspan="10">作业内容描述：更换防雷爪</td></tr>
<tr><td colspan="10">主要作业风险：(1) 人员思想不稳；(2) 人员精神状态不佳；(3) 着火；(4) 高处落物；(5) 车辆伤害；(6) 环境因素；(7) 触电；(8) 高处坠落</td></tr>
<tr><td colspan="10">控制措施：(1) 办理工作票，手动停机并切至维护状态，挂牌；(2) 穿戴个人防护用品；(3) 设备恢复运行状态前进行全面检查</td></tr>
<tr><td colspan="2">工作负责人签名：</td><td>日期：</td><td>工作票签发人签名：</td><td colspan="3">日期：</td><td colspan="2">工作许可人签名：</td><td>日期：</td></tr>
<tr><td colspan="2" rowspan="2">作业步骤</td><td rowspan="2">危害因素</td><td rowspan="2">可能导致的后果</td><td colspan="5">风险评价</td><td rowspan="2">控制措施</td></tr>
<tr><td>L</td><td>E</td><td>C</td><td>D</td><td>风险程度</td></tr>
<tr><td>作业环境</td><td>环境</td><td>(1) 雷雨天气登塔作业或靠近风机；
(2) 大风天气作业；
(3) 冬季覆冰掉落；
(4) 夏季高温作业</td><td>人身伤害</td><td>6</td><td>1</td><td>7</td><td>42</td><td>2</td><td>(1) 雷雨天气禁止靠近风机，不得从事检修工作；
(2) 突遇雷雨天气时应及时撤离，来不及撤离时，双脚并拢站在安全位置；
(3) 风速超过 10m/s 时，禁止机舱外使用吊机；
(4) 风速达 18m/s 及以上时，不得登塔作业；
(5) 风速超过 12m/s 时，不得打开机舱盖；
(6) 风速超过 14m/s 时，应关闭机舱盖；
(7) 风速超过 12m/s 时，不得在轮毂内工作；
(8) 风速超过 18m/s 时，不得在机舱内工作；
(9) 风力发电机组有结冰现象且有覆冰掉落危险时，禁止人员靠近，并在风电场入口设置警戒区域；
(10) 夏季高温作业做好防暑措施</td></tr>
<tr><td rowspan="2">检修前准备</td><td>交通</td><td>(1) 车况异常；
(2) 驾乘人员未正确系安全带；
(3) 道路结冰、湿滑、落石、塌方</td><td>(1) 人身伤害；
(2) 车辆事故</td><td>3</td><td>6</td><td>3</td><td>54</td><td>2</td><td>(1) 出车前检查车况；
(2) 行车过程中，驾乘人员正确系好安全带；
(3) 根据道路情况，车辆装好防滑链，并定期对道路进行清理维护；
(4) 车辆停放在风机上风向 20m 以外</td></tr>
<tr><td>安全措施确认</td><td>(1) 未悬挂标示牌；
(2) 风机是否停机；
(3) 未锁定高速轴定位销或风轮盘</td><td>(1) 触电；
(2) 机械伤害；
(3) 设备故障</td><td>1</td><td>3</td><td>7</td><td>21</td><td>2</td><td>(1) 办理工作票，确认执行安全措施；
(2) 使用个人防护用品；
(3) 在塔基停机按钮处悬挂“禁止合闸，有人工作”标示牌；
(4) 在风机平台位置悬挂“在此工作”标示牌</td></tr>
</table>

续表

<table>
<tr><th colspan="2" rowspan="2">作业步骤</th><th rowspan="2">危害因素</th><th rowspan="2">可能导致的后果</th><th colspan="5">风险评价</th><th rowspan="2">控制措施</th></tr>
<tr><th>L</th><th>E</th><th>C</th><th>D</th><th>风险程度</th></tr>
<tr><td rowspan="4">检修前准备</td><td>安全交底</td><td>(1) 扩大工作范围；
(2) 发电机转速大于500r/min，切至维护状态；
(3) 走错机位或误碰带电设备；
(4) 误碰旋转设备</td><td>(1) 触电；
(2) 机械伤害；
(3) 设备故障</td><td>1</td><td>3</td><td>7</td><td>21</td><td>2</td><td>(1) 工作前对工作班成员进行工作地点及任务明示；
(2) 对工作班成员进行安全技术交底</td></tr>
<tr><td>个人防护用品准备</td><td>(1) 未正确穿戴安全帽及工作服；
(2) 使用不合格的安全带</td><td>(1) 触电；
(2) 高处坠落；
(3) 其他伤害</td><td>3</td><td>0.5</td><td>15</td><td>22.5</td><td>2</td><td>(1) 正确穿戴安全帽及工作服；
(2) 使用在安全使用期内的安全带，并正确佩戴</td></tr>
<tr><td>工器具准备</td><td>(1) 使用的工器具无法达到工作要求；
(2) 工具不全，或工具破损；
(3) 使用的试验仪器超过检验期，仪器漏电或输出异常</td><td>(1) 机械伤害；
(2) 触电</td><td>1</td><td>1</td><td>7</td><td>7</td><td>1</td><td>(1) 工作前确认工器具及试验仪器状态，使用合格的工器具及试验仪器；
(2) 做好工具、消耗材料的准备工作</td></tr>
<tr><td>工作班成员精神状态确认</td><td>(1) 无法正常完成指定工作；
(2) 作业过程中无法清醒判断带电设备及旋转设备；
(3) 作业过程中出现昏厥现象</td><td>(1) 触电；
(2) 机械伤害；
(3) 高处坠落；
(4) 设备故障</td><td>1</td><td>1</td><td>15</td><td>15</td><td>1</td><td>合理安排工作班成员，精神状态不佳者禁止工作</td></tr>
<tr><td rowspan="2">检修过程</td><td>攀爬风机</td><td>(1) 塔筒平台盖板不牢固或未按规定盖好；
(2) 工器具未放入工具袋，随手携带；
(3) 未系安全带或未正确系好安全带；
(4) 未正确佩戴安全帽；
(5) 未开展安全带试坠</td><td>(1) 高处坠落；
(2) 物体打击；
(3) 工器具损坏</td><td>1</td><td>3</td><td>15</td><td>45</td><td>2</td><td>(1) 开工前增设围栏并悬挂警示牌；
(2) 对不牢固盖板进行加固；
(3) 检查免爬器或助爬器外观，系好安全带、使用工具袋等；
(4) 正确佩戴安全帽</td></tr>
<tr><td>更换防雷爪</td><td>(1) 进入轮毂前未锁风轮；
(2) 进入轮毂及叶片内部前未检测空气含氧量；
(3) 野蛮拆装设备；
(4) 临时用电插牌无剩余电流动作装置；
(5) 进入叶片内部前未通风</td><td>(1) 设备故障；
(2) 机械伤害；
(3) 人身伤害</td><td>3</td><td>1</td><td>15</td><td>45</td><td>2</td><td>(1) 进入轮毂前，执行风轮锁定措施；
(2) 进入轮毂及叶片内部前检测空气含氧量；
(3) 严禁错误使用工器具造成设备损坏，如用过大或过小的扳手替代标准尺寸的扳手，用一字螺丝刀替代十字螺丝刀，用十字螺丝刀替代内六角或内梅花螺丝刀等；</td></tr>
</table>

续表

作业步骤		危害因素	可能导致的后果	风险评价					控制措施
				L	*E*	*C*	*D*	风险程度	
检修过程	更换防雷爪								（4）正确、安全地使用经检验合格的带有剩余电流动作装置的电源线轴，且线轴配有专用检修箱电源插头； （5）严禁野蛮拆装、检修设备，造成螺丝过力滑丝、设备开裂、设备变形等； （6）进入叶片内部前，对叶片通风
恢复检验	结束工作	（1）遗漏工器具； （2）现场遗留检修杂物； （3）不结束工作票； （4）工作班成员未全部撤离	（1）人身伤害； （2）设备故障	3	3	3	27	2	（1）收齐并检查工器具； （2）清扫检修现场； （3）结束工作票

九、变桨系统检修

1. 变桨控制柜检修

部门：			分析日期：		记录编号：
作业地点或分析范围：轮毂变桨控制柜			分析人：		
作业内容描述：变桨控制柜检修					
主要作业风险：(1) 人员思想不稳；(2) 人员精神状态不佳；(3) 着火；(4) 高处落物；(5) 车辆伤害；(6) 环境因素；(7) 触电；(8) 高处坠落					
控制措施：(1) 办理工作票，手动停机并切至维护状态，挂牌；(2) 穿戴个人防护用品；(3) 设备恢复运行状态前进行全面检查					
工作负责人签名：	日期：	工作票签发人签名：	日期：	工作许可人签名：	日期：

作业步骤		危害因素	可能导致的后果	风险评价					控制措施
				L	E	C	D	风险程度	
作业环境	环境	(1) 雷雨天气登塔作业或靠近风机； (2) 大风天气作业； (3) 冬季覆冰掉落； (4) 夏季高温作业	人身伤害	6	1	7	42	2	(1) 雷雨天气禁止靠近风机，不得从事检修工作； (2) 突遇雷雨天气时应及时撤离，来不及撤离时，双脚并拢站在安全位置； (3) 风速超过 10m/s 时，禁止机舱外使用吊机； (4) 风速达 18m/s 及以上时，不得登塔作业； (5) 风速超过 12m/s 时，不得打开机舱盖； (6) 风速超过 14m/s 时，应关闭机舱盖； (7) 风速超过 12m/s 时，不得在轮毂内工作； (8) 风速超过 18m/s 时，不得在机舱内工作； (9) 风力发电机组有结冰现象且有覆冰掉落危险时，禁止人员靠近，并在风电场入口设置警戒区域； (10) 夏季高温作业做好防暑措施
检修前准备	交通	(1) 车况异常； (2) 驾乘人员未正确系安全带； (3) 道路结冰、湿滑、落石、塌方	(1) 人身伤害； (2) 车辆事故	3	6	3	54	2	(1) 出车前检查车况； (2) 行车过程中，驾乘人员正确系好安全带； (3) 根据道路情况，车辆装好防滑链，并定期对道路进行清理维护； (4) 车辆停放在风机上风向 20m 以外
	安全措施确认	(1) 未悬挂标示牌； (2) 风机是否停机； (3) 进入轮毂前，未进行有毒有害气体检测； (4) 进入轮毂前，未锁定高速轴定位销或风轮盘	(1) 触电； (2) 机械伤害； (3) 设备故障； (4) 中毒	1	3	7	21	2	(1) 办理工作票，确认执行安全措施； (2) 使用个人防护用品； (3) 在塔基停机按钮处悬挂“禁止合闸，有人工作”标示牌； (4) 进入轮毂前，用气体检测仪检测轮毂内气体，空气含氧量为 19.5%～23.5%方可进入轮毂；

续表

作业步骤		危害因素	可能导致的后果	风险评价					控制措施
				L	E	C	D	风险程度	
检修前准备	安全措施确认								（5）在更换变桨电机位置悬挂“在此工作”标示牌； （6）进入轮毂前，确认锁定高速轴刹车盘或风轮盘； （7）保持与带电设备距离
检修前准备	安全交底	（1）扩大工作范围； （2）发电机转速大于500r/min，切至维护状态； （3）走错机位或误碰带电设备； （4）误碰旋转设备； （5）进入轮毂前，未进行有毒有害气体检测； （6）进入轮毂前，未锁定高速轴定位销或风轮盘	（1）触电； （2）机械伤害； （3）设备故障； （4）中毒	1	3	7	21	2	（1）工作前对工作班成员进行工作地点及任务明示； （2）对工作班成员进行安全技术交底
检修前准备	个人防护用品准备	（1）未正确穿戴安全帽及工作服； （2）使用不合格的安全带	（1）触电； （2）高处坠落； （3）其他伤害	3	0.5	15	22.5	2	（1）正确穿戴安全帽及工作服； （2）使用在安全使用期内的安全带，并正确佩戴
检修前准备	工器具准备	（1）使用的工器具无法达到工作要求； （2）工具不全，或工具破损； （3）使用的试验仪器超过检验期，仪器漏电或输出异常	（1）机械伤害； （2）触电	1	1	7	7	1	（1）工作前确认工器具及试验仪器状态，使用合格的工器具及试验仪器； （2）做好工具、消耗材料的准备工作
检修前准备	工作班成员精神状态确认	（1）无法正常完成指定工作； （2）作业过程中无法清醒判断带电设备及旋转设备； （3）作业过程中出现昏厥现象	（1）触电； （2）机械伤害； （3）高处坠落； （4）设备故障	1	1	15	15	1	合理安排工作班成员，精神状态不佳者禁止工作
检修过程	攀爬风机	（1）塔筒平台盖板不牢固或未按规定盖好； （2）工器具未摆放在正确位置； （3）未系安全带或未正确系好安全带	（1）高处坠落； （2）物体打击； （3）工器具损坏	1	3	15	45	2	（1）开工前增设围栏并悬挂警示牌； （2）对不牢固盖板进行加固； （3）检查免爬器或助爬器外观，系好安全带，使用工具袋等

续表

作业步骤		危害因素	可能导致的后果	风险评价					控制措施
				L	E	C	D	风险程度	
检修过程	进入轮毂	（1）未锁定风轮锁； （2）未启动液压刹车； （3）轮毂内氧气含量低	（1）人身伤害； （2）窒息	1	2	40	80	3	（1）进入轮毂前，确保叶片收桨至90°，启动液压刹车，在叶片转速为零的情况下，插入叶轮定位销； （2）进入轮毂内部前应检测其空间内空气含氧量，氧气含量应为19.5%～23.5%，若空气含氧量不符合要求，严禁进入作业
	变桨控制柜检修	（1）装错接线； （2）误碰其他带电设备； （3）野蛮拆装设备； （4）虚接线路	（1）设备故障； （2）触电	3	2	15	90	3	（1）与带电设备保持安全距离，并对带电区域悬挂标示牌； （2）工作人员应穿绝缘鞋； （3）进行回路改造或更换电气元件时，要注意检查控制箱各路电源是否断开，且接线端子、裸露线头可能从其他回路反送电，工作时应按要求戴好绝缘手套、穿好绝缘鞋、螺丝刀绑好绝缘胶布； （4）严禁错误使用工器具造成设备损坏，如用过大或过小的扳手替代标准尺寸的扳手，用一字螺丝刀替代十字螺丝刀，用十字螺丝刀替代内六角或内梅花螺丝刀等； （5）严禁野蛮拆装、检修设备，造成螺丝过力滑丝、设备开裂、设备变形等； （6）拆卸接线时记录每个接线位置，更换完电气元件后，按记录逐一接线，保证接线正确，并检查接线是否牢固
恢复检验	结束工作	（1）遗漏工器具； （2）现场遗留检修杂物； （3）不结束工作票； （4）工作班成员未全部撤离	（1）人身伤害； （2）设备故障	3	3	3	27	2	（1）收齐并检查工器具； （2）清扫检修现场； （3）结束工作票

2. 更换变桨电池柜蓄电池

<table>
<tr><td colspan="4">部门：</td><td colspan="5">分析日期：</td><td>记录编号：</td></tr>
<tr><td colspan="4">作业地点或分析范围：风机轮毂</td><td colspan="6">分析人：</td></tr>
<tr><td colspan="10">作业内容描述：更换变桨电池柜蓄电池</td></tr>
<tr><td colspan="10">主要作业风险：(1) 人员思想不稳；(2) 人员精神状态不佳；(3) 着火；(4) 高处落物；(5) 车辆伤害；(6) 环境因素；(7) 触电；(8) 高处坠落</td></tr>
<tr><td colspan="10">控制措施：(1) 办理工作票，手动停机并切至维护状态，挂牌；(2) 穿戴个人防护用品；(3) 设备恢复运行状态前进行全面检查</td></tr>
<tr><td colspan="2">工作负责人签名：</td><td>日期：</td><td>工作票签发人签名：</td><td colspan="3">日期：</td><td colspan="2">工作许可人签名：</td><td>日期：</td></tr>
<tr><td colspan="2" rowspan="2">作业步骤</td><td rowspan="2">危害因素</td><td rowspan="2">可能导致的后果</td><td colspan="5">风险评价</td><td rowspan="2">控制措施</td></tr>
<tr><td>L</td><td>E</td><td>C</td><td>D</td><td>风险程度</td></tr>
<tr><td>作业环境</td><td>环境</td><td>(1) 雷雨天气登塔作业或靠近风机；
(2) 大风天气作业；
(3) 冬季覆冰掉落；
(4) 夏季高温作业</td><td>人身伤害</td><td>6</td><td>1</td><td>7</td><td>42</td><td>2</td><td>(1) 雷雨天气禁止靠近风机，不得从事检修工作；
(2) 突遇雷雨天气时应及时撤离，来不及撤离时，双脚并拢站在安全位置；
(3) 风速超过 10m/s 时，禁止机舱外使用吊机；
(4) 风速达 18m/s 及以上时，不得登塔作业；
(5) 风速超过 12m/s 时，不得打开机舱盖；
(6) 风速超过 14m/s 时，应关闭机舱盖；
(7) 风速超过 12m/s 时，不得在轮毂内工作；
(8) 风速超过 18m/s 时，不得在机舱内工作；
(9) 风力发电机组有结冰现象且有覆冰掉落危险时，禁止人员靠近，并在风电场入口设置警戒区域；
(10) 夏季高温作业做好防暑措施</td></tr>
<tr><td rowspan="2">检修前准备</td><td>交通</td><td>(1) 车况异常；
(2) 驾乘人员未正确系安全带；
(3) 道路结冰、湿滑、落石、塌方</td><td>(1) 人身伤害；
(2) 车辆事故</td><td>3</td><td>6</td><td>3</td><td>54</td><td>2</td><td>(1) 出车前检查车况；
(2) 行车过程中，驾乘人员正确系好安全带；
(3) 根据道路情况，车辆装好防滑链，并定期对道路进行清理维护；
(4) 车辆停放在风机上风向 20m 以外</td></tr>
<tr><td>安全措施确认</td><td>(1) 未悬挂标示牌；
(2) 风机是否停机；
(3) 进入轮毂前，未进行有毒有害气体检测；
(4) 进入轮毂前，未锁定高速轴定位销或风轮盘</td><td>(1) 触电；
(2) 机械伤害；
(3) 设备故障；
(4) 中毒</td><td>1</td><td>3</td><td>7</td><td>21</td><td>2</td><td>(1) 办理工作票，确认执行安全措施；
(2) 使用个人防护用品；
(3) 在塔基停机按钮处悬挂“禁止合闸，有人工作”标示牌；
(4) 进入轮毂前，用气体检测仪检测轮毂内气体，空气含氧量为 19.5%～23.5%方可进入轮毂；</td></tr>
</table>

续表

作业步骤		危害因素	可能导致的后果	风险评价					控制措施
				L	E	C	D	风险程度	
检修前准备	安全措施确认								(5) 在更换变桨电机位置悬挂“在此工作”标示牌； (6) 进入轮毂前，确认锁定高速轴刹车盘或风轮盘； (7) 与带电设备保持距离
	安全交底	(1) 扩大工作范围； (2) 发电机转速大于 500r/min，切至维护状态； (3) 走错机位或误碰带电设备； (4) 误碰旋转设备； (5) 进入轮毂前，未进行有毒有害气体检测； (6) 进入轮毂前，未锁定高速轴定位销或风轮盘	(1) 触电； (2) 机械伤害； (3) 设备故障； (4) 中毒	1	3	7	21	2	(1) 工作前对工作班成员进行工作地点及任务明示； (2) 对工作班成员进行安全技术交底
	个人防护用品准备	(1) 未正确穿戴安全帽及工作服； (2) 使用不合格的安全带	(1) 触电； (2) 高处坠落； (3) 其他伤害	3	0.5	15	22.5	2	(1) 正确穿戴安全帽及工作服； (2) 使用在安全使用期内的安全带，并正确佩戴
	工器具准备	(1) 使用的工器具无法达到工作要求； (2) 工具不全，或工具破损； (3) 使用的试验仪器超过检验期，仪器漏电或输出异常	(1) 机械伤害； (2) 触电	1	1	7	7	1	(1) 工作前确认工器具及试验仪器状态，使用合格的工器具及试验仪器； (2) 做好工具、消耗材料的准备工作
	工作班成员精神状态确认	(1) 无法正常完成指定工作； (2) 作业过程中无法清醒判断带电设备及旋转设备； (3) 作业过程中出现晕厥现象	(1) 触电； (2) 机械伤害； (3) 高处坠落； (4) 设备故障	1	1	15	15	1	合理安排工作班成员，精神状态不佳者禁止工作
检修过程	攀爬风机	(1) 塔筒平台盖板不牢固或未按规定盖好； (2) 工器具未摆放在正确位置； (3) 未系安全带或未正确系好安全带	(1) 高处坠落； (2) 物体打击； (3) 工器具损坏	1	3	15	45	2	(1) 开工前增设围栏并悬挂警示牌； (2) 对不牢固盖板进行加固； (3) 检查免爬器或助爬器外观，系好安全带，使用工具袋等

续表

作业步骤		危害因素	可能导致的后果	风险评价					控制措施
				L	E	C	D	风险程度	
检修过程	进入轮毂	（1）未锁定风轮锁； （2）未启动液压刹车； （3）轮毂内氧气含量低	（1）人身伤害； （2）窒息	1	2	40	80	3	（1）进入轮毂前，确保叶片收桨至90°，启动液压刹车，在叶片转速为零的情况下，插入叶轮定位销； （2）进入轮毂内部前应检测其空间内空气含氧量，氧气含量应为19.5%～23.5%，若空气含氧量不符合要求，严禁进入作业
检修过程	更换变桨电池柜蓄电池	（1）装错接线； （2）误碰其他带电设备； （3）野蛮拆装设备； （4）虚接线路	（1）设备故障； （2）触电	3	2	15	90	3	（1）与带电设备保持安全距离，并对带电区域悬挂标示牌； （2）工作人员应穿绝缘鞋； （3）进行回路改造或更换电气元件时，要注意检查控制箱各路电源是否断开，且接线端子、裸露线头可能从其他回路反送电，工作时应按要求戴好绝缘手套、穿好绝缘鞋、螺丝刀绑好绝缘胶布； （4）严禁错误使用工器具造成设备损坏，如用过大或过小的扳手替代标准尺寸的扳手，用一字螺丝刀替代十字螺丝刀，用十字螺丝刀替代内六角或内梅花螺丝刀等； （5）严禁野蛮拆装、检修设备，造成螺丝过力滑丝、设备开裂、设备变形等； （6）拆卸接线时记录每个接线位置，更换完电气元件后，按记录逐一接线，保证接线正确，并检查接线是否牢固
恢复检验	结束工作	（1）遗漏工器具； （2）现场遗留检修杂物； （3）不结束工作票； （4）工作班成员未全部撤离	（1）人身伤害； （2）设备故障	3	3	3	27	2	（1）收齐并检查工器具； （2）清扫检修现场； （3）结束工作票

3. 更换变桨电动机编码器

<table>
<tr><td colspan="4">部门：</td><td colspan="5">分析日期：</td><td>记录编号：</td></tr>
<tr><td colspan="4">作业地点或分析范围：风机轮毂</td><td colspan="6">分析人：</td></tr>
<tr><td colspan="10">作业内容描述：更换变桨电动机编码器</td></tr>
<tr><td colspan="10">主要作业风险：(1) 触电；(2) 机械伤害；(3) 高处坠落；(4) 中毒；(5) 其他伤害</td></tr>
<tr><td colspan="10">控制措施：(1) 办理工作票，手动停机并切至维护状态，验电，挂牌；(2) 穿戴个人防护用品；(3) 高处作业系好安全带；(4) 设备恢复运行状态前进行全面检查</td></tr>
<tr><td colspan="2">工作负责人签名：</td><td>日期：</td><td>工作票签发人签名：</td><td colspan="2">日期：</td><td colspan="3">工作许可人签名：</td><td>日期：</td></tr>
<tr><td colspan="2" rowspan="2">作业步骤</td><td rowspan="2">危害因素</td><td rowspan="2">可能导致的后果</td><td colspan="5">风险评价</td><td rowspan="2">控制措施</td></tr>
<tr><td>L</td><td>E</td><td>C</td><td>D</td><td>风险程度</td></tr>
<tr><td>作业环境</td><td>环境</td><td>(1) 雷雨天气登塔作业或靠近风机；
(2) 大风天气作业；
(3) 冬季覆冰掉落；
(4) 夏季高温作业</td><td>人身伤害</td><td>6</td><td>1</td><td>7</td><td>42</td><td>2</td><td>(1) 雷雨天气禁止靠近风机，不得从事检修工作；
(2) 突遇雷雨天气时应及时撤离，来不及撤离时，双脚并拢站在安全位置；
(3) 风速超过 10m/s 时，禁止机舱外使用吊机；
(4) 风速达 18m/s 及以上时，不得登塔作业；
(5) 风速超过 12m/s 时，不得打开机舱盖；
(6) 风速超过 14m/s 时，应关闭机舱盖；
(7) 风速超过 12m/s 时，不得在轮毂内工作；
(8) 风速超过 18m/s 时，不得在机舱内工作；
(9) 风力发电机组有结冰现象且有覆冰掉落危险时，禁止人员靠近，并在风电场入口设置警戒区域；
(10) 夏季高温作业做好防暑措施</td></tr>
<tr><td rowspan="2">检修前准备</td><td>交通</td><td>(1) 车况异常；
(2) 驾乘人员未正确系安全带；
(3) 道路结冰、湿滑、落石、塌方</td><td>(1) 人身伤害；
(2) 车辆事故</td><td>3</td><td>6</td><td>3</td><td>54</td><td>2</td><td>(1) 出车前检查车况；
(2) 行车过程中，驾乘人员正确系好安全带；
(3) 根据道路情况，车辆装好防滑链，并定期对道路进行清理维护；
(4) 车辆停放在风机上风向 20m 以外</td></tr>
<tr><td>安全措施确认</td><td>(1) 未悬挂标示牌；
(2) 风机是否停机；
(3) 进入轮毂前，未进行有毒有害气体检测；
(4) 进入轮毂前，未锁定高速轴定位销或风轮盘</td><td>(1) 触电；
(2) 机械伤害；
(3) 设备故障；
(4) 中毒</td><td>1</td><td>3</td><td>7</td><td>21</td><td>2</td><td>(1) 办理工作票，确认执行安全措施；
(2) 使用个人防护用品；
(3) 在塔基停机按钮处悬挂“禁止合闸，有人工作”标示牌；
(4) 进入轮毂前，用气体检测仪检测轮毂内气体，空气含氧量在 19.5%～23.5%方可进入轮毂；</td></tr>
</table>

续表

<table>
<tr><th colspan="2" rowspan="2">作业步骤</th><th rowspan="2">危害因素</th><th rowspan="2">可能导致的后果</th><th colspan="5">风险评价</th><th rowspan="2">控制措施</th></tr>
<tr><th>L</th><th>E</th><th>C</th><th>D</th><th>风险程度</th></tr>
<tr><td rowspan="5">检修前准备</td><td>安全措施确认</td><td></td><td></td><td></td><td></td><td></td><td></td><td></td><td>（5）在更换变桨电机位置悬挂“在此工作”标示牌；
（6）进入轮毂前，确认锁定高速轴刹车盘或风轮盘；
（7）与带电设备保持距离</td></tr>
<tr><td>安全交底</td><td>（1）扩大工作范围；
（2）发电机转速大于500r/min，切至维护状态；
（3）走错机位或误碰带电设备；
（4）误碰旋转设备；
（5）进入轮毂前，未进行有毒有害气体检测；
（6）进入轮毂前，未锁定高速轴定位销或风轮盘</td><td>（1）触电；
（2）机械伤害；
（3）设备故障；
（4）中毒</td><td>1</td><td>3</td><td>7</td><td>21</td><td>2</td><td>（1）工作前对工作班成员进行工作地点及任务明示；
（2）对工作班成员进行安全技术交底</td></tr>
<tr><td>个人防护用品准备</td><td>（1）未正确穿戴安全帽及工作服；
（2）使用不合格的安全带</td><td>（1）触电；
（2）高处坠落；
（3）其他伤害</td><td>3</td><td>0.5</td><td>15</td><td>22.5</td><td>2</td><td>（1）正确穿戴安全帽及工作服；
（2）使用在安全使用期内的安全带，并正确佩戴</td></tr>
<tr><td>工器具准备</td><td>（1）使用的工器具无法达到工作要求；
（2）工具不全，或工具破损；
（3）使用的试验仪器超过检验期，仪器漏电或输出异常</td><td>（1）机械伤害；
（2）触电</td><td>1</td><td>1</td><td>7</td><td>7</td><td>1</td><td>（1）工作前确认工器具及试验仪器状态，使用合格的工器具及试验仪器；
（2）做好工具、消耗材料的准备工作</td></tr>
<tr><td>工作班成员精神状态确认</td><td>（1）无法正常完成指定工作；
（2）作业过程中无法清醒判断带电设备及旋转设备；
（3）作业过程中出现昏厥现象</td><td>（1）触电；
（2）机械伤害；
（3）高处坠落；
（4）设备故障</td><td>1</td><td>1</td><td>15</td><td>15</td><td>1</td><td>合理安排工作班成员，精神状态不佳者禁止工作</td></tr>
<tr><td>检修过程</td><td>攀爬风机</td><td>（1）塔筒平台盖板不牢固或未按规定盖好；
（2）工器具未摆放在正确位置；
（3）未系安全带或未正确系好安全带</td><td>（1）高处坠落；
（2）物体打击；
（3）工器具损坏</td><td>1</td><td>3</td><td>15</td><td>45</td><td>2</td><td>（1）开工前增设围栏并悬挂警示牌；
（2）对不牢固盖板进行加固；
（3）检查免爬器或助爬器外观，系好安全带，使用工具袋等</td></tr>
</table>

续表

<table>
<tr><th colspan="2" rowspan="2">作业步骤</th><th rowspan="2">危害因素</th><th rowspan="2">可能导致的后果</th><th colspan="5">风险评价</th><th rowspan="2">控制措施</th></tr>
<tr><th>L</th><th>E</th><th>C</th><th>D</th><th>风险程度</th></tr>
<tr><td rowspan="3">检修过程</td><td>进入轮毂</td><td>(1) 未锁定风轮锁；
(2) 未启动液压刹车；
(3) 轮毂内氧气含量低</td><td>(1) 人身伤害；
(2) 窒息</td><td>1</td><td>2</td><td>40</td><td>80</td><td>3</td><td>(1) 进入轮毂前，确保叶片收桨至90°，启动液压刹车，在叶片转速为零的情况下，插入叶轮定位销；
(2) 进入轮毂内部前应检测其空间内空气含氧量，氧气含量应为19.5%～23.5%，若空气含氧量不符合要求，严禁进入作业</td></tr>
<tr><td>拆卸变桨电动机编码器</td><td>(1) 轮毂内遗留杂物；
(2) 盲目拆卸，导致变桨电动机安装编码器的轴弯曲或断裂；
(3) 未与带电裸露部分保持距离</td><td>(1) 设备故障；
(2) 触电</td><td>3</td><td>1</td><td>1</td><td>3</td><td>1</td><td>(1) 拆卸结束后及时清理杂物及工具；
(2) 拆卸时注意施工工艺；
(3) 与带电裸露部分保持距离</td></tr>
<tr><td>更换变桨电动机编码器</td><td>(1) 机舱、轮毂内遗留杂物；
(2) 盲目安装，导致变桨电动机安装编码器的轴弯曲或断裂；
(3) 未与带电裸露部分保持距离</td><td>(1) 设备故障；
(2) 触电</td><td>3</td><td>1</td><td>1</td><td>3</td><td>1</td><td>(1) 拆卸结束后及时清理杂物及工具；
(2) 安装时注意施工工艺；
(3) 与带电裸露部分保持距离</td></tr>
<tr><td>恢复检验</td><td>结束工作</td><td>(1) 遗漏工器具；
(2) 现场遗留检修杂物；
(3) 不结束工作票；
(4) 工作班成员未全部撤离</td><td>(1) 人身伤害；
(2) 设备故障</td><td>3</td><td>3</td><td>3</td><td>27</td><td>2</td><td>(1) 收齐并检查工器具；
(2) 清扫检修现场；
(3) 结束工作票</td></tr>
</table>

4. 更换风机桨叶编码器

<table>
<tr><td colspan="4">部门：</td><td colspan="5">分析日期：</td><td>记录编号：</td></tr>
<tr><td colspan="4">作业地点或分析范围：风机轮毂</td><td colspan="6">分析人：</td></tr>
<tr><td colspan="10">作业内容描述：更换风机桨叶编码器</td></tr>
<tr><td colspan="10">主要作业风险：(1) 触电；(2) 机械伤害；(3) 高处坠落；(4) 中毒；(5) 其他伤害</td></tr>
<tr><td colspan="10">控制措施：(1) 办理工作票，手动停机并切至维护状态，验电，挂牌；(2) 穿戴个人防护用品；(3) 高处作业系好安全带；(4) 设备恢复运行状态前进行全面检查</td></tr>
<tr><td colspan="2">工作负责人签名：</td><td>日期：</td><td>工作票签发人签名：</td><td colspan="3">日期：</td><td colspan="2">工作许可人签名：</td><td>日期：</td></tr>
<tr><td colspan="2" rowspan="2">作业步骤</td><td rowspan="2">危害因素</td><td rowspan="2">可能导致的后果</td><td colspan="5">风险评价</td><td rowspan="2">控制措施</td></tr>
<tr><td>L</td><td>E</td><td>C</td><td>D</td><td>风险程度</td></tr>
<tr><td>作业环境</td><td>环境</td><td>(1) 雷雨天气登塔作业或靠近风机；
(2) 大风天气作业；
(3) 冬季覆冰掉落；
(4) 夏季高温作业</td><td>人身伤害</td><td>6</td><td>1</td><td>7</td><td>42</td><td>2</td><td>(1) 雷雨天气禁止靠近风机，不得从事检修工作；
(2) 突遇雷雨天气时应及时撤离，来不及撤离时，双脚并拢站在安全位置；
(3) 风速超过 10m/s 时，禁止机舱外使用吊机；
(4) 风速达 18m/s 及以上时，不得登塔作业；
(5) 风速超过 12m/s 时，不得打开机舱盖；
(6) 风速超过 14m/s 时，应关闭机舱盖；
(7) 风速超过 12m/s 时，不得在轮毂内工作；
(8) 风速超过 18m/s 时，不得在机舱内工作；
(9) 风力发电机组有结冰现象且有覆冰掉落危险时，禁止人员靠近，并在风电场入口设置警戒区域；
(10) 夏季高温作业做好防暑措施</td></tr>
<tr><td rowspan="2">检修前准备</td><td>交通</td><td>(1) 车况异常；
(2) 驾乘人员未正确系安全带；
(3) 道路结冰、湿滑、落石、塌方</td><td>(1) 人身伤害；
(2) 车辆事故</td><td>3</td><td>6</td><td>3</td><td>54</td><td>2</td><td>(1) 出车前检查车况；
(2) 行车过程中，驾乘人员正确系好安全带；
(3) 根据道路情况，车辆装好防滑链，并定期对道路进行清理维护；
(4) 车辆停放在风机上风向 20m 以外</td></tr>
<tr><td>安全措施确认</td><td>(1) 未悬挂标示牌；
(2) 风机是否停机；
(3) 进轮毂检查前，未进行有毒有害气体检测；
(4) 进入风机轮毂前，未锁定高速轴定位销或风轮盘</td><td>(1) 触电；
(2) 机械伤害；
(3) 设备故障；
(4) 中毒</td><td>1</td><td>3</td><td>7</td><td>21</td><td>2</td><td>(1) 办理工作票，确认执行安全措施；
(2) 使用个人防护用品；
(3) 在塔基停机按钮处悬挂“禁止合闸，有人工作”标示牌；
(4) 进入轮毂前，用气体检测仪检测轮毂内气体，空气含氧量在 19.5%～23.5%方可进入轮毂；</td></tr>
</table>

续表

作业步骤		危害因素	可能导致的后果	风险评价					控制措施
				L	E	C	D	风险程度	
检修前准备	安全措施确认								（5）在更换变桨电机位置悬挂“在此工作”标示牌； （6）进入轮毂前，确认锁定高速轴刹车盘或风轮盘； （7）保持与带电设备距离
检修前准备	安全交底	（1）扩大工作范围； （2）发电机转速大于500r/min，切至维护状态； （3）走错机位或误碰带电设备； （4）误碰旋转设备； （5）进轮毂检查前，未进行有毒有害气体检测； （6）进入风机轮毂前，未锁定高速轴定位销或风轮盘	（1）触电； （2）机械伤害； （3）设备故障； （4）中毒	1	3	7	21	2	（1）工作前对工作班成员进行工作地点及任务明示； （2）对工作班成员进行安全技术交底
检修前准备	个人防护用品准备	（1）未正确穿戴安全帽及工作服； （2）使用不合格的安全带	（1）触电； （2）高处坠落； （3）其他伤害	3	0.5	15	22.5	2	（1）正确穿戴安全帽及工作服； （2）使用在安全使用期内的安全带，并正确佩戴
检修前准备	工器具准备	（1）使用的工器具无法达到工作要求； （2）工具不全，或工具破损； （3）使用的试验仪器超过检验期，仪器漏电或输出异常	（1）机械伤害； （2）触电	1	1	7	7	1	（1）工作前确认工器具及试验仪器状态，使用合格的工器具及试验仪器； （2）做好工具、消耗材料的准备工作
检修前准备	工作班成员精神状态确认	（1）无法正常完成指定工作； （2）作业过程中无法清醒判断带电设备及旋转设备； （3）作业过程中出现昏厥现象	（1）触电； （2）机械伤害； （3）高处坠落； （4）设备故障	1	1	15	15	1	合理安排工作班成员，精神状态不佳者禁止工作
检修过程	攀爬风机	（1）塔筒平台盖板不牢固或未按规定盖好； （2）工器具未摆放在正确位置； （3）未系安全带或未正确系好安全带	（1）高处坠落； （2）物体打击； （3）工器具损坏	1	3	15	45	2	（1）开工前增设围栏并悬挂警示牌； （2）对不牢固盖板进行加固； （3）检查免爬器或助爬器外观，系好安全带，使用工具袋等

续表

作业步骤		危害因素	可能导致的后果	风险评价					控制措施
				L	E	C	D	风险程度	
检修过程	进入轮毂	(1) 未锁定风轮锁； (2) 未启动液压刹车； (3) 轮毂内氧气含量低	(1) 人身伤害； (2) 窒息	1	2	40	80	3	(1) 进入轮毂前，确保叶片收桨至90°，启动液压刹车，在叶片转速为零的情况下，插入叶轮定位销； (2) 进入轮毂内部前应检测其空间内空气含氧量，氧气含量应为19.5%～23.5%，若空气含氧量不符合要求，严禁进入作业
	拆卸桨叶编码器	(1) 轮毂内遗留杂物； (2) 盲目拆卸，导致桨叶安装编码器的轴弯曲或断裂； (3) 未与带电裸露部分保持距离	(1) 设备故障； (2) 触电	3	1	1	3	1	(1) 拆卸结束后及时清理杂物及工具； (2) 拆卸时注意施工工艺； (3) 与带电裸露部分保持距离
	更换桨叶编码器	(1) 机舱、轮毂内遗留杂物； (2) 盲目安装，导致桨叶安装编码器的轴弯曲或断裂； (3) 未与带电裸露部分保持距离	(1) 设备故障； (2) 触电	3	1	1	3	1	(1) 拆卸结束后及时清理杂物及工具； (2) 安装时注意施工工艺； (3) 与带电裸露部分保持距离
恢复检验	结束工作	(1) 遗漏工器具； (2) 现场遗留检修杂物； (3) 不结束工作票； (4) 工作班成员未全部撤离	(1) 人身伤害； (2) 设备故障	3	3	3	27	2	(1) 收齐并检查工器具； (2) 清扫检修现场； (3) 结束工作票

5. 变桨通信集电环检修

部门：									分析日期：	记录编号：
作业地点或分析范围：风机轮毂									分析人：	
作业内容描述：变桨通信集电环检修										
主要作业风险：(1) 人员思想不稳；(2) 人员精神状态不佳；(3) 着火；(4) 高处落物；(5) 车辆伤害；(6) 环境因素；(7) 触电；(8) 高处坠落										
控制措施：(1) 办理工作票，手动停机并切至维护状态，挂牌；(2) 穿戴个人防护用品；(3) 设备恢复运行状态前进行全面检查										
工作负责人签名：	日期：	工作票签发人签名：		日期：			工作许可人签名：		日期：	
作业步骤		危害因素	可能导致的后果	风险评价					控制措施	
				L	*E*	*C*	*D*	风险程度		
作业环境	环境	(1) 雷雨天气登塔作业或靠近风机； (2) 大风天气作业； (3) 冬季覆冰掉落； (4) 夏季高温作业	人身伤害	6	1	7	42	2	(1) 雷雨天气禁止靠近风机，不得从事检修工作； (2) 突遇雷雨天气时应及时撤离，来不及撤离时，双脚并拢站在安全位置； (3) 风速超过 10m/s 时，禁止机舱外使用吊机； (4) 风速达 18m/s 及以上时，不得登塔作业； (5) 风速超过 12m/s 时，不得打开机舱盖； (6) 风速超过 14m/s 时，应关闭机舱盖； (7) 风速超过 12m/s 时，不得在轮毂内工作； (8) 风速超过 18m/s 时，不得在机舱内工作； (9) 风力发电机组有结冰现象且有覆冰掉落危险时，禁止人员靠近，并在风电场入口设置警戒区域； (10) 夏季高温作业做好防暑措施	
检修前准备	交通	(1) 车况异常； (2) 驾乘人员未正确系安全带； (3) 道路结冰、湿滑、落石、塌方	(1) 人身伤害； (2) 车辆事故	3	6	3	54	2	(1) 出车前检查车况； (2) 行车过程中，驾乘人员正确系好安全带； (3) 根据道路情况，车辆装好防滑链，并定期对道路进行清理维护； (4) 车辆停放在风机上风向 20m 以外	
	安全措施确认	(1) 未悬挂标示牌； (2) 风机是否停机； (3) 进入轮毂前，未进行有毒有害气体检测； (4) 进入轮毂前，未锁定高速轴定位销或风轮盘	(1) 触电； (2) 机械伤害； (3) 设备故障； (4) 中毒	1	3	7	21	2	(1) 办理工作票，确认执行安全措施； (2) 使用个人防护用品； (3) 在塔基停机按钮处悬挂“禁止合闸，有人工作”标示牌； (4) 进入轮毂前，用气体检测仪检测轮毂内气体，空气含氧量在 19.5%～23.5%方可进入轮毂；	

续表

<table>
<tr><th colspan="2" rowspan="2">作业步骤</th><th rowspan="2">危害因素</th><th rowspan="2">可能导致的后果</th><th colspan="5">风险评价</th><th rowspan="2">控制措施</th></tr>
<tr><th>L</th><th>E</th><th>C</th><th>D</th><th>风险程度</th></tr>
<tr><td rowspan="5">检修前准备</td><td>安全措施确认</td><td></td><td></td><td></td><td></td><td></td><td></td><td></td><td>（5）在更换变桨电机位置悬挂“在此工作”标示牌；
（6）进入轮毂前，确认锁定高速轴刹车盘或风轮盘；
（7）保持与带电设备距离</td></tr>
<tr><td>安全交底</td><td>（1）扩大工作范围；
（2）发电机转速大于 500r/min，切至维护状态；
（3）走错机位或误碰带电设备；
（4）误碰旋转设备；
（5）进入轮毂前，未进行有毒有害气体检测；
（6）进入轮毂前，未锁定高速轴定位销或风轮盘</td><td>（1）触电；
（2）机械伤害；
（3）设备故障；
（4）中毒</td><td>1</td><td>3</td><td>7</td><td>21</td><td>2</td><td>（1）工作前对工作班成员进行工作地点及任务明示；
（2）对工作班成员进行安全技术交底</td></tr>
<tr><td>个人防护用品准备</td><td>（1）未正确穿戴安全帽及工作服；
（2）使用不合格的安全带</td><td>（1）触电；
（2）高处坠落；
（3）其他伤害</td><td>3</td><td>0.5</td><td>15</td><td>22.5</td><td>2</td><td>（1）正确穿戴安全帽及工作服；
（2）使用在安全使用期内的安全带，并正确佩戴</td></tr>
<tr><td>工器具准备</td><td>（1）使用的工器具无法达到工作要求；
（2）工具不全，或工具破损；
（3）使用的试验仪器超过检验期，仪器漏电或输出异常</td><td>（1）机械伤害；
（2）触电</td><td>1</td><td>1</td><td>7</td><td>7</td><td>1</td><td>（1）工作前确认工器具及试验仪器状态，使用合格的工器具及试验仪器；
（2）做好工具、消耗材料的准备工作</td></tr>
<tr><td>工作班成员精神状态确认</td><td>（1）无法正常完成指定工作；
（2）作业过程中无法清醒判断带电设备及旋转设备；
（3）作业过程中出现昏厥现象</td><td>（1）触电；
（2）机械伤害；
（3）高处坠落；
（4）设备故障</td><td>1</td><td>1</td><td>15</td><td>15</td><td>1</td><td>合理安排工作班成员，精神状态不佳者禁止工作</td></tr>
<tr><td>检修过程</td><td>攀爬风机</td><td>（1）塔筒平台盖板不牢固或未按规定盖好；
（2）工器具未摆放在正确位置；
（3）未系安全带或未正确系好安全带</td><td>（1）高处坠落；
（2）物体打击；
（3）工器具损坏</td><td>1</td><td>3</td><td>15</td><td>45</td><td>2</td><td>（1）开工前增设围栏并悬挂警示牌；
（2）对不牢固盖板进行加固；
（3）检查免爬器或助爬器外观，系好安全带，使用工具袋等</td></tr>
</table>

续表

作业步骤		危害因素	可能导致的后果	风险评价					控制措施
				L	E	C	D	风险程度	
检修过程	进入轮毂	（1）未锁定风轮锁； （2）未启动液压刹车； （3）轮毂内氧气含量低	（1）人身伤害； （2）窒息	1	2	40	80	3	（1）进入轮毂前，确保叶片收桨至90°，启动液压刹车，在叶片转速为零的情况下，插入叶轮定位销； （2）进入轮毂内部前应检测其空间内空气含氧量，氧气含量应为19.5%～23.5%，若空气含氧量不符合要求，严禁进入作业
恢复检验	结束工作	（1）遗漏工器具； （2）现场遗留检修杂物； （3）不结束工作票； （4）工作班成员未全部撤离	（1）人身伤害； （2）设备故障	3	3	3	27	2	（1）收齐并检查工器具； （2）清扫检修现场； （3）结束工作票

6. 更换风机轮毂限位开关

<table>
<tr><td colspan="4">部门：运维部</td><td colspan="5">分析日期：</td><td>记录编号：</td></tr>
<tr><td colspan="4">作业地点或分析范围：风机轮毂</td><td colspan="6">分析人：</td></tr>
<tr><td colspan="10">作业内容描述：更换风机轮毂限位开关</td></tr>
<tr><td colspan="10">主要作业风险：（1）触电；（2）机械伤害；（3）高处坠落；（4）其他伤害</td></tr>
<tr><td colspan="10">控制措施：（1）办理工作票，手动停机并切至维护状态，验电，挂牌；（2）穿戴个人防护用品；（3）高处作业系好安全带；（4）设备恢复运行状态前进行全面检查</td></tr>
<tr><td colspan="2">工作负责人签名：</td><td>日期：</td><td>工作票签发人签名：</td><td colspan="3">日期：</td><td colspan="2">工作许可人签名：</td><td>日期：</td></tr>
<tr><td colspan="2" rowspan="2">作业步骤</td><td rowspan="2">危害因素</td><td rowspan="2">可能导致的后果</td><td colspan="5">风险评价</td><td rowspan="2">控制措施</td></tr>
<tr><td>L</td><td>E</td><td>C</td><td>D</td><td>风险程度</td></tr>
<tr><td>作业环境</td><td>环境</td><td>（1）雷雨天气登塔作业或靠近风机；
（2）大风天气作业；
（3）冬季覆冰掉落；
（4）夏季高温作业</td><td>人身伤害</td><td>6</td><td>1</td><td>7</td><td>42</td><td>2</td><td>（1）雷雨天气禁止靠近风机，不得从事检修工作；
（2）突遇雷雨天气时应及时撤离，来不及撤离时，双脚并拢站在安全位置；
（3）风速超过 10m/s 时，禁止机舱外使用吊机；
（4）风速达 18m/s 及以上时，不得登塔作业；
（5）风速超过 12m/s 时，不得打开机舱盖；
（6）风速超过 14m/s 时，应关闭机舱盖；
（7）风速超过 12m/s 时，不得在轮毂内工作；
（8）风速超过 18m/s 时，不得在机舱内工作；
（9）风力发电机组有结冰现象且有覆冰掉落危险时，禁止人员靠近，并在风电场入口设置警戒区域；
（10）夏季高温作业做好防暑措施</td></tr>
<tr><td rowspan="2">检修前准备</td><td>交通</td><td>（1）车况异常；
（2）驾乘人员未正确系安全带；
（3）道路结冰、湿滑、落石、塌方</td><td>（1）人身伤害；
（2）车辆事故</td><td>3</td><td>6</td><td>3</td><td>54</td><td>2</td><td>（1）出车前检查车况；
（2）行车过程中，驾乘人员正确系好安全带；
（3）根据道路情况，车辆装好防滑链，并定期对道路进行清理维护；
（4）车辆停放在风机上风向 20m 以外</td></tr>
<tr><td>安全措施确认</td><td>（1）未悬挂标示牌；
（2）风机是否停机；
（3）进入轮毂前，未进行有毒有害气体检测；
（4）进入轮毂前，未锁定高速轴定位销或风轮盘</td><td>（1）触电；
（2）机械伤害；
（3）设备故障；
（4）中毒</td><td>1</td><td>3</td><td>7</td><td>21</td><td>2</td><td>（1）办理工作票，确认执行安全措施；
（2）使用个人防护用品；
（3）在塔基停机按钮处悬挂“禁止合闸，有人工作”标示牌；
（4）进入轮毂前，用气体检测仪检测轮毂内气体，空气含氧量在 19.5%～23.5%方可进入轮毂；</td></tr>
</table>

续表

作业步骤		危害因素	可能导致的后果	风险评价					控制措施
				L	E	C	D	风险程度	
检修前准备	安全措施确认								（5）在更换变桨电机位置悬挂“在此工作”标示牌； （6）进入轮毂前，确认锁定高速轴刹车盘或风轮盘； （7）保持与带电设备距离
检修前准备	安全交底	（1）扩大工作范围； （2）发电机转速大于500r/min，切至维护状态； （3）走错机位或误碰带电设备； （4）误碰旋转设备； （5）进入轮毂前，未进行有毒有害气体检测； （6）进入轮毂前，未锁定高速轴定位销或风轮盘	（1）触电； （2）机械伤害； （3）设备故障； （4）中毒	1	3	7	21	2	（1）工作前对工作班成员进行工作地点及任务明示； （2）对工作班成员进行安全技术交底
检修前准备	个人防护用品准备	（1）未正确穿戴安全帽及工作服； （2）使用不合格的安全带	（1）触电； （2）高处坠落； （3）其他伤害	3	0.5	15	22.5	2	（1）正确穿戴安全帽及工作服； （2）使用在安全使用期内的安全带，并正确佩戴
检修前准备	工器具准备	（1）使用的工器具无法达到工作要求； （2）工具不全，或工具破损； （3）使用的试验仪器超过检验期，仪器漏电或输出异常	（1）机械伤害； （2）触电	1	1	7	7	1	（1）工作前确认工器具及试验仪器状态，使用合格的工器具及试验仪器； （2）做好工具、消耗材料的准备工作
检修前准备	工作班成员精神状态确认	（1）无法正常完成指定工作； （2）作业过程中无法清醒判断带电设备及旋转设备； （3）作业过程中出现昏厥现象	（1）触电； （2）机械伤害； （3）高处坠落； （4）设备故障	1	1	15	15	1	合理安排工作班成员，精神状态不佳者禁止工作
检修过程	攀爬风机	（1）塔筒平台盖板不牢固或未按规定盖好； （2）工器具未摆放在正确位置； （3）未系安全带或未正确系好安全带	（1）高处坠落； （2）物体打击； （3）工器具损坏	1	3	15	45	2	（1）开工前增设围栏并悬挂警示牌； （2）对不牢固盖板进行加固； （3）检查免爬器或助爬器外观，系好安全带，使用工具袋等

续表

<table>
<tr><th colspan="2" rowspan="2">作业步骤</th><th rowspan="2">危害因素</th><th rowspan="2">可能导致的后果</th><th colspan="5">风险评价</th><th rowspan="2">控制措施</th></tr>
<tr><th>L</th><th>E</th><th>C</th><th>D</th><th>风险程度</th></tr>
<tr><td rowspan="3">检修过程</td><td>进入轮毂</td><td>(1) 未锁定风轮锁；
(2) 未启动液压刹车；
(3) 轮毂内氧气含量低</td><td>(1) 人身伤害；
(2) 窒息</td><td>1</td><td>2</td><td>40</td><td>80</td><td>3</td><td>(1) 进入轮毂前，确保叶片收桨至90°，启动液压刹车，在叶片转速为零的情况下，插入叶轮定位销；
(2) 进入轮毂内部前应检测其空间内空气含氧量，氧气含量应为19.5%～23.5%，若空气含氧量不符合要求，严禁进入作业</td></tr>
<tr><td>拆卸轮毂限位开关</td><td>机舱、轮毂内遗留杂物</td><td>设备故障</td><td>3</td><td>1</td><td>1</td><td>3</td><td>1</td><td>拆卸结束后及时清理杂物及工具</td></tr>
<tr><td>更换轮毂限位开关</td><td>机舱、轮毂内遗留杂物</td><td>设备故障</td><td>3</td><td>1</td><td>1</td><td>3</td><td>1</td><td>更换结束后及时清理杂物及工具</td></tr>
<tr><td>恢复检验</td><td>结束工作</td><td>(1) 遗漏工器具；
(2) 现场遗留检修杂物；
(3) 不结束工作票；
(4) 工作班成员未全部撤离</td><td>(1) 人身伤害；
(2) 设备故障</td><td>3</td><td>3</td><td>3</td><td>27</td><td>2</td><td>(1) 收齐并检查工器具；
(2) 清扫检修现场；
(3) 结束工作票</td></tr>
</table>

7. 润滑变桨小齿轮和变桨齿圈轮齿

部门：					分析日期：			记录编号：	
作业地点或分析范围：风机轮毂					分析人：				
作业内容描述：润滑变桨小齿轮和变桨齿圈轮齿									
主要作业风险：（1）人员思想不稳；（2）人员精神状态不佳；（3）着火；（4）高处落物；（5）车辆伤害；（6）环境因素；（7）触电；（8）高处坠落									
控制措施：（1）办理工作票，手动停机并切至维护状态，挂牌；（2）穿戴个人防护用品；（3）设备恢复运行状态前进行全面检查									
工作负责人签名：		日期：	工作票签发人签名：		日期：		工作许可人签名：		日期：
作业步骤		危害因素	可能导致的后果	风险评价					控制措施
				L	E	C	D	风险程度	
作业环境	环境	（1）雷雨天气登塔作业或靠近风机； （2）大风天气作业； （3）冬季覆冰掉落； （4）夏季高温作业	人身伤害	6	1	7	42	2	（1）雷雨天气禁止靠近风机，不得从事检修工作； （2）突遇雷雨天气时应及时撤离，来不及撤离时，双脚并拢站在安全位置； （3）风速超过 10m/s 时，禁止机舱外使用吊机； （4）风速达 18m/s 及以上时，不得登塔作业； （5）风速超过 12m/s 时，不得打开机舱盖； （6）风速超过 14m/s 时，应关闭机舱盖； （7）风速超过 12m/s 时，不得在轮毂内工作； （8）风速超过 18m/s 时，不得在机舱内工作； （9）风力发电机组有结冰现象且有覆冰掉落危险时，禁止人员靠近，并在风电场入口设置警戒区域； （10）夏季高温作业做好防暑措施
检修前准备	交通	（1）车况异常； （2）驾乘人员未正确系安全带； （3）道路结冰、湿滑、落石、塌方	（1）人身伤害； （2）车辆事故	3	6	3	54	2	（1）出车前检查车况； （2）行车过程中，驾乘人员正确系好安全带； （3）根据道路情况，车辆装好防滑链，并定期对道路进行清理维护； （4）车辆停放在风机上风向 20m 以外
	安全措施确认	（1）未悬挂标示牌； （2）风机是否停机； （3）进入轮毂前，未进行有毒有害气体检测； （4）进入轮毂前，未锁定高速轴定位销或风轮盘	（1）触电； （2）机械伤害； （3）设备故障； （4）中毒	1	3	7	21	2	（1）办理工作票，确认执行安全措施； （2）使用个人防护用品； （3）在塔基停机按钮处悬挂“禁止合闸，有人工作”标示牌； （4）进入轮毂前，用气体检测仪检测轮毂内气体，空气含氧量在 19.5%～23.5%方可进入轮毂；

续表

作业步骤		危害因素	可能导致的后果	风险评价					控制措施
				L	E	C	D	风险程度	
检修前准备	安全措施确认								（5）在更换变桨电机位置悬挂“在此工作”标示牌； （6）进入轮毂时，确认锁定高速轴刹车盘或风轮盘； （7）保持与带电设备距离
	安全交底	（1）扩大工作范围； （2）发电机转速大于500r/min，切至维护状态； （3）走错机位或误碰带电设备； （4）误碰旋转设备； （5）进入轮毂前，未进行有毒有害气体检测； （6）进入轮毂前，未锁定高速轴定位销或风轮盘	（1）触电； （2）机械伤害； （3）设备故障； （4）中毒	1	3	7	21	2	（1）工作前对工作班成员进行工作地点及任务明示； （2）对工作班成员进行安全技术交底
	个人防护用品准备	（1）未正确穿戴安全帽及工作服； （2）使用不合格的安全带	（1）触电； （2）高处坠落； （3）其他伤害	3	0.5	15	22.5	2	（1）正确穿戴安全帽及工作服； （2）使用在安全使用期内的安全带，并正确佩戴
	工器具准备	（1）使用的工器具无法达到工作要求； （2）工具不全，或工具破损； （3）使用的试验仪器超过检验期，仪器漏电或输出异常	（1）机械伤害； （2）触电	1	1	7	7	1	（1）工作前确认工器具及试验仪器状态，使用合格的工器具及试验仪器； （2）做好工具、消耗材料的准备工作
	工作班成员精神状态确认	（1）无法正常完成指定工作； （2）作业过程中无法清醒判断带电设备及旋转设备； （3）作业过程中出现昏厥现象	（1）触电； （2）机械伤害； （3）高处坠落； （4）设备故障	1	1	15	15	1	合理安排工作班成员，精神状态不佳者禁止工作
检修过程	攀爬风机	（1）塔筒平台盖板不牢固或未按规定盖好； （2）工器具未摆放在正确位置； （3）未系安全带或未正确系好安全带	（1）高处坠落； （2）物体打击； （3）工器具损坏	1	3	15	45	2	（1）开工前增设围栏并悬挂警示牌； （2）对不牢固盖板进行加固； （3）检查免爬器或助爬器外观，系好安全带，使用工具袋等

续表

作业步骤		危害因素	可能导致的后果	风险评价					控制措施
				L	E	C	D	风险程度	
检修过程	进入轮毂	(1) 未锁定风轮锁; (2) 未启动液压刹车; (3) 轮毂内氧气含量低	(1) 人身伤害; (2) 窒息	1	2	40	80	3	(1) 进入轮毂前,确保叶片收桨至90°,启动液压刹车,在叶片转速为零的情况下,插入叶轮定位销; (2) 进入轮毂内部前应检测其空间内空气含氧量,氧气含量应为19.5%~23.5%,若空气含氧量不符合要求,严禁进入作业
	润滑变桨小齿轮和变桨齿圈轮齿	误碰其他带电设备	触电	3	2	1	6	1	(1) 与带电设备保持安全距离,并对带电区域悬挂标示牌; (2) 工作人员应穿绝缘鞋
恢复检验	结束工作	(1) 遗漏工器具; (2) 现场遗留检修杂物; (3) 不结束工作票; (4) 工作班成员未全部撤离	(1) 人身伤害; (2) 设备故障	3	3	3	27	2	(1) 收齐并检查工器具; (2) 清扫检修现场; (3) 结束工作票

8. 更换变桨油泵

部门：					分析日期：			记录编号：	
作业地点或分析范围：风机轮毂					分析人：				
作业内容描述：更换变桨油泵									
主要作业风险：（1）触电；（2）机械伤害；（3）高处坠落；（4）中毒；（5）其他伤害									
控制措施：（1）办理工作票，手动停机并切至维护状态，验电，挂牌；（2）穿戴个人防护用品；（3）高处作业系好安全带；（4）设备恢复运行状态前进行全面检查									
工作负责人签名：	日期：	工作票签发人签名：		日期：		工作许可人签名：		日期：	

作业步骤		危害因素	可能导致的后果	风险评价					控制措施
				L	*E*	*C*	*D*	风险程度	
作业环境	环境	（1）雷雨天气登塔作业或靠近风机； （2）大风天气作业； （3）冬季覆冰掉落； （4）夏季高温作业	人身伤害	6	1	7	42	2	（1）雷雨天气禁止靠近风机，不得从事检修工作； （2）突遇雷雨天气时应及时撤离，来不及撤离时，双脚并拢站在安全位置； （3）风速超过10m/s时，禁止机舱外使用吊机； （4）风速达18m/s及以上时，不得登塔作业； （5）风速超过12m/s时，不得打开机舱盖； （6）风速超过14m/s时，应关闭机舱盖； （7）风速超过12m/s时，不得在轮毂内工作； （8）风速超过18m/s时，不得在机舱内工作； （9）风力发电机组有结冰现象且有覆冰掉落危险时，禁止人员靠近，并在风电场入口设置警戒区域； （10）夏季高温作业做好防暑措施
检修前准备	交通	（1）车况异常； （2）驾乘人员未正确系安全带； （3）道路结冰、湿滑、落石、塌方	（1）人身伤害； （2）车辆事故	3	6	3	54	2	（1）出车前检查车况； （2）行车过程中，驾乘人员正确系好安全带； （3）根据道路情况，车辆装好防滑链，并定期对道路进行清理维护； （4）车辆停放在风机上风向20m以外
	安全措施确认	（1）未悬挂标示牌； （2）风机是否停机； （3）进入轮毂前，未进行有毒有害气体检测； （4）进入轮毂前，未锁定高速轴定位销或风轮盘	（1）触电； （2）机械伤害； （3）设备故障； （4）中毒	1	3	7	21	2	（1）办理工作票，确认执行安全措施； （2）使用个人防护用品； （3）在塔基停机按钮处悬挂“禁止合闸，有人工作”标示牌； （4）进入轮毂前，用气体检测仪检测轮毂内气体，空气含氧量在19.5%～23.5%方可进入轮毂；

续表

<table>
<tr><th colspan="2" rowspan="2">作业步骤</th><th rowspan="2">危害因素</th><th rowspan="2">可能导致的后果</th><th colspan="5">风险评价</th><th rowspan="2">控制措施</th></tr>
<tr><th>L</th><th>E</th><th>C</th><th>D</th><th>风险程度</th></tr>
<tr><td rowspan="6">检修前准备</td><td>安全措施确认</td><td></td><td></td><td></td><td></td><td></td><td></td><td></td><td>（5）在更换变桨电机位置悬挂“在此工作”标示牌；
（6）进入轮毂时，确认锁定高速轴刹车盘或风轮盘；
（7）保持与带电设备距离</td></tr>
<tr><td>安全交底</td><td>（1）扩大工作范围；
（2）发电机转速大于500r/min，切至维护状态；
（3）走错机位或误碰带电设备；
（4）误碰旋转设备；
（5）进入轮毂前，未进行有毒有害气体检测；
（6）进入轮毂前，未锁定高速轴定位销或风轮盘</td><td>（1）触电；
（2）机械伤害；
（3）设备故障；
（4）中毒</td><td>1</td><td>3</td><td>7</td><td>21</td><td>2</td><td>（1）工作前对工作班成员进行工作地点及任务明示；
（2）对工作班成员进行安全技术交底</td></tr>
<tr><td>个人防护用品准备</td><td>（1）未正确穿戴安全帽及工作服；
（2）使用不合格的安全带</td><td>（1）触电；
（2）高处坠落；
（3）其他伤害</td><td>3</td><td>0.5</td><td>15</td><td>22.5</td><td>2</td><td>（1）正确穿戴安全帽及工作服；
（2）使用在安全使用期内的安全带，并正确佩戴</td></tr>
<tr><td>工器具准备</td><td>（1）使用的工器具无法达到工作要求；
（2）工具不全，或工具破损；
（3）使用的试验仪器超过检验期，仪器漏电或输出异常</td><td>（1）机械伤害；
（2）触电</td><td>1</td><td>1</td><td>7</td><td>7</td><td>1</td><td>（1）工作前确认工器具及试验仪器状态，使用合格的工器具及试验仪器；
（2）做好工具、消耗材料的准备工作</td></tr>
<tr><td>工作班成员精神状态确认</td><td>（1）无法正常完成指定工作；
（2）作业过程中无法清醒判断带电设备及旋转设备；
（3）作业过程中出现昏厥现象</td><td>（1）触电；
（2）机械伤害；
（3）高处坠落；
（4）设备故障</td><td>1</td><td>1</td><td>15</td><td>15</td><td>1</td><td>合理安排工作班成员，精神状态不佳者禁止工作</td></tr>
<tr><td>检修过程</td><td>攀爬风机</td><td>（1）塔筒平台盖板不牢固或未按规定盖好；
（2）工器具未摆放在正确位置；
（3）未系安全带或未正确系好安全带</td><td>（1）高处坠落；
（2）物体打击；
（3）工器具损坏</td><td>1</td><td>3</td><td>15</td><td>45</td><td>2</td><td>（1）开工前增设围栏并悬挂警示牌；
（2）对不牢固盖板进行加固；
（3）检查免爬器或助爬器外观，系好安全带，使用工具袋等</td></tr>
</table>

续表

作业步骤		危害因素	可能导致的后果	风险评价					控制措施
				L	E	C	D	风险程度	
检修过程	检查轮毂	（1）未锁高速轴定位销或风轮盘； （2）轮毂未锁Y形； （3）轮毂内遗留杂物； （4）未在进入轮毂前进行含氧量检测	（1）机械伤害； （2）设备故障； （3）其他伤害	1	2	40	80	3	（1）进入轮毂前，需锁高速轴定位销或风轮盘； （2）进入轮毂前，用气体检测仪检测轮毂内气体，空气中含氧量在19.5%～23.5%方可进入轮毂； （3）检查结束后，收拾工器具，不留杂物
检修过程	拆卸变桨电机编码器	（1）轮毂内遗留杂物； （2）盲目拆卸，导致变桨电动机安装编码器的轴弯曲或断裂； （3）未与带电裸露部分保持距离	（1）设备故障； （2）触电	3	1	1	3	1	（1）拆卸结束后及时清理杂物及工具； （2）拆卸时注意施工工艺； （3）与带电裸露部分保持距离
检修过程	更换变桨电机编码器	（1）机舱、轮毂内遗留杂物； （2）盲目安装，导致变桨电动机安装编码器的轴弯曲或断裂； （3）未与带电裸露部分保持距离	（1）设备故障； （2）触电	3	1	1	3	1	（1）安装结束后及时清理杂物及工具； （2）安装时注意施工工艺； （3）与带电裸露部分保持距离
检修过程	操作风机小吊车	（1）作业人员站立在吊物口盖板； （2）操作手柄漏电； （3）小吊车电机卡涩； （4）作业人员站在吊物口位置且未佩戴安全带； （5）物品放置在吊物口周边； （6）作业人员操作吊车不熟练； （7）吊物时，物品绑扎不牢靠或未存放在指定的吊物袋中	（1）触电； （2）高处坠落； （3）物体打击； （4）设备故障	1	2	15	30	2	（1）对作业人员进行风机吊车操作培训； （2）定期对风机吊机进行检查； （3）禁止人员站立在吊物口盖板上； （4）吊物时，确保物品绑扎牢靠或采用指定的吊物袋； （5）物品起吊后，人员应立即远离吊物口6m以上； （6）物品禁止放置在吊物口附近； （7）吊物时，应将隔离护栏关上并插入销，作业人员系好安全带
恢复检验	结束工作	（1）遗漏工器具； （2）现场遗留检修杂物； （3）不结束工作票； （4）工作班成员未全部撤离	（1）人身伤害； （2）设备故障	3	3	3	27	2	（1）收齐并检查工器具； （2）清扫检修现场； （3）结束工作票

9. 更换变桨轴承

部门：					分析日期：					记录编号：
作业地点或分析范围：变桨轮毂					分析人：					
作业内容描述：更换变桨轴承										
主要作业风险：（1）触电；（2）机械伤害；（3）高处坠落；（4）中毒；（5）其他伤害										
控制措施：（1）办理工作票，手动停机并切至维护状态，验电，挂牌；（2）穿戴个人防护用品；（3）高处作业系好安全带；（4）设备恢复运行状态前进行全面检查										
工作负责人签名：	日期：		工作票签发人签名：		日期：		工作许可人签名：		日期：	
作业步骤		危害因素	可能导致的后果	风险评价					控制措施	
				L	*E*	*C*	*D*	风险程度		
作业环境	环境	（1）雷雨天气登塔作业或靠近风机； （2）大风天气作业； （3）冬季覆冰掉落； （4）夏季高温作业	人身伤害	6	1	7	42	2	（1）雷雨天气禁止靠近风机，不得从事检修工作； （2）突遇雷雨天气时应及时撤离，来不及撤离时，双脚并拢站在安全位置； （3）风速超过10m/s时，禁止机舱外使用吊机； （4）风速达18m/s及以上时，不得登塔作业； （5）风速超过12m/s时，不得打开机舱盖； （6）风速超过14m/s时，应关闭机舱盖； （7）风速超过12m/s时，不得在轮毂内工作； （8）风速超过18m/s时，不得在机舱内工作； （9）风力发电机组有结冰现象且有覆冰掉落危险时，禁止人员靠近，并在风电场入口设置警戒区域； （10）夏季高温作业做好防暑措施	
检修前准备	交通	（1）车况异常； （2）驾乘人员未正确系安全带； （3）道路结冰、湿滑、落石、塌方	（1）人身伤害； （2）车辆事故	3	6	3	54	2	（1）出车前检查车况； （2）行车过程中，驾乘人员正确系好安全带； （3）根据道路情况，车辆装好防滑链，并定期对道路进行清理维护； （4）车辆停放在风机上风向20m以外	
	安全措施确认	（1）未悬挂标示牌； （2）风机是否停机； （3）进入轮毂前，未进行有毒有害气体检测； （4）进入轮毂前，未锁定高速轴定位销或风轮盘	（1）触电； （2）机械伤害； （3）设备故障； （4）中毒	1	3	7	21	2	（1）办理工作票，确认执行安全措施； （2）使用个人防护用品； （3）在塔基停机按钮处悬挂“禁止合闸，有人工作”标示牌； （4）进入轮毂前，用气体检测仪检测轮毂内气体，空气含氧量在19.5%～23.5%方可进入轮毂；	

续表

作业步骤		危害因素	可能导致的后果	风险评价					控制措施
				L	E	C	D	风险程度	
检修前准备	安全措施确认								（5）在更换变桨电机位置悬挂“在此工作”标示牌； （6）进入轮毂前，确认锁定高速轴刹车盘或风轮盘； （7）与带电设备保持距离
	安全交底	（1）扩大工作范围； （2）发电机转速大于500r/min，切至维护状态； （3）走错机位或误碰带电设备； （4）误碰旋转设备； （5）进入轮毂前，未进行有毒有害气体检测； （6）进入轮毂前，未锁定高速轴定位销或风轮盘	（1）触电； （2）机械伤害； （3）设备故障； （4）中毒	1	3	7	21	2	（1）工作前对工作班成员进行工作地点及任务明示； （2）对工作班成员进行安全技术交底
	个人防护用品准备	（1）未正确穿戴安全帽及工作服； （2）使用不合格的安全带	（1）触电； （2）高处坠落； （3）其他伤害	3	0.5	15	22.5	2	（1）正确穿戴安全帽及工作服； （2）使用在安全使用期内的安全带，并正确佩戴
	工器具准备	（1）使用的工器具无法达到工作要求； （2）工具不全，或工具破损； （3）使用的试验仪器超过检验期，仪器漏电或输出异常	（1）机械伤害； （2）触电	1	1	7	7	1	（1）工作前确认工器具及试验仪器状态，使用合格的工器具及试验仪器； （2）做好工具、消耗材料的准备工作
	工作班成员精神状态确认	（1）无法正常完成指定工作； （2）作业过程中无法清醒判断带电设备及旋转设备； （3）作业过程中出现昏厥现象	（1）触电； （2）机械伤害； （3）高处坠落； （4）设备故障	1	1	15	15	1	合理安排工作班成员，精神状态不佳者禁止工作
检修过程	攀爬风机	（1）塔筒平台盖板不牢固或未按规定盖好； （2）工器具未摆放在正确位置； （3）未系安全带或未正确系好安全带	（1）高处坠落； （2）物体打击； （3）工器具损坏	1	3	15	45	2	（1）开工前增设围栏并悬挂警示牌； （2）对不牢固盖板进行加固； （3）检查免爬器或助爬器外观，系好安全带，使用工具袋等

续表

作业步骤		危害因素	可能导致的后果	风险评价					控制措施
				L	E	C	D	风险程度	
检修过程	进入轮毂	（1）未锁定风轮锁； （2）未启动液压刹车； （3）轮毂内氧气含量低	（1）人身伤害； （2）窒息	1	2	40	80	3	（1）进入轮毂前，确保叶片收桨至90°，启动液压刹车，在叶片转速为零的情况下，插入叶轮定位销； （2）进入轮毂内部前应检测其空间内空气含氧量，氧气含量应为19.5%～23.5%，若空气含氧量不符合要求，严禁进入作业
检修过程	拆除风机叶片及轴承	（1）未规范使用液压扳手； （2）风机叶片螺栓或其他物品掉落； （3）未指定专业指挥人员； （4）吊车驾驶员未收到明确指挥进行起吊； （5）液压扳手漏电	（1）设备故障； （2）触电； （3）机械伤害； （4）其他伤害	1	0.5	40	20	1	（1）检查液压扳手检测合格报告，并在开始工作时，检查液压扳手外观及电气连接部分； （2）吊装指挥、吊车操作人员必须具备资质； （3）在叶片与轮毂脱离前，检查是否存在物品掉落危险
检修过程	安装风机叶片	（1）未规范使用液压扳手； （2）未指定专业指挥人员； （3）吊车驾驶员未收到明确指挥进行起吊； 液压扳手漏电； （4）液压扳手漏电； （5）未严格遵守起重吊装作业“十不吊”原则	（1）设备故障； （2）触电； （3）机械伤害	1	0.5	40	20	1	（1）检查液压扳手检测合格报告，并在开始工作时，检查液压扳手外观及电气连接部分； （2）吊装指挥、吊车操作人员必须具备资质； （3）叶片起吊后，进行试吊； （4）叶片起吊后，检查叶片表面没有可能掉落的物品； （5）吊装叶片时，应至少有两个导向绳，应有人拉紧导向绳，保证起吊方向； （6）严格执行起重吊装作业“十不吊”原则
检修过程	操作风机小吊车	（1）作业人员站立在吊物口盖板； （2）操作手柄漏电； （3）小吊车电机卡涩； （4）作业人员在吊物口位置且未佩戴安全带； （5）物品放置在吊物口周边； （6）作业人员操作吊车不熟练； （7）吊物时，物品绑扎不牢靠或未存放在指定的吊物袋中	（1）触电； （2）高处坠落； （3）物体打击； （4）设备故障	1	2	15	30	2	（1）对作业人员进行风机吊车操作培训； （2）定期对风机吊机进行检查； （3）禁止人员站立在吊物口盖板上； （4）吊物时，确保物品绑扎牢靠或采用指定的吊物袋； （5）物品起吊后，人员应立即远离吊物口6m以上； （6）物品禁止放置在吊物口附近； （7）吊物时，应将隔离护栏关上并插入销，作业人员系好安全带

续表

作业步骤		危害因素	可能导致的后果	风险评价					控制措施
				L	E	C	D	风险程度	
恢复检验	结束工作	（1）遗漏工器具； （2）现场遗留检修杂物； （3）不结束工作票； （4）工作班成员未全部撤离	（1）人身伤害； （2）设备故障	3	3	3	27	2	（1）收齐并检查工器具； （2）清扫检修现场； （3）结束工作票

十、机舱、塔筒及辅助设备检修

1. 检查、紧固机舱罩与机架连接螺栓

部门：			分析日期：		记录编号：
作业地点或分析范围：风机轮毂			分析人：		
作业内容描述：检查、紧固机舱罩与机架连接螺栓					
主要作业风险：(1) 人员思想不稳；(2) 人员精神状态不佳；(3) 着火；(4) 高处落物；(5) 车辆伤害；(6) 环境因素；(7) 触电；(8) 高处坠落					
控制措施：(1) 办理工作票，手动停机并切至维护状态，挂牌；(2) 穿戴个人防护用品；(3) 设备恢复运行状态前进行全面检查					
工作负责人签名：	日期：	工作票签发人签名：	日期：	工作许可人签名：	日期：

作业步骤		危害因素	可能导致的后果	风险评价					控制措施
				L	*E*	*C*	*D*	风险程度	
作业环境	环境	(1) 雷雨天气登塔作业或靠近风机； (2) 大风天气作业； (3) 冬季覆冰掉落； (4) 夏季高温作业	人身伤害	6	1	7	42	2	(1) 雷雨天气禁止靠近风机，不得从事检修工作； (2) 突遇雷雨天气时应及时撤离，来不及撤离时，双脚并拢站在安全位置； (3) 风速超过 10m/s 时，禁止机舱外使用吊机； (4) 风速达 18m/s 及以上时，不得登塔作业； (5) 风速超过 12m/s 时，不得打开机舱盖； (6) 风速超过 14m/s 时，应关闭机舱盖； (7) 风速超过 12m/s 时，不得在轮毂内工作； (8) 风速超过 18m/s 时，不得在机舱内工作； (9) 风力发电机组有结冰现象且有覆冰掉落危险时，禁止人员靠近，并在风电场入口设置警戒区域； (10) 夏季高温作业做好防暑措施
检修前准备	交通	(1) 车况异常； (2) 驾乘人员未正确系安全带； (3) 道路结冰、湿滑、落石、塌方	(1) 人身伤害； (2) 车辆事故	3	6	3	54	2	(1) 出车前检查车况； (2) 行车过程中，驾乘人员正确系好安全带； (3) 根据道路情况，车辆装好防滑链，并定期对道路进行清理维护； (4) 车辆停放在风机上风向 20m 以外
	安全措施确认	拉错开关或误送电导致设备带电或误动	(1) 触电； (2) 机械伤害； (3) 设备故障	1	3	7	21	2	(1) 办理工作票，确认执行安全措施； (2) 使用个人防护用品； (3) 在塔基停机按钮处悬挂“禁止合闸，有人工作”标示牌

续表

作业步骤		危害因素	可能导致的后果	风险评价					控制措施
				L	E	C	D	风险程度	
检修前准备	安全交底	（1）扩大工作范围； （2）发电机转速大于500r/min，切至维护状态； （3）走错机位或误碰带电设备	（1）触电； （2）设备故障	1	3	7	21	2	（1）工作前对工作班成员进行工作地点及任务明示； （2）对工作班成员进行安全技术交底
检修前准备	个人防护用品准备	（1）未正确穿戴安全帽及穿好工作服； （2）使用不合格的安全带	（1）触电； （2）其他伤害	3	0.5	15	22.5	2	（1）正确穿戴安全帽及工作服； （2）使用在安全使用期内的安全带，并正确佩戴
检修前准备	工器具准备	（1）使用的工器具无法达到工作要求； （2）工具不全，或工具破损	（1）机械伤害； （2）触电	1	1	7	7	1	做好工具、消耗材料的准备工作
检修前准备	工作班成员精神状态确认	（1）无法正常完成指定工作； （2）作业过程中无法清醒判断带电设备及旋转设备； （3）作业过程中出现昏厥现象	（1）触电； （2）机械伤害； （3）高处坠落； （4）设备故障	1	1	15	15	1	合理安排工作班成员，精神状态不佳者禁止工作
检修过程	攀爬风机	（1）塔筒平台盖板不牢固或未按规定盖好； （2）工器具未放入工具袋，随手携带； （3）未系安全带或未正确系好安全带； （4）未正确佩戴安全帽； （5）未开展安全带试坠	（1）高处坠落； （2）物体打击； （3）工器具损坏	1	3	15	45	2	（1）开工前增设围栏并悬挂警示牌； （2）对不牢固盖板进行加固； （3）检查免爬器或助爬器外观，系好安全带，使用工具袋等； （4）正确佩戴安全帽
检修过程	检查、紧固机舱罩与机架连接螺栓	（1）手被液压手柄挤伤； （2）触电； （3）工器具未摆放在正确位置； （4）未系安全带或未正确系好安全带	（1）机械伤害； （2）触电； （3）物体打击； （4）高处坠落； （5）设备故障	3	1	15	45	2	（1）手握在液压扳手运动反方向部位，防止挤压手指； （2）液压扳手头在螺栓上卡好后再施加压力，作业人员之间必须配合默契； （3）套筒头和力矩扳手连接必须牢固，施加力矩时注意把握节奏； （4）液压油管不允许弯折，快速接头必须连接完好； （5）在有限空间内作业时，注意周围环境，避免磕碰受伤；

续表

作业步骤		危害因素	可能导致的后果	风险评价					控制措施
				L	*E*	*C*	*D*	风险程度	
检修过程	检查、紧固机舱罩与机架连接螺栓								（6）按照厂家维护手册的要求，对各个连接部位进行力矩紧固，确保预紧力一致； （7）力矩扳手、液压扳手在使用前要进行力矩校验； （8）工作时系好安全带，使用工具袋等
恢复检验	结束工作	（1）遗漏工器具； （2）现场遗留检修杂物； （3）不结束工作票； （4）工作班成员未全部撤离	（1）人身伤害； （2）设备故障	3	3	3	27	2	（1）收齐并检查工器具； （2）清扫检修现场； （3）结束工作票

2. 检查、紧固气象架与机舱罩壳连接螺栓

部门：				分析日期：				记录编号：
作业地点或分析范围：风机机舱罩壳				分析人：				
作业内容描述：检查、紧固气象架与机舱罩壳连接螺栓								
主要作业风险：（1）人员思想不稳；（2）人员精神状态不佳；（3）着火；（4）高处落物；（5）车辆伤害；（6）环境因素；（7）触电；（8）高处坠落								
控制措施：（1）办理工作票，手动停机并切至维护状态，挂牌；（2）穿戴个人防护用品；（3）设备恢复运行状态前进行全面检查								
工作负责人签名：	日期：	工作票签发人签名：	日期：	工作许可人签名：				日期：

作业步骤		危害因素	可能导致的后果	风险评价				控制措施
				L	*E*	*C*	*D*	风险程度	
作业环境	环境	（1）雷雨天气登塔作业或靠近风机； （2）大风天气作业； （3）冬季覆冰掉落； （4）夏季高温作业	人身伤害	6	1	7	42	2	（1）雷雨天气禁止靠近风机，不得从事检修工作； （2）突遇雷雨天气时应及时撤离，来不及撤离时，双脚并拢站在安全位置； （3）风速超过 10m/s 时，禁止机舱外使用吊机； （4）风速达 18m/s 及以上时，不得登塔作业； （5）风速超过 12m/s 时，不得打开机舱盖； （6）风速超过 14m/s 时，应关闭机舱盖； （7）风速超过 12m/s 时，不得在轮毂内工作； （8）风速超过 18m/s 时，不得在机舱内工作； （9）风力发电机组有结冰现象且有覆冰掉落危险时，禁止人员靠近，并在风电场入口设置警戒区域； （10）夏季高温作业做好防暑措施
检修前准备	交通	（1）车况异常； （2）驾乘人员未正确系安全带； （3）道路结冰、湿滑、落石、塌方	（1）人身伤害； （2）车辆事故	3	6	3	54	2	（1）出车前检查车况； （2）行车过程中，驾乘人员正确系好安全带； （3）根据道路情况，车辆装好防滑链，并定期对道路进行清理维护； （4）车辆停放在风机上风向 20m 以外
	安全措施确认	拉错开关或误送电导致设备带电或误动	（1）触电； （2）机械伤害； （3）设备故障	1	3	7	21	2	（1）办理工作票，确认执行安全措施； （2）使用个人防护用品； （3）在塔基停机按钮处悬挂“禁止合闸，有人工作”标示牌

续表

作业步骤		危害因素	可能导致的后果	风险评价					控制措施
				L	E	C	D	风险程度	
检修前准备	安全交底	（1）扩大工作范围； （2）发电机转速大于500r/min，切至维护状态； （3）走错机位或误碰带电设备	（1）触电； （2）设备故障	1	3	7	21	2	（1）工作前对工作班成员进行工作地点及任务明示； （2）对工作班成员进行安全技术交底
	个人防护用品准备	（1）未正确穿戴安全帽及穿好工作服； （2）使用不合格的安全带	（1）触电； （2）其他伤害	3	0.5	15	22.5	2	（1）正确穿戴安全帽及工作服； （2）使用在安全使用期内的安全带，并正确佩戴
	工器具准备	（1）使用的工器具无法达到工作要求； （2）工具不全，或工具破损	（1）机械伤害； （2）触电	1	1	7	7	1	做好工具、消耗材料的准备工作
	工作班成员精神状态确认	（1）无法正常完成指定工作； （2）作业过程中无法清醒判断带电设备及旋转设备； （3）作业过程中出现昏厥现象	（1）触电； （2）机械伤害； （3）高处坠落； （4）设备故障	1	1	15	15	1	合理安排工作班成员，精神状态不佳者禁止工作
检修过程	攀爬风机	（1）塔筒平台盖板不牢固或未按规定盖好； （2）工器具未放入工具袋，随手携带； （3）未系安全带或未正确系好安全带； （4）未正确佩戴安全帽； （5）未开展安全带试坠	（1）高处坠落； （2）物体打击； （3）工器具损坏	1	3	15	45	2	（1）开工前增设围栏并悬挂警示牌； （2）对不牢固盖板进行加固； （3）检查免爬器或助爬器外观，系好安全带，使用工具袋等； （4）正确佩戴安全帽
	孔洞封胶	（1）未锁高速轴； （2）未系安全带或未正确系好安全带； （3）未使用双钩绳； （4）误将工器具滑落	（1）设备故障； （2）高处坠落； （3）高处落物	1	1	15	15	1	（1）工作前，需锁高速轴； （2）佩戴好安全防护装置，检查双钩是否挂在合理位置； （3）使用工器具时做好防坠落措施
	检查、紧固气象架与机舱罩壳连接螺栓	手被液压手柄夹伤	（1）机械伤害； （2）物体打击； （3）高处坠落	3	1	15	45	2	（1）手握在液压扳手运动反方向部位，防止挤压手指； （2）液压扳手头在螺栓上卡好后再施加压力，作业人员之间必须配合默契；

续表

作业步骤		危害因素	可能导致的后果	风险评价					控制措施
				L	*E*	*C*	*D*	风险程度	
检修过程	检查、紧固气象架与机舱罩壳连接螺栓								（3）套筒头和力矩扳手连接必须牢固，施加力矩时注意把握节奏； （4）液压油管不允许弯折，快速接头必须连接完好； （5）在有限空间内作业时，注意周围环境，避免磕碰受伤； （6）按照厂家维护手册的要求，对各个连接部位进行力矩紧固，确保预紧力一致； （7）力矩扳手、液压扳手在使用前要进行力矩校验
恢复检验	结束工作	（1）遗漏工器具； （2）现场遗留检修杂物； （3）不结束工作票； （4）工作班成员未全部撤离	（1）人身伤害； （2）设备故障	3	3	3	27	2	（1）收齐并检查工器具； （2）清扫检修现场； （3）结束工作票

3. 机舱电动葫芦检修

部门：　　　　分析日期：　　　　记录编号：

作业地点或分析范围：风机机舱　　　　分析人：

作业内容描述：机舱电动葫芦检修

主要作业风险：(1) 人员思想不稳；(2) 人员精神状态不佳；(3) 着火；(4) 高处落物；(5) 车辆伤害；(6) 环境因素；(7) 触电；(8) 高处坠落

控制措施：(1) 办理工作票，手动停机并切至维护状态，挂牌；(2) 穿戴个人防护用品；(3) 设备恢复运行状态前进行全面检查

工作负责人签名：　　日期：　　工作票签发人签名：　　日期：　　工作许可人签名：　　日期：

作业步骤		危害因素	可能导致的后果	风险评价					控制措施
				L	E	C	D	风险程度	
作业环境	环境	(1) 雷雨天气登塔作业或靠近风机； (2) 大风天气作业； (3) 冬季覆冰掉落； (4) 夏季高温作业	人身伤害	6	1	7	42	2	(1) 雷雨天气禁止靠近风机，不得从事检修工作； (2) 突遇雷雨天气时应及时撤离，来不及撤离时，双脚并拢站在安全位置； (3) 风速超过 10m/s 时，禁止机舱外使用吊机； (4) 风速达 18m/s 及以上时，不得登塔作业； (5) 风速超过 12m/s 时，不得打开机舱盖； (6) 风速超过 14m/s 时，应关闭机舱盖； (7) 风速超过 12m/s 时，不得在轮毂内工作； (8) 风速超过 18m/s 时，不得在机舱内工作； (9) 风力发电机组有结冰现象且有覆冰掉落危险时，禁止人员靠近，并在风电场入口设置警戒区域； (10) 夏季高温作业做好防暑措施
检修前准备	交通	(1) 车况异常； (2) 驾乘人员未正确系安全带； (3) 道路结冰、湿滑、落石、塌方	(1) 人身伤害； (2) 车辆事故	3	6	3	54	2	(1) 出车前检查车况； (2) 行车过程中，驾乘人员正确系好安全带； (3) 根据道路情况，车辆装好防滑链，并定期对道路进行清理维护； (4) 车辆停放在风机上风向 20m 以外
	安全措施确认	拉错开关或误送电导致设备带电或误动	(1) 触电； (2) 机械伤害； (3) 设备故障	1	3	7	21	2	(1) 办理工作票，确认执行安全措施； (2) 使用个人防护用品； (3) 在塔基停机按钮处悬挂“禁止合闸，有人工作”标示牌

续表

作业步骤		危害因素	可能导致的后果	风险评价					控制措施
				L	E	C	D	风险程度	
检修前准备	安全交底	(1) 扩大工作范围； (2) 发电机转速大于500r/min，切至维护状态； (3) 走错机位或误碰带电设备	(1) 触电； (2) 设备故障	1	3	7	21	2	(1) 工作前对工作班成员进行工作地点及任务明示； (2) 对工作班成员进行安全技术交底
	个人防护用品准备	(1) 未正确穿戴安全帽及穿好工作服； (2) 使用不合格的安全带	(1) 触电； (2) 其他伤害	3	0.5	15	22.5	2	(1) 正确穿戴安全帽及工作服； (2) 使用在安全使用期内的安全带，并正确佩戴
	工器具准备	(1) 使用的工器具无法达到工作要求； (2) 工具不全，或工具破损	(1) 机械伤害； (2) 触电	1	1	7	7	1	做好工具、消耗材料的准备工作
	工作班成员精神状态确认	(1) 无法正常完成指定工作； (2) 作业过程中无法清醒判断带电设备及旋转设备； (3) 作业过程中出现昏厥现象	(1) 触电； (2) 机械伤害； (3) 高处坠落； (4) 设备故障	1	1	15	15	1	合理安排工作班成员，精神状态不佳者禁止工作
检修过程	攀爬风机	(1) 塔筒平台盖板不牢固或未按规定盖好； (2) 工器具未放入工具袋，随手携带； (3) 未系安全带或未正确系好安全带； (4) 未正确佩戴安全帽； (5) 未开展安全带试坠	(1) 高处坠落； (2) 物体打击； (3) 工器具损坏	1	3	15	45	2	(1) 开工前增设围栏并悬挂警示牌； (2) 对不牢固盖板进行加固； (3) 检查免爬器或助爬器外观，系好安全带，使用工具袋等； (4) 正确佩戴安全帽
	电动葫芦检修	(1) 装错接线； (2) 误碰其他带电设备； (3) 野蛮拆装设备； (4) 虚接线路	(1) 设备故障； (2) 触电	3	1	15	45	2	(1) 与带电设备保持安全距离，并对带电区域悬挂标示牌，装设围栏； (2) 工作人员应穿绝缘鞋； (3) 进行回路改造或更换电气元件时，要注意检查控制箱各路电源是否断开，且接线端子、裸露线头可能从其他回路反送电，工作时应按要求戴好绝缘手套、穿好绝缘鞋、螺丝刀绑好绝缘胶布； (4) 严禁错误使用工器具造成设备损坏，如用过大或过小的扳手替代标准尺寸的扳手，用一字螺丝刀替代十字螺丝刀，用十字螺丝刀替代内六角或内梅花螺丝刀等；

续表

作业步骤		危害因素	可能导致的后果	风险评价					控制措施
				L	E	C	D	风险程度	
检修过程	电动葫芦检修								(5) 严禁野蛮拆装、检修设备，造成螺丝过力滑丝、设备开裂、设备变形等； (6) 拆卸接线时记录每个接线位置，更换完电气元件后，按记录逐一接线，保证接线正确，并检查接线是否牢固
恢复检验	结束工作	(1) 遗漏工器具； (2) 现场遗留检修杂物； (3) 不结束工作票； (4) 工作班成员未全部撤离	(1) 人身伤害； (2) 设备故障	3	3	3	27	2	(1) 收齐并检查工器具； (2) 清扫检修现场； (3) 结束工作票

4. 紧固梯子和滑轨的紧固件

部门：				分析日期：		记录编号：
作业地点或分析范围：风机爬梯				分析人：		
作业内容描述：紧固梯子和滑轨的紧固件						
主要作业风险：（1）人员思想不稳；（2）人员精神状态不佳；（3）着火；（4）高处落物；（5）车辆伤害；（6）环境因素；（7）触电；（8）高处坠落						
控制措施：（1）办理工作票，手动停机并切至维护状态，挂牌；（2）穿戴个人防护用品；（3）设备恢复运行状态前进行全面检查						
工作负责人签名：	日期：	工作票签发人签名：		日期：	工作许可人签名：	日期：

作业步骤		危害因素	可能导致的后果	风险评价					控制措施
				L	*E*	*C*	*D*	风险程度	
作业环境	环境	（1）雷雨天气登塔作业或靠近风机； （2）大风天气作业； （3）冬季覆冰掉落； （4）夏季高温作业	人身伤害	6	1	7	42	2	（1）雷雨天气禁止靠近风机，不得从事检修工作； （2）突遇雷雨天气时应及时撤离，来不及撤离时，双脚并拢站在安全位置； （3）风速超过10m/s时，禁止机舱外使用吊机； （4）风速达18m/s及以上时，不得登塔作业； （5）风速超过12m/s时，不得打开机舱盖； （6）风速超过14m/s时，应关闭机舱盖； （7）风速超过12m/s时，不得在轮毂内工作； （8）风速超过18m/s时，不得在机舱内工作； （9）风力发电机组有结冰现象且有覆冰掉落危险时，禁止人员靠近，并在风电场入口设置警戒区域； （10）夏季高温作业做好防暑措施
检修前准备	交通	（1）车况异常； （2）驾乘人员未正确系安全带； （3）道路结冰、湿滑、落石、塌方	（1）人身伤害； （2）车辆事故	3	6	3	54	2	（1）出车前检查车况； （2）行车过程中，驾乘人员正确系好安全带； （3）根据道路情况，车辆装好防滑链，并定期对道路进行清理维护； （4）车辆停放在风机上风向20m以外
	安全措施确认	拉错开关或误送电导致设备带电或误动	（1）触电； （2）机械伤害； （3）设备故障	1	3	7	21	2	（1）办理工作票，确认执行安全措施； （2）使用个人防护用品； （3）在塔基停机按钮处悬挂“禁止合闸，有人工作”标示牌

续表

作业步骤		危害因素	可能导致的后果	风险评价					控制措施
				L	E	C	D	风险程度	
检修前准备	安全交底	（1）扩大工作范围； （2）发电机转速大于500r/min，切至维护状态； （3）走错机位或误碰带电设备	（1）触电； （2）设备故障	1	3	7	21	2	（1）工作前对工作班成员进行工作地点及任务明示； （2）对工作班成员进行安全技术交底
	个人防护用品准备	（1）未正确穿戴安全帽及工作服； （2）使用不合格的安全带	（1）触电； （2）其他伤害	3	0.5	15	22.5	2	（1）正确穿戴安全帽及工作服； （2）使用在安全使用期内的安全带，并正确佩戴
	工器具准备	（1）使用的工器具无法达到工作要求； （2）工具不全，或工具破损	（1）机械伤害； （2）触电	1	1	7	7	1	做好工具、消耗材料的准备工作
	工作班成员精神状态确认	（1）无法正常完成指定工作； （2）作业过程中无法清醒判断带电设备及旋转设备； （3）作业过程中出现昏厥现象	（1）触电； （2）机械伤害； （3）高处坠落； （4）设备故障	1	1	15	15	1	合理安排工作班成员，精神状态不佳者禁止工作
检修过程	攀爬风机	（1）塔筒平台盖板不牢固或未按规定盖好； （2）工器具未放入工具袋，随手携带； （3）未系安全带或未正确系好安全带； （4）未正确佩戴安全帽； （5）未开展安全带试坠	（1）高处坠落； （2）物体打击； （3）工器具损坏	1	3	15	45	2	（1）开工前增设围栏并悬挂警示牌； （2）对不牢固盖板进行加固； （3）检查免爬器或助爬器外观，系好安全带，使用工具袋等； （4）正确佩戴安全帽
	紧固梯子和滑轨的紧固件	（1）塔筒平台盖板不牢固或未按规定盖好； （2）使用工器具时未摆放在正确位置； （3）未系安全带或未正确系好安全带； （4）误碰旋转设备	（1）触电； （2）高处坠落； （3）物体打击	3	1	15	45	2	（1）工器具在使用过程中用绳索绑扎，防止掉落； （2）巡检结束后及时清理杂物及工具； （3）作业前安全交底； （4）作业过程中正确佩戴安全带，工具放在工具包内； （5）作业过程中下部严禁站人，设专人看护

续表

作业步骤		危害因素	可能导致的后果	风险评价					控制措施
				L	*E*	*C*	*D*	风险程度	
恢复检验	结束工作	(1) 遗漏工器具； (2) 现场遗留检修杂物； (3) 不结束工作票； (4) 工作班成员未全部撤离	(1) 人身伤害； (2) 设备故障	3	3	3	27	2	(1) 收齐并检查工器具； (2) 清扫检修现场； (3) 结束工作票

5. 助爬器（免爬器）故障处理

部门：				分析日期：				记录编号：	
作业地点或分析范围：助爬器（免爬器）				分析人：					
作业内容描述：助爬器（免爬器）故障处理									
主要作业风险：（1）人员思想不稳；（2）人员精神状态不佳；（3）着火；（4）高处落物；（5）车辆伤害；（6）环境因素；（7）触电；（8）高处坠落									
控制措施：（1）办理工作票，手动停机并切至维护状态，挂牌；（2）穿戴个人防护用品；（3）设备恢复运行状态前进行全面检查									
工作负责人签名：	日期：		工作票签发人签名：		日期：		工作许可人签名：		日期：
作业步骤		危害因素	可能导致的后果	风险评价					控制措施
				L	E	C	D	风险程度	
作业环境	环境	（1）雷雨天气登塔作业或靠近风机； （2）大风天气作业； （3）冬季覆冰掉落； （4）夏季高温作业	人身伤害	6	1	7	42	2	（1）雷雨天气禁止靠近风机，不得从事检修工作； （2）突遇雷雨天气时应及时撤离，来不及撤离时，双脚并拢站在安全位置； （3）风速超过10m/s时，禁止机舱外使用吊机； （4）风速达18m/s及以上时，不得登塔作业； （5）风速超过12m/s时，不得打开机舱盖； （6）风速超过14m/s时，应关闭机舱盖； （7）风速超过12m/s时，不得在轮毂内工作； （8）风速超过18m/s时，不得在机舱内工作； （9）风力发电机组有结冰现象且有覆冰掉落危险时，禁止人员靠近，并在风电场入口设置警戒区域； （10）夏季高温作业做好防暑措施
检修前准备	交通	（1）车况异常； （2）驾乘人员未正确系安全带； （3）道路结冰、湿滑、落石、塌方	（1）人身伤害； （2）车辆事故	3	6	3	54	2	（1）出车前检查车况； （2）行车过程中，驾乘人员正确系好安全带； （3）根据道路情况，车辆装好防滑链，并定期对道路进行清理维护； （4）车辆停放在风机上风向20m以外
检修前准备	安全措施确认	拉错开关或误送电导致设备带电或误动	（1）触电； （2）机械伤害； （3）设备故障	1	3	7	21	2	（1）办理工作票，确认执行安全措施； （2）使用个人防护用品； （3）在塔基停机按钮处悬挂“禁止合闸，有人工作”标示牌
检修前准备	安全交底	（1）扩大工作范围； （2）发电机转速大于500r/min，切至维护状态； （3）走错机位或误碰带电设备	（1）触电； （2）设备故障	1	3	7	21	2	（1）工作前对工作班成员进行工作地点及任务明示； （2）对工作班成员进行安全技术交底

续表

作业步骤		危害因素	可能导致的后果	风险评价					控制措施
				L	*E*	*C*	*D*	风险程度	
检修前准备	个人防护用品准备	（1）未正确穿戴安全帽及工作服； （2）使用不合格的安全带	（1）触电； （2）其他伤害	3	0.5	15	22.5	2	（1）正确穿戴安全帽及工作服； （2）使用在安全使用期内的安全带，并正确佩戴
	工器具准备	（1）使用的工器具无法达到工作要求； （2）工具不全，或工具破损	（1）机械伤害； （2）触电	1	1	7	7	1	做好工具、消耗材料的准备工作
	工作班成员精神状态确认	（1）无法正常完成指定工作； （2）作业过程中无法清醒判断带电设备及旋转设备； （3）作业过程中出现昏厥现象	（1）触电； （2）机械伤害； （3）高处坠落； （4）设备故障	1	1	15	15	1	合理安排工作班成员，精神状态不佳者禁止工作
检修过程	攀爬风机	（1）塔筒平台盖板不牢固或未按规定盖好； （2）工器具未放入工具袋，随手携带； （3）未系安全带或未正确系好安全带； （4）未正确佩戴安全帽； （5）未开展安全带试坠	（1）高处坠落； （2）物体打击； （3）工器具损坏	1	3	15	45	2	（1）开工前增设围栏并悬挂警示牌； （2）对不牢固盖板进行加固； （3）检查免爬器或助爬器外观，系好安全带，使用工具袋等； （4）正确佩戴安全帽
	助爬器（免爬器）故障处理	（1）塔筒平台盖板不牢固或未按规定盖好； （2）使用工器具时未摆放在正确位置； （3）未系安全带或未正确系好安全带； （4）误碰旋转设备	（1）触电； （2）高处坠落； （3）物体打击	3	1	15	45	2	（1）工器具在使用过程中用绳索绑扎，防止掉落； （2）作业结束后及时清理杂物及工具； （3）作业前安全交底； （4）作业过程中正确佩戴安全带，工具放在工具包内； （5）作业过程中下部严禁站人，设专人看护
恢复检验	结束工作	（1）遗漏工器具； （2）现场遗留检修杂物； （3）不结束工作票； （4）工作班成员未全部撤离	（1）人身伤害； （2）设备故障	3	3	3	27	2	（1）收齐检查工器具； （2）清扫检修现场； （3）结束工作票

6. 紧固塔筒间接地连线及连接螺栓

部门：								分析日期：		记录编号：
作业地点或分析范围：塔筒连接处								分析人：		
作业内容描述：紧固塔筒间接地连线及连接螺栓										
主要作业风险：（1）人员思想不稳；（2）人员精神状态不佳；（3）着火；（4）高处落物；（5）车辆伤害；（6）环境因素；（7）触电；（8）高处坠落										
控制措施：（1）办理工作票，手动停机并切至维护状态，挂牌；（2）穿戴个人防护用品；（3）设备恢复运行状态前进行全面检查										
工作负责人签名：	日期：	工作票签发人签名：		日期：			工作许可人签名：		日期：	

作业步骤		危害因素	可能导致的后果	风险评价					控制措施
				L	*E*	*C*	*D*	风险程度	
作业环境	环境	（1）雷雨天气登塔作业或靠近风机； （2）大风天气作业； （3）冬季覆冰掉落； （4）夏季高温作业	人身伤害	6	1	7	42	2	（1）雷雨天气禁止靠近风机，不得从事检修工作； （2）突遇雷雨天气时应及时撤离，来不及撤离时，双脚并拢站在安全位置； （3）风速超过10m/s时，禁止机舱外使用吊机； （4）风速达18m/s及以上时，不得登塔作业； （5）风速超过12m/s时，不得打开机舱盖； （6）风速超过14m/s时，应关闭机舱盖； （7）风速超过12m/s时，不得在轮毂内工作； （8）风速超过18m/s时，不得在机舱内工作； （9）风力发电机组有结冰现象且有覆冰掉落危险时，禁止人员靠近，并在风电场入口设置警戒区域； （10）夏季高温作业做好防暑措施
检修前准备	交通	（1）车况异常； （2）驾乘人员未正确系安全带； （3）道路结冰、湿滑、落石、塌方	（1）人身伤害； （2）车辆事故	3	6	3	54	2	（1）出车前检查车况； （2）行车过程中，驾乘人员正确系好安全带； （3）根据道路情况，车辆装好防滑链，并定期对道路进行清理维护； （4）车辆停放在风机上风向20m以外
	安全措施确认	拉错开关或误送电导致设备带电或误动	（1）触电； （2）机械伤害； （3）设备故障	1	3	7	21	2	（1）办理工作票，确认执行安全措施； （2）使用个人防护用品； （3）在塔基停机按钮处悬挂“禁止合闸，有人工作”标示牌

续表

作业步骤		危害因素	可能导致的后果	风险评价					控制措施
				L	E	C	D	风险程度	
检修前准备	安全交底	(1) 扩大工作范围； (2) 发电机转速大于500r/min，切至维护状态； (3) 走错机位或误碰带电设备	(1) 触电； (2) 设备故障	1	3	7	21	2	(1) 工作前对工作班成员进行工作地点及任务明示； (2) 对工作班成员进行安全技术交底
	个人防护用品准备	(1) 未正确佩戴安全帽及穿好工作服； (2) 使用不合格的安全带	(1) 触电； (2) 其他伤害	3	0.5	15	22.5	2	(1) 正确穿戴安全帽及工作服； (2) 使用在安全使用期内的安全带，并正确佩戴
	工器具准备	(1) 使用的工器具无法达到工作要求； (2) 工具不全，或工具破损	(1) 机械伤害； (2) 触电	1	1	7	7	1	做好工具、消耗材料的准备工作
	工作班成员精神状态确认	(1) 无法正常完成指定工作； (2) 作业过程中无法清醒判断带电设备及旋转设备； (3) 作业过程中出现昏厥现象	(1) 触电； (2) 机械伤害； (3) 高处坠落； (4) 设备故障	1	1	15	15	1	合理安排工作班成员，精神状态不佳者禁止工作
检修过程	攀爬风机	(1) 塔筒平台盖板不牢固或未按规定盖好； (2) 工器具未放入工具袋，随手携带； (3) 未系安全带或未正确系好安全带； (4) 未正确佩戴安全帽； (5) 未开展安全带试坠	(1) 高处坠落； (2) 物体打击； (3) 工器具损坏	1	3	15	45	2	(1) 开工前增设围栏并悬挂警示牌； (2) 对不牢固盖板进行加固； (3) 检查免爬器或助爬器外观，系好安全带，使用工具袋等； (4) 正确佩戴安全帽
	塔筒间接地线连接螺栓及接地线连接螺栓紧固作业	(1) 塔筒平台盖板不牢固或未按规定盖好； (2) 使用工器具时未摆放在正确位置； (3) 未系安全带或未正确系好安全带； (4) 误碰旋转设备	(1) 触电； (2) 高处坠落； (3) 物体打击； (4) 机械伤害	3	1	15	45	2	(1) 工器具使用过程中用绳索绑扎防止掉落； (2) 巡检结束后及时清理杂物及工具； (3) 作业前安全交底； (4) 作业过程中正确佩戴好安全带，工具放在工具包内； (5) 作业过程中下部严禁站人，设专人看护
	力矩紧固	(1) 手被液压手柄夹伤； (2) 触电	(1) 机械伤害； (2) 触电；	3	1	15	45	2	(1) 手握在液压扳手运动反方向部位，防止挤压手指；

续表

作业步骤		危害因素	可能导致的后果	风险评价					控制措施
				L	E	C	D	风险程度	
检修过程	力矩紧固		（3）物体打击； （4）高处坠落； （5）设备故障						（2）液压扳手头在螺栓上卡好后再施加压力，作业人员之间必须配合默契； （3）套筒头和力矩扳手连接必须牢固，施加力矩时注意把握节奏； （4）液压油管不允许弯折，快速接头必须连接完好； （5）在小空间内作业时，注意周围环境，避免磕碰受伤； （6）液压扳手取电源时，必须验电，戴绝缘手套，并保证连接正确可靠； （7）按照厂家维护手册的要求，对各个连接部位进行力矩紧固，确保预紧力一致； （8）力矩扳手、液压扳手在使用前要进行力矩校验
恢复检验	结束工作	（1）遗漏工器具； （2）现场遗留检修杂物； （3）不结束工作票； （4）工作班成员未全部撤离	（1）人身伤害； （2）设备故障	3	3	3	27	2	（1）收齐并检查工器具； （2）清扫检修现场； （3）结束工作票

7. 抽检塔筒法兰连接螺栓紧固力矩

<table>
<tr><td colspan="4">部门：</td><td colspan="4">分析日期：</td><td colspan="2">记录编号：</td></tr>
<tr><td colspan="4">作业地点或分析范围：塔筒连接处</td><td colspan="6">分析人：</td></tr>
<tr><td colspan="10">作业内容描述：抽检塔筒法兰连接螺栓紧固力矩</td></tr>
<tr><td colspan="10">主要作业风险：(1) 人员思想不稳；(2) 人员精神状态不佳；(3) 着火；(4) 高处落物；(5) 车辆伤害；(6) 环境因素；(7) 触电；(8) 高处坠落</td></tr>
<tr><td colspan="10">控制措施：(1) 办理工作票，手动停机并切至维护状态，挂牌；(2) 穿戴个人防护用品；(3) 设备恢复运行状态前进行全面检查</td></tr>
<tr><td colspan="2">工作负责人签名：</td><td>日期：</td><td>工作票签发人签名：</td><td colspan="2">日期：</td><td colspan="2">工作许可人签名：</td><td colspan="2">日期：</td></tr>
<tr><td colspan="2" rowspan="2">作业步骤</td><td rowspan="2">危害因素</td><td rowspan="2">可能导致的后果</td><td colspan="5">风险评价</td><td rowspan="2">控制措施</td></tr>
<tr><td>L</td><td>E</td><td>C</td><td>D</td><td>风险程度</td></tr>
<tr><td>作业环境</td><td>环境</td><td>(1) 雷雨天气登塔作业或靠近风机；
(2) 大风天气作业；
(3) 冬季覆冰掉落；
(4) 夏季高温作业</td><td>人身伤害</td><td>6</td><td>1</td><td>7</td><td>42</td><td>2</td><td>(1) 雷雨天气禁止靠近风机，不得从事检修工作；
(2) 突遇雷雨天气时应及时撤离，来不及撤离时，双脚并拢站在安全位置；
(3) 风速超过 10m/s 时，禁止机舱外使用吊机；
(4) 风速达 18m/s 及以上时，不得登塔作业；
(5) 风速超过 12m/s 时，不得打开机舱盖；
(6) 风速超过 14m/s 时，应关闭机舱盖；
(7) 风速超过 12m/s 时，不得在轮毂内工作；
(8) 风速超过 18m/s 时，不得在机舱内工作；
(9) 风力发电机组有结冰现象且有覆冰掉落危险时，禁止人员靠近，并在风电场入口设置警戒区域；
(10) 夏季高温作业做好防暑措施</td></tr>
<tr><td rowspan="2">检修前准备</td><td>交通</td><td>(1) 车况异常；
(2) 驾乘人员未正确系安全带；
(3) 道路结冰、湿滑、落石、塌方</td><td>(1) 人身伤害；
(2) 车辆事故</td><td>3</td><td>6</td><td>3</td><td>54</td><td>2</td><td>(1) 出车前检查车况；
(2) 行车过程中，驾乘人员正确系好安全带；
(3) 根据道路情况，车辆装好防滑链，并定期对道路进行清理维护；
(4) 车辆停放在风机上风向 20m 以外</td></tr>
<tr><td>安全措施确认</td><td>拉错开关或误送电导致设备带电或误动</td><td>(1) 触电；
(2) 机械伤害；
(3) 设备故障</td><td>1</td><td>3</td><td>7</td><td>21</td><td>2</td><td>(1) 办理工作票，确认执行安全措施；
(2) 使用个人防护用品；
(3) 在塔基停机按钮处悬挂“禁止合闸，有人工作”标示牌</td></tr>
</table>

续表

作业步骤		危害因素	可能导致的后果	风险评价					控制措施
				L	E	C	D	风险程度	
检修前准备	安全交底	(1) 扩大工作范围； (2) 发电机转速大于500r/min，切至维护状态； (3) 走错机位或误碰带电设备	(1) 触电； (2) 设备故障	1	3	7	21	2	(1) 工作前对工作班成员进行工作地点及任务明示； (2) 对工作班成员进行安全技术交底
	个人防护用品准备	(1) 未正确穿戴安全帽及工作服； (2) 使用不合格的安全带	(1) 触电； (2) 其他伤害	3	0.5	15	22.5	2	(1) 正确穿戴安全帽及工作服； (2) 使用在安全使用期内的安全带，并正确佩戴
	工器具准备	(1) 使用的工器具无法达到工作要求； (2) 工具不全，或工具破损	(1) 机械伤害； (2) 触电	1	1	7	7	1	做好工具、消耗材料的准备工作
	工作班成员精神状态确认	(1) 无法正常完成指定工作； (2) 作业过程中无法清醒判断带电设备及旋转设备； (3) 作业过程中出现昏厥现象	(1) 触电； (2) 机械伤害； (3) 高处坠落； (4) 设备故障	1	1	15	15	1	合理安排工作班成员，精神状态不佳者禁止工作
检修过程	攀爬风机	(1) 塔筒平台盖板不牢固或未按规定盖好； (2) 工器具未放入工具袋，随手携带； (3) 未系安全带或未正确系好安全带； (4) 未正确佩戴安全帽； (5) 未开展安全带试坠	(1) 高处坠落； (2) 物体打击； (3) 工器具损坏	1	3	15	45	2	(1) 开工前增设围栏并悬挂警示牌； (2) 对不牢固盖板进行加固； (3) 检查免爬器或助爬器外观，系好安全带，使用工具袋等； (4) 正确佩戴安全帽
	抽检塔筒法兰连接螺栓紧固力矩	(1) 塔筒平台盖板不牢固或未按规定盖好； (2) 使用工器具时未摆放在正确位置； (3) 未系安全带或未正确系好安全带； (4) 误碰旋转设备	(1) 触电； (2) 高处坠落； (3) 物体打击； (4) 机械伤害	3	1	15	45	2	(1) 工器具在使用过程中用绳索绑扎，防止掉落； (2) 巡检结束后及时清理杂物及工具； (3) 作业前安全交底； (4) 作业过程中正确佩戴好安全带，工具放在工具包内； (5) 作业过程中下部严禁站人，设专人看护
	力矩紧固	(1) 手被液压手柄夹伤； (2) 触电	(1) 机械伤害； (2) 触电；	3	1	15	45	2	(1) 手握在液压扳手运动反方向部位，防止挤压手指；

续表

作业步骤		危害因素	可能导致的后果	风险评价					控制措施
				L	E	C	D	风险程度	
检修过程	力矩紧固		(3) 物体打击; (4) 高处坠落; (5) 设备故障						(2) 液压扳手头在螺栓上卡好后再施加压力，作业人员之间必须配合默契; (3) 套筒头和力矩扳手连接必须牢固，施加力矩时注意把握节奏; (4) 液压油管不允许弯折，快速接头必须联接完好; (5) 在小空间内作业时，注意周围环境，避免磕碰受伤; (6) 液压扳手取电源时，必须验电，戴绝缘手套，并保证连接正确可靠; (7) 按照厂家维护手册的要求，对各个连接部位进行力矩紧固，确保预紧力一致; (8) 力矩扳手、液压扳手在使用前要进行力矩校验
恢复检验	结束工作	(1) 遗漏工器具; (2) 现场遗留检修杂物; (3) 不结束工作票; (4) 工作班成员未全部撤离	(1) 人身伤害; (2) 设备故障	3	3	3	27	2	(1) 收齐并检查工器具; (2) 清扫检修现场; (3) 结束工作票

8. 防雷系统故障处理

<table>
<tr><td colspan="4">部门：</td><td colspan="6">分析日期：</td><td>记录编号：</td></tr>
<tr><td colspan="4">作业地点或分析范围：防雷系统</td><td colspan="7">分析人：</td></tr>
<tr><td colspan="11">作业内容描述：防雷系统故障处理</td></tr>
<tr><td colspan="11">主要作业风险：(1) 人员思想不稳；(2) 人员精神状态不佳；(3) 着火；(4) 高处落物；(5) 车辆伤害；(6) 环境因素；(7) 触电；(8) 高处坠落</td></tr>
<tr><td colspan="11">控制措施：(1) 办理工作票，手动停机并切至维护状态，挂牌；(2) 穿戴个人防护用品；(3) 设备恢复运行状态前进行全面检查</td></tr>
<tr><td colspan="2">工作负责人签名：</td><td>日期：</td><td>工作票签发人签名：</td><td colspan="3">日期：</td><td colspan="3">工作许可人签名：</td><td>日期：</td></tr>
<tr><td colspan="2" rowspan="2">作业步骤</td><td rowspan="2">危害因素</td><td rowspan="2">可能导致的后果</td><td colspan="5">风险评价</td><td colspan="2" rowspan="2">控制措施</td></tr>
<tr><td>L</td><td>E</td><td>C</td><td>D</td><td>风险程度</td></tr>
<tr><td>作业环境</td><td>环境</td><td>(1) 雷雨天气登塔作业或靠近风机；
(2) 大风天气作业；
(3) 冬季覆冰掉落；
(4) 夏季高温作业</td><td>人身伤害</td><td>6</td><td>1</td><td>7</td><td>42</td><td>2</td><td colspan="2">(1) 雷雨天气禁止靠近风机，不得从事检修工作；
(2) 突遇雷雨天气时应及时撤离，来不及撤离时，双脚并拢站在安全位置；
(3) 风速超过 10m/s 时，禁止机舱外使用吊机；
(4) 风速达 18m/s 及以上时，不得登塔作业；
(5) 风速超过 12m/s 时，不得打开机舱盖；
(6) 风速超过 14m/s 时，应关闭机舱盖；
(7) 风速超过 12m/s 时，不得在轮毂内工作；
(8) 风速超过 18m/s 时，不得在机舱内工作；
(9) 风力发电机组有结冰现象且有覆冰掉落危险时，禁止人员靠近，并在风电场入口设置警戒区域；
(10) 夏季高温作业做好防暑措施</td></tr>
<tr><td rowspan="2">检修前准备</td><td>交通</td><td>(1) 车况异常；
(2) 驾乘人员未正确系安全带；
(3) 道路结冰、湿滑、落石、塌方</td><td>(1) 人身伤害；
(2) 车辆事故</td><td>3</td><td>6</td><td>3</td><td>54</td><td>2</td><td colspan="2">(1) 出车前检查车况；
(2) 行车过程中，驾乘人员正确系好安全带；
(3) 根据道路情况，车辆装好防滑链，并定期对道路进行清理维护；
(4) 车辆停放在风机上风向 20m 以外</td></tr>
<tr><td>安全措施确认</td><td>拉错开关或误送电导致设备带电或误动</td><td>(1) 触电；
(2) 机械伤害；
(3) 设备故障</td><td>1</td><td>3</td><td>7</td><td>21</td><td>2</td><td colspan="2">(1) 办理工作票，确认执行安全措施；
(2) 使用个人防护用品；
(3) 在塔基停机按钮处悬挂“禁止合闸，有人工作”标示牌</td></tr>
</table>

续表

作业步骤		危害因素	可能导致的后果	风险评价					控制措施
				L	E	C	D	风险程度	
检修前准备	安全交底	(1) 扩大工作范围; (2) 发电机转速大于500r/min,切至维护状态; (3) 走错机位或误碰带电设备	(1) 触电; (2) 设备故障	1	3	7	21	2	(1) 工作前对工作班成员进行工作地点及任务明示; (2) 对工作班成员进行安全技术交底
	个人防护用品准备	(1) 未正确佩戴安全帽及穿好工作服; (2) 使用不合格的安全带	(1) 触电; (2) 其他伤害	3	0.5	15	22.5	2	(1) 正确穿戴安全帽及工作服; (2) 使用在安全使用期内的安全带,并正确佩戴
	工器具准备	(1) 使用的工器具无法达到工作要求; (2) 工具不全,或工具破损	(1) 机械伤害; (2) 触电	1	1	7	7	1	做好工具、消耗材料的准备工作
	工作班成员精神状态确认	(1) 无法正常完成指定工作; (2) 作业过程中无法清醒判断带电设备及旋转设备; (3) 作业过程中出现昏厥现象	(1) 触电; (2) 机械伤害; (3) 高处坠落; (4) 设备故障	1	1	15	15	1	合理安排工作班成员,精神状态不佳者禁止工作
检修过程	攀爬风机	(1) 塔筒平台盖板不牢固或未按规定盖好; (2) 工器具未摆放在正确位置; (3) 未系安全带或未正确系好安全带	(1) 高处坠落; (2) 物体打击; (3) 工器具损坏	1	3	15	45	2	(1) 开工前增设围栏并悬挂警示牌; (2) 对不牢固盖板进行加固; (3) 检查免爬器或助爬器外观,系好安全带,使用工具袋等
	防雷系统故障处理	(1) 塔筒平台盖板不牢固或未按规定盖好; (2) 使用工器具时未摆放在正确位置; (3) 未系安全带或未正确系好安全带; (4) 误碰旋转设备; (5) 作业前未断开控制电源	(1) 触电; (2) 高处坠落; (3) 物体打击	3	1	15	45	2	(1) 工器具在使用过程中用绳索绑扎,防止掉落; (2) 作业结束后及时清理杂物及工具; (3) 作业前安全交底; (4) 作业过程中正确佩戴安全带,工具放在工具包内; (5) 作业过程中下部严禁站人,设专人看护; (6) 作业前检查控制电源已断开,并验电
恢复检验	结束工作	(1) 遗漏工器具; (2) 现场遗留检修杂物; (3) 不结束工作票; (4) 工作班成员未全部撤离	(1) 人身伤害; (2) 设备故障	3	3	3	27	2	(1) 收齐并检查工器具; (2) 清扫检修现场; (3) 结束工作票

十一、变流器检修

1. 更换 IGBT

部门：				分析日期：				记录编号：	
作业地点或分析范围：变流器柜				分析人：					
作业内容描述：更换 IGBT									
主要作业风险：（1）人员精神状态不佳；（2）触电；（3）设备事故；（4）走错间隔；（5）机械伤害；（6）着火；（7）环境污染；（8）起重伤害									
控制措施：（1）办理工作票，手动停机并切至维护状态，验电，挂牌；（2）穿戴个人防护用品；（3）设备恢复运行状态前进行全面检查									
工作负责人签名：		日期：	工作票签发人签名：		日期：		工作许可人签名：		日期：
作业步骤		危害因素	可能导致的后果	风险评价					控制措施
				L	*E*	*C*	*D*	风险程度	
作业环境	环境	（1）雷雨天气登塔作业或靠近风机； （2）大风天气作业； （3）冬季覆冰掉落； （4）夏季高温作业	人身伤害	6	1	7	42	2	（1）雷雨天气禁止靠近风机，不得从事检修工作； （2）突遇雷雨天气时应及时撤离，来不及撤离时，双脚并拢站在安全位置； （3）风速超过 10m/s 时，禁止机舱外使用吊机； （4）风速达 18m/s 及以上时，不得登塔作业； （5）风速超过 12m/s 时，不得打开机舱盖； （6）风速超过 14m/s 时，应关闭机舱盖； （7）风速超过 12m/s 时，不得在轮毂内工作； （8）风速超过 18m/s 时，不得在机舱内工作； （9）风力发电机组有结冰现象且有覆冰掉落危险时，禁止人员靠近，并在风电场入口设置警戒区域； （10）夏季高温作业做好防暑措施
检修前准备	交通	（1）车况异常； （2）驾乘人员未正确系安全带； （3）道路结冰、湿滑、落石、塌方	（1）人身伤害； （2）车辆事故	3	6	3	54	2	（1）出车前检查车况； （2）行车过程中，驾乘人员正确系好安全带； （3）根据道路情况，车辆装好防滑链，并定期对道路进行清理维护； （4）车辆停放在风机上风向 20m 以外
	安全措施确认	拉错开关或误送电导致设备带电或误动	（1）触电； （2）设备故障	1	3	7	21	2	（1）办理工作票，确认执行安全措施； （2）使用个人防护用品； （3）拉开箱式变压器低压侧断路器，并在低压侧悬挂 400V 接地线一组； （4）在塔基停机按钮处悬挂“禁止合闸，有人工作”标示牌； （5）在箱式变压器低压侧断路器处悬挂“禁止合闸，有人工作”标示牌

续表

作业步骤		危害因素	可能导致的后果	风险评价					控制措施
				L	E	C	D	风险程度	
检修前准备	安全交底	（1）扩大工作范围； （2）发电机转速大于500r/min，切至维护状态； （3）走错机位或误碰带电设备	（1）触电； （2）设备故障	1	3	7	21	2	（1）工作前对工作班成员进行工作地点及任务明示； （2）对工作班成员进行安全技术交底
	个人防护用品准备	未正确穿戴安全帽及工作服	（1）其他伤害； （2）触电	3	0.5	15	22.5	2	（1）正确穿戴安全帽及工作服； （2）正确戴绝缘手套
	工器具准备	（1）使用的工器具无法达到工作要求； （2）工具不全，或工具破损	（1）触电； （2）设备故障	1	1	7	7	1	（1）工作前确认工器具状态，使用合格的工器具及试验仪器； （2）做好工具、消耗材料的准备工作
	工作班成员精神状态确认	（1）无法正常完成指定工作； （2）作业过程中无法清醒判断带电设备及旋转设备； （3）作业过程中出现昏厥现象	（1）触电； （2）设备故障	1	1	15	15	1	合理安排工作班成员，精神状态不佳者禁止工作
检修过程	拆卸IGBT	是否停电拆卸IGBT	设备损坏	1	1	1	1	1	注意轻拿轻放
	更换IGBT	（1）未进行放电； （2）安装方法有误； （3）接线时线序接错	（1）触电； （2）人身伤害； （3）设备损坏	3	1	1	3	1	（1）停电后进行验电； （2）拆卸过程中注意使用合理的安全工器具，保持注意力集中，注意配合； （3）更换前仔细阅读产品使用说明书，仔细检查接线顺序
	恢复送电	（1）箱式变压器低压侧隔离开关合闸前，未拆除接地线； （2）误合隔离开关； （3）隔离开关有缺陷	（1）人身伤害； （2）设备故障	6	0.5	40	120	3	（1）恢复送电前，拆除接地线； （2）核对设备名称和编号，检查设备状态； （3）操作时与隔离开关保持一定距离
	调试设备	设备异常	设备故障	1	1	1	1	1	更换完成后，与产品使用说明书核对
恢复检验	结束工作	（1）遗漏工器具； （2）现场遗留检修杂物； （3）不结束工作票； （4）工作班成员未全部撤离	（1）人身伤害； （2）设备故障	3	3	3	27	2	（1）收齐并检查工器具； （2）清扫检修现场； （3）结束工作票

2. 更换机侧检测板

<table>
<tr><td colspan="4">部门：</td><td colspan="6">分析日期：</td><td>记录编号：</td></tr>
<tr><td colspan="4">作业地点或分析范围：变流器柜</td><td colspan="7">分析人：</td></tr>
<tr><td colspan="11">作业内容描述：更换机侧检测板</td></tr>
<tr><td colspan="11">主要作业风险：(1) 人员精神状态不佳；(2) 触电；(3) 设备事故；(4) 走错间隔；(5) 机械伤害；(6) 着火；(7) 环境污染；(8) 起重伤害</td></tr>
<tr><td colspan="11">控制措施：(1) 办理工作票，手动停机并切至维护状态，验电，挂牌；(2) 穿戴个人防护用品；(3) 设备恢复运行状态前进行全面检查</td></tr>
<tr><td colspan="2">工作负责人签名：</td><td>日期：</td><td>工作票签发人签名：</td><td colspan="2">日期：</td><td colspan="3">工作许可人签名：</td><td colspan="2">日期：</td></tr>
<tr><td colspan="2" rowspan="2">作业步骤</td><td rowspan="2">危害因素</td><td rowspan="2">可能导致的后果</td><td colspan="5">风险评价</td><td colspan="2" rowspan="2">控制措施</td></tr>
<tr><td>L</td><td>E</td><td>C</td><td>D</td><td>风险程度</td></tr>
<tr><td>作业环境</td><td>环境</td><td>(1) 雷雨天气登塔作业或靠近风机；
(2) 大风天气作业；
(3) 冬季覆冰掉落；
(4) 夏季高温作业</td><td>人身伤害</td><td>6</td><td>1</td><td>7</td><td>42</td><td>2</td><td colspan="2">(1) 雷雨天气禁止靠近风机，不得从事检修工作；
(2) 突遇雷雨天气时应及时撤离，来不及撤离时，双脚并拢站在安全位置；
(3) 风速超过 10m/s 时，禁止机舱外使用吊机；
(4) 风速达 18m/s 及以上时，不得登塔作业；
(5) 风速超过 12m/s 时，不得打开机舱盖；
(6) 风速超过 14m/s 时，应关闭机舱盖；
(7) 风速超过 12m/s 时，不得在轮毂内工作；
(8) 风速超过 18m/s 时，不得在机舱内工作；
(9) 风力发电机组有结冰现象且有覆冰掉落危险时，禁止人员靠近，并在风电场入口设置警戒区域；
(10) 夏季高温作业做好防暑措施</td></tr>
<tr><td rowspan="2">检修前准备</td><td>交通</td><td>(1) 车况异常；
(2) 驾乘人员未正确系安全带；
(3) 道路结冰、湿滑、落石、塌方</td><td>(1) 人身伤害；
(2) 车辆事故</td><td>3</td><td>6</td><td>3</td><td>54</td><td>2</td><td colspan="2">(1) 出车前检查车况；
(2) 行车过程中，驾乘人员正确系好安全带；
(3) 根据道路情况，车辆装好防滑链，并定期对道路进行清理维护；
(4) 车辆停放在风机上风向 20m 以外</td></tr>
<tr><td>安全措施确认</td><td>拉错开关或误送电导致设备带电或误动</td><td>(1) 触电；
(2) 设备故障</td><td>1</td><td>3</td><td>7</td><td>21</td><td>2</td><td colspan="2">(1) 办理工作票，确认执行安全措施；
(2) 使用个人防护用品；
(3) 在塔基停机按钮处悬挂“禁止合闸，有人工作”标示牌；
(4) 断开控制板电源</td></tr>
</table>

续表

作业步骤		危害因素	可能导致的后果	风险评价					控制措施
				L	*E*	*C*	*D*	风险程度	
检修前准备	安全交底	（1）扩大工作范围； （2）发电机转速大于500r/min，切至维护状态； （3）走错机位或误碰带电设备	（1）触电； （2）设备故障	1	3	7	21	2	（1）工作前对工作班成员进行工作地点及任务明示； （2）对工作班成员进行安全技术交底
	个人防护用品准备	未正确穿戴安全帽及工作服	（1）其他伤害； （2）触电	3	0.5	15	22.5	2	（1）正确穿戴安全帽及工作服； （2）正确戴绝缘手套
	工器具准备	（1）使用的工器具无法达到工作要求； （2）工具不全，或工具破损	（1）触电； （2）设备故障	1	1	7	7	1	（1）工作前确认工器具状态，使用合格的工器具及试验仪器； （2）做好工具、消耗材料的准备工作
	工作班成员精神状态确认	（1）无法正常完成指定工作； （2）作业过程中无法清醒判断带电设备及旋转设备； （3）作业过程中出现昏厥现象	（1）触电； （2）设备故障	1	1	15	15	1	合理安排工作班成员，精神状态不佳者禁止工作
检修过程	拆卸机侧检测板	是否停电拆卸机侧检测板	设备损坏	1	1	1	1	1	注意轻拿轻放
	更换机侧检测板	（1）未进行放电； （2）安装方法有误； （3）接线是否紧固	（1）触电； （2）人身伤害； （3）设备损坏	3	1	1	3	1	（1）停电后进行验电； （2）拆卸过程中注意使用合理的安全工器具，保持注意力集中，注意配合； （3）更换前仔细阅读产品使用说明书，仔细检查接线顺序
	调试设备	设备异常	设备故障	1	1	1	1	1	（1）更换完成后与产品使用说明书核对； （2）重启风机后是否正常并网
恢复检验	结束工作	（1）遗漏工器具； （2）现场遗留检修杂物； （3）不结束工作票； （4）工作班成员未全部撤离	（1）人身伤害； （2）设备故障	3	3	3	27	2	（1）收齐并检查工器具； （2）清扫检修现场； （3）结束工作票

3. 更换网侧检测板

部门：				分析日期：					记录编号：
作业地点或分析范围：变流系统				分析人：					
作业内容描述：更换网侧检测板									
主要作业风险：（1）人员精神状态不佳；（2）触电；（3）设备事故；（4）走错间隔；（5）机械伤害；（6）着火；（7）环境污染；（8）起重伤害									
控制措施：（1）办理工作票，手动停机并切至维护状态，验电，挂牌；（2）穿戴个人防护用品；（3）设备恢复运行状态前进行全面检查									
工作负责人签名：	日期：	工作票签发人签名：		日期：		工作许可人签名：		日期：	

作业步骤		危害因素	可能导致的后果	风险评价					控制措施
				L	E	C	D	风险程度	
作业环境	环境	（1）雷雨天气登塔作业或靠近风机； （2）大风天气作业； （3）冬季覆冰掉落； （4）夏季高温作业	人身伤害	6	1	7	42	2	（1）雷雨天气禁止靠近风机，不得从事检修工作； （2）突遇雷雨天气时应及时撤离，来不及撤离时，双脚并拢站在安全位置； （3）风速超过10m/s时，禁止机舱外使用吊机； （4）风速达18m/s及以上时，不得登塔作业； （5）风速超过12m/s时，不得打开机舱盖； （6）风速超过14m/s时，应关闭机舱盖； （7）风速超过12m/s时，不得在轮毂内工作； （8）风速超过18m/s时，不得在机舱内工作； （9）风力发电机组有结冰现象且有覆冰掉落危险时，禁止人员靠近，并在风电场入口设置警戒区域； （10）夏季高温作业做好防暑措施
检修前准备	交通	（1）车况异常； （2）驾乘人员未正确系安全带； （3）道路结冰、湿滑、落石、塌方	（1）人身伤害； （2）车辆事故	3	6	3	54	2	（1）出车前检查车况； （2）行车过程中，驾乘人员正确系好安全带； （3）根据道路情况，车辆装好防滑链，并定期对道路进行清理维护； （4）车辆停放在风机上风向20m以外
	安全措施确认	拉错开关或误送电导致设备带电或误动	（1）触电； （2）设备故障	1	3	7	21	2	（1）办理工作票，确认执行安全措施； （2）使用个人防护用品； （3）在塔基停机按钮处悬挂“禁止合闸，有人工作”标示牌； （4）断开控制板电源

续表

作业步骤		危害因素	可能导致的后果	风险评价					控制措施
				L	E	C	D	风险程度	
检修前准备	安全交底	(1) 扩大工作范围； (2) 发电机转速大于 500r/min，切至维护状态； (3) 走错机位或误碰带电设备	(1) 触电； (2) 设备故障	1	3	7	21	2	(1) 工作前对工作班成员进行工作地点及任务明示； (2) 对工作班成员进行安全技术交底
	个人防护用品准备	未正确穿戴安全帽及工作服	(1) 其他伤害； (2) 触电	3	0.5	15	22.5	2	(1) 正确穿戴安全帽及工作服； (2) 正确戴绝缘手套
	工器具准备	(1) 使用的工器具无法达到工作要求； (2) 工具不全，或工具破损	(1) 触电； (2) 设备故障	1	1	7	7	1	(1) 工作前确认工器具状态，使用合格的工器具及试验仪器； (2) 做好工具、消耗材料的准备工作
	工作班成员精神状态确认	(1) 无法正常完成指定工作； (2) 作业过程中无法清醒判断带电设备及旋转设备； (3) 作业过程中出现昏厥现象	(1) 触电； (2) 设备故障	1	1	15	15	1	合理安排工作班成员，精神状态不佳者禁止工作
检修过程	拆卸网侧检测板	是否停电拆卸网侧检测板	设备损坏	1	1	1	1	1	注意轻拿轻放
	更换网侧检测板	(1) 未进行放电； (2) 安装方法有误； (3) 接线是否紧固	(1) 触电； (2) 人身伤害； (3) 设备损坏	3	1	1	3	1	(1) 停电后进行验电； (2) 拆卸过程中注意使用合理的安全工器具，保持注意力集中，注意配合； (3) 更换前仔细阅读产品使用说明书，仔细检查接线顺序
	调试设备	设备异常	设备故障	1	1	1	1	1	(1) 更换完成后与产品使用说明书核对； (2) 重启风机后是否正常并网
恢复检验	结束工作	(1) 遗漏工器具； (2) 现场遗留检修杂物； (3) 不结束工作票； (4) 工作班成员未全部撤离	(1) 人身伤害； (2) 设备故障	3	3	3	27	2	(1) 收齐并检查工器具； (2) 清扫检修现场； (3) 结束工作票

4. 更换并网断路器

<table>
<tr><td colspan="3">部门：</td><td colspan="4">分析日期：</td><td colspan="2">记录编号：</td></tr>
<tr><td colspan="3">作业地点或分析范围：变流器并网断路器</td><td colspan="6">分析人：</td></tr>
<tr><td colspan="9">作业内容描述：更换并网断路器</td></tr>
<tr><td colspan="9">主要作业风险：(1) 人员精神状态不佳；(2) 触电；(3) 设备事故；(4) 走错间隔；(5) 机械伤害；(6) 着火；(7) 车辆</td></tr>
<tr><td colspan="9">控制措施：(1) 办理工作票，手动停机并切至维护状态，验电，挂牌；(2) 穿戴个人防护用品；(3) 设备恢复运行状态前进行全面检查</td></tr>
<tr><td colspan="2">工作负责人签名：</td><td>日期：</td><td colspan="2">工作票签发人签名：</td><td colspan="2">日期：</td><td>工作许可人签名：</td><td>日期：</td></tr>
<tr><td colspan="2" rowspan="2">作业步骤</td><td rowspan="2">危害因素</td><td rowspan="2">可能导致的后果</td><td colspan="5">风险评价</td><td rowspan="2">控制措施</td></tr>
<tr><td>L</td><td>E</td><td>C</td><td>D</td><td>风险程度</td></tr>
<tr><td>作业环境</td><td>环境</td><td>(1) 雷雨天气登塔作业或靠近风机；
(2) 大风天气作业；
(3) 冬季覆冰掉落；
(4) 夏季高温作业</td><td>人身伤害</td><td>6</td><td>1</td><td>7</td><td>42</td><td>2</td><td>(1) 雷雨天气禁止靠近风机，不得从事检修工作；
(2) 突遇雷雨天气时应及时撤离，来不及撤离时，双脚并拢站在安全位置；
(3) 风速超过 10m/s 时，禁止机舱外使用吊机；
(4) 风速达 18m/s 及以上时，不得登塔作业；
(5) 风速超过 12m/s 时，不得打开机舱盖；
(6) 风速超过 14m/s 时，应关闭机舱盖；
(7) 风速超过 12m/s 时，不得在轮毂内工作；
(8) 风速超过 18m/s 时，不得在机舱内工作；
(9) 风力发电机组有结冰现象且有覆冰掉落危险时，禁止人员靠近，并在风电场入口设置警戒区域；
(10) 夏季高温作业做好防暑措施</td></tr>
<tr><td rowspan="2">检修前准备</td><td>交通</td><td>(1) 车况异常；
(2) 驾乘人员未正确系安全带；
(3) 道路结冰、湿滑、落石、塌方</td><td>(1) 人身伤害；
(2) 车辆事故</td><td>3</td><td>6</td><td>3</td><td>54</td><td>2</td><td>(1) 出车前检查车况；
(2) 行车过程中，驾乘人员正确系好安全带；
(3) 根据道路情况，车辆装好防滑链，并定期对道路进行清理维护；
(4) 车辆停放在风机上风向 20m 以外</td></tr>
<tr><td>安全措施确认</td><td>拉错开关或误送电导致设备带电或误动</td><td>(1) 触电；
(2) 设备故障</td><td>1</td><td>3</td><td>7</td><td>21</td><td>2</td><td>(1) 办理工作票，确认执行安全措施；
(2) 使用个人防护用品；
(3) 拉开箱式变压器低压侧断路器，并在低压侧悬挂 400V 接地线一组；
(4) 在塔基停机按钮处悬挂“禁止合闸，有人工作”标示牌；
(5) 在箱变低压侧断路器处悬挂“禁止合闸，有人工作”标示牌</td></tr>
</table>

续表

作业步骤		危害因素	可能导致的后果	风险评价					控制措施
				L	E	C	D	风险程度	
检修前准备	安全交底	（1）扩大工作范围； （2）发电机转速大于500r/min，切至维护状态； （3）走错机位或误碰带电设备	（1）触电； （2）设备故障	1	3	7	21	2	（1）工作前对工作班成员进行工作地点及任务明示； （2）对工作班成员进行安全技术交底
	个人防护用品准备	未正确穿戴安全帽及工作服	（1）其他伤害； （2）触电	3	0.5	15	22.5	2	（1）正确穿戴安全帽及工作服； （2）正确戴绝缘手套
	工器具准备	（1）使用的工器具无法达到工作要求； （2）工具不全，或工具破损	（1）触电； （2）设备故障	1	1	7	7	1	（1）工作前确认工器具状态，使用合格的工器具及试验仪器； （2）做好工具、消耗材料的准备工作
	工作班成员精神状态确认	（1）无法正常完成指定工作； （2）作业过程中无法清醒判断带电设备及旋转设备； （3）作业过程中出现昏厥现象	（1）触电； （2）设备故障	1	1	15	15	1	合理安排工作班成员，精神状态不佳者禁止工作
检修过程	拆卸并网断路器两侧电缆接头	（1）螺栓误滑落； （2）未进行放电	设备损坏	1	1	1	1	1	注意轻拿轻放、统一保管
	拆卸并网断路器	（1）未进行放电； （2）设备、工器具等误滑落	（1）触电； （2）人身伤害； （3）设备损坏	3	1	1	3	1	（1）停电后进行验电； （2）拆卸过程中注意使用合理的安全工器具，保持注意力集中，注意配合
	更换并网断路器	（1）安装方法有误； （2）接线时线序接错； （3）设备、工器具等误滑落	（1）设备故障； （2）人身伤害； （3）设备损坏	3	1	1	3	1	（1）更换前仔细阅读产品使用说明书； （2）更换前仔细检查接线顺序、核对相序； （3）拆卸过程中注意使用合理的安全工器具，保持注意力集中，注意配合
	恢复送电	（1）箱式变压器低压侧隔离开关合闸前，未拆除接地线； （2）误合隔离开关； （3）隔离开关有缺陷	（1）人身伤害； （2）设备故障	6	0.5	40	120	3	（1）恢复送电前，拆除接地线； （2）核对设备名称和编号，检查设备状态； （3）操作时与隔离开关保持一定距离
	调试设备	设备异常	设备故障	1	1	1	1	1	（1）更换完成后与产品使用说明书核对； （2）设备能否正常并网发电

续表

作业步骤		危害因素	可能导致的后果	风险评价					控制措施
				L	*E*	*C*	*D*	风险程度	
恢复检验	结束工作	（1）遗漏工器具； （2）现场遗留检修杂物； （3）不结束工作票； （4）工作班成员未全部撤离	（1）人身伤害； （2）设备故障	3	3	3	27	2	（1）收齐并检查工器具； （2）清扫检修现场； （3）结束工作票

5. 更换冷却风机

<table>
<tr><td colspan="3">部门：</td><td colspan="6">分析日期：</td><td>记录编号：</td></tr>
<tr><td colspan="3">作业地点或分析范围：变流器冷却风机</td><td colspan="7">分析人：</td></tr>
<tr><td colspan="10">作业内容描述：更换冷却风机</td></tr>
<tr><td colspan="10">主要作业风险：（1）人员精神状态不佳；（2）触电；（3）设备事故；（4）走错间隔；（5）机械伤害；（6）着火</td></tr>
<tr><td colspan="10">控制措施：（1）办理工作票，手动停机并切至维护状态，验电，挂牌；（2）穿戴个人防护用品；（3）设备恢复运行状态前进行全面检查</td></tr>
<tr><td colspan="2">工作负责人签名：</td><td>日期：</td><td>工作票签发人签名：</td><td colspan="3">日期：</td><td colspan="2">工作许可人签名：</td><td>日期：</td></tr>
<tr><td colspan="2" rowspan="2">作业步骤</td><td rowspan="2">危害因素</td><td rowspan="2">可能导致的后果</td><td colspan="5">风险评价</td><td rowspan="2">控制措施</td></tr>
<tr><td>L</td><td>E</td><td>C</td><td>D</td><td>风险程度</td></tr>
<tr><td>作业环境</td><td>环境</td><td>（1）雷雨天气登塔作业或靠近风机；
（2）大风天气作业；
（3）冬季覆冰掉落；
（4）夏季高温作业</td><td>人身伤害</td><td>6</td><td>1</td><td>7</td><td>42</td><td>2</td><td>（1）雷雨天气禁止靠近风机，不得从事检修工作；
（2）突遇雷雨天气时应及时撤离，来不及撤离时，双脚并拢站在安全位置；
（3）风速超过 10m/s 时，禁止机舱外使用吊机；
（4）风速达 18m/s 及以上时，不得登塔作业；
（5）风速超过 12m/s 时，不得打开机舱盖；
（6）风速超过 14m/s 时，应关闭机舱盖；
（7）风速超过 12m/s 时，不得在轮毂内工作；
（8）风速超过 18m/s 时，不得在机舱内工作；
（9）风力发电机组有结冰现象且有覆冰掉落危险时，禁止人员靠近，并在风电场入口设置警戒区域；
（10）夏季高温作业做好防暑措施</td></tr>
<tr><td rowspan="2">检修前准备</td><td>交通</td><td>（1）车况异常；
（2）驾乘人员未正确系安全带；
（3）道路结冰、湿滑、落石、塌方</td><td>（1）人身伤害；
（2）车辆事故</td><td>3</td><td>6</td><td>3</td><td>54</td><td>2</td><td>（1）出车前检查车况；
（2）行车过程中，驾乘人员正确系好安全带；
（3）根据道路情况，车辆装好防滑链，并定期对道路进行清理维护；
（4）车辆停放在风机上风向 20m 以外</td></tr>
<tr><td>安全措施确认</td><td>拉错开关或误送电导致设备带电或误动</td><td>（1）触电；
（2）设备故障</td><td>1</td><td>3</td><td>7</td><td>21</td><td>2</td><td>（1）办理工作票，确认执行安全措施；
（2）使用个人防护用品；
（3）在塔基停机按钮处悬挂“禁止合闸，有人工作”标示牌；
（4）断开控制板电源</td></tr>
</table>

续表

作业步骤		危害因素	可能导致的后果	风险评价					控制措施
				L	E	C	D	风险程度	
检修前准备	安全交底	（1）扩大工作范围； （2）发电机转速大于500r/min，切至维护状态； （3）走错机位或误碰带电设备	（1）触电； （2）设备故障	1	3	7	21	2	（1）工作前对工作班成员进行工作地点及任务明示； （2）对工作班成员进行安全技术交底
	个人防护用品准备	未正确穿戴安全帽及工作服	（1）其他伤害； （2）触电	3	0.5	15	22.5	2	（1）正确穿戴安全帽及工作服； （2）正确戴绝缘手套
	工器具准备	（1）使用的工器具无法达到工作要求； （2）工具不全，或工具破损	（1）触电； （2）设备故障	1	1	7	7	1	（1）工作前确认工器具状态，使用合格的工器具及试验仪器； （2）做好工具、消耗材料的准备工作
	工作班成员精神状态确认	（1）无法正常完成指定工作； （2）作业过程中无法清醒判断带电设备及旋转设备； （3）作业过程中出现昏厥现象	（1）触电； （2）设备故障	1	1	15	15	1	合理安排工作班成员，精神状态不佳者禁止工作
检修过程	拆卸冷却风机	（1）是否停电拆卸冷却风机； （2）设备等误滑落	设备损坏	1	1	1	1	1	注意轻拿轻放
	更换冷却风机	（1）安装方法有误； （2）接线是否紧固	（1）触电； （2）人身伤害； （3）设备损坏	3	1	1	3	1	（1）停电后进行验电； （2）拆卸过程中注意使用合理的安全工器具，保持注意力集中，注意配合； （3）更换前仔细阅读产品使用说明书，仔细检查接线顺序
	调试设备	设备异常	设备故障	1	1	1	1	1	（1）更换完成后与产品使用说明书核对； （2）重启风机后是否正常运行
恢复检验	结束工作	（1）遗漏工器具； （2）现场遗留检修杂物； （3）不结束工作票； （4）工作班成员未全部撤离	（1）人身伤害； （2）设备故障	3	3	3	27	2	（1）收齐并检查工器具； （2）清扫检修现场； （3）结束工作票

6. 更换不间断电源（UPS）

<table>
<tr><td colspan="3">部门：</td><td colspan="5">分析日期：</td><td>记录编号：</td></tr>
<tr><td colspan="3">作业地点或分析范围：不间断电源</td><td colspan="6">分析人：</td></tr>
<tr><td colspan="9">作业内容描述：更换不间断电源（UPS）</td></tr>
<tr><td colspan="9">主要作业风险：(1) 人员精神状态不佳；(2) 触电；(3) 设备事故；(4) 走错间隔；(5) 机械伤害；(6) 着火</td></tr>
<tr><td colspan="9">控制措施：(1) 办理工作票，手动停机并切至维护状态，验电，挂牌；(2) 穿戴个人防护用品；(3) 设备恢复运行状态前进行全面检查</td></tr>
<tr><td>工作负责人签名：</td><td>日期：</td><td>工作票签发人签名：</td><td colspan="3">日期：</td><td>工作许可人签名：</td><td colspan="2">日期：</td></tr>
</table>

<table>
<tr><th colspan="2" rowspan="2">作业步骤</th><th rowspan="2">危害因素</th><th rowspan="2">可能导致的后果</th><th colspan="5">风险评价</th><th rowspan="2">控制措施</th></tr>
<tr><th>L</th><th>E</th><th>C</th><th>D</th><th>风险程度</th></tr>
<tr><td>作业环境</td><td>环境</td><td>(1) 雷雨天气登塔作业或靠近风机；
(2) 大风天气作业；
(3) 冬季覆冰掉落；
(4) 夏季高温作业</td><td>人身伤害</td><td>6</td><td>1</td><td>7</td><td>42</td><td>2</td><td>(1) 雷雨天气禁止靠近风机，不得从事检修工作；
(2) 突遇雷雨天气时应及时撤离，来不及撤离时，双脚并拢站在安全位置；
(3) 风速超过 10m/s 时，禁止机舱外使用吊机；
(4) 风速达 18m/s 及以上时，不得登塔作业；
(5) 风速超过 12m/s 时，不得打开机舱盖；
(6) 风速超过 14m/s 时，应关闭机舱盖；
(7) 风速超过 12m/s 时，不得在轮毂内工作；
(8) 风速超过 18m/s 时，不得在机舱内工作；
(9) 风力发电机组有结冰现象且有覆冰掉落危险时，禁止人员靠近，并在风电场入口设置警戒区域；
(10) 夏季高温作业做好防暑措施</td></tr>
<tr><td rowspan="2">检修前准备</td><td>交通</td><td>(1) 车况异常；
(2) 驾乘人员未正确系安全带；
(3) 道路结冰、湿滑、落石、塌方</td><td>(1) 人身伤害；
(2) 车辆事故</td><td>3</td><td>6</td><td>3</td><td>54</td><td>2</td><td>(1) 出车前检查车况；
(2) 行车过程中，驾乘人员正确系好安全带；
(3) 根据道路情况，车辆装好防滑链，并定期对道路进行清理维护；
(4) 车辆停放在风机上风向 20m 以外</td></tr>
<tr><td>安全措施确认</td><td>拉错开关或误送电导致设备带电或误动</td><td>(1) 触电；
(2) 设备故障</td><td>1</td><td>3</td><td>7</td><td>21</td><td>2</td><td>(1) 办理工作票，确认执行安全措施；
(2) 使用个人防护用品；
(3) 在塔基停机按钮处悬挂“禁止合闸，有人工作”标示牌；
(4) 断开控制板电源</td></tr>
</table>

续表

作业步骤		危害因素	可能导致的后果	风险评价					控制措施
				L	E	C	D	风险程度	
检修前准备	安全交底	(1) 扩大工作范围； (2) 发电机转速大于 500r/min，切至维护状态； (3) 走错机位或误碰带电设备	(1) 触电； (2) 设备故障	1	3	7	21	2	(1) 工作前对工作班成员进行工作地点及任务明示； (2) 对工作班成员进行安全技术交底
	个人防护用品准备	未正确穿戴安全帽及工作服	(1) 其他伤害； (2) 触电	3	0.5	15	22.5	2	(1) 正确穿戴安全帽及工作服； (2) 正确戴绝缘手套
	工器具准备	(1) 使用的工器具无法达到工作要求； (2) 工具不全，或工具破损	(1) 触电； (2) 设备故障	1	1	7	7	1	(1) 工作前确认工器具状态，使用合格的工器具及试验仪器； (2) 做好工具、消耗材料的准备工作
	工作班成员精神状态确认	(1) 无法正常完成指定工作； (2) 作业过程中无法清醒判断带电设备及旋转设备； (3) 作业过程中出现昏厥现象	(1) 触电； (2) 设备故障	1	1	15	15	1	合理安排工作班成员，精神状态不佳者禁止工作
检修过程	拆卸 UPS	(1) 是否停电拆卸冷却风机 UPS； (2) 设备等误滑落	设备损坏	1	1	1	1	1	注意轻拿轻放
	更换 UPS	(1) 安装方法有误； (2) 接线是否紧固	(1) 触电； (2) 人身伤害； (3) 设备损坏	3	1	1	3	1	(1) 停电后进行验电； (2) 拆卸过程中注意使用合理的安全工器具，保持注意力集中，注意配合； (3) 更换前仔细阅读产品使用说明书，仔细检查接线顺序
	调试设备	设备异常	设备故障	1	1	1	1	1	(1) 更换完成后与产品使用说明书核对； (2) 重启 UPS 后是否正常运行
恢复检验	结束工作	(1) 遗漏工器具； (2) 现场遗留检修杂物； (3) 不结束工作票； (4) 工作班成员未全部撤离	(1) 人身伤害； (2) 设备故障	3	3	3	27	2	(1) 收齐并检查工器具； (2) 清扫检修现场； (3) 结束工作票

十二、安全系统检修

1. 检查紧急逃生装置

<table>
<tr><td colspan="4">部门：</td><td colspan="5">分析日期：</td><td colspan="2">记录编号：</td></tr>
<tr><td colspan="4">作业地点或分析范围：紧急逃生装置</td><td colspan="7">分析人：</td></tr>
<tr><td colspan="11">作业内容描述：检查紧急逃生装置</td></tr>
<tr><td colspan="11">主要作业风险：（1）人员思想不稳；（2）人员精神状态不佳；（3）着火；（4）高处落物；（5）车辆伤害；（6）环境因素；（7）触电；（8）高处坠落</td></tr>
<tr><td colspan="11">控制措施：（1）办理工作票，手动停机并切至维护状态，验电，挂牌；（2）穿戴个人防护用品；（3）高处作业时系好安全带；（4）设备恢复运行状态前进行全面检查</td></tr>
<tr><td colspan="3">工作负责人签名：</td><td>日期：</td><td colspan="2">工作票签发人签名：</td><td colspan="2">日期：</td><td colspan="2">工作许可人签名：</td><td>日期：</td></tr>
<tr><td colspan="2" rowspan="2">作业步骤</td><td rowspan="2">危害因素</td><td rowspan="2">可能导致的后果</td><td colspan="5">风险评价</td><td rowspan="2" colspan="2">控制措施</td></tr>
<tr><td>L</td><td>E</td><td>C</td><td>D</td><td>风险程度</td></tr>
<tr><td>作业环境</td><td>环境</td><td>（1）雷雨天气登塔作业或靠近风机；
（2）大风天气作业；
（3）冬季覆冰掉落；
（4）夏季高温作业</td><td>人身伤害</td><td>6</td><td>1</td><td>7</td><td>42</td><td>2</td><td colspan="2">（1）雷雨天气禁止靠近风机，不得从事检修工作；
（2）突遇雷雨天气时应及时撤离，来不及撤离时，双脚并拢站在安全位置；
（3）风速超过10m/s时，禁止机舱外使用吊机；
（4）风速达18m/s及以上时，不得登塔作业；
（5）风速超过12m/s时，不得打开机舱盖；
（6）风速超过14m/s时，应关闭机舱盖；
（7）风速超过12m/s时，不得在轮毂内工作；
（8）风速超过18m/s时，不得在机舱内工作；
（9）风力发电机组有结冰现象且有覆冰掉落危险时，禁止人员靠近，并在风电场入口设置警戒区域；
（10）夏季高温作业做好防暑措施</td></tr>
<tr><td rowspan="2">检修前准备</td><td>交通</td><td>（1）车况异常；
（2）驾乘人员未正确系安全带；
（3）道路结冰、湿滑、落石、塌方</td><td>（1）人身伤害；
（2）车辆事故</td><td>3</td><td>6</td><td>3</td><td>54</td><td>2</td><td colspan="2">（1）出车前检查车况；
（2）行车过程中，驾乘人员正确系好安全带；
（3）根据道路情况，车辆装好防滑链，并定期对道路进行清理维护；
（4）车辆停放在风机上风向20m以外</td></tr>
<tr><td>安全措施确认</td><td>拉错开关或误送电导致设备带电或误动</td><td>（1）触电；
（2）机械伤害；
（3）设备故障</td><td>1</td><td>3</td><td>7</td><td>21</td><td>2</td><td colspan="2">（1）办理工作票，确认执行安全措施；
（2）使用个人防护用品；
（3）在塔基停机按钮处悬挂“禁止合闸，有人工作”标示牌</td></tr>
</table>

续表

作业步骤		危害因素	可能导致的后果	风险评价					控制措施
				L	E	C	D	风险程度	
检修前准备	安全交底	（1）扩大工作范围； （2）发电机转速大于500r/min，切至维护状态； （3）走错机位或误碰带电设备	（1）触电； （2）设备故障	1	3	7	21	2	（1）工作前对工作班成员进行工作地点及任务明示； （2）对工作班成员进行安全技术交底
	个人防护用品准备	（1）未正确佩戴安全帽及穿好工作服； （2）使用不合格的安全带	（1）触电； （2）其他伤害	3	0.5	15	22.5	2	（1）正确穿戴安全帽及工作服； （2）使用在安全使用期内的安全带，并正确佩戴
	工作班成员精神状态确认	（1）无法正常完成指定工作； （2）作业过程中无法清醒判断带电设备及旋转设备； （3）作业过程中出现昏厥现象	（1）触电； （2）机械伤害； （3）高处坠落； （4）设备故障	1	1	15	15	1	合理安排工作班成员，精神状态不佳者禁止工作
检修过程	攀爬风机	（1）塔筒平台盖板不牢固或未按规定盖好； （2）工器具未摆放在正确位置； （3）未系安全带或未正确系好安全带	（1）高处坠落； （2）物体打击； （3）工器具损坏	1	3	15	45	2	（1）开工前增设围栏并悬挂警示牌； （2）对不牢固盖板进行加固； （3）检查免爬器或助爬器外观，系好安全带，使用工具袋等
	检查紧急逃生装置	（1）误将救生绳锁死、打乱； （2）检查结果是否登记	（1）设备故障； （2）机械伤害	1	2	1	2	1	（1）检查结果登记在记录卡上； （2）装置有问题的进行更换
恢复检验	结束工作	（1）遗漏工器具； （2）现场遗留检修杂物； （3）不结束工作票； （4）工作班成员未全部撤离	（1）人身伤害； （2）设备故障	3	3	3	27	2	结束工作票

2. 安装安全标志

<table>
<tr><td colspan="3">部门：</td><td colspan="5">分析日期：</td><td>记录编号：</td></tr>
<tr><td colspan="3">作业地点或分析范围：风机</td><td colspan="6">分析人：</td></tr>
<tr><td colspan="9">作业内容描述：安装安全标志</td></tr>
<tr><td colspan="9">主要作业风险：(1) 人员思想不稳；(2) 人员精神状态不佳；(3) 着火；(4) 高处落物；(5) 车辆伤害；(6) 环境因素；(7) 触电；(8) 高处坠落</td></tr>
<tr><td colspan="9">控制措施：(1) 办理工作票，手动停机并切至维护状态，验电，挂牌；(2) 穿戴个人防护用品；(3) 高处作业时系好安全带；(4) 设备恢复运行状态前进行全面检查</td></tr>
<tr><td colspan="2">工作负责人签名：</td><td>日期：</td><td colspan="2">工作票签发人签名：</td><td colspan="2">日期：</td><td>工作许可人签名：</td><td>日期：</td></tr>
<tr><td colspan="2" rowspan="2">作业步骤</td><td rowspan="2">危害因素</td><td rowspan="2">可能导致的后果</td><td colspan="5">风险评价</td><td rowspan="2">控制措施</td></tr>
<tr><td>L</td><td>E</td><td>C</td><td>D</td><td>风险程度</td></tr>
<tr><td>作业环境</td><td>环境</td><td>(1) 雷雨天气登塔作业或靠近风机；
(2) 大风天气作业；
(3) 冬季覆冰掉落；
(4) 夏季高温作业</td><td>人身伤害</td><td>6</td><td>1</td><td>7</td><td>42</td><td>2</td><td>(1) 雷雨天气禁止靠近风机，不得从事检修工作；
(2) 突遇雷雨天气时应及时撤离，来不及撤离时，双脚并拢站在安全位置；
(3) 风速超过 10m/s 时，禁止机舱外使用吊机；
(4) 风速达 18m/s 及以上时，不得登塔作业；
(5) 风速超过 12m/s 时，不得打开机舱盖；
(6) 风速超过 14m/s 时，应关闭机舱盖；
(7) 风速超过 12m/s 时，不得在轮毂内工作；
(8) 风速超过 18m/s 时，不得在机舱内工作；
(9) 风力发电机组有结冰现象且有覆冰掉落危险时，禁止人员靠近，并在风电场入口设置警戒区域；
(10) 夏季高温作业做好防暑措施</td></tr>
<tr><td rowspan="2">检修前准备</td><td>交通</td><td>(1) 车况异常；
(2) 驾乘人员未正确系安全带；
(3) 道路结冰、湿滑、落石、塌方</td><td>(1) 人身伤害；
(2) 车辆事故</td><td>3</td><td>6</td><td>3</td><td>54</td><td>2</td><td>(1) 出车前检查车况；
(2) 行车过程中，驾乘人员正确系好安全带；
(3) 根据道路情况，车辆装好防滑链，并定期对道路进行清理维护；
(4) 车辆停放在风机上风向 20m 以外</td></tr>
<tr><td>安全措施确认</td><td>拉错开关或误送电导致设备带电或误动</td><td>(1) 触电；
(2) 机械伤害；
(3) 设备故障</td><td>1</td><td>3</td><td>7</td><td>21</td><td>2</td><td>(1) 办理工作票，确认执行安全措施；
(2) 使用个人防护用品；
(3) 在塔基停机按钮处悬挂“禁止合闸，有人工作”标示牌</td></tr>
</table>

续表

作业步骤		危害因素	可能导致的后果	风险评价					控制措施
				L	*E*	*C*	*D*	风险程度	
检修前准备	安全交底	（1）扩大工作范围； （2）发电机转速大于500r/min，切至维护状态； （3）走错机位或误碰带电设备	（1）触电； （2）设备故障	1	3	7	21	2	（1）工作前对工作班成员进行工作地点及任务明示； （2）对工作班成员进行安全技术交底
	个人防护用品准备	（1）未正确穿戴安全帽、穿好工作服； （2）使用不合格的安全带	（1）触电； （2）其他伤害	3	0.5	15	22.5	2	（1）正确穿戴安全帽及工作服； （2）使用在安全使用期内的安全带，并正确佩戴
	工作班成员精神状态确认	（1）无法正常完成指定工作； （2）作业过程中无法清醒判断带电设备及旋转设备； （3）作业过程中出现昏厥现象	（1）触电； （2）机械伤害； （3）高处坠落； （4）设备故障	1	1	15	15	1	合理安排工作班成员，精神状态不佳者禁止工作
检修过程	攀爬风机	（1）塔筒平台盖板不牢固或未按规定盖好； （2）工器具未摆放在正确位置； （3）未系安全带或未正确系好安全带	（1）高处坠落； （2）物体打击； （3）工器具损坏	1	3	15	45	2	（1）开工前增设围栏并悬挂警示牌； （2）对不牢固盖板进行加固； （3）检查免爬器或助爬器外观，系好安全带，使用工具袋等
	安装安全标志	（1）是否有遗漏的安全标示牌； （2）标示牌安装是否牢固可靠	（1）设备故障； （2）机械伤害	1	1	1	1	1	（1）指定位置安装相应安全标示牌； （2）安全标示牌安装可靠正确
恢复检验	结束工作	（1）遗漏工器具； （2）现场遗留检修杂物； （3）不结束工作票； （4）工作班成员未全部撤离	（1）人身伤害； （2）设备故障	3	3	3	27	2	结束工作票

十三、电气设备操作

1. 220kV 母线电压互感器由运行改为冷备用

部门：						分析日期：				记录编号：
作业地点或分析范围：220kV 母线电压互感器						分析人：				
作业内容描述：220kV 母线电压互感器由运行改为冷备用										
主要作业风险：(1) 人员精神状态不佳；(2) 触电；(3) 误入带电间隔；(4) 机械伤害；(5) 设备事故；(6) 环境危害；(7) 中毒										
控制措施：(1) 合理安排工作成员，情绪不稳定者禁止工作；(2) 办理工作票，确认安全措施执行到位，验电，挂牌；(3) 高压试验过程中执行专人监护制度；(4) 使用临时电源时注意防止触电；(5) 在开关本体处挂牌，挂设接地线；(6) 使用绝缘手套、绝缘鞋；(7) 穿戴好个人防护用品；(8) 操作时看清设备名称、编号和状态，防止走错间隔；(9) 避免大风或雷雨天气作业；(10) 收到调度指令后方可进行停电操作；(11) 严禁没有调度指令严禁擅自进行操作；(12) 注意通风										
工作负责人签名：		日期：	工作票签发人签名：		日期：		工作许可人签名：		日期：	

作业步骤		危害因素	可能导致的后果	风险评价					控制措施
				L	E	C	D	风险程度	
作业环境	室外天气潮湿	设备潮湿引起短路	(1) 触电、电弧灼伤； (2) 其他人身伤害； (3) 设备事故	1	3	15	45	2	(1) 选择适当时机操作，湿度过大时应采取相应措施； (2) 保持设备干燥
	雷雨天气	雷电闪络	(1) 触电、电弧灼伤； (2) 其他人身伤害； (3) 设备事故	1	3	15	45	2	(1) 选择适当时机操作，湿度过大时应采取相应措施； (2) 保持设备干燥
	海上作业	落水	(1) 溺亡； (2) 船舶伤害	1	3	15	45	2	(1) 穿好救生衣； (2) 上下船注意安全
操作前准备	接收操作指令	工作对象不清楚	(1) 触电、电弧灼伤； (2) 设备异常或故障	1	2	15	30	2	明确操作目的，防止弄错对象
	确定操作对象、核对设备运行方式	误操作其他设备	(1) 触电、电弧灼伤； (2) 设备异常或故障	1	2	15	30	2	(1) 正确核对现场设备名称、标牌、系统图； (2) 按规定执行操作监护制度
	填写操作票	填错操作票引起误操作	(1) 触电、电弧灼伤； (2) 设备异常或故障	1	2	15	30	2	(1) 正确填写操作票，检查操作票填写内容是否正确； (2) 严格执行操作监护制度
	选择合适的工器具	工器具选择不当	(1) 触电、电弧灼伤； (2) 设备异常或故障	1	2	7	14	1	(1) 选择合适的操作工器具； (2) 检查所用的工具，必须完好； (3) 正确使用工器具

续表

作业步骤		危害因素	可能导致的后果	风险评价					控制措施
				L	E	C	D	风险程度	
操作前准备	穿戴合适的个人防护用品	穿戴不合适的个人防护用品	（1）触电、电弧灼伤； （2）其他人身伤害	1	2	7	14	1	（1）穿绝缘鞋，戴安全帽、耳塞和防尘口罩； （2）穿长袖工作服，扣好衣服和袖口； （3）戴绝缘手套
	通信联系	（1）通信不畅或错误引起误操作； （2）人员受到伤害时延误施救时间	（1）扩大事故； （2）加重人员伤害	1	2	7	7	1	携带可靠时通信工具，操作时保持联系
	工作班成员精神状态确认	（1）无法正常完成指定工作； （2）作业过程中无法清醒判断危险点	（1）触电； （2）设备事故	1	3	15	45	2	合理安排工作班成员，精神状态不佳者禁止工作
操作过程	远方、就地切换开关	（1）走错间隔； （2）误分、合开关导致设备异常断电或带电； （3）误操作造成电弧伤害； （4）操作顺序不当； （5）开关未切换即开始操作	（1）触电、电弧灼伤； （2）设备事故； （3）保护误动或拒动	1	2	15	30	2	（1）戴绝缘手套； （2）核实操作票内容和设备状态； （3）执行监护制度，唱票，确认设备位置、名称标牌，严格执行操作票制度； （4）谨防误碰或接触带电体
	开关小车由“工作”摇至“试验”位置	（1）合位、摇把操作困难造成扭伤、碰伤； （2）电弧灼伤、短路故障、扭伤、碰伤； （3）误触带电体造成电弧伤害； （4）走错间隔； （5）小车摇杆脱落	（1）触电、电弧灼伤； （2）设备事故； （3）摇把操作困难造成扭伤、碰伤	1	2	15	30	2	（1）必须确认开关与变压器状态，具备停电条件； （2）必须确认开关与开关仓对应； （3）操作前确认开关在分闸位置，通过带电显示仪电流、功率及信号灯指示判断开关确为分闸状态； （4）摇开关时需将开关仓门关好； （5）检修后新投运的开关送入仓内前必须测开关断口、相间及对地绝缘电阻； （6）移动开关位置时必须用手抓住把手，不要触碰其他位置； （7）注意检查变压器低压侧接地线装设地点； （8）不得随意解除机械闭锁； （9）操作过程中确保小车摇杆和设备可靠连接
	控制电源小空气开关	（1）走错间隔； （2）误分合开关导致设备异常断电或带电	（1）触电、电弧灼伤； （2）设备事故	1	2	15	30	2	（1）戴绝缘手套； （2）核实操作票内容和设备状态； （3）执行监护制度，唱票，确认设备位置、名称标牌； （4）谨防误碰或接触带电体

续表

作业步骤		危害因素	可能导致的后果	风险评价					控制措施
				L	E	C	D	风险程度	
操作结束	检查作业现场	有工具遗留在作业现场	设备事故	3	1	15	45	2	操作完成后检查现场，保证没有工具遗留

2. 220kV 母线电压互感器由冷备用改为运行

部门：		分析日期：		记录编号：	
作业地点或分析范围：220kV 母线电压互感器		分析人：			
作业内容描述：220kV 母线电压互感器由冷备用改为运行					
主要作业风险：（1）人员精神状态不佳；（2）触电；（3）误入带电间隔；（4）机械伤害；（5）设备事故；（6）环境危害；（7）中毒					
控制措施：（1）合理安排工作成员，情绪不稳定者禁止工作；（2）办理工作票，确认安全措施执行到位，验电，挂牌；（3）高压试验过程中执行专人监护制度；（4）使用临时电源时注意防止触电；（5）在开关本体处挂牌，挂设接地线；（6）使用绝缘手套、绝缘鞋；（7）穿戴好个人防护用品；（8）操作时看清设备名称、编号和状态，防止走错间隔；（9）避免大风或雷雨天气作业；（10）收到调度指令后方可进行停电操作；（11）严禁没有调度指令严禁擅自进行操作；（12）注意通风					
工作负责人签名：	日期：	工作票签发人签名：	日期：	工作许可人签名：	日期：

作业步骤		危害因素	可能导致的后果	风险评价					控制措施
				L	*E*	*C*	*D*	风险程度	
作业环境	室外天气潮湿	设备潮湿引起短路	（1）触电、电弧灼伤； （2）其他人身伤害； （3）设备事故	1	3	15	45	2	（1）选择适当时机操作，湿度过大时应采取相应措施； （2）保持设备干燥
	雷雨天气	雷电闪络	（1）触电、电弧灼伤； （2）其他人身伤害； （3）设备事故	1	3	15	45	2	（1）选择适当时机操作，湿度过大时应采取相应措施； （2）保持设备干燥
	海上作业	落水	（1）溺亡； （2）船舶伤害	1	3	15	45	2	（1）穿好救生衣； （2）上下船注意安全
作业前准备	接收操作指令	工作对象不清楚	（1）触电、电弧灼伤； （2）设备异常或故障	1	2	15	30	2	明确操作目的，防止弄错对象
	确定操作对象、核对设备运行方式	误操作其他设备	（1）触电、电弧灼伤； （2）设备异常或故障	1	2	15	30	2	（1）正确核对现场设备名称、标牌、系统图； （2）按规定执行操作监护制度
	填写操作票	填错操作票引起误操作	（1）触电、电弧灼伤； （2）设备异常或故障	1	2	15	30	2	（1）正确填写操作票，检查操作票填写内容是否正确； （2）严格执行操作监护制度
	选择合适的工器具	工器具选择不当	（1）触电、电弧灼伤； （2）设备异常或故障	1	2	7	14	1	（1）选择合适的操作工器具； （2）检查所用的工具，必须完好； （3）正确使用工器具

续表

作业步骤		危害因素	可能导致的后果	风险评价					控制措施
				L	E	C	D	风险程度	
作业前准备	穿戴合适的个人防护用品	穿戴不合适的个人防护用品	（1）触电、电弧灼伤； （2）其他人身伤害	1	2	7	14	1	（1）穿绝缘鞋，戴安全帽、耳塞和防尘口罩； （2）穿长袖工作服，扣好衣服和袖口； （3）戴绝缘手套
	通信联系	（1）通信不畅或错误引起误操作； （2）人员受到伤害时延误施救时间	（1）扩大事故； （2）加重人员伤害	1	2	7	7	1	携带可靠的通信工具，操作时保持联系
	工作班成员精神状态确认	（1）无法正常完成指定工作； （2）作业过程中无法清醒判断危险点	（1）触电； （2）设备事故	1	3	15	45	2	合理安排工作班成员，精神状态不佳者禁止工作
操作过程	远方、就地切换开关	（1）走错间隔； （2）误分、合开关导致设备异常断电或带电； （3）误操作造成电弧伤害； （4）操作顺序不当； （5）开关未切换即开始操作	（1）触电、电弧灼伤； （2）设备事故； （3）保护误动或拒动	1	2	15	30	2	（1）戴绝缘手套； （2）核实操作票内容和设备状态； （3）执行监护制度，唱票，确认设备位置、名称标牌，严格执行操作票制度； （4）谨防误碰或接触带电体
	接地开关合闸操作	（1）误合开关，误触带电体； （2）开关有缺陷； （3）操作顺序不当； （4）走错间隔； （5）带电合接地开关	（1）触电、电弧灼伤； （2）其他人身伤害； （3）设备事故	1	2	15	30	2	（1）核对设备名称和编号，检查设备状态； （2）操作时与开关保持一定距离； （3）考虑好开关爆炸时的撤离线路； （4）开关合、分闸指示要清楚，必须确认开关在分闸位置才能操作刀闸； （5）刀闸无法操作时，要查明原因，特别要复查开关是否在合闸位置，或有关的接地开关未拉开而使刀闸不能操作，不要违规强行解除闭锁操作刀闸
	开关、接地开关分、合闸后状态检查	（1）检查不到位； （2）开关、接地开关三相分、合不同步； （3）开关、接地开关连杆断裂； （4）走错间隔	（1）触电、电弧灼伤； （2）造成非全相分、合； （3）设备事故	1	2	15	30	2	（1）操作时核对设备实际位置； （2）检查开关状态信号灯指示； （3）不得随意解除机械闭锁
	控制电源小空气开关	（1）走错间隔； （2）误分、合开关导致设备异常断电或带电	（1）触电、电弧灼伤； （2）设备事故	1	2	15	30	2	（1）戴绝缘手套； （2）核实操作票内容和设备状态； （3）执行监护制度，唱票，确认设备位置、名称标牌； （4）谨防误碰或接触带电体

续表

作业步骤		危害因素	可能导致的后果	风险评价					控制措施
				L	E	C	D	风险程度	
操作结束	检查作业现场	有工具遗留在作业现场	设备事故	3	1	15	45	2	操作完成后检查现场，保证没有工具遗留

3. 220kV 母线由运行改为检修

部门：				分析日期：				记录编号：	
作业地点或分析范围：220kV 母线				分析人：					
作业内容描述：220kV 母线由运行改为检修									
主要作业风险：(1) 人员精神状态不佳；(2) 触电；(3) 误入带电间隔；(4) 机械伤害；(5) 设备事故；(6) 环境危害；(7) 中毒									
控制措施：(1) 合理安排工作成员，情绪不稳定者禁止工作；(2) 办理工作票，确认安全措施执行到位，验电，挂牌；(3) 高压试验过程中执行专人监护制度；(4) 使用临时电源时注意防止触电；(5) 在开关本体处挂牌，挂设接地线；(6) 使用绝缘手套、绝缘鞋；(7) 穿戴好个人防护用品；(8) 操作时看清设备名称、编号和状态，防止走错间隔；(9) 避免大风或雷雨天气作业；(10) 收到调度指令后方可进行停电操作；(11) 严禁没有调度指令严禁擅自进行操作；(12) 注意通风									
工作负责人签名：	日期：	工作票签发人签名：		日期：		工作许可人签名：		日期：	

作业步骤		危害因素	可能导致的后果	风险评价					控制措施
				L	E	C	D	风险程度	
作业环境	室外天气潮湿	设备潮湿引起短路	(1) 触电、电弧灼伤； (2) 其他人身伤害； (3) 设备事故	1	3	15	45	2	(1) 选择适当时机操作，湿度过大时应采取相应措施； (2) 保持设备干燥
	雷雨天气	雷电闪络	(1) 触电、电弧灼伤； (2) 其他人身伤害； (3) 设备事故	1	3	15	45	2	(1) 选择适当时机操作，湿度过大时应采取相应措施； (2) 保持设备干燥
	海上作业	落水	(1) 溺亡； (2) 船舶伤害	1	3	15	45	2	(1) 穿好救生衣； (2) 上下船注意安全
操作前准备	接收操作指令	工作对象不清楚	(1) 触电、电弧灼伤； (2) 设备异常或故障	1	2	15	30	2	明确操作目的，防止弄错对象
	确定操作对象、核对设备运行方式	误操作其他设备	(1) 触电、电弧灼伤； (2) 设备异常或故障	1	2	15	30	2	(1) 正确核对现场设备名称、标牌、系统图； (2) 按规定执行操作监护制度
	填写操作票	填错操作票引起误操作	(1) 触电、电弧灼伤； (2) 设备异常或故障	1	2	15	30	2	(1) 正确填写操作票，检查操作票填写内容是否正确； (2) 严格执行操作监护制度
	选择合适的工器具	工器具选择不当	(1) 触电、电弧灼伤； (2) 设备异常或故障	1	2	7	14	1	(1) 选择合适的操作工器具； (2) 检查所用的工具，必须完好； (3) 正确使用工器具

续表

作业步骤		危害因素	可能导致的后果	风险评价					控制措施
				L	E	C	D	风险程度	
操作前准备	穿戴合适的个人防护用品	穿戴不合适的个人防护用品	（1）触电、电弧灼伤； （2）其他人身伤害	1	2	7	14	1	（1）穿绝缘鞋，戴安全帽、耳塞和防尘口罩； （2）穿长袖工作服，扣好衣服和袖口； （3）戴绝缘手套
	通信联系	（1）通信不畅或错误引起误操作； （2）人员受到伤害时延误施救时间	（1）扩大事故； （2）加重人员伤害	1	2	7	7	1	携带可靠的通信工具，操作时保持联系
	工作班成员精神状态确认	（1）无法正常完成指定工作； （2）作业过程中无法清醒判断危险点	（1）触电； （2）设备事故	1	3	15	45	2	合理安排工作班成员，精神状态不佳者禁止工作
操作过程	远方、就地切换开关	（1）走错间隔； （2）误分、合开关导致设备异常断电或带电； （3）误操作造成电弧伤害； （4）操作顺序不当； （5）开关未切换即开始操作	（1）触电、电弧灼伤； （2）设备事故； （3）保护误动或拒动	1	2	15	30	2	（1）戴绝缘手套； （2）核实操作票内容和设备状态； （3）执行监护制度，唱票，确认设备位置、名称标牌，严格执行操作票制度； （4）谨防误碰或接触带电体
	开关、母线闸刀分闸操作	（1）误合开关，误触带电体； （2）开关有缺陷	（1）触电、电弧灼伤； （2）其他人身伤害； （3）设备事故	1	2	15	30	2	（1）核对设备名称和编号，检查设备状态； （2）操作时与开关保持一定距离； （3）考虑好开关爆炸时的撤离线路； （4）禁止就地进行开关、闸刀操作； （5）严格按照调度下发的操作票顺序进行操作； （6）检查开关、母线闸刀分闸反馈正常，开关间隔三相电流为零，开关三相确已分闸
	保护投、退	（1）错停、漏停、错投、漏投保护； （2）误碰保护装置； （3）通信设备干扰保护装置； （4）走错间隔	（1）设备事故； （2）保护不能正确动作； （3）保护误动	1	2	15	30	2	（1）严格执行操作票； （2）加强培训，值班人员应熟练掌握继电保护的使用方法、保护压板的切换方法及注意事项； （3）首选通过固定电话联系
	开关、接地开头分、合闸后状态检查	（1）检查不到位； （2）开关、接地开关三相分、合不同步； （3）开关、接地开关连杆断裂； （4）走错间隔	（1）触电、电弧灼伤； （2）造成非全相分、合； （3）设备事故	1	2	15	30	2	（1）操作时核对设备实际位置； （2）开关、接地开关三相分、合不同步动作； （3）检查开关状态信号灯指示； （4）不得随意解除机械闭锁

续表

作业步骤		危害因素	可能导致的后果	风险评价					控制措施
				L	E	C	D	风险程度	
操作过程	开关小车由“工作”摇至“试验”位置	（1）合位、摇把操作困难造成扭伤、碰伤； （2）电弧灼伤、短路故障、扭伤、碰伤； （3）误触带电体造成电弧伤害； （4）走错间隔； （5）小车摇杆脱落	（1）触电、电弧灼伤； （2）设备事故； （3）摇把操作困难造成扭伤、碰伤	1	1	7	7	1	（1）必须确认开关与变压器状态，具备停电条件； （2）必须确认开关与开关仓对应； （3）操作前确认开关在分闸位置，通过带电显示仪电流、功率及信号灯指示判断开关确为分闸状态； （4）摇开关时需将开关仓门关好； （5）检修后新投运的开关送入仓内前必须测开关断口、相间及对地绝缘电阻； （6）移动开关位置时必须用手抓住把手，不要触碰其他位置； （7）注意检查变压器低压侧接地线装设地点； （8）不得随意解除机械闭锁； （9）操作过程中确保小车摇杆和设备可靠连接
	接地开关合闸操作	（1）误合开关，误触带电体； （2）开关有缺陷； （3）操作顺序不当； （4）走错间隔； （5）带电合接地开关	（1）触电、电弧灼伤； （2）其他人身伤害； （3）设备事故	1	2	15	30	2	（1）核对设备名称和编号，检查设备状态； （2）操作时与开关保持一定距离； （3）考虑好开关爆炸时的撤离线路； （4）开关合、分闸指示要清楚，必须确认开关在分闸位置才能操作刀闸； （5）刀闸无法操作时，要查明原因，特别要复查开关是否在合闸位置，或有关的接地开关未拉开而使刀闸不能操作，不要违规强行解除闭锁操作刀闸
	控制电源小空气开关	（1）走错间隔； （2）误分合、开关导致设备异常断电或带电	（1）触电、电弧灼伤； （2）设备事故	1	2	15	30	2	（1）戴绝缘手套； （2）核实操作票内容和设备状态； （3）执行监护制度，唱票，确认设备位置、名称标牌； （4）谨防误碰或接触带电体
操作结束	检查作业现场	有工具遗留在作业现场	设备事故	3	1	15	45	2	操作完成后检查现场，保证没有工具遗留

4. 220kV 母线由运行改为冷备用

部门：			分析日期：		记录编号：
作业地点或分析范围：220kV 母线			分析人：		
作业内容描述：220kV 母线由运行改为冷备用					
主要作业风险：(1) 人员精神状态不佳；(2) 触电；(3) 误入带电间隔；(4) 机械伤害；(5) 设备事故；(6) 环境危害；(7) 中毒					
控制措施：(1) 合理安排工作成员，情绪不稳定者禁止工作；(2) 办理工作票，确认安全措施执行到位，验电，挂牌；(3) 高压试验过程中执行专人监护制度；(4) 使用临时电源时注意防止触电；(5) 在开关本体处挂牌，挂设接地线；(6) 使用绝缘手套、绝缘鞋；(7) 穿戴好个人防护用品；(8) 操作时看清设备名称、编号和状态，防止走错间隔；(9) 避免大风或雷雨天气作业；(10) 收到调度指令后方可进行停电操作；(11) 严禁没有调度指令严禁擅自进行操作；(12) 注意通风					
工作负责人签名：	日期：	工作票签发人签名：	日期：	工作许可人签名：	日期：

作业步骤		危害因素	可能导致的后果	风险评价					控制措施
				L	E	C	D	风险程度	
作业环境	室外天气潮湿	设备潮湿引起短路	(1) 触电、电弧灼伤； (2) 其他人身伤害； (3) 设备事故	1	3	15	45	2	(1) 选择适当时机操作，湿度过大时应采取相应措施； (2) 保持设备干燥
	雷雨天气	雷电闪络	(1) 触电、电弧灼伤； (2) 其他人身伤害； (3) 设备事故	1	3	15	45	2	(1) 选择适当时机操作，湿度过大时应采取相应措施； (2) 保持设备干燥
	海上作业	落水	(1) 溺亡； (2) 船舶伤害	1	3	15	45	2	(1) 穿好救生衣； (2) 上下船注意安全
操作前准备	接收操作指令	工作对象不清楚	(1) 触电、电弧灼伤； (2) 设备异常或故障	1	2	15	30	2	明确操作目的，防止弄错对象
	确定操作对象、核对设备运行方式	误操作其他设备	(1) 触电、电弧灼伤； (2) 设备异常或故障	1	2	15	30	2	(1) 正确核对现场设备名称、标牌、系统图； (2) 按规定执行操作监护制度
	填写操作票	填错操作票引起误操作	(1) 触电、电弧灼伤； (2) 设备异常或故障	1	2	15	30	2	(1) 正确填写操作票，检查操作票填写内容是否正确； (2) 严格执行操作监护制度
	选择合适的工器具	工器具选择不当	(1) 触电、电弧灼伤； (2) 设备异常或故障	1	2	7	14	1	(1) 选择合适的操作工器具； (2) 检查所用的工具，必须完好； (3) 正确使用工器具

续表

作业步骤		危害因素	可能导致的后果	风险评价					控制措施
				L	E	C	D	风险程度	
操作前准备	穿戴合适的个人防护用品	穿戴不合适的个人防护用品	(1) 触电、电弧灼伤； (2) 其他人身伤害	1	2	7	14	1	(1) 穿绝缘鞋，戴安全帽、耳塞和防尘口罩； (2) 穿长袖工作服，扣好衣服和袖口； (3) 戴绝缘手套
	通信联系	(1) 通信不畅或错误引起误操作； (2) 人员受到伤害时延误施救时间	(1) 扩大事故； (2) 加重人员伤害	1	2	7	7	1	携带可靠的通信工具，操作时保持联系
	工作班成员精神状态确认	(1) 无法正常完成指定工作； (2) 作业过程中无法清醒判断危险点	(1) 触电； (2) 设备事故	1	3	15	45	2	合理安排工作班成员，精神状态不佳者禁止工作
操作过程	远方、就地切换开关	(1) 走错间隔； (2) 误分、合开关导致设备异常断电或带电； (3) 误操作造成电弧伤害； (4) 操作顺序不当； (5) 开关未切换即开始操作	(1) 触电、电弧灼伤； (2) 设备事故； (3) 保护误动或拒动	1	1	7	7		(1) 戴绝缘手套； (2) 核实操作票内容和设备状态； (3) 执行监护制度，唱票，确认设备位置、名称标牌，严格执行操作票制度； (4) 谨防误碰或接触带电体
	开关、母线闸刀分闸操作	(1) 误合开关，误触带电体； (2) 开关有缺陷	(1) 触电、电弧灼伤； (2) 其他人身伤害； (3) 设备事故	1	1	15	15		(1) 核对设备名称和编号，检查设备状态； (2) 操作时与开关保持一定距离； (3) 考虑好开关爆炸时的撤离线路； (4) 禁止就地进行开关、闸刀操作； (5) 严格按照调度下发的操作票顺序进行操作； (6) 检查开关、母线闸刀分闸反馈正常，开关间隔三相电流为零，开关三相确已分闸
	开关、接地开关分、合闸后状态检查	(1) 检查不到位； (2) 开关、接地开关三相分、合不同步； (3) 开关、接地开关连杆断裂； (4) 走错间隔	(1) 触电、电弧灼伤； (2) 造成非全相分合； (3) 设备事故	1	1	15	15		(1) 操作时核对设备实际位置； (2) 开关、接地开关三相分、合不同步动作； (3) 检查开关状态信号灯指示； (4) 不得随意解除机械闭锁
	开关小车由“工作”摇至“试验”位置	(1) 合位、摇把操作困难造成扭伤、碰伤； (2) 电弧灼伤、短路故障、扭伤、碰伤； (3) 误触带电体造成电弧伤害；	(1) 触电、电弧灼伤； (2) 设备事故； (3) 摇把操作困难造成扭伤、碰伤	1	1	15	15		(1) 必须确认开关与变压器状态，具备停电条件； (2) 必须确认开关与开关仓对应； (3) 操作前确认开关在分闸位置，通过带电显示仪电流、功率及信号灯指示判断开关确为分闸状态； (4) 摇开关时需将开关仓门关好；

续表

作业步骤		危害因素	可能导致的后果	风险评价					控制措施
				L	*E*	*C*	*D*	风险程度	
操作过程	开关小车由“工作”摇至“试验”位置	（4）走错间隔； （5）小车摇杆脱落							（5）检修后新投运的开关送入仓内前必须测开关断口、相间及对地绝缘电阻； （6）移动开关位置时必须用手抓住把手，不要触碰其他位置； （7）注意检查变压器低压侧接地线装设地点； （8）不得随意解除机械闭锁； （9）操作过程中确保小车摇杆和设备可靠连接
	控制电源小空气开关	（1）走错间隔； （2）误分、合开关导致设备异常断电或带电	（1）触电、电弧灼伤； （2）设备事故	2	1	7	14		（1）戴绝缘手套； （2）核实操作票内容和设备状态； （3）执行监护制度，唱票，确认设备位置、名称标牌； （4）谨防误碰或接触带电体
操作结束	检查作业现场	有工具遗留在作业现场	设备事故	3	1	15	45	2	操作完成后检查现场，保证没有工具遗留

5. 220kV 母线由冷备用改为运行

部门：			分析日期：					记录编号：
作业地点或分析范围：220kV 母线			分析人：					
作业内容描述：220kV 母线由冷备用改为运行								
主要作业风险：（1）人员精神状态不佳；（2）触电；（3）误入带电间隔；（4）机械伤害；（5）设备事故；（6）环境危害；（7）中毒								
控制措施：（1）合理安排工作成员，情绪不稳定者禁止工作；（2）办理工作票，确认安全措施执行到位，验电，挂牌；（3）高压试验过程中执行专人监护制度；（4）使用临时电源时注意防止触电；（5）在开关本体处挂牌，挂设接地线；（6）使用绝缘手套、绝缘鞋；（7）穿戴好个人防护用品；（8）操作时看清设备名称、编号和状态，防止走错间隔；（9）避免大风或雷雨天气作业；（10）收到调度指令后方可进行停电操作；（11）严禁没有调度指令严禁擅自进行操作；（12）注意通风								
工作负责人签名：	日期：	工作票签发人签名：	日期：		工作许可人签名：		日期：	

作业步骤		危害因素	可能导致的后果	风险评价					控制措施
				L	*E*	*C*	*D*	风险程度	
作业环境	室外天气潮湿	设备潮湿引起短路	（1）触电、电弧灼伤； （2）其他人身伤害； （3）设备事故	1	3	15	45	2	（1）选择适当时机操作，湿度过大时应采取相应措施； （2）保持设备干燥
	雷雨天气	雷电闪络	（1）触电、电弧灼伤； （2）其他人身伤害； （3）设备事故	1	3	15	45	2	（1）选择适当时机操作，湿度过大时应采取相应措施； （2）保持设备干燥
	海上作业	落水	（1）溺亡； （2）船舶伤害	1	3	15	45	2	（1）穿好救生衣； （2）上下船注意安全
操作前准备	接收操作指令	工作对象不清楚	（1）触电、电弧灼伤； （2）设备异常或故障	1	2	15	30	2	明确操作目的，防止弄错对象
	确定操作对象、核对设备运行方式	误操作其他设备	（1）触电、电弧灼伤； （2）设备异常或故障	1	2	15	30	2	（1）正确核对现场设备名称、标牌、系统图； （2）按规定执行操作监护制度
	填写操作票	填错操作票引起误操作	（1）触电、电弧灼伤； （2）设备异常或故障	1	2	15	30	2	（1）正确填写操作票，检查操作票填写内容是否正确； （2）严格执行操作监护制度
	选择合适的工器具	工器具选择不当	（1）触电、电弧灼伤； （2）设备异常或故障	1	2	7	14	1	（1）选择合适的操作工器具； （2）检查所用的工具，必须完好； （3）正确使用工器具

续表

作业步骤		危害因素	可能导致的后果	风险评价					控制措施
				L	E	C	D	风险程度	
操作前准备	穿戴合适的个人防护用品	穿戴不合适的个人防护用品	（1）触电、电弧灼伤； （2）其他人身伤害	1	2	7	14	1	（1）穿绝缘鞋，戴安全帽、耳塞和防尘口罩； （2）穿长袖工作服，扣好衣服和袖口； （3）戴绝缘手套
	通信联系	（1）通信不畅或错误引起误操作； （2）人员受到伤害时延误施救时间	（1）扩大事故； （2）加重人员伤害	1	2	7	7	1	携带可靠的通信工具，操作时保持联系
	工作班成员精神状态确认	（1）无法正常完成指定工作； （2）作业过程中无法清醒判断危险点	（1）触电； （2）设备事故	1	3	15	45	2	合理安排工作班成员，精神状态不佳者禁止工作
操作过程	远方、就地切换开关	（1）走错间隔； （2）误分、合开关导致设备异常断电或带电； （3）误操作造成电弧伤害； （4）操作顺序不当； （5）开关未切换即开始操作	（1）触电、电弧灼伤； （2）设备事故； （3）保护误动或拒动	1	2	15	30	2	（1）戴绝缘手套； （2）核实操作票内容和设备状态； （3）执行监护制度，唱票，确认设备位置、名称标牌，严格执行操作票制度； （4）谨防误碰或接触带电体
	控制电源小空气开关	（1）走错间隔； （2）误分、合开关导致设备异常断电或带电	（1）触电、电弧灼伤； （2）设备事故	1	2	15	30	2	（1）戴绝缘手套； （2）核实操作票内容和设备状态； （3）执行监护制度，唱票，确认设备位置、名称标牌； （4）谨防误碰或接触带电体
	开关合闸操作	（1）误合开关，误触带电体； （2）开关有缺陷； （3）操作顺序不当； （4）走错间隔	（1）触电、电弧灼伤； （2）其他人身伤害； （3）设备事故； （4）潮流分布不均匀； （5）带负荷拉闸刀	1	2	15	30	2	（1）核对设备名称和编号，检查设备状态； （2）操作时与开关保持一定距离； （3）考虑好开关爆炸时的撤离线路； （4）禁止就地进行开关操作； （5）严格按照调度下发的操作票顺序进行操作； （6）检查开关、母线闸刀分闸反馈正常，开关间隔三相电流为零，开关三相确已合闸
	开关、接地开关分、合闸后状态检查	（1）检查不到位； （2）开关、接地开关三相分合不同步； （3）开关、接地开关连杆断裂； （4）走错间隔	（1）触电、电弧灼伤； （2）造成非全相分、合； （3）设备事故	1	2	15	30	2	（1）操作时核对设备实际位置； （2）开关、接地开关三相分、合不同步动作； （3）检查开关状态信号灯指示； （4）不得随意解除机械闭锁

续表

作业步骤		危害因素	可能导致的后果	风险评价					控制措施
				L	E	C	D	风险程度	
操作结束	检查作业现场	有工具遗留在作业现场	设备事故	3	1	15	45	2	操作完成后检查现场，保证没有工具遗留

6. 220kV 母线由检修改为运行

部门：				分析日期：				记录编号：	
作业地点或分析范围：220kV 母线				分析人：					
作业内容描述：220kV 母线由检修改为运行									
主要作业风险：(1) 人员精神状态不佳；(2) 触电；(3) 误入带电间隔；(4) 机械伤害；(5) 设备事故；(6) 环境危害；(7) 中毒									
控制措施：(1) 合理安排工作成员，情绪不稳定者禁止工作；(2) 办理工作票，确认安全措施执行到位，验电，挂牌；(3) 高压试验过程中执行专人监护制度；(4) 使用临时电源时注意防止触电；(5) 在开关本体处挂牌，挂设接地线；(6) 使用绝缘手套、绝缘鞋；(7) 穿戴好个人防护用品；(8) 操作时看清设备名称、编号和状态，防止走错间隔；(9) 避免大风或雷雨天气作业；(10) 收到调度指令后方可进行停电操作；(11) 严禁没有调度指令严禁擅自进行操作；(12) 注意通风									
工作负责人签名：	日期：	工作票签发人签名：		日期：		工作许可人签名：		日期：	

作业步骤		危害因素	可能导致的后果	风险评价					控制措施
				L	E	C	D	风险程度	
作业环境	室外天气潮湿	设备潮湿引起短路	(1) 触电、电弧灼伤； (2) 其他人身伤害； (3) 设备事故	1	3	15	45	2	(1) 选择适当时机操作，湿度过大时应采取相应措施； (2) 保持设备干燥
	雷雨天气	雷电闪络	(1) 触电、电弧灼伤； (2) 其他人身伤害； (3) 设备事故	1	3	15	45	2	(1) 选择适当时机操作，湿度过大时应采取相应措施； (2) 保持设备干燥
	海上作业	落水	(1) 溺亡； (2) 船舶伤害	1	3	15	45	2	(1) 穿好救生衣； (2) 上下船注意安全
操作前准备	接收操作指令	工作对象不清楚	(1) 触电、电弧灼伤； (2) 设备异常或故障	1	2	15	30	2	明确操作目的，防止弄错对象
	确定操作对象、核对设备运行方式	误操作其他设备	(1) 触电、电弧灼伤； (2) 设备异常或故障	1	2	15	30	2	(1) 正确核对现场设备名称、标牌、系统图； (2) 按规定执行操作监护制度
	填写操作票	填错操作票引起误操作	(1) 触电、电弧灼伤； (2) 设备异常或故障	1	2	15	30	2	(1) 正确填写操作票，检查操作票填写内容是否正确； (2) 严格执行操作监护制度
	选择合适的工器具	工器具选择不当	(1) 触电、电弧灼伤； (2) 设备异常或故障	1	2	7	14	1	(1) 选择合适的操作工器具； (2) 检查所用的工具，必须完好； (3) 正确使用工器具

续表

作业步骤		危害因素	可能导致的后果	风险评价					控制措施
				L	E	C	D	风险程度	
操作前准备	穿戴合适的个人防护用品	穿戴不合适的个人防护用品	(1) 触电、电弧灼伤； (2) 其他人身伤害	1	2	7	14	1	(1) 穿绝缘鞋，戴安全帽、耳塞和防尘口罩； (2) 穿长袖工作服，扣好衣服和袖口； (3) 戴绝缘手套
	通信联系	(1) 通信不畅或错误引起误操作； (2) 人员受到伤害时延误施救时间	(1) 扩大事故； (2) 加重人员伤害	1	2	7	7	1	携带可靠的通信工具，操作时保持联系
	工作班成员精神状态确认	(1) 无法正常完成指定工作； (2) 作业过程中无法清醒判断危险点	(1) 触电； (2) 设备事故	1	3	15	45	2	合理安排工作班成员，精神状态不佳者禁止工作
操作过程	远方、就地切换开关	(1) 走错间隔； (2) 误分、合开关导致设备异常断电或带电； (3) 误操作造成电弧伤害； (4) 操作顺序不当； (5) 开关未切换即开始操作	(1) 触电、电弧灼伤； (2) 设备事故； (3) 保护误动或拒动	1	2	15	30	2	(1) 戴绝缘手套； (2) 核实操作票内容和设备状态； (3) 执行监护制度，唱票，确认设备位置、名称标牌，严格执行操作票制度； (4) 谨防误碰或接触带电体
	接地开关分闸	(1) 误分接地开关，误触带电体； (2) 接地开关有缺陷	(1) 触电、电弧灼伤； (2) 其他人身伤害； (3) 设备事故	1	2	15	30	2	(1) 禁止就地进行开关操作； (2) 核对设备名称和编号，检查设备状态； (3) 操作时与设备保持一定距离； (4) 严格按照调度下发的操作票顺序进行操作； (5) 检查接地开关合闸反馈正常，接地开关三相确已分闸
	开关合闸操作	(1) 误合开关，误触带电体； (2) 开关有缺陷； (3) 操作顺序不当； (4) 走错间隔	(1) 触电、电弧灼伤； (2) 其他人身伤害； (3) 设备事故； (4) 潮流分布不均匀； (5) 带负荷拉闸刀	1	2	15	30	2	(1) 核对设备名称和编号，检查设备状态； (2) 操作时与开关保持一定距离； (3) 考虑好开关爆炸时的撤离线路； (4) 禁止就地进行开关操作； (5) 严格按照调度下发的操作票顺序进行操作； (6) 检查开关、母线闸刀分闸反馈正常，开关间隔三相电流为零，开关三相确已合闸
	开关、接地开关分、合闸后状态检查	(1) 检查不到位； (2) 开关、接地开关三相分、合不同步； (3) 开关、接地开关连杆断裂； (4) 走错间隔	(1) 触电、电弧灼伤； (2) 造成非全相分、合； (3) 设备事故	1	2	15	30	2	(1) 操作时核对设备实际位置； (2) 开关、接地闸刀三相分、合不同步动作； (3) 检查开关状态信号灯指示； (4) 不得随意解除机械闭锁

续表

作业步骤		危害因素	可能导致的后果	风险评价					控制措施
				L	E	C	D	风险程度	
操作结束	检查作业现场	有工具遗留在作业现场	设备事故	3	1	15	45	2	操作完成后检查现场，保证没有工具遗留

7. 主变压器由运行改为检修

<table>
<tr><td colspan="3">部门：</td><td colspan="6">分析日期：</td><td>记录编号：</td></tr>
<tr><td colspan="3">作业地点或分析范围：主变压器室</td><td colspan="7">分析人：</td></tr>
<tr><td colspan="10">作业内容描述：主变压器由运行改为检修</td></tr>
<tr><td colspan="10">主要作业风险：(1) 人员精神状态不佳；(2) 触电；(3) 误入带电间隔；(4) 机械伤害；(5) 设备事故；(6) 环境危害；(7) 中毒</td></tr>
<tr><td colspan="10">控制措施：(1) 合理安排工作成员，情绪不稳定者禁止工作；(2) 办理工作票，确认安全措施执行到位，验电，挂牌；(3) 高压试验过程中执行专人监护制度；(4) 使用临时电源时注意防止触电；(5) 在开关本体处挂牌，挂设接地线；(6) 使用绝缘手套、绝缘鞋；(7) 穿戴好个人防护用品；(8) 操作时看清设备名称、编号和状态，防止走错间隔；(9) 避免大风或雷雨天气作业；(10) 收到调度指令后方可进行停电操作；(11) 严禁没有调度指令严禁擅自进行操作；(12) 注意通风</td></tr>
<tr><td colspan="2">工作负责人签名：</td><td>日期：</td><td colspan="3">工作票签发人签名：</td><td colspan="2">日期：</td><td>工作许可人签名：</td><td>日期：</td></tr>
<tr><td colspan="2" rowspan="2">作业步骤</td><td rowspan="2">危害因素</td><td rowspan="2">可能导致的后果</td><td colspan="5">风险评价</td><td rowspan="2">控制措施</td></tr>
<tr><td>L</td><td>E</td><td>C</td><td>D</td><td>风险程度</td></tr>
<tr><td rowspan="2">作业环境</td><td>室外天气潮湿</td><td>设备潮湿引起短路</td><td>(1) 触电、电弧灼伤；
(2) 其他人身伤害；
(3) 设备事故</td><td>1</td><td>2</td><td>15</td><td>30</td><td>2</td><td>(1) 选择适当时机操作，湿度过大时应采取相应措施；
(2) 保持设备干燥</td></tr>
<tr><td>雷雨天气</td><td>雷电闪络</td><td>(1) 触电、电弧灼伤；
(2) 其他人身伤害；
(3) 设备事故</td><td>1</td><td>1</td><td>7</td><td>7</td><td>1</td><td>(1) 选择适当时机操作，湿度过大时应采取相应措施；
(2) 保持设备干燥</td></tr>
<tr><td rowspan="6">操作前准备</td><td>接收操作指令</td><td>工作对象不清楚</td><td>(1) 触电、电弧灼伤；
(2) 设备异常或故障</td><td>1</td><td>2</td><td>15</td><td>30</td><td>2</td><td>明确操作目的，防止弄错对象</td></tr>
<tr><td>确定操作对象、核对设备运行方式</td><td>误操作其他设备</td><td>(1) 触电、电弧灼伤；
(2) 设备异常或故障</td><td>1</td><td>2</td><td>15</td><td>30</td><td>2</td><td>(1) 正确核对现场设备名称、标牌、系统图；
(2) 按规定执行操作监护制度</td></tr>
<tr><td>填写操作票</td><td>填错操作票引起误操作</td><td>(1) 触电、电弧灼伤；
(2) 设备异常或故障</td><td>1</td><td>2</td><td>15</td><td>30</td><td>2</td><td>(1) 正确填写操作票，检查操作票填写内容是否正确；
(2) 严格执行操作监护制度</td></tr>
<tr><td>选择合适的工器具</td><td>工器具选择不当</td><td>(1) 触电、电弧灼伤；
(2) 设备异常或故障</td><td>1</td><td>2</td><td>7</td><td>14</td><td>1</td><td>(1) 选择合适的操作工器具；
(2) 检查所用的工具，必须完好；
(3) 正确使用工器具</td></tr>
<tr><td>穿戴合适的个人防护用品</td><td>穿戴不合适的个人防护用品</td><td>(1) 触电、电弧灼伤；
(2) 其他人身伤害</td><td>1</td><td>2</td><td>7</td><td>14</td><td>1</td><td>(1) 穿绝缘鞋，戴安全帽、耳塞和防尘口罩；
(2) 穿长袖工作服，扣好衣服和袖口；
(3) 戴绝缘手套</td></tr>
</table>

续表

作业步骤		危害因素	可能导致的后果	风险评价					控制措施
				L	E	C	D	风险程度	
操作前准备	通信联系	(1) 通信不畅或错误引起误操作； (2) 人员受到伤害时延误施救时间	(1) 扩大事故； (2) 加重人员伤害	1	2	7	7	1	携带可靠的通信工具，操作时保持联系
	工作班成员精神状态确认	(1) 无法正常完成指定工作； (2) 作业过程中无法清醒判断危险点	(1) 触电； (2) 设备事故	1	3	15	45	2	合理安排工作班成员，精神状态不佳者禁止工作
操作过程	远方、就地切换开关	(1) 走错间隔； (2) 误分、合开关导致设备异常断电或带电； (3) 误操作造成电弧伤害； (4) 操作顺序不当； (5) 开关未切换即开始操作	(1) 触电、电弧灼伤； (2) 设备事故； (3) 保护误动或拒动	1	2	15	30	2	(1) 戴绝缘手套； (2) 核实操作票内容和设备状态； (3) 执行监护制度，唱票，确认设备位置、名称标牌，严格执行操作票制度； (4) 谨防误碰或接触带电体
	接地开关合闸	(1) 误合接地开关，误触带电体； (2) 接地开关有缺陷； (3) 带电合接地开关	(1) 触电、电弧灼伤； (2) 其他人身伤害； (3) 设备事故	1	2	15	30	2	(1) 禁止就地进行开关操作； (2) 核对设备名称和编号，检查设备状态，确认三相却无电压； (3) 操作时与设备保持一定距离； (4) 严格按照调度下发的操作票顺序进行操作； (5) 检查接地开关合闸反馈正常，接地开关三相确已合闸
	控制电源小空气开关	(1) 走错间隔； (2) 误分、合开关导致设备异常断电或带电	(1) 触电、电弧灼伤； (2) 设备事故	1	2	15	30	2	(1) 戴绝缘手套； (2) 核实操作票内容和设备状态； (3) 执行监护制度，唱票，确认设备位置、名称标牌； (4) 谨防误碰或接触带电体
	开关、接地开关分、合闸后状态检查	(1) 检查不到位； (2) 开关、接地开关三相分合不同步； (3) 开关、接地开关连杆断裂； (4) 走错间隔	(1) 触电、电弧灼伤； (2) 造成非全相分、合； (3) 设备事故	1	1	7	7	1	(1) 操作时核对设备实际位置； (2) 开关、接地开关三相分、合不同步动作； (3) 检查开关状态信号灯指示； (4) 不得随意解除机械闭锁
	电机电源小空气开关	(1) 走错间隔； (2) 误分、合开关导致设备异常断电或带电	(1) 触电、电弧灼伤； (2) 设备事故	1	1	7	7	1	(1) 戴绝缘手套； (2) 核实操作票内容和设备状态； (3) 执行监护制度，唱票，确认设备位置、名称标牌； (4) 谨防误碰或接触带电体

续表

作业步骤		危害因素	可能导致的后果	风险评价					控制措施
				L	E	C	D	风险程度	
操作结束	检查作业现场	有工具遗留在作业现场	设备事故	3	1	15	45	2	操作完成后检查现场，保证没有工具遗留

8. 主变压器由运行改为冷备用

部门：				分析日期：				记录编号：
作业地点或分析范围：主变压器室				分析人：				
作业内容描述：主变压器由运行改为冷备用								
主要作业风险：（1）人员精神状态不佳；（2）触电；（3）误入带电间隔；（4）机械伤害；（5）设备事故；（6）环境危害；（7）中毒								
控制措施：（1）合理安排工作成员，情绪不稳定者禁止工作；（2）办理工作票，确认安全措施执行到位，验电，挂牌；（3）高压试验过程中执行专人监护制度；（4）使用临时电源时注意防止触电；（5）在开关本体处挂牌，挂设接地线；（6）使用绝缘手套、绝缘鞋；（7）穿戴好个人防护用品；（8）操作时看清设备名称、编号和状态，防止走错间隔；（9）避免大风或雷雨天气作业；（10）收到调度指令后方可进行停电操作；（11）严禁没有调度指令严禁擅自进行操作；（12）注意通风								
工作负责人签名：	日期：	工作票签发人签名：		日期：		工作许可人签名：		日期：

作业步骤		危害因素	可能导致的后果	风险评价					控制措施
				L	E	C	D	风险程度	
作业环境	室外天气潮湿	设备潮湿引起短路	（1）触电、电弧灼伤； （2）其他人身伤害； （3）设备事故	1	2	15	30	2	（1）选择适当时机操作，湿度过大时应采取相应措施； （2）保持设备干燥
	雷雨天气	雷电闪络	（1）触电、电弧灼伤； （2）其他人身伤害； （3）设备事故	1	1	7	7	1	（1）选择适当时机操作，湿度过大时应采取相应措施； （2）保持设备干燥
操作前准备	接收操作指令	工作对象不清楚	（1）触电、电弧灼伤； （2）设备异常或故障	1	2	15	30	2	明确操作目的，防止弄错对象
	确定操作对象、核对设备运行方式	误操作其他设备	（1）触电、电弧灼伤； （2）设备异常或故障	1	2	15	30	2	（1）正确核对现场设备名称、标牌、系统图； （2）按规定执行操作监护制度
	填写操作票	填错操作票引起误操作	（1）触电、电弧灼伤； （2）设备异常或故障	1	2	15	30	2	（1）正确填写操作票，检查操作票填写内容是否正确； （2）严格执行操作监护制度
	选择合适的工器具	工器具选择不当	（1）触电、电弧灼伤； （2）设备异常或故障	1	2	7	14	1	（1）选择合适的操作工器具； （2）检查所用的工具，必须完好； （3）正确使用工器具
	穿戴合适的个人防护用品	穿戴不合适的个人防护用品	（1）触电、电弧灼伤； （2）其他人身伤害	1	2	7	14	1	（1）穿绝缘鞋，戴安全帽、耳塞和防尘口罩； （2）穿长袖工作服，扣好衣服和袖口； （3）戴绝缘手套

续表

作业步骤		危害因素	可能导致的后果	风险评价					控制措施
				L	E	C	D	风险程度	
操作前准备	通信联系	（1）通信不畅或错误引起误操作； （2）人员受到伤害时延误施救时间	（1）扩大事故； （2）加重人员伤害程度	1	2	7	7	1	携带可靠的通信工具，操作时保持联系
	工作班成员精神状态确认	（1）无法正常完成指定工作； （2）作业过程中无法清醒判断危险点	（1）触电； （2）设备事故	1	3	15	45	2	合理安排工作班成员，精神状态不佳者禁止工作
操作过程	远方、就地切换开关	（1）走错间隔； （2）误分、合开关导致设备异常断电或带电； （3）误操作造成电弧伤害； （4）操作顺序不当； （5）开关未切换即开始操作	（1）触电、电弧灼伤； （2）设备事故； （3）保护误动或拒动	1	2	15	30	2	（1）戴绝缘手套； （2）核实操作票内容和设备状态； （3）执行监护制度，唱票，确认设备位置、名称标牌，严格执行操作票制度； （4）谨防误碰或接触带电体
	开关、母线闸刀分闸操作	（1）误合开关，误触带电体； （2）开关本身有缺陷	（1）触电、电弧灼伤； （2）其他人身伤害； （3）设备事故	1	2	15	30	2	（1）核对设备名称和编号，检查设备状态； （2）操作时与开关保持一定距离； （3）考虑好开关爆炸时的撤离线路； （4）禁止就地进行开关、闸刀操作； （5）严格按照调度下发的操作票顺序进行操作； （6）检查开关、母线闸刀分闸反馈正常，开关间隔三相电流为零，开关三相确已分闸
	保护投、退	（1）错停、漏停、错投、漏投保护； （2）误碰保护装置； （3）通信设备干扰保护装置； （4）走错间隔	（1）设备事故； （2）保护不能正确动作； （3）保护误动	1	2	15	30	2	（1）严格执行操作票； （2）加强培训，值班人员应熟练掌握继电保护的使用方法、保护压板的切换方法及注意事项； （3）首选通过固定电话联系
	开关、闸刀分、合闸后状态检查	（1）检查不到位； （2）开关、接地开关三相分、合不同步； （3）开关、接地开关连杆断裂； （4）走错间隔	（1）触电、电弧灼伤； （2）造成非全相分、合； （3）设备事故	1	1	7	7	1	（1）操作时核对设备实际位置； （2）开关、接地开关三相分、合不同步动作； （3）检查开关状态信号灯指示； （4）不得随意解除机械闭锁
	控制电源小空气开关	（1）走错间隔； （2）误分、合开关导致设备异常断电或带电	（1）触电、电弧灼伤； （2）设备事故	1	1	7	7	1	（1）戴绝缘手套； （2）核实操作票内容和设备状态； （3）执行监护制度，唱票，确认设备位置、名称标牌； （4）谨防误碰或接触带电体

续表

作业步骤		危害因素	可能导致的后果	风险评价					控制措施
				L	*E*	*C*	*D*	风险程度	
操作结束	检查作业现场	有工具遗留在作业现场	设备事故	3	1	15	45	2	操作完成后检查现场，保证没有工具遗留

9. 主变压器由冷备用改为检修

部门： 分析日期： 记录编号：

作业地点或分析范围：主变压器 分析人：

作业内容描述：主变压器由冷备用改为检修

主要作业风险：（1）人员精神状态不佳；（2）触电；（3）误入带电间隔；（4）机械伤害；（5）设备事故；（6）环境危害；（7）中毒

控制措施：（1）合理安排工作成员，情绪不稳定者禁止工作；（2）办理工作票，确认安全措施执行到位，验电，挂牌；（3）高压试验过程中执行专人监护制度；（4）使用临时电源时注意防止触电；（5）在开关本体处挂牌，挂设接地线；（6）使用绝缘手套、绝缘鞋；（7）穿戴好个人防护用品；（8）操作时看清设备名称、编号和状态，防止走错间隔；（9）避免大风或雷雨天气作业；（10）收到调度指令后方可进行停电操作；（11）严禁没有调度指令严禁擅自进行操作；（12）注意通风

工作负责人签名： 日期： 工作票签发人签名： 日期： 工作许可人签名： 日期：

作业步骤		危害因素	可能导致的后果	风险评价					控制措施
				L	E	C	D	风险程度	
作业环境	室外天气潮湿	设备潮湿引起短路	（1）触电、电弧灼伤； （2）其他人身伤害； （3）设备事故	1	2	15	30	2	（1）选择适当时机操作，湿度过大时应采取相应措施； （2）保持设备干燥
	雷雨天气	雷电闪络	（1）触电、电弧灼伤； （2）其他人身伤害； （3）设备事故	1	1	7	7	1	（1）选择适当时机操作，湿度过大时应采取相应措施； （2）保持设备干燥
操作前准备	接收操作指令	工作对象不清楚	（1）触电、电弧灼伤； （2）设备异常或故障	1	2	15	30	2	明确操作目的，防止弄错对象
	确定操作对象、核对设备运行方式	误操作其他设备	（1）触电、电弧灼伤； （2）设备异常或故障	1	2	15	30	2	（1）正确核对现场设备名称、标牌、系统图； （2）按规定执行操作监护制度
	填写操作票	填错操作票引起误操作	（1）触电、电弧灼伤； （2）设备异常或故障	1	2	15	30	2	（1）正确填写操作票，检查操作票填写内容是否正确； （2）严格执行操作监护制度
	选择合适的工器具	工器具选择不当	（1）触电、电弧灼伤； （2）设备异常或故障	1	2	7	14	1	（1）选择合适的操作工器具； （2）检查所用的工具，必须完好； （3）正确使用工器具
	穿戴合适的个人防护用品	穿戴不合适的个人防护用品	（1）触电、电弧灼伤； （2）其他人身伤害	1	2	7	14	1	（1）穿绝缘鞋，戴安全帽、耳塞和防尘口罩； （2）穿长袖工作服，扣好衣服和袖口； （3）戴绝缘手套

续表

作业步骤		危害因素	可能导致的后果	风险评价					控制措施
				L	E	C	D	风险程度	
操作前准备	通信联系	（1）通信不畅或错误引起误操作； （2）人员受到伤害时延误施救时间	（1）扩大事故； （2）加重人员伤害	1	2	7	7	1	携带可靠的通信工具，操作时保持联系
	工作班成员精神状态确认	（1）无法正常完成指定工作； （2）作业过程中无法清醒判断危险点	（1）触电； （2）设备事故	1	3	15	45	2	合理安排工作班成员，精神状态不佳者禁止工作
操作过程	远方、就地切换开关	（1）走错间隔； （2）误分、合开关导致设备异常断电或带电； （3）误操作造成电弧伤害； （4）操作顺序不当； （5）开关未切换即开始操作	（1）触电、电弧灼伤； （2）设备事故； （3）保护误动或拒动	1	2	15	30	2	（1）戴绝缘手套； （2）核实操作票内容和设备状态； （3）执行监护制度，唱票，确认设备位置、名称标牌，严格执行操作票制度； （4）谨防误碰或接触带电体
	接地开关合闸	（1）误合接地开关，误触带电体； （2）接地开关有缺陷； （3）带电合接地开关	（1）触电、电弧灼伤； （2）其他人身伤害； （3）设备事故	1	2	15	30	2	（1）禁止就地进行开关操作； （2）核对设备名称和编号，检查设备状态，确认三相确无电压； （3）操作时与设备保持一定距离； （4）严格按照调度下发的操作票顺序进行操作； （5）检查接地开关合闸反馈正常，接地开关三相确已合闸
	控制电源小空气开关	（1）走错间隔； （2）误分、合开关导致设备异常断电或带电	（1）触电、电弧灼伤； （2）设备事故	1	1	7	7	1	（1）戴绝缘手套； （2）核实操作票内容和设备状态； （3）执行监护制度，唱票，确认设备位置、名称标牌； （4）谨防误碰或接触带电体
操作结束	检查作业现场	有工具遗留在作业现场	设备事故	3	1	15	45	2	操作完成后检查现场，保证没有工具遗留

10. 主变压器由检修改为冷备用

部门：				分析日期：			记录编号：	
作业地点或分析范围：主变压器				分析人：				
作业内容描述：主变压器由检修改为冷备用								
主要作业风险：（1）人员精神状态不佳；（2）触电；（3）误入带电间隔；（4）机械伤害；（5）设备事故；（6）环境危害；（7）中毒								
控制措施：（1）合理安排工作成员，情绪不稳定者禁止工作；（2）办理工作票，确认安全措施执行到位，验电，挂牌；（3）高压试验过程中执行专人监护制度；（4）使用临时电源时注意防止触电；（5）在开关本体处挂牌，挂设接地线；（6）使用绝缘手套、绝缘鞋；（7）穿戴好个人防护用品；（8）操作时看清设备名称、编号和状态，防止走错间隔；（9）避免大风或雷雨天气作业；（10）收到调度指令后方可进行停电操作；（11）严禁没有调度指令严禁擅自进行操作；（12）注意通风								
工作负责人签名：	日期：	工作票签发人签名：		日期：		工作许可人签名：		日期：

作业步骤		危害因素	可能导致的后果	风险评价					控制措施
				L	E	C	D	风险程度	
作业环境	室外天气潮湿	设备潮湿引起短路	（1）触电、电弧灼伤； （2）其他人身伤害； （3）设备事故	1	2	15	30	2	（1）选择适当时机操作，湿度过大时应采取相应措施； （2）保持设备干燥
	雷雨天气	雷电闪络	（1）触电、电弧灼伤； （2）其他人身伤害； （3）设备事故	1	1	7	7	1	（1）选择适当时机操作，湿度过大时应采取相应措施； （2）保持设备干燥
操作前准备	接收操作指令	工作对象不清楚	（1）触电、电弧灼伤； （2）设备异常或故障	1	2	15	30	2	明确操作目的，防止弄错对象
	确定操作对象、核对设备运行方式	误操作其他设备	（1）触电、电弧灼伤； （2）设备异常或故障	1	2	15	30	2	（1）正确核对现场设备名称、标牌、系统图； （2）按规定执行操作监护制度
	填写操作票	填错操作票引起误操作	（1）触电、电弧灼伤； （2）设备异常或故障	1	2	15	30	2	（1）正确填写操作票，检查操作票填写内容是否正确； （2）严格执行操作监护制度
	选择合适的工器具	工器具选择不当	（1）触电、电弧灼伤； （2）设备异常或故障	1	2	7	14	1	（1）选择合适的操作工器具； （2）检查所用的工具，必须完好； （3）正确使用工器具
	穿戴合适的个人防护用品	穿戴不合适的个人防护用品	（1）触电、电弧灼伤； （2）其他人身伤害	1	2	7	14	1	（1）穿绝缘鞋，戴安全帽、耳塞和防尘口罩； （2）穿长袖工作服，扣好衣服和袖口； （3）戴绝缘手套

续表

作业步骤		危害因素	可能导致的后果	风险评价					控制措施
				L	E	C	D	风险程度	
操作前准备	通信联系	（1）通信不畅或错误引起误操作； （2）人员受到伤害时延误施救时间	（1）扩大事故； （2）加重人员伤害程度	1	2	7	7	1	携带可靠的通信工具，操作时保持联系
操作前准备	工作班成员精神状态确认	（1）无法正常完成指定工作； （2）作业过程中无法清醒判断危险点	（1）触电； （2）设备事故	1	3	15	45	2	合理安排工作班成员，精神状态不佳者禁止工作
操作过程	远方、就地切换开关	（1）走错间隔； （2）误分、合开关导致设备异常断电或带电； （3）误操作造成电弧伤害； （4）操作顺序不当； （5）开关未切换即开始操作	（1）触电、电弧灼伤； （2）设备事故； （3）保护误动或拒动	1	2	15	30	2	（1）戴绝缘手套； （2）核实操作票内容和设备状态； （3）执行监护制度，唱票，确认设备位置、名称标牌，严格执行操作票制度； （4）谨防误碰或接触带电体
操作过程	接地开关分闸	（1）误分接地开关，误触带电体； （2）接地开关本身有缺陷	（1）触电、电弧灼伤； （2）其他人身伤害； （3）设备事故	1	2	15	30	2	（1）禁止就地进行开关操作； （2）核对设备名称和编号，检查设备状态； （3）操作时与设备保持一定距离； （4）严格按照调度下发的操作票顺序进行操作； （5）检查接地开关合闸反馈正常，接地开关三相确已分闸
操作过程	控制电源小空气开关	（1）走错间隔； （2）误分、合开关导致设备异常断电或带电	（1）触电、电弧灼伤； （2）设备事故	1	1	7	7	1	（1）戴绝缘手套； （2）核实操作票内容和设备状态； （3）执行监护制度，唱票，确认设备位置、名称标牌； （4）谨防误碰或接触带电体
操作结束	检查作业现场	有工具遗留在作业现场	设备事故	3	1	15	45	2	操作完成后检查现场，保证没有工具遗留

11. 主变压器由冷备用改为运行

部门：					分析日期：			记录编号：	
作业地点或分析范围：主变压器					分析人：				
作业内容描述：主变压器由冷备用改为运行									
主要作业风险：(1) 人员精神状态不佳；(2) 触电；(3) 误入带电间隔；(4) 机械伤害；(5) 设备事故；(6) 环境危害；(7) 中毒									
控制措施：(1) 合理安排工作成员，情绪不稳定者禁止工作；(2) 办理工作票，确认安全措施执行到位，验电，挂牌；(3) 高压试验过程中执行专人监护制度；(4) 使用临时电源时注意防止触电；(5) 在开关本体处挂牌，挂设接地线；(6) 使用绝缘手套、绝缘鞋；(7) 穿戴好个人防护用品；(8) 操作时看清设备名称、编号和状态，防止走错间隔；(9) 避免大风或雷雨天气作业；(10) 收到调度指令后方可进行停电操作；(11) 严禁没有调度指令严禁擅自进行操作；(12) 注意通风									
工作负责人签名：		日期：	工作票签发人签名：		日期：		工作许可人签名：		日期：

作业步骤		危害因素	可能导致的后果	风险评价					控制措施
				L	E	C	D	风险程度	
作业环境	室外天气潮湿	设备潮湿引起短路	(1) 触电、电弧灼伤； (2) 其他人身伤害； (3) 设备事故	1	2	15	30	2	(1) 选择适当时机操作，湿度过大时应采取相应措施； (2) 保持设备干燥
	雷雨天气	雷电闪络	(1) 触电、电弧灼伤； (2) 其他人身伤害； (3) 设备事故	1	1	7	7	1	(1) 选择适当时机操作，湿度过大时应采取相应措施； (2) 保持设备干燥
操作前准备	接收操作指令	工作对象不清楚	(1) 触电、电弧灼伤； (2) 设备异常或故障	1	2	15	30	2	明确操作目的，防止弄错对象
	确定操作对象、核对设备运行方式	误操作其他设备	(1) 触电、电弧灼伤； (2) 设备异常或故障	1	2	15	30	2	(1) 正确核对现场设备名称、标牌、系统图； (2) 按规定执行操作监护制度
	填写操作票	填错操作票引起误操作	(1) 触电、电弧灼伤； (2) 设备异常或故障	1	2	15	30	2	(1) 正确填写操作票，检查操作票填写内容是否正确； (2) 严格执行操作监护制度
	选择合适的工器具	工器具选择不当	(1) 触电、电弧灼伤； (2) 设备异常或故障	1	2	7	14	1	(1) 选择合适的操作工器具； (2) 检查所用的工具，必须完好； (3) 正确使用工器具
	穿戴合适的个人防护用品	穿戴不合适的个人防护用品	(1) 触电、电弧灼伤； (2) 其他人身伤害	1	2	7	14	1	(1) 穿绝缘鞋，戴安全帽、耳塞和防尘口罩； (2) 穿长袖工作服，扣好衣服和袖口； (3) 戴绝缘手套

续表

作业步骤		危害因素	可能导致的后果	风险评价					控制措施
				L	E	C	D	风险程度	
操作前准备	通信联系	(1)通信不畅或错误引起误操作； (2)人员受到伤害时延误施救时间	扩大事故，加重人员伤害程度	1	2	7	7	1	携带可靠的通信工具，操作时保持联系
	工作班成员精神状态确认	(1)无法正常完成指定工作； (2)作业过程中无法清醒判断危险点	(1)触电； (2)设备事故	1	3	15	45	2	合理安排工作班成员，精神状态不佳者禁止工作
操作过程	远方、就地切换开关	(1)走错间隔； (2)误分、合开关导致设备异常断电或带电； (3)误操作造成电弧伤害； (4)操作顺序不当； (5)开关未切换即开始操作	(1)触电、电弧灼伤； (2)设备事故； (3)保护误动或拒动	1	2	15	30	2	(1)戴绝缘手套； (2)核实操作票内容和设备状态； (3)执行监护制度，唱票，确认设备位置、名称标牌，严格执行操作票制度； (4)谨防误碰或接触带电体
	开关合闸操作	(1)误合开关，误触带电体； (2)开关有缺陷； (3)操作顺序不当； (4)走错间隔	(1)触电、电弧灼伤； (2)其他人身伤害； (3)设备事故； (4)潮流分布不均匀； (5)带负荷拉闸刀	1	2	15	30	2	(1)核对设备名称和编号，检查设备状态； (2)操作时与开关保持一定距离； (3)考虑好开关爆炸时的撤离线路； (4)禁止就地进行开关操作； (5)严格按照调度下发的操作票顺序进行操作； (6)检查开关、母线闸刀分闸反馈正常，开关间隔三相电流为零，开关三相确已合闸
	开关小车由“试验”摇至“工作”位置	(1)合位、摇把操作困难造成扭伤、碰伤； (2)电弧灼伤、短路故障、扭伤、碰伤； (3)误触带电体造成电弧伤害； (4)走错间隔； (5)小车摇杆脱落	(1)触电、电弧灼伤； (2)设备事故； (3)摇把操作困难造成扭伤、碰伤	1	3	15	45	2	(1)必须确认开关与变压器状态，具备停电条件； (2)必须确认开关与开关仓对应； (3)操作前确认开关在分闸位置，通过带电显示仪电流、功率及信号灯指示判断开关确为分闸状态； (4)摇开关时需将开关仓门关好； (5)检修后新投运的开关送入仓内前必须测开关断口、相间及对地绝缘电阻； (6)移动开关位置时必须用手抓住把手，不要触碰其他位置； (7)注意检查变压器低压侧接地线装设地点； (8)不得随意解除机械闭锁； (9)操作过程中确保小车摇杆和设备可靠连接

续表

作业步骤		危害因素	可能导致的后果	风险评价					控制措施
				L	E	C	D	风险程度	
操作过程	保护投、退	（1）错停、漏停、错投、漏投保护； （2）误碰保护装置； （3）通信设备干扰保护装置； （4）走错间隔	（1）设备事故； （2）保护不能正确动作； （3）保护误动	1	2	7	14	1	（1）严格执行操作票； （2）加强培训，值班人员应熟练掌握继电保护的使用方法、保护压板的切换方法及注意事项； （3）首选通过固定电话联系
操作过程	闸刀合闸操作	（1）误合开关，误触带电体； （2）开关本身有缺陷； （3）操作顺序不当； （4）走错间隔	（1）触电、电弧灼伤； （2）其他人身伤害； （3）设备事故； （4）潮流分布不均匀； （5）带负荷拉闸刀	1	2	15	30	2	（1）核对设备名称和编号，检查设备状态； （2）操作时与开关保持一定距离； （3）考虑好开关爆炸时的撤离线路； （4）禁止就地进行开关、闸刀操作； （5）开关合、分闸指示要清楚，必须确认开关在分闸位置才能操作刀闸； （6）刀闸无法操作时，要查明原因，特别要复查开关是否在合闸位置，或有关的接地开关未拉开而使刀闸不能操作，不要违规强行解除闭锁操作刀闸； （7）送电时，先送上该设备的保护电源和控制电源，并按母线侧刀闸—负荷侧刀闸—开关的顺序依次操作，停电时的操作顺序与此相反
操作过程	开关、闸刀分、合闸后状态检查	（1）检查不到位； （2）开关、闸刀三相分合不同步； （3）开关、闸刀连杆断裂； （4）走错间隔	（1）触电、电弧灼伤； （2）造成非全相分、合； （3）设备事故	1	1	7	7	1	（1）操作时核对设备实际位置； （2）开关、闸刀三相分、合不同步动作； （3）检查开关状态信号灯指示； （4）不得随意解除机械闭锁
操作过程	控制电源小空气开关	（1）走错间隔； （2）误分、合开关导致设备异常断电或带电	（1）触电、电弧灼伤； （2）设备事故	1	2	7	14	1	（1）戴绝缘手套； （2）核实操作票内容和设备状态； （3）执行监护制度，唱票，确认设备位置、名称标牌； （4）谨防误碰或接触带电体
操作结束	检查作业现场	有工具遗留在作业现场	设备事故	3	1	15	45	2	操作完成后检查现场，保证没有工具遗留

12. 主变压器由检修改为运行

部门：				分析日期：				记录编号：	
作业地点或分析范围：主变压器				分析人：					
作业内容描述：主变压器由检修改为运行									
主要作业风险：（1）人员精神状态不佳；（2）触电；（3）误入带电间隔；（4）机械伤害；（5）设备事故；（6）环境危害；（7）中毒									
控制措施：（1）合理安排工作成员，情绪不稳定者禁止工作；（2）办理工作票，确认安全措施执行到位，验电，挂牌；（3）高压试验过程中执行专人监护制度；（4）使用临时电源时注意防止触电；（5）在开关本体处挂牌，挂设接地线；（6）使用绝缘手套、绝缘鞋；（7）穿戴好个人防护用品；（8）操作时看清设备名称、编号和状态，防止走错间隔；（9）避免大风或雷雨天气作业；（10）收到调度指令后方可进行停电操作；（11）严禁没有调度指令严禁擅自进行操作；（12）注意通风									
工作负责人签名：	日期：	工作票签发人签名：		日期：		工作许可人签名：		日期：	

作业步骤		危害因素	可能导致的后果	风险评价					控制措施
				L	*E*	*C*	*D*	风险程度	
作业环境	室外天气潮湿	设备潮湿引起短路	（1）触电、电弧灼伤； （2）其他人身伤害； （3）设备事故	1	2	15	30	2	（1）选择适当时机操作，湿度过大时应采取相应措施； （2）保持设备干燥
	雷雨天气	雷电闪络	（1）触电、电弧灼伤； （2）其他人身伤害； （3）设备事故	1	1	7	7	1	（1）选择适当时机操作，湿度过大时应采取相应措施； （2）保持设备干燥
操作前准备	接收操作指令	工作对象不清楚	（1）触电、电弧灼伤； （2）设备异常或故障	1	2	15	30	2	明确操作目的，防止弄错对象
	确定操作对象、核对设备运行方式	误操作其他设备	（1）触电、电弧灼伤； （2）设备异常或故障	1	2	15	30	2	（1）正确核对现场设备名称、标牌、系统图； （2）按规定执行操作监护制度
	填写操作票	填错操作票引起误操作	（1）触电、电弧灼伤； （2）设备异常或故障	1	2	15	30	2	（1）正确填写操作票，检查操作票填写内容是否正确； （2）严格执行操作监护制度
	选择合适的工器具	工器具选择不当	（1）触电、电弧灼伤； （2）设备异常或故障	1	2	7	14	1	（1）选择合适的操作工器具； （2）检查所用的工具，必须完好； （3）正确使用工器具
	穿戴合适的个人防护用品	穿戴不合适的个人防护用品	（1）触电、电弧灼伤； （2）其他人身伤害	1	2	7	14	1	（1）穿绝缘鞋，戴安全帽、耳塞和防尘口罩； （2）穿长袖工作服，扣好衣服和袖口； （3）戴绝缘手套

续表

作业步骤		危害因素	可能导致的后果	风险评价					控制措施
				L	E	C	D	风险程度	
操作前准备	通信联系	（1）通信不畅或错误引起误操作； （2）人员受到伤害时延误施救时间	扩大事故，加重人员伤害程度	1	2	7	7	1	携带可靠的通信工具，操作时并保持联系
操作前准备	工作班成员精神状态确认	（1）无法正常完成指定工作； （2）作业过程中无法清醒判断危险点	（1）触电； （2）设备事故	1	3	15	45	2	合理安排工作班成员，精神状态不佳者禁止工作
操作过程	远方、就地切换开关	（1）走错间隔； （2）误分、合开关导致设备异常断电或带电； （3）误操作造成电弧伤害； （4）操作顺序不当； （5）开关未切换即开始操作	（1）触电、电弧灼伤； （2）设备事故； （3）保护误动或拒动	1	1	7	7	1	（1）戴绝缘手套； （2）核实操作票内容和设备状态； （3）执行监护制度，唱票，确认设备位置、名称标牌，严格执行操作票制度； （4）谨防误碰或接触带电体
操作过程	开关合闸操作	（1）误合开关，误触带电体； （2）开关有缺陷； （3）操作顺序不当； （4）走错间隔	（1）触电、电弧灼伤； （2）其他人身伤害； （3）设备事故； （4）潮流分布不均匀； （5）带负荷拉闸刀	1	2	15	30	2	（1）核对设备名称和编号，检查设备状态； （2）操作时与开关保持一定距离； （3）考虑好开关爆炸时的撤离线路； （4）禁止就地进行开关操作； （5）严格按照调度下发的操作票顺序进行操作； （6）检查开关、母线闸刀分闸反馈正常，开关间隔三相电流为零，开关三相确已合闸
操作过程	开关小车由“试验”摇至“工作”位置	（1）合位、摇把操作困难造成扭伤、碰伤； （2）电弧灼伤、短路故障、扭伤、碰伤； （3）误触带电体造成电弧伤害； （4）走错间隔； （5）小车摇杆脱落	（1）触电、电弧灼伤； （2）设备事故； （3）摇把操作困难造成扭伤、碰伤	1	3	15	45	2	（1）必须确认开关与变压器状态，具备停电条件； （2）必须确认开关与开关仓对应； （3）操作前确认开关在分闸位置，通过带电显示仪电流、功率及信号灯指示判断开关确为分闸状态； （4）摇开关时需将开关仓门关好； （5）检修后新投运的开关送入仓内前必须测开关断口、相间及对地绝缘电阻； （6）移动开关位置时必须用手抓住把手，不要触碰其他位置； （7）注意检查变压器低压侧接地线装设地点； （8）不得随意解除机械闭锁； （9）操作过程中确保小车摇杆和设备可靠连接

续表

作业步骤		危害因素	可能导致的后果	风险评价					控制措施
				L	*E*	*C*	*D*	风险程度	
操作过程	保护投、退	（1）错停、漏停、错投、漏投保护； （2）误碰保护装置； （3）通信设备干扰保护装置； （4）走错间隔	（1）设备事故； （2）保护不能正确动作； （3）保护误动	1	2	7	14	1	（1）严格执行操作票； （2）加强培训，值班人员应熟练掌握继电保护的使用方法、保护压板的切换方法及注意事项； （3）首选通过固定电话联系
操作过程	闸刀合闸操作	（1）误合开关，误触带电体； （2）开关有缺陷； （3）操作顺序不当； （4）走错间隔	（1）触电、电弧灼伤； （2）其他人身伤害； （3）设备事故； （4）潮流分布不均匀； （5）带负荷拉闸刀	1	2	15	30	2	（1）核对设备名称和编号，检查设备状态； （2）操作时与开关保持一定距离； （3）考虑好开关爆炸时的撤离线路； （4）禁止就地进行开关、闸刀操作； （5）开关合、分闸指示要清楚，必须确认开关在分闸位置才能操作刀闸； （6）刀闸无法操作时，要查明原因，特别要复查开关是否在合闸位置，或有关的接地开关未拉开而使刀闸不能操作，不要违规强行解除闭锁操作刀闸； （7）送电时，先送上该设备的保护电源和控制电源，并按母线侧刀闸—负荷侧刀闸—开关的顺序依次操作，停电时的操作顺序与此相反
操作过程	开关、接地开关分、合闸后状态检查	（1）检查不到位； （2）开关、接地开关三相分合不同步； （3）开关、接地开关连杆断裂； （4）走错间隔	（1）触电、电弧灼伤； （2）造成非全相分、合； （3）设备事故	1	1	7	7	1	（1）操作时核对设备实际位置； （2）开关、接地开关三相分、合不同步动作； （3）检查开关状态信号灯指示； （4）不得随意解除机械闭锁
操作过程	控制电源小空气开关	（1）走错间隔； （2）误分、合开关导致设备异常断电或带电	（1）触电、电弧灼伤； （2）设备事故	1	1	7	7	1	（1）戴绝缘手套； （2）核实操作票内容和设备状态； （3）执行监护制度，唱票，确认设备位置、名称标牌； （4）谨防误碰或接触带电体
操作结束	检查作业现场	有工具遗留在作业现场	设备事故	3	1	15	45	2	操作完成后检查现场，保证没有工具遗留

13. 海上35kV母线由运行改为检修

部门：									分析日期：	记录编号：
作业地点或分析范围：海上35kV母线									分析人：	
作业内容描述：海上35kV母线由运行改为检修										
主要作业风险：（1）人员精神状态不佳；（2）触电；（3）误入带电间隔；（4）机械伤害；（5）设备事故；（6）环境危害；（7）中毒										
控制措施：（1）合理安排工作成员，情绪不稳定者禁止工作；（2）办理工作票，确认安全措施执行到位，验电，挂牌；（3）高压试验过程中执行专人监护制度；（4）使用临时电源时注意防止触电；（5）在开关本体处挂牌，挂设接地线；（6）使用绝缘手套、绝缘鞋；（7）穿戴好个人防护用品；（8）操作时看清设备名称、编号和状态，防止走错间隔；（9）避免大风或雷雨天气作业；（10）收到调度指令后方可进行停电操作；（11）严禁没有调度指令严禁擅自进行操作；（12）注意通风										
工作负责人签名：	日期：	工作票签发人签名：		日期：		工作许可人签名：			日期：	

作业步骤		危害因素	可能导致的后果	风险评价					控制措施
				L	E	C	D	风险程度	
作业环境	室外天气潮湿	设备潮湿引起短路	（1）触电、电弧灼伤； （2）其他人身伤害； （3）设备事故	1	2	15	30	2	（1）选择适当时机操作，湿度过大时应采取相应措施； （2）保持设备干燥
	雷雨天气	雷电闪络	（1）触电、电弧灼伤； （2）其他人身伤害； （3）设备事故	1	1	7	7	1	（1）选择适当时机操作，湿度过大时应采取相应措施； （2）保持设备干燥
操作前准备	接收操作指令	工作对象不清楚	（1）触电、电弧灼伤； （2）设备异常或故障	1	2	15	30	2	明确操作目的，防止弄错对象
	确定操作对象、核对设备运行方式	误操作其他设备	（1）触电、电弧灼伤； （2）设备异常或故障	1	2	15	30	2	（1）正确核对现场设备名称、标牌、系统图； （2）按规定执行操作监护制度
	填写操作票	填错操作票引起误操作	（1）触电、电弧灼伤； （2）设备异常或故障	1	2	15	30	2	（1）正确填写操作票，检查操作票填写内容是否正确； （2）严格执行操作监护制度
	选择合适的工器具	工器具选择不当	（1）触电、电弧灼伤； （2）设备异常或故障	1	2	7	14	1	（1）选择合适的操作工器具； （2）检查所用的工具，必须完好； （3）正确使用工器具
	穿戴合适的个人防护用品	穿戴不合适的个人防护用品	（1）触电、电弧灼伤； （2）其他人身伤害	1	2	7	14	1	（1）穿绝缘鞋，戴安全帽、耳塞和防尘口罩； （2）穿长袖工作服，扣好衣服和袖口； （3）戴绝缘手套

续表

作业步骤		危害因素	可能导致的后果	风险评价					控制措施
				L	E	C	D	风险程度	
操作前准备	通信联系	(1)通信不畅或错误引起误操作； (2)人员受到伤害时延误施救时间	(1)扩大事故； (2)加重人员伤害程度	1	2	7	7	1	携带可靠的通信工具，操作时保持联系
	工作班成员精神状态确认	(1)无法正常完成指定工作； (2)作业过程中无法清醒判断危险点	(1)触电； (2)设备事故	1	3	15	45	2	合理安排工作班成员，精神状态不佳者禁止工作
操作过程	远方、就地切换开关	(1)走错间隔； (2)误分、合开关导致设备异常断电或带电； (3)误操作造成电弧伤害； (4)操作顺序不当； (5)开关未切换即开始操作	(1)触电、电弧灼伤； (2)设备事故； (3)保护误动或拒动	1	1	7	7	1	(1)戴绝缘手套； (2)核实操作票内容和设备状态； (3)执行监护制度，唱票，确认设备位置、名称标牌，严格执行操作票制度； (4)谨防误碰或接触带电体
	开关、母线闸刀分闸操作	(1)误合开关，误触带电体； (2)开关有缺陷	(1)触电、电弧灼伤； (2)其他人身伤害； (3)设备事故	1	2	15	30	2	(1)核对设备名称和编号，检查设备状态； (2)操作时与开关保持一定距离； (3)考虑好开关爆炸时的撤离线路； (4)禁止就地进行开关、闸刀操作； (5)严格按照调度下发的操作票顺序进行操作； (6)检查开关、母线闸刀分闸反馈正常，开关间隔三相电流为零，开关三相确已分闸
	保护投、退	(1)错停、漏停、错投、漏投保护； (2)误碰保护装置； (3)通信设备干扰保护装置； (4)走错间隔	(1)设备事故； (2)保护不能正确动作； (3)保护误动	1	2	7	14	1	(1)严格执行操作票； (2)加强培训，值班人员应熟练掌握继电保护的使用方法、保护压板的切换方法及注意事项； (3)首选通过固定电话联系
	开关、接地开关分、合闸后状态检查	(1)检查不到位； (2)开关、接地开关三相分合不同步； (3)开关、接地开关连杆断裂； (4)走错间隔	(1)触电、电弧灼伤； (2)造成非全相分、合； (3)设备事故	1	1	7	7	1	(1)操作时核对设备实际位置； (2)开关、接地开关三相分、合不同步动作； (3)检查开关状态信号灯指示； (4)不得随意解除机械闭锁

续表

<table>
<tr><th colspan="2" rowspan="2">作业步骤</th><th rowspan="2">危害因素</th><th rowspan="2">可能导致的后果</th><th colspan="5">风险评价</th><th rowspan="2">控制措施</th></tr>
<tr><th>L</th><th>E</th><th>C</th><th>D</th><th>风险程度</th></tr>
<tr><td rowspan="3">操作过程</td><td>开关小车由“工作”摇至“试验”位置</td><td>（1）合位、摇把操作困难造成扭伤、碰伤；
（2）电弧灼伤、短路故障、扭伤、碰伤；
（3）误触带电体造成电弧伤害；
（4）走错间隔；
（5）小车摇杆脱落</td><td>（1）触电、电弧灼伤；
（2）设备事故；
（3）摇把操作困难造成扭伤、碰伤</td><td>1</td><td>3</td><td>15</td><td>45</td><td>2</td><td>（1）必须确认开关与变压器状态，具备停电条件；
（2）必须确认开关与开关仓对应；
（3）操作前确认开关在分闸位置，通过带电显示仪电流、功率及信号灯指示判断开关确为分闸状态；
（4）摇开关时需将开关仓门关好；
（5）检修后新投运的开关送入仓内前必须测开关断口、相间及对地绝缘电阻；
（6）移动开关位置时必须用手抓住把手，不要触碰其他位置；
（7）注意检查变压器低压侧接地线装设地点；
（8）不得随意解除机械闭锁；
（9）操作过程中确保小车摇杆和设备可靠连接</td></tr>
<tr><td>接地开关合闸操作</td><td>（1）误合开关，误触带电体；
（2）开关有缺陷；
（3）操作顺序不当；
（4）走错间隔；
（5）带电合接地开关</td><td>（1）触电、电弧灼伤；
（2）其他人身伤害；
（3）设备事故</td><td>1</td><td>3</td><td>15</td><td>45</td><td>2</td><td>（1）核对设备名称和编号，检查设备状态；
（2）操作时与开关保持一定距离；
（3）考虑好开关爆炸时的撤离线路；
（4）开关合、分闸指示要清楚，必须确认开关在分闸位置才能操作刀闸；
（5）刀闸无法操作时，要查明原因，特别要复查开关是否在合闸位置，或有关的接地开关未拉开而使刀闸不能操作，不要违规强行解除闭锁操作刀闸</td></tr>
<tr><td>控制电源小空气开关</td><td>（1）走错间隔；
（2）误分、合开关导致设备异常断电或带电</td><td>（1）触电、电弧灼伤；
（2）设备事故</td><td>1</td><td>2</td><td>7</td><td>14</td><td>1</td><td>（1）戴绝缘手套；
（2）核实操作票内容和设备状态；
（3）执行监护制度，唱票，确认设备位置、名称标牌；
（4）谨防误碰或接触带电体</td></tr>
<tr><td>操作结束</td><td>检查作业现场</td><td>有工具遗留在作业现场</td><td>设备事故</td><td>3</td><td>1</td><td>15</td><td>45</td><td>2</td><td>操作完成后检查现场，保证没有工具遗留</td></tr>
</table>

14. 海上35kV母线由运行改为冷备用

部门：									分析日期：	记录编号：
作业地点或分析范围：海上35kV母线									分析人：	
作业内容描述：海上35kV母线由运行改为冷备用										
主要作业风险：(1) 人员精神状态不佳；(2) 触电；(3) 误入带电间隔；(4) 机械伤害；(5) 设备事故；(6) 环境危害；(7) 中毒										
控制措施：(1) 合理安排工作成员，情绪不稳定者禁止工作；(2) 办理工作票，确认安全措施执行到位，验电，挂牌；(3) 高压试验过程中执行专人监护制度；(4) 使用临时电源时注意防止触电；(5) 在开关本体处挂牌，挂设接地线；(6) 使用绝缘手套、绝缘鞋；(7) 穿戴好个人防护用品；(8) 操作时看清设备名称、编号和状态，防止走错间隔；(9) 避免大风或雷雨天气作业；(10) 收到调度指令后方可进行停电操作；(11) 严禁没有调度指令严禁擅自进行操作；(12) 注意通风										
工作负责人签名：		日期：	工作票签发人签名：		日期：		工作许可人签名：		日期：	

作业步骤		危害因素	可能导致的后果	风险评价					控制措施
				L	E	C	D	风险程度	
作业环境	室外天气潮湿	设备潮湿引起短路	(1) 触电、电弧灼伤； (2) 其他人身伤害； (3) 设备事故	1	2	15	30	2	(1) 选择适当时机操作，湿度过大时应采取相应措施； (2) 保持设备干燥
	雷雨天气	雷电闪络	(1) 触电、电弧灼伤； (2) 其他人身伤害； (3) 设备事故	1	1	7	7	1	(1) 选择适当时机操作，湿度过大时应采取相应措施； (2) 保持设备干燥
操作前准备	接收操作指令	工作对象不清楚	(1) 触电、电弧灼伤； (2) 设备异常或故障	1	2	15	30	2	明确操作目的，防止弄错对象
	确定操作对象、核对设备运行方式	误操作其他设备	(1) 触电、电弧灼伤； (2) 设备异常或故障	1	2	15	30	2	(1) 正确核对现场设备名称及标牌或系统图； (2) 按规定执行操作监护制度
	填写操作票	填错操作票引起误操作	(1) 触电、电弧灼伤； (2) 设备异常或故障	1	2	15	30	2	(1) 正确填写操作票，检查操作票填写内容是否正确； (2) 严格执行操作监护制度
	选择合适的工器具	工器具选择不当	(1) 触电、电弧灼伤； (2) 设备异常或故障	1	2	7	14	1	(1) 选择合适的操作工器具； (2) 检查所用的工具必，须完好； (3) 正确使用工器具
	穿戴合适的个人防护用品	穿戴不合适的个人防护用品	(1) 触电、电弧灼伤； (2) 其他人身伤害	1	2	7	14	1	(1) 穿绝缘鞋，戴安全帽、耳塞和防尘口罩； (2) 穿长袖工作服，扣好衣服和袖口； (3) 戴绝缘手套

续表

作业步骤		危害因素	可能导致的后果	风险评价					控制措施
				L	E	C	D	风险程度	
操作前准备	通信联系	（1）通信不畅或错误引起误操作； （2）人员受到伤害时延误施救时间	（1）扩大事故； （2）加重人员伤害程度	1	2	7	7	1	携带可靠的通信工具，操作时并保持联系
	工作班成员精神状态确认	（1）无法正常完成指定工作； （2）作业过程中无法清醒判断危险点	（1）触电； （2）设备事故	1	3	15	45	2	合理安排工作班成员，精神状态不佳者禁止工作
操作过程	远方、就地切换开关	（1）走错间隔； （2）误分、合开关导致设备异常断电或带电； （3）误操作造成电弧伤害； （4）操作顺序不当； （5）开关未切换即开始操作	（1）触电、电弧灼伤； （2）设备事故； （3）保护误动或拒动	1	1	7	7	1	（1）戴绝缘手套； （2）核实操作票内容和设备状态； （3）执行监护制度，唱票，确认设备位置、名称标牌，严格执行操作票制度； （4）谨防误碰或接触带电体
	开关分闸操作	（1）误合开关，误触带电体； （2）开关有缺陷； （3）操作顺序不当	（1）触电、电弧灼伤； （2）其他人身伤害； （3）设备事故； （4）潮流分布不均匀； （5）带负荷拉闸刀	1	2	15	30	2	（1）核对设备名称和编号，检查设备状态； （2）操作时与开关保持一定距离； （3）考虑好开关爆炸时的撤离线路； （4）禁止就地进行开关、闸刀操作； （5）开关合、分闸指示要清楚，必须确认开关在分闸位置才能操作刀闸； （6）刀闸无法操作时，要查明原因，特别要复查开关是否在合闸位置，或有关的接地开关未拉开而使刀闸不能操作，不要违规强行解除闭锁操作刀闸； （7）送电时，先送上该设备的保护电源和控制电源，并按母线侧刀闸—负荷侧刀闸—开关的顺序依次操作，停电时的操作顺序与此相反
	隔离开关由“工作”摇至“试验”位置	（1）合位、摇把操作困难造成扭伤、碰伤； （2）电弧灼伤、短路故障、扭伤、碰伤； （3）误触带电体造成电弧伤害	（1）触电、电弧灼伤； （2）其他人身伤害； （3）设备事故	1	3	15	45	2	（1）必须确认开关与变压器状态，具备停电条件； （2）必须确认开关与开关仓对应； （3）操作前确认开关在分闸位置，通过带电显示仪电流、功率及信号灯指示判断开关确为分闸状态； （4）摇开关时需将开关仓门关好； （5）检修后新投运的开关送入仓内前必须测开关断口、相间及对地绝缘电阻；

续表

作业步骤		危害因素	可能导致的后果	风险评价					控制措施
				L	E	C	D	风险程度	
操作过程	隔离开关由“工作”摇至“试验”位置								(6) 移动开关位置时必须用手抓住把手，不要触碰其他位置； (7) 注意检查变压器接地线装设地点； (8) 注意检查变压器停运后温控装置电源确已断开； (9) 不得随意解除机械闭锁
	保护投、退	(1) 错停、漏停、错投、漏投保护； (2) 误碰保护装置； (3) 通信设备干扰保护装置	(1) 设备事故； (2) 保护不能正确动作； (3) 保护误动	1	2	7	14	1	(1) 严格执行操作票； (2) 加强培训，值班人员应熟练掌握继电保护的使用方法、保护压板的切换方法及注意事项； (3) 首选通过固定电话联系
	开关、闸刀分、合闸后状态检查	(1) 检查不到位； (2) 开关、闸刀三相分、合不同步； (3) 开关、闸刀连杆断裂	(1) 触电、电弧灼伤； (2) 造成非全相分合； (3) 设备事故	1	1	7	7	1	(1) 操作时核对设备实际位置； (2) 开关、闸刀三相分、合不同步动作； (3) 检查开关状态信号灯指示； (4) 不得随意解除机械闭锁
操作结束	检查作业现场	有工具遗留在作业现场	设备事故	3	1	15	45	2	操作完成后检查现场，保证没有工具遗留

15. 海上 35kV 母线由冷备用改为运行

部门：	分析日期：	记录编号：
作业地点或分析范围：海上 35kV 母线	分析人：	

作业内容描述：海上 35kV 母线由冷备用改为运行

主要作业风险：（1）人员精神状态不佳；（2）触电；（3）误入带电间隔；（4）机械伤害；（5）设备事故；（6）环境危害；（7）中毒

控制措施：（1）合理安排工作成员，情绪不稳定者禁止工作；（2）办理工作票，确认安全措施执行到位，验电，挂牌；（3）高压试验过程中执行专人监护制度；（4）使用临时电源时注意防止触电；（5）在开关本体处挂牌，挂设接地线；（6）使用绝缘手套、绝缘鞋；（7）穿戴好个人防护用品；（8）操作时看清设备名称、编号和状态，防止走错间隔；（9）避免大风或雷雨天气作业；（10）收到调度指令后方可进行停电操作；（11）严禁没有调度指令严禁擅自进行操作；（12）注意通风

工作负责人签名：	日期：	工作票签发人签名：	日期：	工作许可人签名：	日期：

作业步骤		危害因素	可能导致的后果	风险评价					控制措施
				L	*E*	*C*	*D*	风险程度	
作业环境	室外天气潮湿	设备潮湿引起短路	（1）触电、电弧灼伤； （2）其他人身伤害； （3）设备事故	1	2	15	30	2	（1）选择适当时机操作，湿度过大时应采取相应措施； （2）保持设备干燥
作业环境	雷雨天气	雷电闪络	（1）触电、电弧灼伤； （2）其他人身伤害； （3）设备事故	1	1	7	7	1	（1）选择适当时机操作，湿度过大时应采取相应措施； （2）保持设备干燥
操作前准备	接收操作指令	工作对象不清楚	（1）触电、电弧灼伤； （2）设备异常或故障	1	2	15	30	2	明确操作目的，防止弄错对象
操作前准备	确定操作对象、核对设备运行方式	误操作其他设备	（1）触电、电弧灼伤； （2）设备异常或故障	1	2	15	30	2	（1）正确核对现场设备名称、标牌、系统图； （2）按规定执行操作监护制度
操作前准备	填写操作票	填错操作票引起误操作	（1）触电、电弧灼伤； （2）设备异常或故障	1	2	15	30	2	（1）正确填写操作票，检查操作票填写内容是否正确； （2）严格执行操作监护制度
操作前准备	选择合适的工器具	工器具选择不当	（1）触电、电弧灼伤； （2）设备异常或故障	1	2	7	14	1	（1）选择合适的操作工器具； （2）检查所用的工具，必须完好； （3）正确使用工器具
操作前准备	穿戴合适的个人防护用品	穿戴不合适的个人防护用品	（1）触电、电弧灼伤； （2）其他人身伤害	1	2	7	14	1	（1）穿绝缘鞋，戴安全帽、耳塞和防尘口罩； （2）穿长袖工作服，扣好衣服和袖口； （3）戴绝缘手套

续表

作业步骤		危害因素	可能导致的后果	风险评价					控制措施
				L	E	C	D	风险程度	
操作前准备	通信联系	（1）通信不畅或错误引起误操作； （2）人员受到伤害时延误施救时间	（1）扩大事故； （2）加重人员伤害程度	1	2	7	7	1	携带可靠的通信工具，操作时保持联系
	工作班成员精神状态确认	（1）无法正常完成指定工作； （2）作业过程中无法清醒判断危险点	（1）触电； （2）设备事故	1	3	15	45	2	合理安排工作班成员，精神状态不佳者禁止工作
操作过程	远方、就地切换开关	（1）走错间隔； （2）误分、合开关导致设备异常断电或带电； （3）误操作造成电弧伤害； （4）操作顺序不当； （5）开关未切换即开始操作	（1）触电、电弧灼伤； （2）设备事故； （3）保护误动或拒动	1	1	7	7	1	（1）戴绝缘手套； （2）核实操作票内容和设备状态； （3）执行监护制度，唱票，确认设备位置、名称标牌，严格执行操作票制度； （4）谨防误碰或接触带电体
	开关合闸操作	（1）误合开关，误触带电体； （2）开关有缺陷； （3）操作顺序不当； （4）走错间隔	（1）触电、电弧灼伤； （2）其他人身伤害； （3）设备事故； （4）潮流分布不均匀； （5）带负荷拉闸刀	1	2	15	30	2	（1）核对设备名称和编号，检查设备状态； （2）操作时与开关保持一定距离； （3）考虑好开关爆炸时的撤离线路； （4）禁止就地进行开关操作； （5）严格按照调度下发的操作票顺序进行操作； （6）检查开关、母线闸刀分闸反馈正常，开关间隔三相电流为零，开关三相确已合闸
	开关小车由“试验”摇至“工作”位置	（1）合位、摇把操作困难造成扭伤、碰伤； （2）电弧灼伤、短路故障、扭伤、碰伤； （3）误触带电体造成电弧伤害； （4）走错间隔； （5）小车摇杆脱落	（1）触电、电弧灼伤； （2）设备事故； （3）摇把操作困难造成扭伤、碰伤	1	3	15	45	2	（1）必须确认开关与变压器状态，具备停电条件； （2）必须确认开关与开关仓对应； （3）操作前确认开关在分闸位置，通过带电显示仪电流、功率及信号灯指示判断开关确为分闸状态； （4）摇开关时需将开关仓门关好； （5）检修后新投运的开关送入仓内前必须测开关断口、相间及对地绝缘电阻； （6）移动开关位置时必须用手抓住把手，不要触碰其他位置； （7）注意检查变压器低压侧接地线装设地点； （8）不得随意解除机械闭锁； （9）操作过程中确保小车摇杆和设备可靠连接

续表

作业步骤		危害因素	可能导致的后果	风险评价					控制措施
				L	E	C	D	风险程度	
操作过程	保护投、退	（1）错停、漏停、错投、漏投保护； （2）误碰保护装置； （3）通信设备干扰保护装置； （4）走错间隔	（1）设备事故； （2）保护不能正确动作； （3）保护误动	1	2	7	14	1	（1）严格执行操作票； （2）加强培训，值班人员应熟练掌握继电保护的使用方法、保护压板的切换方法及注意事项； （3）首选通过固定电话联系
	开关、闸刀分、合闸后状态检查	（1）检查不到位； （2）开关、闸刀三相分、合不同步； （3）开关、闸刀连杆断裂； （4）走错间隔	（1）触电、电弧灼伤； （2）造成非全相分、合； （3）设备事故	1	1	7	7	1	（1）操作时核对设备实际位置； （2）开关、闸刀三相分、合不同步动作； （3）检查开关状态信号灯指示； （4）不得随意解除机械闭锁
	控制电源小空气开关	（1）走错间隔； （2）误分、合开关导致设备异常断电或带电	（1）触电、电弧灼伤； （2）设备事故	1	1	7	7	1	（1）戴绝缘手套； （2）核实操作票内容和设备状态； （3）执行监护制度，唱票，确认设备位置、名称标牌； （4）谨防误碰或接触带电体
操作结束	检查作业现场	有工具遗留在作业现场	设备事故	3	1	15	45	2	操作完成后检查现场，保证没有工具遗留

16. 海上35kV母线由检修改为运行

部门：			分析日期：		记录编号：
作业地点或分析范围：海上35kV母线			分析人：		
作业内容描述：海上35kV母线由检修改为运行					
主要作业风险：（1）人员精神状态不佳；（2）触电；（3）误入带电间隔；（4）机械伤害；（5）设备事故；（6）环境危害；（7）中毒					
控制措施：（1）合理安排工作成员，情绪不稳定者禁止工作；（2）办理工作票，确认安全措施执行到位，验电，挂牌；（3）高压试验过程中执行专人监护制度；（4）使用临时电源时注意防止触电；（5）在开关本体处挂牌，挂设接地线；（6）使用绝缘手套、绝缘鞋；（7）穿戴好个人防护用品；（8）操作时看清设备名称、编号和状态，防止走错间隔；（9）避免大风或雷雨天气作业；（10）收到调度指令后方可进行停电操作；（11）严禁没有调度指令严禁擅自进行操作；（12）注意通风					
工作负责人签名：	日期：	工作票签发人签名：	日期：	工作许可人签名：	日期：

作业步骤		危害因素	可能导致的后果	风险评价					控制措施
				L	*E*	*C*	*D*	风险程度	
作业环境	室外天气潮湿	设备潮湿引起短路	（1）触电、电弧灼伤； （2）其他人身伤害； （3）设备事故	1	2	15	30	2	（1）选择适当时机操作，湿度过大时应采取相应措施； （2）保持设备干燥
作业环境	雷雨天气	雷电闪络	（1）触电、电弧灼伤； （2）其他人身伤害； （3）设备事故	1	1	7	7	1	（1）选择适当时机操作，湿度过大时应采取相应措施； （2）保持设备干燥
操作前准备	接收操作指令	工作对象不清楚	（1）触电、电弧灼伤； （2）设备异常或故障	1	2	15	30	2	明确操作目的，防止弄错对象
操作前准备	确定操作对象、核对设备运行方式	误操作其他设备	（1）触电、电弧灼伤； （2）设备异常或故障	1	2	15	30	2	（1）正确核对现场设备名称、标牌、系统图； （2）按规定执行操作监护制度
操作前准备	填写操作票	填错操作票引起误操作	（1）触电、电弧灼伤； （2）设备异常或故障	1	2	15	30	2	（1）正确填写操作票，检查操作票填写内容是否正确； （2）严格执行操作监护制度
操作前准备	选择合适的工器具	工器具选择不当	（1）触电、电弧灼伤； （2）设备异常或故障	1	2	7	14	1	（1）选择合适的操作工器具； （2）检查所用的工具，必须完好； （3）正确使用工器具
操作前准备	穿戴合适的个人防护用品	穿戴不合适的个人防护用品	（1）触电、电弧灼伤； （2）其他人身伤害	1	2	7	14	1	（1）穿绝缘鞋，戴安全帽、耳塞和防尘口罩； （2）穿长袖工作服，扣好衣服和袖口； （3）戴绝缘手套

续表

作业步骤		危害因素	可能导致的后果	风险评价					控制措施
				L	*E*	*C*	*D*	风险程度	
操作前准备	通信联系	(1) 通信不畅或错误引起误操作； (2) 人员受到伤害时延误施救时间	(1) 扩大事故； (2) 加重人员伤害程度	1	2	7	7	1	携带可靠的通信工具，操作时保持联系
	工作班成员精神状态确认	(1) 无法正常完成指定工作； (2) 作业过程中无法清醒判断危险点	(1) 触电； (2) 设备事故	1	3	15	45	2	合理安排工作班成员，精神状态不佳者禁止工作
操作过程	远方、就地切换开关	(1) 走错间隔； (2) 误分、合开关导致设备异常断电或带电； (3) 误操作造成电弧伤害； (4) 操作顺序不当； (5) 开关未切换即开始操作	(1) 触电、电弧灼伤； (2) 设备事故； (3) 保护误动或拒动	1	1	7	7	1	(1) 戴绝缘手套； (2) 核实操作票内容和设备状态； (3) 执行监护制度，唱票，确认设备位置、名称标牌，严格执行操作票制度； (4) 谨防误碰或接触带电体
	接地开关分闸	(1) 误分接地开关，误触带电体； (2) 接地开关有缺陷	(1) 触电、电弧灼伤； (2) 其他人身伤害； (3) 设备事故	1	2	15	30	2	(1) 禁止就地进行开关操作； (2) 核对设备名称和编号，检查设备状态； (3) 操作时与设备保持一定距离； (4) 严格按照调度下发的操作票顺序进行操作； (5) 检查接地开关合闸反馈正常，接地开关三相确已分闸
	开关合闸操作	(1) 误合开关，误触带电体； (2) 开关有缺陷； (3) 操作顺序不当； (4) 走错间隔	(1) 触电、电弧灼伤； (2) 其他人身伤害； (3) 设备事故； (4) 潮流分布不均匀； (5) 带负荷拉闸刀	1	3	15	45	2	(1) 核对设备名称和编号，检查设备状态； (2) 操作时与开关保持一定距离； (3) 考虑好开关爆炸时的撤离线路； (4) 禁止就地进行开关操作； (5) 严格按照调度下发的操作票顺序进行操作； (6) 检查开关、母线闸刀分闸反馈正常，开关间隔三相电流为零，开关三相确已合闸
	开关、接地开关分、合闸后状态检查	(1) 检查不到位； (2) 开关、接地开关三相分、合不同步； (3) 开关、接地开关连杆断裂； (4) 走错间隔	(1) 触电、电弧灼伤； (2) 造成非全相分、合； (3) 设备事故	1	2	7	14	1	(1) 操作时核对设备实际位置； (2) 开关、接地开关三相分、合不同步动作； (3) 检查开关状态信号灯指示； (4) 不得随意解除机械闭锁

续表

作业步骤		危害因素	可能导致的后果	风险评价					控制措施
				L	E	C	D	风险程度	
操作过程	控制电源小空气开关	（1）走错间隔； （2）误分、合开关导致设备异常断电或带电	（1）触电、电弧灼伤； （2）设备事故	1	1	7	7	1	（1）戴绝缘手套； （2）核实操作票内容和设备状态； （3）执行监护制度，唱票，确认设备位置、名称标牌； （4）谨防误碰或接触带电体
	保护投、退	（1）错停、漏停、错投、漏投保护； （2）误碰保护装置； （3）通信设备干扰保护装置； （4）走错间隔	（1）设备事故； （2）保护不能正确动作； （3）保护误动	1	1	7	7	1	（1）严格执行操作票； （2）加强培训，值班人员应熟练掌握继电保护的使用方法、保护压板的切换方法及注意事项； （3）首选通过固定电话联系
操作结束	检查作业现场	有工具遗留在作业现场	设备事故	3	1	15	45	2	操作完成后检查现场，保证没有工具遗留

17. 35kV 集电线路由运行改为检修

部门：				分析日期：				记录编号：	
作业地点或分析范围：35kV 集电线路				分析人：					
作业内容描述：35kV 集电线路由运行改为检修									
主要作业风险：(1) 精神状态不良；(2) 触电；(3) 误入带电间隔；(4) 机械伤害；(5) 设备事故；(6) 环境危害；(7) 中毒；(8) 落水									
控制措施：(1) 合理安排工作成员，情绪不稳定者禁止工作；(2) 办理工作票，确认安全措施执行到位，验电，挂牌；(3) 高压试验过程中执行专人监护制度；(4) 使用临时电源时注意防止触电；(5) 在开关本体处挂牌，挂设接地线；(6) 使用绝缘手套、绝缘鞋；(7) 穿戴好个人防护用品；(8) 操作时看清设备名称、编号和状态，防止走错间隔；(9) 避免大风或雷雨天气作业；(10) 收到调度指令后方可进行停电操作；(11) 严禁没有调度指令严禁擅自进行操作；(12) 注意通风；(13) 穿好救生衣									
工作负责人签名：		日期：	工作票签发人签名：		日期：		工作许可人签名：		日期：

作业步骤		危害因素	可能导致的后果	风险评价					控制措施
				L	*E*	*C*	*D*	风险程度	
作业环境	室外天气潮湿	设备潮湿引起短路	(1) 触电、电弧灼伤； (2) 其他人身伤害； (3) 设备事故	1	3	15	45	2	(1) 选择适当时机操作，湿度过大时应采取相应措施； (2) 保持设备干燥
	雷雨天气	雷电闪络	(1) 触电、电弧灼伤； (2) 其他人身伤害； (3) 设备事故	1	3	15	45	2	(1) 选择适当时机操作，湿度过大时应采取相应措施； (2) 保持设备干燥
	海上作业	落水	(1) 溺亡； (2) 船舶伤害	1	3	15	45	2	(1) 穿好救生衣； (2) 上下船注意安全
操作前准备	接收操作指令	工作对象不清楚	(1) 触电、电弧灼伤； (2) 设备异常或故障	1	2	15	30	2	明确操作目的，防止弄错对象
	确定操作对象、核对设备运行方式	误操作其他设备	(1) 触电、电弧灼伤； (2) 设备异常或故障	1	2	15	30	2	(1) 正确核对现场设备名称、标牌、系统图； (2) 按规定执行操作监护制度
	填写操作票	填错操作票引起误操作	(1) 触电、电弧灼伤； (2) 设备异常或故障	1	2	15	30	2	(1) 正确填写操作规程票，检查操作票填写内容是否正确； (2) 严格执行操作监护制度
	选择合适的工器具	工器具选择不当	(1) 触电、电弧灼伤； (2) 设备异常或故障	1	2	7	14	1	(1) 选择合适的操作工器具； (2) 检查所用的工具，必须完好； (3) 正确使用工器具

续表

作业步骤		危害因素	可能导致的后果	风险评价					控制措施
				L	E	C	D	风险程度	
操作前准备	穿戴合适的个人防护用品	穿戴不合适的个人防护用品	（1）触电、电弧灼伤； （2）其他人身伤害	1	2	7	14	1	（1）穿绝缘鞋，戴安全帽、耳塞和防尘口罩； （2）穿长袖工作服，扣好衣服和袖口； （3）戴绝缘手套
	通信联系	（1）通信不畅或错误引起误操作； （2）人员受到伤害时延误施救时间	（1）扩大事故； （2）加重人员伤害	1	2	7	7	1	携带可靠的通信工具，操作时保持联系
	工作班成员精神状态确认	（1）无法正常完成指定工作； （2）作业过程中无法清醒判断危险点	（1）触电； （2）设备事故	1	3	15	45	2	合理安排工作班成员，精神状态不佳者禁止工作
操作过程	远方、就地切换开关	（1）走错间隔； （2）误分、合开关导致设备异常断电或带电； （3）误操作造成电弧伤害； （4）操作顺序不当； （5）开关未切换即开始操作	（1）触电、电弧灼伤； （2）设备事故； （3）保护误动或拒动	1	2	15	30	2	（1）戴绝缘手套； （2）核实操作票内容和设备状态； （3）执行监护制度，唱票，确认设备位置、名称标牌，严格执行操作票制度； （4）谨防误碰或接触带电体
	开关、闸刀分闸操作	（1）误合开关，误触带电体； （2）开关有缺陷	（1）触电、电弧灼伤； （2）其他人身伤害； （3）设备事故	1	2	15	30	2	（1）核对设备名称和编号，检查设备状态； （2）操作时与开关保持一定距离； （3）考虑好开关爆炸时的撤离线路； （4）禁止就地进行开关、闸刀操作； （5）严格按照调度下发的操作票顺序进行操作； （6）检查开关、母线闸刀分闸反馈正常，开关间隔三相电流为零，开关三相确已分闸
	保护投、退	（1）错停、漏停、错投、漏投保护； （2）误碰保护装置； （3）通信设备干扰保护装置； （4）走错间隔	（1）设备事故； （2）保护不能正确动作； （3）保护误动	1	2	15	30	2	（1）严格执行操作票； （2）加强培训，值班人员应熟练掌握继电保护的使用方法、保护压板的切换方法及注意事项； （3）首选通过固定电话联系
	开关、接地开关分、合闸后状态检查	（1）检查不到位； （2）开关、接地开关三相分、合不同步； （3）开关、接地开关连杆断裂； （4）走错间隔	（1）触电、电弧灼伤； （2）造成非全相分、合； （3）设备事故	1	2	15	30	2	（1）操作时核对设备实际位置； （2）开关、接地开关三相分、合不同步动作； （3）检查开关状态信号灯指示； （4）不得随意解除机械闭锁

续表

作业步骤		危害因素	可能导致的后果	风险评价					控制措施
				L	E	C	D	风险程度	
操作过程	控制电源小空气开关	（1）走错间隔； （2）误分、合开关导致设备异常断电或带电	（1）触电、电弧灼伤； （2）设备事故	1	1	7	7	1	（1）戴绝缘手套； （2）核实操作票内容和设备状态； （3）执行监护制度，唱票，确认设备位置、名称标牌； （4）谨防误碰或接触带电体
操作结束	检查作业现场	有工具遗留在作业现场	设备事故	3	1	15	45	2	操作完成后检查现场，保证没有工具遗留

18. 35kV 集电线路由运行改为冷备用

部门：			分析日期：		记录编号：
作业地点或分析范围：35kV 集电线路			分析人：		
作业内容描述：35kV 集电线路由运行改为冷备用					
主要作业风险：（1）人员精神状态不佳；（2）触电；（3）误入带电间隔；（4）机械伤害；（5）设备事故；（6）环境危害；（7）中毒；（8）落水					
控制措施：（1）合理安排工作成员，情绪不稳定者禁止工作；（2）办理工作票，确认安全措施执行到位，验电，挂牌；（3）高压试验过程中执行专人监护制度；（4）使用临时电源时注意防止触电；（5）在开关本体处挂牌，挂设接地线；（6）使用绝缘手套、绝缘鞋；（7）穿戴好个人防护用品；（8）操作时看清设备名称、编号和状态，防止走错间隔；（9）避免大风或雷雨天气作业；（10）收到调度指令后方可进行停电操作；（11）严禁没有调度指令严禁擅自进行操作；（12）注意通风；（13）穿好救生衣					
工作负责人签名：	日期：	工作票签发人签名：	日期：	工作许可人签名：	日期：

作业步骤		危害因素	可能导致的后果	风险评价					控制措施
				L	*E*	*C*	*D*	风险程度	
作业环境	室外天气潮湿	设备潮湿引起短路	（1）触电、电弧灼伤； （2）其他人身伤害； （3）设备事故	1	3	15	45	2	（1）选择适当时机操作，湿度过大时应采取相应措施； （2）保持设备干燥
	雷雨天气	雷电闪络	（1）触电、电弧灼伤； （2）其他人身伤害； （3）设备事故	1	3	15	45	2	（1）选择适当时机操作，湿度过大时应采取相应措施； （2）保持设备干燥
	海上作业	落水	（1）溺亡； （2）船舶伤害	1	3	15	45	2	（1）穿好救生衣； （2）上下船注意安全
操作前准备	接收操作指令	工作对象不清楚	（1）触电、电弧灼伤； （2）设备异常或故障	1	2	15	30	2	明确操作目的，防止弄错对象
	确定操作对象、核对设备运行方式	误操作其他设备	（1）触电、电弧灼伤； （2）设备异常或故障	1	2	15	30	2	（1）正确核对现场设备名称、标牌、系统图； （2）按规定执行操作监护制度
	填写操作票	填错操作票引起误操作	（1）触电、电弧灼伤； （2）设备异常或故障	1	2	15	30	2	（1）正确填写操作票，检查操作票填写内容是否正确； （2）严格执行操作监护制度
	选择合适的工器具	工器具选择不当	（1）触电、电弧灼伤； （2）设备异常或故障	1	2	7	14	1	（1）选择合适的操作工器具； （2）检查所用的工具，必须完好； （3）正确使用工器具

续表

<table>
<tr><th colspan="2" rowspan="2">作业步骤</th><th rowspan="2">危害因素</th><th rowspan="2">可能导致的后果</th><th colspan="5">风险评价</th><th rowspan="2">控制措施</th></tr>
<tr><th>L</th><th>E</th><th>C</th><th>D</th><th>风险程度</th></tr>
<tr><td rowspan="3">操作前准备</td><td>穿戴合适的个人防护用品</td><td>穿戴不合适的个人防护用品</td><td>（1）触电、电弧灼伤；
（2）其他人身伤害</td><td>1</td><td>2</td><td>7</td><td>14</td><td>1</td><td>（1）穿绝缘鞋，戴安全帽、耳塞和防尘口罩；
（2）穿长袖工作服，扣好衣服和袖口；
（3）戴绝缘手套</td></tr>
<tr><td>通信联系</td><td>（1）通信不畅或错误引起误操作；
（2）人员受到伤害时延误施救时间</td><td>（1）扩大事故；
（2）加重人员伤害</td><td>1</td><td>2</td><td>7</td><td>7</td><td>1</td><td>携带可靠的通信工具，操作时保持联系</td></tr>
<tr><td>工作班成员精神状态确认</td><td>（1）无法正常完成指定工作；
（2）作业过程中无法清醒判断危险点</td><td>（1）触电；
（2）设备事故</td><td>1</td><td>3</td><td>15</td><td>45</td><td>2</td><td>合理安排工作班成员，精神状态不佳者禁止工作</td></tr>
<tr><td rowspan="4">操作过程</td><td>远方、就地切换开关</td><td>（1）走错间隔；
（2）误分、合开关导致设备异常断电或带电；
（3）误操作造成电弧伤害；
（4）操作顺序不当；
（5）开关未切换即开始操作</td><td>（1）触电、电弧灼伤；
（2）设备事故；
（3）保护误动或拒动</td><td>1</td><td>2</td><td>15</td><td>30</td><td>2</td><td>（1）戴绝缘手套；
（2）核实操作票内容和设备状态；
（3）执行监护制度，唱票，确认设备位置、名称标牌，严格执行操作票制度；
（4）谨防误碰或接触带电体</td></tr>
<tr><td>开关、闸刀分闸操作</td><td>（1）误合开关，误触带电体；
（2）开关有缺陷</td><td>（1）触电、电弧灼伤；
（2）其他人身伤害；
（3）设备事故</td><td>1</td><td>2</td><td>15</td><td>30</td><td>2</td><td>（1）核对设备名称和编号，检查设备状态；
（2）操作时与开关保持一定距离；
（3）考虑好开关爆炸时的撤离线路；
（4）禁止就地进行开关、闸刀操作；
（5）严格按照调度下发操作票顺序进行操作；
（6）检查开关、母线闸刀分闸反馈正常，开关间隔三相电流为零，开关三相确已分闸</td></tr>
<tr><td>保护投、退</td><td>（1）错停、漏停、错投、漏投保护；
（2）误碰保护装置；
（3）通信设备干扰保护装置；
（4）走错间隔</td><td>（1）设备事故；
（2）保护不能正确动作；
（3）保护误动</td><td>1</td><td>2</td><td>15</td><td>30</td><td>2</td><td>（1）严格执行操作票；
（2）加强培训，值班人员应熟练掌握继电保护的使用方法、保护压板的切换方法及注意事项；
（3）首选通过固定电话联系</td></tr>
<tr><td>开关、闸刀分闸后状态检查</td><td>（1）检查不到位；
（2）开关、接地开关三相分、合不同步；
（3）开关、接地开关连杆断裂；
（4）走错间隔</td><td>（1）触电、电弧灼伤；
（2）造成非全相分、合；
（3）设备事故</td><td>1</td><td>2</td><td>15</td><td>30</td><td>2</td><td>（1）操作时核对设备实际位置；
（2）开关、闸刀三相分、合不同步动作；
（3）检查开关状态信号灯指示；
（4）不得随意解除机械闭锁</td></tr>
</table>

续表

作业步骤		危害因素	可能导致的后果	风险评价					控制措施
				L	E	C	D	风险程度	
操作过程	控制电源小空气开关	（1）走错间隔； （2）误分、合开关导致设备异常断电或带电	（1）触电、电弧灼伤； （2）设备事故	1	1	7	7	1	（1）戴绝缘手套； （2）核实操作票内容和设备状态； （3）执行监护制度，唱票，确认设备位置、名称标牌； （4）谨防误碰或接触带电体
操作结束	检查作业现场	有工具遗留在作业现场	设备事故	3	1	15	45	2	操作完成后检查现场，保证没有工具遗留

19. 35kV 集电线路由冷备用改为运行

部门：										
部门：				分析日期：					记录编号：	
作业地点或分析范围：35kV 集电线路				分析人：						
作业内容描述：35kV 集电线路由冷备用改为运行										
主要作业风险：（1）人员精神状态不佳；（2）触电；（3）误入带电间隔；（4）机械伤害；（5）设备事故；（6）环境危害；（7）中毒；（8）落水										
控制措施：（1）合理安排工作成员，情绪不稳定者禁止工作；（2）办理工作票，确认安全措施执行到位，验电，挂牌；（3）高压试验过程中执行专人监护制度；（4）使用临时电源时注意防止触电；（5）在开关本体处挂牌，挂设接地线；（6）使用绝缘手套、绝缘鞋；（7）穿戴好个人防护用品；（8）操作时看清设备名称、编号和状态，防止走错间隔；（9）避免大风或雷雨天气作业；（10）收到调度指令后方可进行停电操作；（11）严禁没有调度指令严禁擅自进行操作；（12）注意通风；（13）穿好救生衣										
工作负责人签名：		日期：	工作票签发人签名：		日期：			工作许可人签名：		日期：
作业步骤		危害因素	可能导致的后果	风险评价					控制措施	
				L	*E*	*C*	*D*	风险程度		
作业环境	室外天气潮湿	设备潮湿引起短路	（1）触电、电弧灼伤； （2）其他人身伤害； （3）设备事故	1	3	15	45	2	（1）选择适当时机操作，湿度过大时应采取相应措施； （2）保持设备干燥	
	雷雨天气	雷电闪络	（1）触电、电弧灼伤； （2）其他人身伤害； （3）设备事故	1	3	15	45	2	（1）选择适当时机操作，湿度过大时应采取相应措施； （2）保持设备干燥	
	海上作业	落水	（1）溺亡； （2）船舶伤害	1	3	15	45	2	（1）穿好救生衣； （2）上下船注意安全	
操作前准备	接收操作指令	工作对象不清楚	（1）触电、电弧灼伤； （2）设备异常或故障	1	2	15	30	2	明确操作目的，防止弄错对象	
	确定操作对象、核对设备运行方式	误操作其他设备	（1）触电、电弧灼伤； （2）设备异常或故障	1	2	15	30	2	（1）正确核对现场设备名称、标牌、系统图； （2）按规定执行操作监护制度	
	填写操作票	填错操作票引起误操作	（1）触电、电弧灼伤； （2）设备异常或故障	1	2	15	30	2	（1）正确填写操作票，检查操作票填写内容是否正确； （2）严格执行操作监护制度	
	选择合适的工器具	工器具选择不当	（1）触电、电弧灼伤； （2）设备异常或故障	1	2	7	14	1	（1）选择合适的操作工器具； （2）检查所用的工具，必须完好； （3）正确使用工器具	

续表

作业步骤		危害因素	可能导致的后果	风险评价					控制措施
				L	E	C	D	风险程度	
操作前准备	穿戴合适的个人防护用品	穿戴不合适的个人防护用品	(1)触电、电弧灼伤； (2)其他人身伤害	1	2	7	14	1	(1)穿绝缘鞋，戴安全帽、耳塞和防尘口罩； (2)穿长袖工作服，扣好衣服和袖口； (3)戴绝缘手套
	通信联系	(1)通信不畅或错误引起误操作； (2)人员受到伤害时延误施救时间	(1)扩大事故； (2)加重人员伤害	1	2	7	7	1	携带可靠的通信工具，操作时保持联系
	工作班成员精神状态确认	(1)无法正常完成指定工作； (2)作业过程中无法清醒判断危险点	(1)触电； (2)设备事故	1	3	15	45	2	合理安排工作班成员，精神状态不佳者禁止工作
操作过程	远方、就地切换开关	(1)走错间隔； (2)误分、合开关导致设备异常断电或带电； (3)误操作造成电弧伤害； (4)操作顺序不当； (5)开关未切换即开始操作	(1)触电、电弧灼伤； (2)设备事故； (3)保护误动或拒动	1	2	15	30	2	(1)戴绝缘手套； (2)核实操作票内容和设备状态； (3)执行监护制度，唱票，确认设备位置、名称标牌，严格执行操作票制度； (4)谨防误碰或接触带电体
	开关、闸刀分、合闸操作	(1)误合开关，误触带电体； (2)开关有缺陷； (3)操作顺序不当； (4)走错间隔	(1)触电、电弧灼伤； (2)其他人身伤害； (3)设备事故； (4)潮流分布不均匀； (5)带负荷拉闸刀	1	2	15	30	2	(1)核对设备名称和编号，检查设备状态； (2)操作时与开关保持一定距离； (3)考虑好开关爆炸时的撤离线路； (4)禁止就地进行开关、闸刀操作； (5)开关合、分闸指示要清楚，必须确认开关在分闸位置才能操作闸刀； (6)闸刀无法操作时，要查明原因，特别要复查开关是否在合闸位置，或有关的接地开关未拉开而使闸刀不能操作，不要违规强行解除闭锁操作闸刀； (7)送电时，先送上该设备的保护电源和控制电源，并按母线侧闸刀—负荷侧闸刀—开关的顺序依次操作，停电时的操作顺序与此相反
	保护投、退	(1)错停、漏停、错投、漏投保护； (2)误碰保护装置； (3)通信设备干扰保护装置； (4)走错间隔	(1)设备事故； (2)保护不能正确动作； (3)保护误动	1	2	15	30	2	(1)严格执行操作票； (2)加强培训，值班人员应熟练掌握继电保护的使用方法、保护压板的切换方法及注意事项； (3)首选通过固定电话联系

续表

作业步骤		危害因素	可能导致的后果	风险评价					控制措施
				L	*E*	*C*	*D*	风险程度	
操作过程	开关、接地开关分、合闸后状态检查	（1）检查不到位； （2）开关、接地开关三相分、合不同步； （3）开关、接地开关连杆断裂； （4）走错间隔	（1）触电、电弧灼伤； （2）造成非全相分、合； （3）设备事故	1	2	15	30	2	（1）操作时核对设备实际位置； （2）开关、接地开关三相分、合不同步动作； （3）检查开关状态信号灯指示； （4）不得随意解除机械闭锁
	控制电源小空气开关	（1）走错间隔； （2）误分、合开关导致设备异常断电或带电	（1）触电、电弧灼伤； （2）设备事故	1	1	7	7	1	（1）戴绝缘手套； （2）核实操作票内容和设备状态； （3）执行监护制度，唱票，确认设备位置、名称标牌； （4）谨防误碰或接触带电体
操作结束	检查作业现场	有工具遗留在作业现场	设备事故	3	1	15	45	2	操作完成后检查现场，保证没有工具遗留

20. 35kV 集电线路由检修改为运行

部门：								分析日期：		记录编号：
作业地点或分析范围：35kV 集电线路								分析人：		
作业内容描述：35kV 集电线路由检修改为运行										
主要作业风险：(1) 人员精神状态不佳；(2) 触电；(3) 误入带电间隔；(4) 机械伤害；(5) 设备事故；(6) 环境危害；(7) 中毒；(8) 落水										
控制措施：(1) 合理安排工作成员，情绪不稳定者禁止工作；(2) 办理工作票，确认安全措施执行到位，验电，挂牌；(3) 高压试验过程中执行专人监护制度；(4) 使用临时电源时注意防止触电；(5) 在开关本体处挂牌，挂设接地线；(6) 使用绝缘手套、绝缘鞋；(7) 穿戴好个人防护用品；(8) 操作时看清设备名称、编号和状态，防止走错间隔；(9) 避免大风或雷雨天气作业；(10) 收到调度指令后方可进行停电操作；(11) 严禁没有调度指令严禁擅自进行操作；(12) 注意通风；(13) 穿好救生衣										
工作负责人签名：		日期：	工作票签发人签名：			日期：		工作许可人签名：		日期：

作业步骤		危害因素	可能导致的后果	风险评价					控制措施
				L	*E*	*C*	*D*	风险程度	
作业环境	室外天气潮湿	设备潮湿引起短路	(1) 触电、电弧灼伤； (2) 其他人身伤害； (3) 设备事故	1	3	15	45	2	(1) 选择适当时机操作，湿度过大时应采取相应措施； (2) 保持设备干燥
	雷雨天气	雷电闪络	(1) 触电、电弧灼伤； (2) 其他人身伤害； (3) 设备事故	1	3	15	45	2	(1) 选择适当时机操作，湿度过大时应采取相应措施； (2) 保持设备干燥
	海上作业	落水	(1) 溺亡； (2) 船舶伤害	1	3	15	45	2	(1) 穿好救生衣； (2) 上下船注意安全
操作前准备	接收操作指令	工作对象不清楚	(1) 触电、电弧灼伤； (2) 设备异常或故障	1	2	15	30	2	明确操作目的，防止弄错对象
	确定操作对象、核对设备运行方式	误操作其他设备	(1) 触电、电弧灼伤； (2) 设备异常或故障	1	2	15	30	2	(1) 正确核对现场设备名称、标牌、系统图； (2) 按规定执行操作监护制度
	填写操作票	填错操作票引起误操作	(1) 触电、电弧灼伤； (2) 设备异常或故障	1	2	15	30	2	(1) 正确填写操作票，检查操作票填写内容是否正确； (2) 严格执行操作监护制度
	选择合适的工器具	工器具选择不当	(1) 触电、电弧灼伤； (2) 设备异常或故障	1	2	7	14	1	(1) 选择合适的操作工器具； (2) 检查所用的工具，必须完好； (3) 正确使用工器具

续表

作业步骤		危害因素	可能导致的后果	风险评价					控制措施
				L	E	C	D	风险程度	
操作前准备	穿戴合适的个人防护用品	穿戴不合适的个人防护用品	（1）触电、电弧灼伤； （2）其他人身伤害	1	2	7	14	1	（1）穿绝缘鞋，戴安全帽、耳塞和防尘口罩； （2）穿长袖工作服，扣好衣服和袖口； （3）戴绝缘手套
	通信联系	（1）通信不畅或错误引起误操作； （2）人员受到伤害时延误施救时间	（1）扩大事故； （2）加重人员伤害	1	2	7	7	1	携带可靠的通信工具，操作时保持联系
	工作班成员精神状态确认	（1）无法正常完成指定工作； （2）作业过程中无法清醒判断危险点	（1）触电； （2）设备事故	1	3	15	45	2	合理安排工作班成员，精神状态不佳者禁止工作
操作过程	远方、就地切换开关	（1）走错间隔； （2）误分、合开关导致设备异常断电或带电； （3）误操作造成电弧伤害； （4）操作顺序不当； （5）开关未切换即开始操作	（1）触电、电弧灼伤； （2）设备事故； （3）保护误动或拒动	1	2	15	30	2	（1）戴绝缘手套； （2）核实操作票内容和设备状态； （3）执行监护制度，唱票，确认设备位置、名称标牌，严格执行操作票制度； （4）谨防误碰或接触带电体
	开关、闸刀分、合闸操作	（1）误合开关，误触带电体； （2）开关有缺陷； （3）操作顺序不当； （4）走错间隔	（1）触电、电弧灼伤； （2）其他人身伤害； （3）设备事故； （4）潮流分布不均匀； （5）带负荷拉闸刀	1	2	15	30	2	（1）核对设备名称和编号，检查设备状态； （2）操作时与开关保持一定距离； （3）考虑好开关爆炸时的撤离线路； （4）禁止就地进行开关、闸刀操作； （5）开关合、分闸指示要清楚，必须确认开关在分闸位置才能操作闸刀； （6）闸刀无法操作时，要查明原因，特别要复查开关是否在合闸位置，或有关的接地开关未拉开而使闸刀不能操作，不要违规强行解除闭锁操作闸刀； （7）送电时，先送上该设备的保护电源和控制电源，并按母线侧闸刀—负荷侧闸刀—开关的顺序依次操作，停电时的操作顺序与此相反
	保护投、退	（1）错停、漏停、错投、漏投保护； （2）误碰保护装置； （3）通信设备干扰保护装置； （4）走错间隔	（1）设备事故； （2）保护不能正确动作； （3）保护误动	1	2	15	30	2	（1）严格执行操作票； （2）加强培训，值班人员应熟练掌握继电保护的使用方法、保护压板的切换方法及注意事项； （3）首选通过固定电话联系

续表

作业步骤		危害因素	可能导致的后果	风险评价					控制措施
				L	E	C	D	风险程度	
操作过程	开关、接地开关分、合闸后状态检查	(1) 检查不到位； (2) 开关、接地开关三相分、合不同步； (3) 开关、接地开关连杆断裂； (4) 走错间隔	(1) 触电、电弧灼伤； (2) 造成非全相分、合； (3) 设备事故	1	2	15	30	2	(1) 操作时核对设备实际位置； (2) 开关、接地开关三相分、合不同步动作； (3) 检查开关状态信号灯指示； (4) 不得随意解除机械闭锁
操作过程	控制电源小空气开关	(1) 走错间隔； (2) 误分、合开关导致设备异常断电或带电	(1) 触电、电弧灼伤； (2) 设备事故	1	1	7	7	1	(1) 戴绝缘手套； (2) 核实操作票内容和设备状态； (3) 执行监护制度，唱票，确认设备位置、名称标牌； (4) 谨防误碰或接触带电体
操作结束	检查作业现场	有工具遗留在作业现场	设备事故	3	1	15	45	2	操作完成后检查现场，保证没有工具遗留

21. SVG 由运行改为检修

部门：　　分析日期：　　记录编号：

作业地点或分析范围：SVG　　分析人：

作业内容描述：SVG 由运行改为检修

主要作业风险：(1) 人员精神状态不佳；(2) 触电；(3) 误入带电间隔；(4) 机械伤害；(5) 设备事故；(6) 环境危害；(7) 中毒

控制措施：(1) 合理安排工作成员，情绪不稳定者禁止工作；(2) 办理工作票，确认安全措施执行到位，验电，挂牌；(3) 高压试验过程中执行专人监护制度；(4) 使用临时电源时注意防止触电；(5) 在开关本体处挂牌，挂设接地线；(6) 使用绝缘手套、绝缘鞋；(7) 穿戴好个人防护用品；(8) 操作时看清设备名称、编号和状态，防止走错间隔；(9) 避免大风或雷雨天气作业；(10) 收到调度指令后方可进行停电操作；(11) 严禁没有调度指令严禁擅自进行操作；(12) 注意通风

工作负责人签名：　　日期：　　工作票签发人签名：　　日期：　　工作许可人签名：　　日期：

作业步骤		危害因素	可能导致的后果	风险评价					控制措施
				L	E	C	D	风险程度	
作业环境	室外天气潮湿	设备潮湿引起短路	(1) 触电、电弧灼伤； (2) 其他人身伤害； (3) 设备事故	1	3	15	45	2	(1) 选择适当时机操作，湿度过大时应采取相应措施； (2) 保持设备干燥
	雷雨天气	雷电闪络	(1) 触电、电弧灼伤； (2) 其他人身伤害； (3) 设备事故	1	3	15	45	2	(1) 选择适当时机操作，湿度过大时应采取相应措施； (2) 保持设备干燥
操作前准备	接收操作指令	工作对象不清楚	(1) 触电、电弧灼伤； (2) 设备异常或故障	1	2	15	30	2	明确操作目的，防止弄错对象
	确定操作对象、核对设备运行方式	误操作其他设备	(1) 触电、电弧灼伤； (2) 设备异常或故障	1	2	15	30	2	(1) 正确核对现场设备名称、标牌、系统图； (2) 按规定执行操作监护制度
	填写操作票	填错操作票引起误操作	(1) 触电、电弧灼伤； (2) 设备异常或故障	1	2	15	30	2	(1) 正确填写操作票，检查操作票填写内容是否正确； (2) 严格执行操作监护制度
	选择合适的工器具	工器具选择不当	(1) 触电、电弧灼伤； (2) 设备异常或故障	1	2	7	14	1	(1) 选择合适的操作工器具； (2) 检查所用的工具，必须完好； (3) 正确使用工器具
	穿戴合适的个人防护用品	穿戴不合适的个人防护用品	(1) 触电、电弧灼伤； (2) 其他人身伤害	1	2	7	14	1	(1) 穿绝缘鞋，戴安全帽、耳塞和防尘口罩； (2) 穿长袖工作服，扣好衣服和袖口； (3) 戴绝缘手套

续表

作业步骤		危害因素	可能导致的后果	风险评价					控制措施
				L	E	C	D	风险程度	
操作前准备	通信联系	（1）通信不畅或错误引起误操作； （2）人员受到伤害时延误施救时间	（1）扩大事故； （2）加重人员伤害	1	2	7	7	1	携带可靠的通信工具，操作时保持联系
	工作班成员精神状态确认	（1）无法正常完成指定工作； （2）作业过程中无法清醒判断危险点	（1）触电； （2）设备事故	1	3	15	45	2	合理安排工作班成员，精神状态不佳者禁止工作
操作过程	远方、就地切换开关	（1）走错间隔； （2）误分、合开关导致设备异常断电或带电； （3）误操作造成电弧伤害； （4）操作顺序不当； （5）开关未切换即开始操作	（1）触电、电弧灼伤； （2）设备事故； （3）保护误动或拒动	1	2	15	30	2	（1）戴绝缘手套； （2）核实操作票内容和设备状态； （3）执行监护制度，唱票，确认设备位置、名称标牌，严格执行操作票制度； （4）谨防误碰或接触带电体
	开关分闸操作	（1）误合开关，误触带电体； （2）开关有缺陷； （3）操作顺序不当	（1）触电、电弧灼伤； （2）其他人身伤害； （3）设备事故； （4）潮流分布不均匀； （5）带负荷拉闸刀	1	2	15	30	2	（1）核对设备名称和编号，检查设备状态； （2）操作时与开关保持一定距离； （3）考虑好开关爆炸时的撤离线路； （4）禁止就地进行开关、闸刀操作； （5）开关合、分闸指示要清楚，必须确认开关在分闸位置才能操作闸刀； （6）闸刀无法操作时，要查明原因，特别要复查开关是否在合闸位置，或有关的接地开关未拉开而使闸刀不能操作，不要违规强行解除闭锁操作闸刀； （7）送电时，先送上该设备的保护电源和控制电源，并按母线侧闸刀—负荷侧闸刀—开关的顺序依次操作，停电时的操作顺序与此相反
	开关小车由“工作”摇至“试验”位置	（1）合位、摇把操作困难造成扭伤、碰伤； （2）电弧灼伤、短路故障、扭伤、碰伤； （3）误触带电体造成电弧伤害	（1）触电、电弧灼伤； （2）其他人身伤害； （3）设备事故	1	2	15	30	2	（1）必须确认开关与变压器状态，具备停电条件； （2）必须确认开关与开关仓对应； （3）操作前确认开关在分闸位置，通过带电显示仪电流、功率及信号灯指示判断开关确为分闸状态； （4）摇开关时需将开关仓门关好； （5）检修后新投运的开关送入仓内前必须测开关断口、相间及对地绝缘电阻； （6）开关位置移动必须用手抓住把手，不要触碰其他位置；

续表

作业步骤		危害因素	可能导致的后果	风险评价					控制措施
				L	E	C	D	风险程度	
操作过程	开关小车由“工作”摇至“试验”位置								（7）注意检查变压器接地线装设地点； （8）注意检查变压器停运后温控装置电源确已断开； （9）不得随意解除机械闭锁
	保护投、退	（1）错停、漏停、错投、漏投保护； （2）误碰保护装置； （3）通信设备干扰保护装置	（1）设备事故； （2）保护不能正确动作； （3）保护误动	1	2	15	30	2	（1）严格执行操作票； （2）加强培训，值班人员应熟练掌握继电保护的使用方法、保护压板的切换方法及注意事项； （3）首选通过固定电话联系
	开关、闸刀分、合闸后状态检查	（1）检查不到位； （2）开关、闸刀三相分、合不同步； （3）开关、闸刀连杆断裂	（1）触电、电弧灼伤； （2）造成非全相分、合； （3）设备事故	1	2	15	30	2	（1）操作时核对设备实际位置； （2）开关、闸刀三相分、合不同步动作； （3）检查开关状态信号灯指示； （4）不得随意解除机械闭锁
	控制电源小空气开关	（1）走错间隔； （2）误分、合开关导致设备异常断电或带电	（1）触电、电弧灼伤； （2）设备事故	1	1	7	7	1	（1）戴绝缘手套； （2）核实操作票内容和设备状态； （3）执行监护制度，唱票，确认设备位置、名称标牌； （4）谨防误碰或接触带电体
操作结束	检查作业现场	有工具遗留在作业现场	设备事故	3	1	15	45	2	操作完成后检查现场，保证没有工具遗留

22. SVG由运行改为冷备用

部门：				分析日期：				记录编号：	
作业地点或分析范围：SVG				分析人：					
作业内容描述：SVG由运行改为冷备用									
主要作业风险：(1) 人员精神状态不佳；(2) 触电；(3) 误入带电间隔；(4) 机械伤害；(5) 设备事故；(6) 环境危害；(7) 中毒									
控制措施：(1) 合理安排工作成员，情绪不稳定者禁止工作；(2) 办理工作票，确认安全措施执行到位，验电，挂牌；(3) 高压试验过程中执行专人监护制度；(4) 使用临时电源时注意防止触电；(5) 在开关本体处挂牌，挂设接地线；(6) 使用绝缘手套、绝缘鞋；(7) 穿戴好个人防护用品；(8) 操作时看清设备名称、编号和状态，防止走错间隔；(9) 避免大风或雷雨天气作业；(10) 收到调度指令后方可进行停电操作；(11) 严禁没有调度指令严禁擅自进行操作；(12) 注意通风									
工作负责人签名：	日期：	工作票签发人签名：		日期：		工作许可人签名：		日期：	

作业步骤		危害因素	可能导致的后果	风险评价					控制措施
				L	*E*	*C*	*D*	风险程度	
作业环境	室外天气潮湿	设备潮湿引起短路	(1) 触电、电弧灼伤； (2) 其他人身伤害； (3) 设备事故	1	3	15	45	2	(1) 选择适当时机操作，湿度过大时应采取相应措施； (2) 保持设备干燥
	雷雨天气	雷电闪络	(1) 触电、电弧灼伤； (2) 其他人身伤害； (3) 设备事故	1	3	15	45	2	(1) 选择适当时机操作，湿度过大时应采取相应措施； (2) 保持设备干燥
操作前准备	接收操作指令	工作对象不清楚	(1) 触电、电弧灼伤； (2) 设备异常或故障	1	2	15	30	2	明确操作目的，防止弄错对象
	确定操作对象、核对设备运行方式	误操作其他设备	(1) 触电、电弧灼伤； (2) 设备异常或故障	1	2	15	30	2	(1) 正确核对现场设备名称、标牌、系统图； (2) 按规定执行操作监护制度
	填写操作票	填错操作票引起误操作	(1) 触电、电弧灼伤； (2) 设备异常或故障	1	2	15	30	2	(1) 正确填写操作票，检查操作票填写内容是否正确； (2) 严格执行操作监护制度
	选择合适的工器具	工器具选择不当	(1) 触电、电弧灼伤； (2) 设备异常或故障	1	2	7	14	1	(1) 选择合适的操作工器具； (2) 检查所用的工具，必须完好； (3) 正确使用工器具
	穿戴合适的个人防护用品	穿戴不合适的个人防护用品	(1) 触电、电弧灼伤； (2) 其他人身伤害	1	2	7	14	1	(1) 穿绝缘鞋，戴安全帽、耳塞和防尘口罩； (2) 穿长袖工作服，扣好衣服和袖口； (3) 戴绝缘手套

续表

作业步骤		危害因素	可能导致的后果	风险评价					控制措施
				L	E	C	D	风险程度	
操作前准备	通信联系	（1）通信不畅或错误引起误操作； （2）人员受到伤害时延误施救时间	（1）扩大事故； （2）加重人员伤害	1	2	7	7	1	携带可靠的通信工具，操作时保持联系
	工作班成员精神状态确认	（1）无法正常完成指定工作； （2）作业过程中无法清醒判断危险点	（1）触电； （2）设备事故	1	3	15	45	2	合理安排工作班成员，精神状态不佳者禁止工作
操作过程	远方、就地切换开关	（1）走错间隔； （2）误分、合开关导致设备异常断电或带电； （3）误操作造成电弧伤害； （4）操作顺序不当； （5）开关未切换即开始操作	（1）触电、电弧灼伤； （2）设备事故； （3）保护误动或拒动	1	2	15	30	2	（1）戴绝缘手套； （2）核实操作票内容和设备状态； （3）执行监护制度，唱票，确认设备位置、名称标牌，严格执行操作票制度； （4）谨防误碰或接触带电体
	开关分闸操作	（1）误合开关，误触带电体； （2）开关有缺陷； （3）操作顺序不当	（1）触电、电弧灼伤； （2）其他人身伤害； （3）设备事故； （4）潮流分布不均匀； （5）带负荷拉闸刀	1	2	15	30	2	（1）核对设备名称和编号，检查设备状态； （2）操作时与开关保持一定距离； （3）考虑好开关爆炸时的撤离线路； （4）禁止就地进行开关、闸刀操作； （5）开关合、分闸指示要清楚，必须确认开关在分闸位置才能操作闸刀； （6）闸刀无法操作时，要查明原因，特别要复查开关是否在合闸位置，或有关的接地开关未拉开而使闸刀不能操作，不要违规强行解除闭锁操作闸刀； （7）送电时，先送上该设备的保护电源和控制电源，并按母线侧闸刀—负荷侧闸刀—开关的顺序依次操作，停电时的操作顺序与此相反
	开关小车由“工作”摇至“试验”位置	（1）合位、摇把操作困难造成扭伤、碰伤； （2）电弧灼伤、短路故障、扭伤、碰伤； （3）误触带电体造成电弧伤害	（1）触电、电弧灼伤； （2）其他人身伤害； （3）设备事故	1	2	15	30	2	（1）必须确认开关与变压器状态，具备停电条件； （2）必须确认开关与开关仓对应； （3）操作前确认开关在分闸位置，通过带电显示仪电流、功率及信号灯指示判断开关确为分闸状态； （4）摇开关时需将开关仓门关好； （5）检修后新投运的开关送入仓内前必须测开关断口、相间及对地绝缘电阻； （6）移动开关位置时必须用手抓住把手，不要触碰其他位置；

续表

作业步骤		危害因素	可能导致的后果	风险评价					控制措施
				L	E	C	D	风险程度	
操作过程	开关小车由“工作”摇至“试验”位置								（7）注意检查变压器接地线装设地点； （8）注意检查变压器停运后温控装置电源确已断开； （9）不得随意解除机械闭锁
操作过程	保护投、退	（1）错停、漏停、错投、漏投保护； （2）误碰保护装置； （3）通信设备干扰保护装置	（1）设备事故； （2）保护不能正确动作； （3）保护误动	1	2	15	30	2	（1）严格执行操作票； （2）加强培训，值班人员应熟练掌握继电保护的使用方法、保护压板的切换方法及注意事项； （3）首选通过固定电话联系
操作过程	开关、闸刀分、合闸后状态检查	（1）检查不到位； （2）开关、闸刀三相分、合不同步； （3）开关、闸刀连杆断裂	（1）触电、电弧灼伤； （2）造成非全相分、合； （3）设备事故	1	2	15	30	2	（1）操作时核对设备实际位置； （2）开关、闸刀三相分、合不同步动作； （3）检查开关状态信号灯指示； （4）不得随意解除机械闭锁
操作过程	控制电源小空气开关	（1）走错间隔； （2）误分、合开关导致设备异常断电或带电	（1）触电、电弧灼伤； （2）设备事故	1	1	7	7	1	（1）戴绝缘手套； （2）核实操作票内容和设备状态； （3）执行监护制度，唱票，确认设备位置、名称标牌； （4）谨防误碰或接触带电体
操作结束	检查作业现场	有工具遗留在作业现场	设备事故	3	1	15	45	2	操作完成后检查现场，保证没有工具遗留

23. SVG 由冷备用改为运行

部门：	分析日期：	记录编号：
作业地点或分析范围：SVG	分析人：	
作业内容描述：SVG 由冷备用改为运行		
主要作业风险：(1) 人员精神状态不佳；(2) 触电；(3) 误入带电间隔；(4) 机械伤害；(5) 设备事故；(6) 环境危害；(7) 中毒		
控制措施：(1) 合理安排工作成员，情绪不稳定者禁止工作；(2) 办理工作票，确认安全措施执行到位，验电，挂牌；(3) 高压试验过程中执行专人监护制度；(4) 使用临时电源时注意防止触电；(5) 在开关本体处挂牌，挂设接地线；(6) 使用绝缘手套、绝缘鞋；(7) 穿戴好个人防护用品；(8) 操作时看清设备名称、编号和状态，防止走错间隔；(9) 避免大风或雷雨天气作业；(10) 收到调度指令后方可进行停电操作；(11) 严禁没有调度指令严禁擅自进行操作；(12) 注意通风		

工作负责人签名：	日期：	工作票签发人签名：	日期：	工作许可人签名：	日期：

作业步骤		危害因素	可能导致的后果	风险评价					控制措施
				L	E	C	D	风险程度	
作业环境	室外天气潮湿	设备潮湿引起短路	(1) 触电、电弧灼伤； (2) 其他人身伤害； (3) 设备事故	1	3	15	45	2	(1) 选择适当时机操作，湿度过大时应采取相应措施； (2) 保持设备干燥
	雷雨天气	雷电闪络	(1) 触电、电弧灼伤； (2) 其他人身伤害； (3) 设备事故	1	3	15	45	2	(1) 选择适当时机操作，湿度过大时应采取相应措施； (2) 保持设备干燥
操作前准备	接收操作指令	工作对象不清楚	(1) 触电、电弧灼伤； (2) 设备异常或故障	1	2	15	30	2	明确操作目的，防止弄错对象
	确定操作对象、核对设备运行方式	误操作其他设备	(1) 触电、电弧灼伤； (2) 设备异常或故障	1	2	15	30	2	(1) 正确核对现场设备名称、标牌、系统图； (2) 按规定执行操作监护制度
	填写操作票	填错操作票引起误操作	(1) 触电、电弧灼伤； (2) 设备异常或故障	1	2	15	30	2	(1) 正确填写操作票，检查操作票填写内容是否正确； (2) 严格执行操作监护制度
	选择合适的工器具	工器具选择不当	(1) 触电、电弧灼伤； (2) 设备异常或故障	1	2	7	14	1	(1) 选择合适的操作工器具； (2) 检查所用的工具，必须完好； (3) 正确使用工器具
	穿戴合适的个人防护用品	穿戴不合适的个人防护用品	(1) 触电、电弧灼伤； (2) 其他人身伤害	1	2	7	14	1	(1) 穿绝缘鞋，戴安全帽、耳塞和防尘口罩； (2) 穿长袖工作服，扣好衣服和袖口； (3) 戴绝缘手套

续表

作业步骤		危害因素	可能导致的后果	风险评价					控制措施
				L	E	C	D	风险程度	
操作前准备	通信联系	（1）通信不畅或错误引起误操作； （2）人员受到伤害时延误施救时间	（1）扩大事故； （2）加重人员伤害	1	2	7	7	1	携带可靠的通信工具，操作时保持联系
	工作班成员精神状态确认	（1）无法正常完成指定工作； （2）作业过程中无法清醒判断危险点	（1）触电； （2）设备事故	1	3	15	45	2	合理安排工作班成员，精神状态不佳者禁止工作
操作过程	远方、就地切换开关	（1）走错间隔； （2）误分、合开关导致设备异常断电或带电； （3）误操作造成电弧伤害； （4）操作顺序不当； （5）开关未切换即开始操作	（1）触电、电弧灼伤； （2）设备事故； （3）保护误动或拒动	1	2	15	30	2	（1）戴绝缘手套； （2）核实操作票内容和设备状态； （3）执行监护制度，唱票，确认设备位置、名称标牌，严格执行操作票制度； （4）谨防误碰或接触带电体
	开关合闸操作	（1）误合开关，误触带电体； （2）开关有缺陷； （3）操作顺序不当； （4）走错间隔	（1）触电、电弧灼伤； （2）其他人身伤害； （3）设备事故； （4）潮流分布不均匀； （5）带负荷拉闸刀	1	2	15	30	2	（1）核对设备名称和编号，检查设备状态； （2）操作时与开关保持一定距离； （3）考虑好开关爆炸时的撤离线路； （4）禁止就地进行开关操作； （5）严格按照调度下发的操作票顺序进行操作； （6）检查开关、母线闸刀分闸反馈正常，开关间隔三相电流为零，开关三相确已合闸
	开关小车由“试验”摇至“工作”位置	（1）合位、摇把操作困难造成扭伤、碰伤； （2）电弧灼伤、短路故障、扭伤、碰伤； （3）误触带电体造成电弧伤害； （4）走错间隔； （5）小车摇杆脱落	（1）触电、电弧灼伤； （2）设备事故； （3）摇把操作困难造成扭伤、碰伤	1	2	15	30	2	（1）必须确认开关与变压器状态，具备停电条件； （2）必须确认开关与开关仓对应； （3）操作前确认开关在分闸位置，通过带电显示仪电流、功率及信号灯指示判断开关确为分闸状态； （4）摇开关时需将开关仓门关好； （5）检修后新投运的开关送入仓内前必须测开关断口、相间及对地绝缘电阻； （6）移动开关位置时必须用手抓住把手，不要触碰其他位置； （7）注意检查变压器低压侧接地线装设地点； （8）不得随意解除机械闭锁； （9）操作过程中确保小车摇杆和设备可靠连接

续表

作业步骤		危害因素	可能导致的后果	风险评价					控制措施
				L	E	C	D	风险程度	
操作过程	保护投、退	(1) 错停、漏停、错投、漏投保护； (2) 误碰保护装置； (3) 通信设备干扰保护装置； (4) 走错间隔	(1) 设备事故； (2) 保护不能正确动作； (3) 保护误动	1	2	15	30	2	(1) 严格执行操作票； (2) 加强培训，值班人员应熟练掌握继电保护的使用方法、保护压板的切换方法及注意事项； (3) 首选通过固定电话联系
	开关、接地开关分、合闸后状态检查	(1) 检查不到位； (2) 开关、接地开关三相分、合不同步； (3) 开关、接地开关连杆断裂； (4) 走错间隔	(1) 触电、电弧灼伤； (2) 造成非全相分、合； (3) 设备事故	1	2	15	30	2	(1) 操作时核对设备实际位置； (2) 开关、接地开关三相分、合不同步动作； (3) 检查开关状态信号灯指示； (4) 不得随意解除机械闭锁
	控制电源小空气开关	(1) 走错间隔； (2) 误分、合开关导致设备异常断电或带电	(1) 触电、电弧灼伤； (2) 设备事故	1	1	7	7	1	(1) 戴绝缘手套； (2) 核实操作票内容和设备状态； (3) 执行监护制度，唱票，确认设备位置、名称标牌； (4) 谨防误碰或接触带电体
操作结束	检查作业现场	有工具遗留在作业现场	设备事故	3	1	15	45	2	操作完成后检查现场，保证没有工具遗留

24. SVG 由检修改为运行

部门：				分析日期：				记录编号：	
作业地点或分析范围：SVG				分析人：					
作业内容描述：SVG 由检修改为运行									
主要作业风险：（1）人员精神状态不佳；（2）触电；（3）误入带电间隔；（4）机械伤害；（5）设备事故；（6）环境危害；（7）中毒									
控制措施：（1）合理安排工作成员，情绪不稳定者禁止工作；（2）办理工作票，确认安全措施执行到位，验电，挂牌；（3）高压试验过程中执行专人监护制度；（4）使用临时电源时注意防止触电；（5）在开关本体处挂牌，挂设接地线；（6）使用绝缘手套、绝缘鞋；（7）穿戴好个人防护用品；（8）操作时看清设备名称、编号和状态，防止走错间隔；（9）避免大风或雷雨天气作业；（10）收到调度指令后方可进行停电操作；（11）严禁没有调度指令严禁擅自进行操作；（12）注意通风									
工作负责人签名：	日期：	工作票签发人签名：		日期：		工作许可人签名：		日期：	

作业步骤		危害因素	可能导致的后果	风险评价					控制措施
				L	*E*	*C*	*D*	风险程度	
作业环境	室外天气潮湿	设备潮湿引起短路	（1）触电、电弧灼伤； （2）其他人身伤害； （3）设备事故	1	3	15	45	2	（1）选择适当时机操作，湿度过大时应采取相应措施； （2）保持设备干燥
	雷雨天气	雷电闪络	（1）触电、电弧灼伤； （2）其他人身伤害； （3）设备事故	1	3	15	45	2	（1）选择适当时机操作，湿度过大时应采取相应措施； （2）保持设备干燥
操作前准备	接收操作指令	工作对象不清楚	（1）触电、电弧灼伤； （2）设备异常或故障	1	2	15	30	2	明确操作目的，防止弄错对象
	确定操作对象、核对设备运行方式	误操作其他设备	（1）触电、电弧灼伤； （2）设备异常或故障	1	2	15	30	2	（1）正确核对现场设备名称、标牌、系统图； （2）按规定执行操作监护制度
	填写操作票	填错操作票引起误操作	（1）触电、电弧灼伤； （2）设备异常或故障	1	2	15	30	2	（1）正确填写操作票，检查操作票填写内容是否正确； （2）严格执行操作监护制度
	选择合适的工器具	工器具选择不当	（1）触电、电弧灼伤； （2）设备异常或故障	1	2	7	14	1	（1）选择合适的操作工器具； （2）检查所用的工具，必须完好； （3）正确使用工器具
	穿戴合适的个人防护用品	穿戴不合适的个人防护用品	（1）触电、电弧灼伤； （2）其他人身伤害	1	2	7	14	1	（1）穿绝缘鞋，戴安全帽、耳塞和防尘口罩； （2）穿长袖工作服，扣好衣服和袖口； （3）戴绝缘手套

续表

作业步骤		危害因素	可能导致的后果	风险评价					控制措施
				L	E	C	D	风险程度	
操作前准备	通信联系	（1）通信不畅或错误引起误操作； （2）人员受到伤害时延误施救时间	（1）扩大事故； （2）加重人员伤害	1	2	7	7	1	携带可靠的通信工具，操作时保持联系
	工作班成员精神状态确认	（1）无法正常完成指定工作； （2）作业过程中无法清醒判断危险点	（1）触电； （2）设备事故	1	3	15	45	2	合理安排工作班成员，精神状态不佳者禁止工作
操作过程	远方、就地切换开关	（1）走错间隔； （2）误分、合开关导致设备异常断电或带电； （3）误操作造成电弧伤害； （4）操作顺序不当； （5）开关未切换即开始操作	（1）触电、电弧灼伤； （2）设备事故； （3）保护误动或拒动	1	2	15	30	2	（1）戴绝缘手套； （2）核实操作票内容和设备状态； （3）执行监护制度，唱票，确认设备位置、名称标牌，严格执行操作票制度； （4）谨防误碰或接触带电体
	开关合闸操作	（1）误合开关，误触带电体； （2）开关有缺陷； （3）操作顺序不当； （4）走错间隔	（1）触电、电弧灼伤； （2）其他人身伤害； （3）设备事故； （4）潮流分布不均匀； （5）带负荷拉闸刀	1	2	15	30	2	（1）核对设备名称和编号，检查设备状态； （2）操作时与开关保持一定距离； （3）考虑好开关爆炸时的撤离线路； （4）禁止就地进行开关操作； （5）严格按照调度下发的操作票顺序进行操作； （6）检查开关、母线闸刀分闸反馈正常，开关间隔三相电流为零，开关三相确已合闸
	开关小车由“试验”摇至“工作”位置	（1）合位、摇把操作困难造成扭伤、碰伤； （2）电弧灼伤、短路故障、扭伤、碰伤； （3）误触带电体造成电弧伤害； （4）走错间隔； （5）小车摇杆脱落	（1）触电、电弧灼伤； （2）设备事故； （3）摇把操作困难造成扭伤、碰伤	1	2	15	30	2	（1）必须确认开关与变压器状态，具备停电条件； （2）必须确认开关与开关仓对应； （3）操作前确认开关在分闸位置，通过带电显示仪电流、功率及信号灯指示判断开关确为分闸状态； （4）摇开关时需将开关仓门关好； （5）检修后新投运的开关送入仓内前必须测开关断口、相间及对地绝缘电阻； （6）移动开关位置时必须用手抓住把手，不要触碰其他位置； （7）注意检查变压器低压侧接地线装设地点； （8）不得随意解除机械闭锁； （9）操作过程中确保小车摇杆和设备可靠连接

续表

作业步骤		危害因素	可能导致的后果	风险评价					控制措施
				L	E	C	D	风险程度	
操作过程	保护投、退	(1) 错停、漏停、错投、漏投保护； (2) 误碰保护装置； (3) 通信设备干扰保护装置； (4) 走错间隔	(1) 设备事故； (2) 保护不能正确动作； (3) 保护误动	1	2	15	30	2	(1) 严格执行操作票； (2) 加强培训，值班人员应熟练掌握继电保护的使用方法、保护压板的切换方法及注意事项； (3) 首选通过固定电话联系
	开关、接地开关分、合闸后状态检查	(1) 检查不到位； (2) 开关、接地开关三相分、合不同步； (3) 开关、接地开关连杆断裂； (4) 走错间隔	(1) 触电、电弧灼伤； (2) 造成非全相分、合； (3) 设备事故	1	2	15	30	2	(1) 操作时核对设备实际位置； (2) 开关、接地开关三相分、合不同步动作； (3) 检查开关状态信号灯指示； (4) 不得随意解除机械闭锁
	控制电源小空气开关	(1) 走错间隔； (2) 误分、合开关导致设备异常断电或带电	(1) 触电、电弧灼伤； (2) 设备事故	1	1	7	7	1	(1) 戴绝缘手套； (2) 核实操作票内容和设备状态； (3) 执行监护制度，唱票，确认设备位置、名称标牌； (4) 谨防误碰或接触带电体
操作结束	检查作业现场	有工具遗留在作业现场	设备事故	3	1	15	45	2	操作完成后检查现场，保证没有工具遗留

25. SVG由检修改为冷备用

<table>
<tr><td colspan="3">部门：</td><td colspan="6">分析日期：</td><td>记录编号：</td></tr>
<tr><td colspan="3">作业地点或分析范围：SVG</td><td colspan="7">分析人：</td></tr>
<tr><td colspan="10">作业内容描述：SVG由检修改为冷备用</td></tr>
<tr><td colspan="10">主要作业风险：(1) 人员精神状态不佳；(2) 触电；(3) 误入带电间隔；(4) 机械伤害；(5) 设备事故；(6) 环境危害；(7) 中毒</td></tr>
<tr><td colspan="10">控制措施：(1) 合理安排工作成员，情绪不稳定者禁止工作；(2) 办理工作票，确认安全措施执行到位，验电，挂牌；(3) 高压试验过程中执行专人监护制度；(4) 使用临时电源时注意防止触电；(5) 在开关本体处挂牌，挂设接地线；(6) 使用绝缘手套、绝缘鞋；(7) 穿戴好个人防护用品；(8) 操作时看清设备名称、编号和状态，防止走错间隔；(9) 避免大风或雷雨天气作业；(10) 收到调度指令后方可进行停电操作；(11) 严禁没有调度指令严禁擅自进行操作；(12) 注意通风</td></tr>
<tr><td colspan="2">工作负责人签名：</td><td>日期：</td><td>工作票签发人签名：</td><td colspan="2">日期：</td><td colspan="3">工作许可人签名：</td><td>日期：</td></tr>
<tr><td colspan="2" rowspan="2">作业步骤</td><td rowspan="2">危害因素</td><td rowspan="2">可能导致的后果</td><td colspan="5">风险评价</td><td rowspan="2">控制措施</td></tr>
<tr><td>L</td><td>E</td><td>C</td><td>D</td><td>风险程度</td></tr>
<tr><td rowspan="2">作业环境</td><td>室外天气潮湿</td><td>设备潮湿引起短路</td><td>(1) 触电、电弧灼伤；
(2) 其他人身伤害；
(3) 设备事故</td><td>1</td><td>3</td><td>15</td><td>45</td><td>2</td><td>(1) 选择适当时机操作，湿度过大时应采取相应措施；
(2) 保持设备干燥</td></tr>
<tr><td>雷雨天气</td><td>雷电闪络</td><td>(1) 触电、电弧灼伤；
(2) 其他人身伤害；
(3) 设备事故</td><td>1</td><td>3</td><td>15</td><td>45</td><td>2</td><td>(1) 选择适当时机操作，湿度过大时应采取相应措施；
(2) 保持设备干燥</td></tr>
<tr><td rowspan="5">操作前准备</td><td>接收操作指令</td><td>工作对象不清楚</td><td>(1) 触电、电弧灼伤；
(2) 设备异常或故障</td><td>1</td><td>2</td><td>15</td><td>30</td><td>2</td><td>明确操作目的，防止弄错对象</td></tr>
<tr><td>确定操作对象、核对设备运行方式</td><td>误操作其他设备</td><td>(1) 触电、电弧灼伤；
(2) 设备异常或故障</td><td>1</td><td>2</td><td>15</td><td>30</td><td>2</td><td>(1) 正确核对现场设备名称、标牌、系统图；
(2) 按规定执行操作监护制度</td></tr>
<tr><td>填写操作票</td><td>填错操作票引起误操作</td><td>(1) 触电、电弧灼伤；
(2) 设备异常或故障</td><td>1</td><td>2</td><td>15</td><td>30</td><td>2</td><td>(1) 正确填写操作票，检查操作票填写内容是否正确；
(2) 严格执行操作监护制度</td></tr>
<tr><td>选择合适的工器具</td><td>工器具选择不当</td><td>(1) 触电、电弧灼伤；
(2) 设备异常或故障</td><td>1</td><td>2</td><td>7</td><td>14</td><td>1</td><td>(1) 选择合适的操作工器具；
(2) 检查所用的工具，必须完好；
(3) 正确使用工器具</td></tr>
<tr><td>穿戴合适的个人防护用品</td><td>穿戴不合适的个人防护用品</td><td>(1) 触电、电弧灼伤；
(2) 其他人身伤害</td><td>1</td><td>2</td><td>7</td><td>14</td><td>1</td><td>(1) 穿绝缘鞋，戴安全帽、耳塞和防尘口罩；
(2) 穿长袖工作服，扣好衣服和袖口；
(3) 戴绝缘手套</td></tr>
</table>

续表

作业步骤		危害因素	可能导致的后果	风险评价					控制措施
				L	E	C	D	风险程度	
操作前准备	通信联系	（1）通信不畅或错误引起误操作； （2）人员受到伤害时延误施救时间	（1）扩大事故； （2）加重人员伤害	1	2	7	7	1	携带可靠的通信工具，操作时保持联系
	工作班成员精神状态确认	（1）无法正常完成指定工作； （2）作业过程中无法清醒判断危险点	（1）触电； （2）设备事故	1	3	15	45	2	合理安排工作班成员，精神状态不佳者禁止工作
操作过程	远方、就地切换开关	（1）走错间隔； （2）误分、合开关导致设备异常断电或带电； （3）误操作造成电弧伤害； （4）操作顺序不当； （5）开关未切换即开始操作	（1）触电、电弧灼伤； （2）设备事故； （3）保护误动或拒动	1	2	15	30	2	（1）戴绝缘手套； （2）核实操作票内容和设备状态； （3）执行监护制度，唱票，确认设备位置、名称标牌，严格执行操作票制度； （4）谨防误碰或接触带电体
	接地开关分闸	（1）误分接地开关，误触带电体； （2）接地开关有缺陷	（1）触电、电弧灼伤； （2）其他人身伤害； （3）设备事故	1	2	15	30	2	（1）禁止在就地进行开关操作； （2）核对设备名称和编号，检查设备状态； （3）操作时与设备保持一定距离； （4）严格按照调度下发的操作票顺序进行操作； （5）检查接地开关合闸反馈正常，接地开关三相确已分闸
	控制电源小空气开关	（1）走错间隔； （2）误分、合开关导致设备异常断电或带电	（1）触电、电弧灼伤； （2）设备事故	1	1	7	7	1	（1）戴绝缘手套； （2）核实操作票内容和设备状态； （3）执行监护制度，唱票，确认设备位置、名称标牌； （4）谨防误碰或接触带电体
操作结束	检查作业现场	有工具遗留在作业现场	设备事故	3	1	15	45	2	操作完成后检查现场，保证没有工具遗留

26. SVG 由冷备用改为检修

部门：								分析日期：		记录编号：
作业地点或分析范围：SVG								分析人：		
作业内容描述：SVG 由冷备用改为检修										
主要作业风险：(1) 人员精神状态不佳；(2) 触电；(3) 误入带电间隔；(4) 机械伤害；(5) 设备事故；(6) 环境危害；(7) 中毒										
控制措施：(1) 合理安排工作成员，情绪不稳定者禁止工作；(2) 办理工作票，确认安全措施执行到位，验电，挂牌；(3) 高压试验过程中执行专人监护制度；(4) 使用临时电源时注意防止触电；(5) 在开关本体处挂牌，挂设接地线；(6) 使用绝缘手套、绝缘鞋；(7) 穿戴好个人防护用品；(8) 操作时看清设备名称、编号和状态，防止走错间隔；(9) 避免大风或雷雨天气作业；(10) 收到调度指令后方可进行停电操作；(11) 严禁没有调度指令严禁擅自进行操作；(12) 注意通风										
工作负责人签名：		日期：	工作票签发人签名：			日期：		工作许可人签名：		日期：

作业步骤		危害因素	可能导致的后果	风险评价					控制措施
				L	E	C	D	风险程度	
作业环境	室外天气潮湿	设备潮湿引起短路	(1) 触电、电弧灼伤； (2) 其他人身伤害； (3) 设备事故	1	3	15	45	2	(1) 选择适当时机操作，湿度过大时应采取相应措施； (2) 保持设备干燥
	雷雨天气	雷电闪络	(1) 触电、电弧灼伤； (2) 其他人身伤害； (3) 设备事故	1	3	15	45	2	(1) 选择适当时机操作，湿度过大时应采取相应措施； (2) 保持设备干燥
操作前准备	接收操作指令	工作对象不清楚	(1) 触电、电弧灼伤； (2) 设备异常或故障	1	2	15	30	2	明确操作目的，防止弄错对象
	确定操作对象、核对设备运行方式	误操作其他设备	(1) 触电、电弧灼伤； (2) 设备异常或故障	1	2	15	30	2	(1) 正确核对现场设备名称、标牌、系统图； (2) 按规定执行操作监护制度
	填写操作票	填错操作票引起误操作	(1) 触电、电弧灼伤； (2) 设备异常或故障	1	2	15	30	2	(1) 正确填写操作票，检查操作票填写内容是否正确； (2) 严格执行操作监护制度
	选择合适的工器具	工器具选择不当	(1) 触电、电弧灼伤； (2) 设备异常或故障	1	2	7	14	1	(1) 选择合适的操作工器具； (2) 检查所用的工具，必须完好； (3) 正确使用工器具
	穿戴合适的个人防护用品	穿戴不合适的个人防护用品	(1) 触电、电弧灼伤； (2) 其他人身伤害	1	2	7	14	1	(1) 穿绝缘鞋，戴安全帽、耳塞和防尘口罩； (2) 穿长袖工作服，扣好衣服和袖口； (3) 戴绝缘手套

续表

作业步骤		危害因素	可能导致的后果	风险评价					控制措施
				L	*E*	*C*	*D*	风险程度	
操作前准备	通信联系	（1）通信不畅或错误引起误操作； （2）人员受到伤害时延误施救时间	（1）扩大事故； （2）加重人员伤害	1	2	7	7	1	携带可靠的通信工具，操作时保持联系
	工作班成员精神状态确认	（1）无法正常完成指定工作； （2）作业过程中无法清醒判断危险点	（1）触电； （2）设备事故	1	3	15	45	2	合理安排工作班成员，精神状态不佳者禁止工作
操作过程	远方、就地切换开关	（1）走错间隔； （2）误分、合开关导致设备异常断电或带电； （3）误操作造成电弧伤害； （4）操作顺序不当； （5）开关未切换即开始操作	（1）触电、电弧灼伤； （2）设备事故； （3）保护误动或拒动	1	2	15	30	2	（1）戴绝缘手套； （2）核实操作票内容和设备状态； （3）执行监护制度，唱票，确认设备位置、名称标牌，严格执行操作票制度； （4）谨防误碰或接触带电体
	接地开关合闸操作	（1）误合开关，误触带电体； （2）开关有缺陷； （3）操作顺序不当； （4）走错间隔； （5）带电合接地开关	（1）触电、电弧灼伤； （2）其他人身伤害； （3）设备事故	1	2	15	30	2	（1）核对设备名称和编号，检查设备状态； （2）操作时与开关保持一定距离； （3）考虑好开关爆炸时的撤离线路； （4）开关合、分闸指示要清楚，必须确认开关在分闸位置才能操作刀闸； （5）刀闸无法操作时，要查明原因，特别要复查开关是否在合闸位置，或有关的接地开关未拉开而使刀闸不能操作，不要违规强行解除闭锁操作刀闸
	开关、接地开关分、合闸后状态检查	（1）检查不到位； （2）开关、接地开关三相分、合不同步； （3）开关、接地开关连杆断裂； （4）走错间隔	（1）触电、电弧灼伤； （2）造成非全相分、合； （3）设备事故	1	2	15	30	2	（1）操作时核对设备实际位置； （2）开关、接地开关三相分、合不同步动作； （3）检查开关状态信号灯指示； （4）不得随意解除机械闭锁
	控制电源小空气开关	（1）走错间隔； （2）误分、合开关导致设备异常断电或带电	（1）触电、电弧灼伤； （2）设备事故	1	1	7	7	1	（1）戴绝缘手套； （2）核实操作票内容和设备状态； （3）执行监护制度，唱票，确认设备位置、名称标牌； （4）谨防误碰或接触带电体

续表

作业步骤		危害因素	可能导致的后果	风险评价					控制措施
				L	E	C	D	风险程度	
操作结束	检查作业现场	有工具遗留在作业现场	设备事故	3	1	15	45	2	操作完成后检查现场，保证没有工具遗留

27. 场用兼接地变压器由冷备用改为运行

部门：	分析日期：	记录编号：
作业地点或分析范围：场用兼接地变压器	分析人：	

作业内容描述：场用兼接地变压器由冷备用改为运行

主要作业风险：（1）人员精神状态不佳；（2）触电；（3）误入带电间隔；（4）机械伤害；（5）设备事故；（6）环境危害；（7）中毒；（8）落水

控制措施：（1）合理安排工作成员，情绪不稳定者禁止工作；（2）办理工作票，确认安全措施执行到位，验电，挂牌；（3）高压试验过程中执行专人监护制度；（4）使用临时电源时注意防止触电；（5）在开关本体处挂牌，挂设接地线；（6）使用绝缘手套、绝缘鞋；（7）穿戴好个人防护用品；（8）操作时看清设备名称、编号和状态，防止走错间隔；（9）避免大风或雷雨天气作业；（10）收到调度指令后方可进行停电操作；（11）严禁没有调度指令严禁擅自进行操作；（12）注意通风；（13）穿好救生衣

工作负责人签名：	日期：	工作票签发人签名：	日期：	工作许可人签名：	日期：

作业步骤		危害因素	可能导致的后果	风险评价					控制措施
				L	E	C	D	风险程度	
作业环境	室外天气潮湿	设备潮湿引起短路	（1）触电、电弧灼伤； （2）其他人身伤害； （3）设备事故	1	3	15	45	2	（1）选择适当时机操作，湿度过大时应采取相应措施； （2）保持设备干燥
作业环境	雷雨天气	雷电闪络	（1）触电、电弧灼伤； （2）其他人身伤害； （3）设备事故	1	3	15	45	2	（1）选择适当时机操作，湿度过大时应采取相应措施； （2）保持设备干燥
作业环境	海上作业	落水	（1）溺亡； （2）船舶伤害	1	3	15	45	2	（1）穿好救生衣； （2）上下船注意安全
操作前准备	接收操作指令	工作对象不清楚	（1）触电、电弧灼伤； （2）设备异常或故障	1	2	15	30	2	明确操作目的，防止弄错对象
操作前准备	确定操作对象、核对设备运行方式	误操作其他设备	（1）触电、电弧灼伤； （2）设备异常或故障	1	2	15	30	2	（1）正确核对现场设备名称、标牌、系统图； （2）按规定执行操作监护制度
操作前准备	填写操作票	填错操作票引起误操作	（1）触电、电弧灼伤； （2）设备异常或故障	1	2	15	30	2	（1）正确填写操作票，检查操作票填写内容是否正确； （2）严格执行操作监护制度
操作前准备	选择合适的工器具	工器具选择不当	（1）触电、电弧灼伤； （2）设备异常或故障	1	2	7	14	1	（1）选择合适的操作工器具； （2）检查所用的工具，必须完好； （3）正确使用工器具

续表

作业步骤		危害因素	可能导致的后果	风险评价 L	E	C	D	风险程度	控制措施
操作前准备	穿戴合适的个人防护用品	穿戴不合适的个人防护用品	（1）触电、电弧灼伤； （2）其他人身伤害	1	2	7	14	1	（1）穿绝缘鞋，戴安全帽、耳塞和防尘口罩； （2）穿长袖工作服，扣好衣服和袖口； （3）戴绝缘手套
	通信联系	（1）通信不畅或错误引起误操作； （2）人员受到伤害时延误施救时间	（1）扩大事故； （2）加重人员伤害	1	2	7	7	1	携带可靠的通信工具，操作时保持联系
	工作班成员精神状态确认	（1）无法正常完成指定工作； （2）作业过程中无法清醒判断危险点	（1）触电； （2）设备事故	1	3	15	45	2	合理安排工作班成员，精神状态不佳者禁止工作
操作过程	远方、就地切换开关	（1）走错间隔； （2）误分、合开关导致设备异常断电或带电； （3）误操作造成电弧伤害； （4）操作顺序不当； （5）开关未切换即开始操作	（1）触电、电弧灼伤； （2）设备事故； （3）保护误动或拒动	1	2	15	30	2	（1）戴绝缘手套； （2）核实操作票内容和设备状态； （3）执行监护制度，唱票，确认设备位置、名称标牌，严格执行操作票制度； （4）谨防误碰或接触带电体
	开关、闸刀分合闸操作	（1）误合开关，误触带电体； （2）开关有缺陷； （3）操作顺序不当； （4）走错间隔	（1）触电、电弧灼伤； （2）其他人身伤害； （3）设备事故； （4）潮流分布不均匀； （5）带负荷拉闸刀	1	2	15	30	2	（1）核对设备名称和编号，检查设备状态； （2）操作时与开关保持一定距离； （3）考虑好开关爆炸时的撤离线路； （4）禁止就地进行开关、闸刀操作； （5）开关合、分闸指示要清楚，必须确认开关在分闸位置才能操作闸刀； （6）闸刀无法操作时，要查明原因，特别要复查开关是否在合闸位置，或有关的接地开关未拉开而使闸刀不能操作，不要违规强行解除闭锁操作闸刀； （7）送电时，先送上该设备的保护电源和控制电源，并按母线侧闸刀—负荷侧闸刀—开关的顺序依次操作，停电时的操作顺序与此相反
	保护投、退	（1）错停、漏停、错投、漏投保护； （2）误碰保护装置； （3）通信设备干扰保护装置； （4）走错间隔	（1）设备事故； （2）保护不能正确动作； （3）保护误动	1	2	15	30	2	（1）严格执行操作票； （2）加强培训，值班人员应熟练掌握继电保护的使用方法、保护压板的切换方法及注意事项； （3）首选通过固定电话联系

续表

作业步骤		危害因素	可能导致的后果	风险评价					控制措施
				L	E	C	D	风险程度	
操作过程	开关、接地开关分、合闸后状态检查	(1) 检查不到位； (2) 开关、接地开关三相分、合不同步； (3) 开关、接地开关连杆断裂； (4) 走错间隔	(1) 触电、电弧灼伤； (2) 造成非全相分、合； (3) 设备事故	1	2	15	30	2	(1) 操作时核对设备实际位置； (2) 开关、接地开关三相分、合不同步动作； (3) 检查开关状态信号灯指示； (4) 不得随意解除机械闭锁
操作过程	控制电源小空气开关	(1) 走错间隔； (2) 误分、合开关导致设备异常断电或带电	(1) 触电、电弧灼伤； (2) 设备事故	1	1	7	7	1	(1) 戴绝缘手套； (2) 核实操作票内容和设备状态； (3) 执行监护制度，唱票，确认设备位置、名称标牌； (4) 谨防误碰或接触带电体
操作结束	检查作业现场	有工具遗留在作业现场	设备事故	3	1	15	45	2	操作完成后检查现场，保证没有工具遗留

28. 场用兼接地变压器由冷备用改为检修

部门：	分析日期：	记录编号：
作业地点或分析范围：场用兼接地变压器	分析人：	
作业内容描述：场用兼接地变压器由冷备用改为检修		
主要作业风险：（1）人员精神状态不佳；（2）触电；（3）误入带电间隔；（4）机械伤害；（5）设备事故；（6）环境危害；（7）中毒		
控制措施：（1）合理安排工作成员，情绪不稳定者禁止工作；（2）办理工作票，确认安全措施执行到位，验电，挂牌；（3）高压试验过程中执行专人监护制度；（4）使用临时电源时注意防止触电；（5）在开关本体处挂牌，挂设接地线；（6）使用绝缘手套、绝缘鞋；（7）穿戴好个人防护用品；（8）操作时看清设备名称、编号和状态，防止走错间隔；（9）避免大风或雷雨天气作业；（10）收到调度指令后方可进行停电操作；（11）严禁没有调度指令严禁擅自进行操作；（12）注意通风		

工作负责人签名：	日期：	工作票签发人签名：	日期：	工作许可人签名：	日期：

作业步骤		危害因素	可能导致的后果	风险评价					控制措施
				L	*E*	*C*	*D*	风险程度	
作业环境	室外天气潮湿	设备潮湿引起短路	（1）触电、电弧灼伤； （2）其他人身伤害； （3）设备事故						（1）选择适当时机操作，湿度过大时应采取相应措施； （2）保持设备干燥
	雷雨天气	雷电闪络	（1）触电、电弧灼伤； （2）其他人身伤害； （3）设备事故	1	3	15	45	2	（1）选择适当时机操作，湿度过大时应采取相应措施； （2）保持设备干燥
	海上作业	落水	（1）溺亡； （2）船舶伤害	1	3	15	45	2	（1）穿好救生衣； （2）上下船注意安全
操作前准备	接收操作指令	工作对象不清楚	（1）触电、电弧灼伤； （2）设备异常或故障	1	2	15	30	2	明确操作目的，防止弄错对象
	确定操作对象、核对设备运行方式	误操作其他设备	（1）触电、电弧灼伤； （2）设备异常或故障	1	2	15	30	2	（1）正确核对现场设备名称、标牌、系统图； （2）按规定执行操作监护制度
	填写操作票	填错操作票引起误操作	（1）触电、电弧灼伤； （2）设备异常或故障	1	2	15	30	2	（1）正确填写操作票，检查操作票填写内容是否正确； （2）严格执行操作监护制度
	选择合适的工器具	工器具选择不当	（1）触电、电弧灼伤； （2）设备异常或故障	1	2	7	14	1	（1）选择合适的操作工器具； （2）检查所用的工具，必须完好； （3）正确使用工器具

续表

作业步骤		危害因素	可能导致的后果	风险评价					控制措施
				L	E	C	D	风险程度	
操作前准备	穿戴合适的个人防护用品	穿戴不合适的个人防护用品	(1) 触电、电弧灼伤； (2) 其他人身伤害	1	2	7	14	1	(1) 穿绝缘鞋，戴安全帽、耳塞和防尘口罩； (2) 穿长袖工作服，扣好衣服和袖口； (3) 戴绝缘手套
	通信联系	(1) 通信不畅或错误引起误操作； (2) 人员受到伤害时延误施救时间	(1) 扩大事故； (2) 加重人员伤害	1	2	7	7	1	携带可靠的通信工具，操作时保持联系
	工作班成员精神状态确认	(1) 无法正常完成指定工作； (2) 作业过程中无法清醒判断危险点	(1) 触电； (2) 设备事故	1	3	15	45	2	合理安排工作班成员，精神状态不佳者禁止工作
操作过程	远方、就地切换开关	(1) 走错间隔； (2) 误分、合开关导致设备异常断电或带电； (3) 误操作造成电弧伤害； (4) 操作顺序不当； (5) 开关未切换即开始操作	(1) 触电、电弧灼伤； (2) 设备事故； (3) 保护误动或拒动	1	2	15	30	2	(1) 戴绝缘手套； (2) 核实操作票内容和设备状态； (3) 执行监护制度，唱票，确认设备位置、名称标牌，严格执行操作票制度； (4) 谨防误碰或接触带电体
	接地开关合闸操作	(1) 误合开关，误触带电体； (2) 开关有缺陷； (3) 操作顺序不当； (4) 走错间隔； (5) 带电合接地开关	(1) 触电、电弧灼伤； (2) 其他人身伤害； (3) 设备事故	1	2	15	30	2	(1) 核对设备名称和编号，检查设备状态； (2) 操作时与开关保持一定距离； (3) 考虑好开关爆炸时的撤离线路； (4) 开关合、分闸指示要清楚，必须确认开关在分闸位置才能操作刀闸； (5) 刀闸无法操作时，要查明原因，特别要复查开关是否在合闸位置，或有关的接地开关未拉开而使刀闸不能操作，不要违规强行解除闭锁操作刀闸
	开关、接地开关分、合闸后状态检查	(1) 检查不到位； (2) 开关、接地开关三相分、合不同步； (3) 开关、接地开关连杆断裂； (4) 走错间隔	(1) 触电、电弧灼伤； (2) 造成非全相分、合； (3) 设备事故	1	2	15	30	2	(1) 操作时核对设备实际位置； (2) 开关、接地开关三相分、合不同步动作； (3) 检查开关状态信号灯指示； (4) 不得随意解除机械闭锁
	控制电源小空气开关	(1) 走错间隔； (2) 误分、合开关导致设备异常断电或带电	(1) 触电、电弧灼伤； (2) 设备事故	1	2	15	30	2	(1) 戴绝缘手套； (2) 核实操作票内容和设备状态； (3) 执行监护制度，唱票，确认设备位置、名称标牌； (4) 谨防误碰或接触带电体

续表

作业步骤		危害因素	可能导致的后果	风险评价					控制措施
				L	E	C	D	风险程度	
操作结束	检查作业现场	有工具遗留在作业现场	设备事故	3	1	15	45	2	操作完成后检查现场，保证没有工具遗留

29. 场用兼接地变压器由检修改为冷备用

部门：				分析日期：		记录编号：
作业地点或分析范围：场用兼接地变压器				分析人：		
作业内容描述：场用兼接地变压器由检修改为冷备用						
主要作业风险：（1）人员精神状态不佳；（2）触电；（3）误入带电间隔；（4）机械伤害；（5）设备事故；（6）环境危害；（7）中毒						
控制措施：（1）合理安排工作成员，情绪不稳定者禁止工作；（2）办理工作票，确认安全措施执行到位，验电，挂牌；（3）高压试验过程中执行专人监护制度；（4）使用临时电源时注意防止触电；（5）在开关本体处挂牌，挂设接地线；（6）使用绝缘手套、绝缘鞋；（7）穿戴好个人防护用品；（8）操作时看清设备名称、编号和状态，防止走错间隔；（9）避免大风或雷雨天气作业；（10）收到调度指令后方可进行停电操作；（11）严禁没有调度指令严禁擅自进行操作；（12）注意通风						
工作负责人签名：	日期：	工作票签发人签名：	日期：	工作许可人签名：	日期：	

作业步骤		危害因素	可能导致的后果	风险评价					控制措施
				L	*E*	*C*	*D*	风险程度	
作业环境	室外天气潮湿	设备潮湿引起短路	（1）触电、电弧灼伤； （2）其他人身伤害； （3）设备事故	1	1	7	7	1	（1）选择适当时机操作，湿度过大时应采取相应措施； （2）保持设备干燥
作业环境	雷雨天气	雷电闪络	（1）触电、电弧灼伤； （2）其他人身伤害； （3）设备事故						（1）选择适当时机操作，湿度过大时应采取相应措施； （2）保持设备干燥
作业环境	海上作业	落水	（1）溺亡； （2）船舶伤害	1	3	15	45	2	（1）穿好救生衣； （2）上下船注意安全
操作前准备	接收操作指令	工作对象不清楚	（1）触电、电弧灼伤； （2）设备异常或故障	1	2	15	30	2	明确操作目的，防止弄错对象
操作前准备	确定操作对象、核对设备运行方式	误操作其他设备	（1）触电、电弧灼伤； （2）设备异常或故障	1	2	15	30	2	（1）正确核对现场设备名称、标牌、系统图； （2）按规定执行操作监护制度
操作前准备	填写操作票	填错操作票引起误操作	（1）触电、电弧灼伤； （2）设备异常或故障	1	2	15	30	2	（1）正确填写操作票，检查操作票填写内容是否正确； （2）严格执行操作监护制度
操作前准备	选择合适的工器具	工器具选择不当	（1）触电、电弧灼伤； （2）设备异常或故障	1	2	7	14	1	（1）选择合适的操作工器具； （2）检查所用的工具，必须完好； （3）正确使用工器具

续表

作业步骤		危害因素	可能导致的后果	风险评价					控制措施
				L	E	C	D	风险程度	
操作前准备	穿戴合适的个人防护用品	穿戴不合适的个人防护用品	(1) 触电、电弧灼伤； (2) 其他人身伤害	1	2	7	14	1	(1) 穿绝缘鞋，戴安全帽、耳塞和防尘口罩； (2) 穿长袖工作服，扣好衣服和袖口； (3) 戴绝缘手套
	通信联系	(1) 通信不畅或错误引起误操作； (2) 人员受到伤害时延误施救时间	(1) 扩大事故； (2) 加重人员伤害	1	2	7	7	1	携带可靠的通信工具，操作时保持联系
	工作班成员精神状态确认	(1) 无法正常完成指定工作； (2) 作业过程中无法清醒判断危险点	(1) 触电； (2) 设备事故	1	3	15	45	2	合理安排工作班成员，精神状态不佳者禁止工作
操作过程	远方、就地切换开关	(1) 走错间隔； (2) 误分、合开关导致设备异常断电或带电； (3) 误操作造成电弧伤害； (4) 操作顺序不当； (5) 开关未切换即开始操作	(1) 触电、电弧灼伤； (2) 设备事故； (3) 保护误动或拒动	1	2	15	30	2	(1) 戴绝缘手套； (2) 核实操作票内容和设备状态； (3) 执行监护制度，唱票，确认设备位置、名称标牌，严格执行操作票制度； (4) 谨防误碰或接触带电体
	接地开关分闸	(1) 误分接地开关，误触带电体； (2) 接地开关本身有缺陷	(1) 触电、电弧灼伤； (2) 其他人身伤害； (3) 设备事故	1	2	15	30	2	(1) 禁止就地进行开关操作； (2) 核对设备名称和编号，检查设备状态； (3) 操作时与设备保持一定距离； (4) 严格按照调度下发的操作票顺序进行操作； (5) 检查接地开关合闸反馈正常，接地开关三相确已分闸
	控制电源小空气开关	(1) 走错间隔； (2) 误分、合开关导致设备异常断电或带电	(1) 触电、电弧灼伤； (2) 设备事故	1	2	15	30	2	(1) 戴绝缘手套； (2) 核实操作票内容和设备状态； (3) 执行监护制度，唱票，确认设备位置、名称标牌； (4) 谨防误碰或接触带电体
操作结束	检查作业现场	有工具遗留在作业现场	设备事故	3	1	15	45	2	操作完成后检查现场，保证没有工具遗留

30. 联络Ⅰ线、Ⅱ线合环运行

部门：				分析日期：				记录编号：	
作业地点或分析范围：联络Ⅰ线、Ⅱ线两侧开关				分析人：					
作业内容描述：联络Ⅰ线、Ⅱ线合环运行									
主要作业风险：（1）人员精神状态不佳；（2）触电；（3）误入带电间隔；（4）机械伤害；（5）设备事故；（6）环境危害；（7）中毒									
控制措施：（1）合理安排工作成员，情绪不稳定者禁止工作；（2）办理工作票，确认安全措施执行到位，验电，挂牌；（3）高压试验过程中执行专人监护制度；（4）使用临时电源时注意防止触电；（5）在开关本体处挂牌，挂设接地线；（6）使用绝缘手套、绝缘鞋；（7）穿戴好个人防护用品；（8）操作时看清设备名称、编号和状态，防止走错间隔；（9）避免大风或雷雨天气作业；（10）收到调度指令后方可进行停电操作；（11）严禁没有调度指令严禁擅自进行操作；（12）注意通风									
工作负责人签名：		日期：		工作票签发人签名：		日期：	工作许可人签名：		日期：

作业步骤		危害因素	可能导致的后果	风险评价					控制措施
				L	*E*	*C*	*D*	风险程度	
作业环境	室外天气潮湿	设备潮湿引起短路	（1）触电、电弧灼伤； （2）其他人身伤害； （3）设备事故	1	3	15	45	2	（1）选择适当时机操作，湿度过大时应采取相应措施； （2）保持设备干燥
	雷雨天气	雷电闪络	（1）触电、电弧灼伤； （2）其他人身伤害； （3）设备事故	1	3	15	45	2	（1）选择适当时机操作，湿度过大时应采取相应措施； （2）保持设备干燥
	海上作业	落水	（1）溺亡； （2）船舶伤害	1	2	15	30	2	（1）穿好救生衣； （2）上下船注意安全
操作前准备	接收操作指令	工作对象不清楚	（1）触电、电弧灼伤； （2）设备异常或故障	1	2	15	30	2	明确操作目的，防止弄错对象
	确定操作对象、核对设备运行方式	误操作其他设备	（1）触电、电弧灼伤； （2）设备异常或故障	1	2	15	30	2	（1）正确核对现场设备名称、标牌、系统图； （2）按规定执行操作监护制度
	填写操作票	填错操作票引起误操作	（1）触电、电弧灼伤； （2）设备异常或故障	1	2	15	30	2	（1）正确填写操作票，检查操作票填写内容是否正确； （2）严格执行操作监护制度
	选择合适的工器具	工器具选择不当	（1）触电、电弧灼伤； （2）设备异常或故障	1	2	7	14	1	（1）选择合适的操作工器具； （2）检查所用的工具，必须完好； （3）正确使用工器具

续表

作业步骤		危害因素	可能导致的后果	风险评价					控制措施
				L	E	C	D	风险程度	
操作前准备	穿戴合适的个人防护用品	穿戴不合适的个人防护用品	(1) 触电、电弧灼伤； (2) 其他人身伤害	1	2	7	14	1	(1) 穿绝缘鞋，戴安全帽、耳塞和防尘口罩； (2) 穿长袖工作服，扣好衣服和袖口； (3) 戴绝缘手套
	通信联系	(1) 通信不畅或错误引起误操作； (2) 人员受到伤害时延误施救时间	(1) 扩大事故； (2) 加重人员伤害	1	2	7	7	1	携带可靠的通信工具，操作时保持联系
	工作班成员精神状态确认	(1) 无法正常完成指定工作； (2) 作业过程中无法清醒判断危险点	(1) 触电； (2) 设备事故	1	3	15	45	2	合理安排工作班成员，精神状态不佳者禁止工作
操作过程	远方、就地切换开关	(1) 走错间隔； (2) 误分、合开关导致设备异常断电或带电； (3) 误操作造成电弧伤害； (4) 操作顺序不当； (5) 开关未切换即开始操作	(1) 触电、电弧灼伤； (2) 设备事故； (3) 保护误动或拒动	1	2	15	30	2	(1) 戴绝缘手套； (2) 核实操作票内容和设备状态； (3) 执行监护制度，唱票，确认设备位置、名称标牌，严格执行操作票制度； (4) 谨防误碰或接触带电体
	开关合闸操作	(1) 误合开关，误触带电体； (2) 开关有缺陷； (3) 操作顺序不当； (4) 走错间隔	(1) 触电、电弧灼伤； (2) 其他人身伤害； (3) 设备事故； (4) 潮流分布不均匀； (5) 带负荷拉闸刀	1	2	15	30	2	(1) 核对设备名称和编号，检查设备状态； (2) 操作时与开关保持一定距离； (3) 考虑好开关爆炸时的撤离线路； (4) 禁止就地进行开关操作； (5) 严格按照调度下发的操作票顺序进行操作； (6) 检查开关、母线闸刀分闸反馈正常，开关间隔三相电流为零，开关三相确已合闸
	开关小车由“试验”摇至“工作”位置	(1) 合位、摇把操作困难造成扭伤、碰伤； (2) 电弧灼伤、短路故障、扭伤、碰伤； (3) 误触带电体造成电弧伤害； (4) 走错间隔； (5) 小车摇杆脱落	(1) 触电、电弧灼伤； (2) 设备事故； (3) 摇把操作困难造成扭伤、碰伤	1	2	15	30	2	(1) 必须确认开关与变压器状态，具备停电条件； (2) 必须确认开关与开关仓对应； (3) 操作前确认开关在分闸位置，通过带电显示仪电流、功率及信号灯指示判断开关确为分闸状态； (4) 摇开关时需将开关仓门关好； (5) 检修后新投运的开关送入仓内前必须测开关断口、相间及对地绝缘电阻； (6) 移动开关位置时必须用手抓住把手，不要触碰其他位置； (7) 注意检查变压器低压侧接地线装设地点； (8) 不得随意解除机械闭锁； (9) 操作过程中确保小车摇杆和设备可靠连接

续表

作业步骤		危害因素	可能导致的后果	风险评价					控制措施
				L	E	C	D	风险程度	
操作过程	保护投、退	(1) 错停、漏停、错投、漏投保护； (2) 误碰保护装置； (3) 通信设备干扰保护装置； (4) 走错间隔	(1) 设备事故； (2) 保护不能正确动作； (3) 保护误动	1	2	15	30	2	(1) 严格执行操作票； (2) 加强培训，值班人员应熟练掌握继电保护的使用方法、保护压板的切换方法及注意事项； (3) 首选通过固定电话联系
	开关、接地开关分、合闸后状态检查	(1) 检查不到位； (2) 开关、接地开关三相分、合不同步； (3) 开关、接地开关连杆断裂； (4) 走错间隔	(1) 触电、电弧灼伤； (2) 造成非全相分、合； (3) 设备事故	1	1	7	7	1	(1) 操作时核对设备实际位置； (2) 开关、接地开关三相分、合不同步动作； (3) 检查开关状态信号灯指示； (4) 不得随意解除机械闭锁
	控制电源小空气开关	(1) 走错间隔； (2) 误分、合开关导致设备异常断电或带电	(1) 触电、电弧灼伤； (2) 设备事故						(1) 戴绝缘手套； (2) 核实操作票内容和设备状态； (3) 执行监护制度，唱票，确认设备位置、名称标牌； (4) 谨防误碰或接触带电体
操作结束	检查作业现场	有工具遗留在作业现场	设备事故	3	1	15	45	2	操作完成后检查现场，保证没有工具遗留

31. 联络Ⅰ线、Ⅱ线退出合环

部门：								分析日期：		记录编号：
作业地点或分析范围：联络Ⅰ线、Ⅱ线两侧开关及海缆								分析人：		
作业内容描述：联络Ⅰ线、Ⅱ线退出合环										
主要作业风险：（1）人员精神状态不佳；（2）触电；（3）误入带电间隔；（4）机械伤害；（5）设备事故；（6）环境危害；（7）中毒										
控制措施：（1）合理安排工作成员，情绪不稳定者禁止工作；（2）办理工作票，确认安全措施执行到位，验电，挂牌；（3）高压试验过程中执行专人监护制度；（4）使用临时电源时注意防止触电；（5）在开关本体处挂牌，挂设接地线；（6）使用绝缘手套、绝缘鞋；（7）穿戴好个人防护用品；（8）操作时看清设备名称、编号和状态，防止走错间隔；（9）避免大风或雷雨天气作业；（10）收到调度指令后方可进行停电操作；（11）严禁没有调度指令严禁擅自进行操作；（12）注意通风										
工作负责人签名：		日期：	工作票签发人签名：			日期：		工作许可人签名：		日期：

作业步骤		危害因素	可能导致的后果	风险评价					控制措施
				L	E	C	D	风险程度	
作业环境	室外天气潮湿	设备潮湿引起短路	（1）触电、电弧灼伤； （2）其他人身伤害； （3）设备事故	1	3	15	45	2	（1）选择适当时机操作，湿度过大时应采取相应措施； （2）保持设备干燥
	雷雨天气	雷电闪络	（1）触电、电弧灼伤； （2）其他人身伤害； （3）设备事故	1	3	15	45	2	（1）选择适当时机操作，湿度过大时应采取相应措施； （2）保持设备干燥
	海上作业	落水	（1）溺亡； （2）船舶伤害	1	2	15	30	2	（1）穿好救生衣； （2）上下船注意安全
操作前准备	接收操作指令	工作对象不清楚	（1）触电、电弧灼伤； （2）设备异常或故障	1	2	15	30	2	明确操作目的，防止弄错对象
	确定操作对象、核对设备运行方式	误操作其他设备	（1）触电、电弧灼伤； （2）设备异常或故障	1	2	15	30	2	（1）正确核对现场设备名称、标牌、系统图； （2）按规定执行操作监护制度
	填写操作票	填错操作票引起误操作	（1）触电、电弧灼伤； （2）设备异常或故障	1	2	15	30	2	（1）正确填写操作票，检查操作票填写内容是否正确； （2）严格执行操作监护制度
	选择合适的工器具	工器具选择不当	（1）触电、电弧灼伤； （2）设备异常或故障	1	2	7	14	1	（1）选择合适的操作工器具； （2）检查所用的工具，必须完好； （3）正确使用工器具

续表

作业步骤		危害因素	可能导致的后果	风险评价					控制措施
				L	E	C	D	风险程度	
操作前准备	穿戴合适的个人防护用品	穿戴不合适的个人防护用品	(1) 触电、电弧灼伤； (2) 其他人身伤害	1	2	7	14	1	(1) 穿绝缘鞋，戴安全帽、耳塞和防尘口罩； (2) 穿长袖工作服，扣好衣服和袖口； (3) 戴绝缘手套
	通信联系	(1) 通信不畅或错误引起误操作； (2) 人员受到伤害时延误施救时间	(1) 扩大事故； (2) 加重人员伤害	1	2	7	7	1	携带可靠的通信工具，操作时保持联系
	工作班成员精神状态确认	(1) 无法正常完成指定工作； (2) 作业过程中无法清醒判断危险点	(1) 触电； (2) 设备事故	1	3	15	45	2	合理安排工作班成员，精神状态不佳者禁止工作
操作过程	远方、就地切换开关	(1) 走错间隔； (2) 误分、合开关导致设备异常断电或带电； (3) 误操作造成电弧伤害； (4) 操作顺序不当； (5) 开关未切换即开始操作	(1) 触电、电弧灼伤； (2) 设备事故； (3) 保护误动或拒动	1	2	15	30	2	(1) 戴绝缘手套； (2) 核实操作票内容和设备状态； (3) 执行监护制度，唱票，确认设备位置、名称标牌，严格执行操作票制度； (4) 谨防误碰或接触带电体
	开关分闸操作	(1) 误合开关，误触带电体； (2) 开关有缺陷； (3) 操作顺序不当	(1) 触电、电弧灼伤； (2) 其他人身伤害； (3) 设备事故； (4) 潮流分布不均匀； (5) 带负荷拉闸刀	1	2	15	30	2	(1) 核对设备名称和编号，检查设备状态； (2) 操作时与开关保持一定距离； (3) 考虑好开关爆炸时的撤离线路； (4) 禁止就地进行开关、闸刀操作； (5) 开关合、分闸指示要清楚，必须确认开关在分闸位置才能操作闸刀； (6) 闸刀无法操作时，要查明原因，特别要复查开关是否在合闸位置，或有关的接地开关未拉开而使闸刀不能操作，不要违规强行解除闭锁操作闸刀； (7) 送电时，先送上该设备的保护电源和控制电源，并按母线侧闸刀—负荷侧闸刀—开关的顺序依次操作，停电时的操作顺序与此相反
	开关小车由“工作”摇至“试验”位置	(1) 合位、摇把操作困难造成扭伤、碰伤； (2) 电弧灼伤、短路故障、扭伤、碰伤； (3) 误触带电体造成电弧伤害	(1) 触电、电弧灼伤； (2) 其他人身伤害； (3) 设备事故	1	2	15	30	2	(1) 必须确认开关与变压器状态，具备停电条件； (2) 必须确认开关与开关仓对应； (3) 操作前确认开关在分闸位置，通过带电显示仪电流、功率及信号灯指示判断开关确为分闸状态； (4) 摇开关时需将开关仓门关好；

续表

作业步骤		危害因素	可能导致的后果	风险评价					控制措施
				L	E	C	D	风险程度	
操作过程	开关小车由“工作”摇至“试验”位置								（5）检修后新投运的开关送入仓内前必须测开关断口、相间及对地绝缘电阻； （6）移动开关位置时必须用手抓住把手，不要触碰其他位置； （7）注意检查变压器接地线装设地点； （8）注意检查变压器停运后温控装置电源确已断开； （9）不得随意解除机械闭锁
	保护投、退	（1）错停、漏停、错投、漏投保护； （2）误碰保护装置； （3）通信设备干扰保护装置	（1）设备事故； （2）保护不能正确动作； （3）保护误动	1	2	15	30	2	（1）严格执行操作票； （2）加强培训，值班人员应熟练掌握继电保护的使用方法、保护压板的切换方法及注意事项； （3）首选通过固定电话联系
	开关、闸刀分、合闸后状态检查	（1）检查不到位； （2）开关、闸刀三相分、合不同步； （3）开关、闸刀连杆断裂	（1）触电、电弧灼伤； （2）造成非全相分、合； （3）设备事故	1	1	7	7	1	（1）操作时核对设备实际位置； （2）开关、闸刀三相分、合不同步动作； （3）检查开关状态信号灯指示； （4）不得随意解除机械闭锁
	控制电源小空气开关	（1）走错间隔； （2）误分、合开关导致设备异常断电或带电	（1）触电、电弧灼伤； （2）设备事故						（1）戴绝缘手套； （2）核实操作票内容和设备状态； （3）执行监护制度，唱票，确认设备位置、名称标牌； （4）谨防误碰或接触带电体
操作结束	检查作业现场	有工具遗留在作业现场	设备事故	3	1	15	45	2	操作完成后检查现场，保证没有工具遗留

32. X主变压器、Y主变压器并列运行

<table>
<tr><td colspan="5">部门：</td><td colspan="4">分析日期：</td><td>记录编号：</td></tr>
<tr><td colspan="5">作业地点或分析范围：X主变压器、Y主变压器及两侧开关</td><td colspan="5">分析人：</td></tr>
<tr><td colspan="10">作业内容描述：X主变压器、Y主变压器并列运行</td></tr>
<tr><td colspan="10">主要作业风险：(1) 人员精神状态不佳；(2) 触电；(3) 误入带电间隔；(4) 机械伤害；(5) 设备事故；(6) 环境危害；(7) 中毒</td></tr>
<tr><td colspan="10">控制措施：(1) 合理安排工作成员，情绪不稳定者禁止工作；(2) 办理工作票，确认安全措施执行到位，验电，挂牌；(3) 高压试验过程中执行专人监护制度；(4) 使用临时电源时注意防止触电；(5) 在开关本体处挂牌，挂设接地线；(6) 使用绝缘手套、绝缘鞋；(7) 穿戴好个人防护用品；(8) 操作时看清设备名称、编号和状态，防止走错间隔；(9) 避免大风或雷雨天气作业；(10) 收到调度指令后方可进行停电操作；(11) 严禁没有调度指令严禁擅自进行操作；(12) 注意通风</td></tr>
<tr><td colspan="2">工作负责人签名：</td><td>日期：</td><td>工作票签发人签名：</td><td colspan="3">日期：</td><td colspan="2">工作许可人签名：</td><td>日期：</td></tr>
<tr><td colspan="2" rowspan="2">作业步骤</td><td rowspan="2">危害因素</td><td rowspan="2">可能导致的后果</td><td colspan="5">风险评价</td><td rowspan="2">控制措施</td></tr>
<tr><td>L</td><td>E</td><td>C</td><td>D</td><td>风险程度</td></tr>
<tr><td rowspan="3">作业环境</td><td>室外天气潮湿</td><td>设备潮湿引起短路</td><td>(1) 触电、电弧灼伤；
(2) 其他人身伤害；
(3) 设备事故</td><td>1</td><td>3</td><td>15</td><td>45</td><td>2</td><td>(1) 选择适当时机操作，湿度过大时应采取相应措施；
(2) 保持设备干燥</td></tr>
<tr><td>雷雨天气</td><td>雷电闪络</td><td>(1) 触电、电弧灼伤；
(2) 其他人身伤害；
(3) 设备事故</td><td>1</td><td>3</td><td>15</td><td>45</td><td>2</td><td>(1) 选择适当时机操作，湿度过大时应采取相应措施；
(2) 保持设备干燥</td></tr>
<tr><td>海上作业</td><td>落水</td><td>(1) 溺亡；
(2) 船舶伤害</td><td>1</td><td>2</td><td>15</td><td>30</td><td>2</td><td>(1) 穿好救生衣；
(2) 上下船注意安全</td></tr>
<tr><td rowspan="4">操作前准备</td><td>接收操作指令</td><td>工作对象不清楚</td><td>(1) 触电、电弧灼伤；
(2) 设备异常或故障</td><td>1</td><td>2</td><td>15</td><td>30</td><td>2</td><td>明确操作目的，防止弄错对象</td></tr>
<tr><td>确定操作对象、核对设备运行方式</td><td>误操作其他设备</td><td>(1) 触电、电弧灼伤；
(2) 设备异常或故障</td><td>1</td><td>2</td><td>15</td><td>30</td><td>2</td><td>(1) 正确核对现场设备名称、标牌、系统图；
(2) 按规定执行操作监护制度</td></tr>
<tr><td>填写操作票</td><td>填错操作票引起误操作</td><td>(1) 触电、电弧灼伤；
(2) 设备异常或故障</td><td>1</td><td>2</td><td>15</td><td>30</td><td>2</td><td>(1) 正确填写操作票，检查操作票填写内容是否正确；
(2) 严格执行操作监护制度</td></tr>
<tr><td>选择合适的工器具</td><td>工器具选择不当</td><td>(1) 触电、电弧灼伤；
(2) 设备异常或故障</td><td>1</td><td>2</td><td>7</td><td>14</td><td>1</td><td>(1) 选择合适的操作工器具；
(2) 检查所用的工具，必须完好；
(3) 正确使用工器具</td></tr>
</table>

续表

作业步骤		危害因素	可能导致的后果	风险评价					控制措施
				L	E	C	D	风险程度	
操作前准备	穿戴合适的个人防护用品	穿戴不合适的个人防护用品	（1）触电、电弧灼伤； （2）其他人身伤害	1	2	7	14	1	（1）穿绝缘鞋，戴安全帽、耳塞和防尘口罩； （2）穿长袖工作服，扣好衣服和袖口； （3）戴绝缘手套
	通信联系	（1）通信不畅或错误引起误操作； （2）人员受到伤害时延误施救时间	（1）扩大事故； （2）加重人员伤害	1	2	7	7	1	携带可靠的通信工具，操作时保持联系
	工作班成员精神状态确认	（1）无法正常完成指定工作； （2）作业过程中无法清醒判断危险点	（1）触电； （2）设备事故	1	3	15	45	2	合理安排工作班成员，精神状态不佳者禁止工作
操作过程	远方、就地切换开关	（1）走错间隔； （2）误分、合开关导致设备异常断电或带电； （3）误操作造成电弧伤害； （4）操作顺序不当； （5）开关未切换即开始操作	（1）触电、电弧灼伤； （2）设备事故； （3）保护误动或拒动	1	2	15	30	2	（1）戴绝缘手套； （2）核实操作票内容和设备状态； （3）执行监护制度，唱票，确认设备位置、名称标牌，严格执行操作票制度； （4）谨防误碰或接触带电体
	开关合闸操作	（1）误合开关，误触带电体； （2）开关有缺陷； （3）操作顺序不当； （4）走错间隔	（1）触电、电弧灼伤； （2）其他人身伤害； （3）设备事故； （4）潮流分布不均匀； （5）带负荷拉闸刀	1	2	15	30	2	（1）核对设备名称和编号，检查设备状态； （2）操作时与开关保持一定距离； （3）考虑好开关爆炸时的撤离线路； （4）禁止就地进行开关操作； （5）严格按照调度下发的操作票顺序进行操作； （6）检查开关、母线闸刀分闸反馈正常，开关间隔三相电流为零，开关三相确已合闸
	开关小车由“试验”摇至“工作”位置	（1）合位、摇把操作困难造成扭伤、碰伤； （2）电弧灼伤、短路故障、扭伤、碰伤； （3）误触带电体造成电弧伤害； （4）走错间隔； （5）小车摇杆脱落	（1）触电、电弧灼伤； （2）设备事故； （3）摇把操作困难造成扭伤、碰伤	1	2	15	30	2	（1）必须确认开关与变压器状态，具备停电条件； （2）必须确认开关与开关仓对应； （3）操作前确认开关在分闸位置，通过带电显示仪电流、功率及信号灯指示判断开关确为分闸状态； （4）摇开关时需将开关仓门关好； （5）检修后新投运的开关送入仓内前必须测开关断口、相间及对地绝缘电阻； （6）移动开关位置时必须用手抓住把手，不要触碰其他位置； （7）注意检查变压器低压侧接地线装设地点；

续表

作业步骤		危害因素	可能导致的后果	风险评价					控制措施
				L	E	C	D	风险程度	
操作过程	开关小车由“试验”摇至“工作”位置								（8）不得随意解除机械闭锁； （9）操作过程中确保小车摇杆和设备可靠连接
	保护投、退	（1）错停、漏停、错投、漏投保护； （2）误碰保护装置； （3）通信设备干扰保护装置； （4）走错间隔	（1）设备事故； （2）保护不能正确动作； （3）保护误动	1	2	15	30	2	（1）严格执行操作票； （2）加强培训，值班人员应熟练掌握继电保护的使用方法、保护压板的切换方法及注意事项； （3）首选通过固定电话联系
	开关、接地开关分、合闸后状态检查	（1）检查不到位； （2）开关、接地开关三相分、合不同步； （3）开关、接地开关连杆断裂； （4）走错间隔	（1）触电、电弧灼伤； （2）造成非全相分、合； （3）设备事故	1	1	7	7	1	（1）操作时核对设备实际位置； （2）开关、接地开关三相分、合不同步动作； （3）检查开关状态信号灯指示； （4）不得随意解除机械闭锁
	控制电源小空气开关	（1）走错间隔； （2）误分、合开关导致设备异常断电或带电	（1）触电、电弧灼伤； （2）设备事故						（1）戴绝缘手套； （2）核实操作票内容和设备状态； （3）执行监护制度，唱票，确认设备位置、名称标牌； （4）谨防误碰或接触带电体
操作结束	检查作业现场	有工具遗留在作业现场	设备事故	3	1	15	45	2	操作完成后检查现场，保证没有工具遗留

33. X 主变压器、Y 主变压器退出并列运行

部门：				分析日期：				记录编号：	
作业地点或分析范围：X 主变压器、Y 主变压器及两侧开关				分析人：					
作业内容描述：X 主变压器、Y 主变压器退出并列运行									
主要作业风险：（1）人员精神状态不佳；（2）触电；（3）误入带电间隔；（4）机械伤害；（5）设备事故；（6）环境危害；（7）中毒									
控制措施：（1）合理安排工作成员，情绪不稳定者禁止工作；（2）办理工作票，确认安全措施执行到位，验电，挂牌；（3）高压试验过程中执行专人监护制度；（4）使用临时电源时注意防止触电；（5）在开关本体处挂牌，挂设接地线；（6）使用绝缘手套、绝缘鞋；（7）穿戴好个人防护用品；（8）操作时看清设备名称、编号和状态，防止走错间隔；（9）避免大风或雷雨天气作业；（10）收到调度指令后方可进行停电操作；（11）严禁没有调度指令严禁擅自进行操作；（12）注意通风									
工作负责人签名：		日期：		工作票签发人签名：		日期：		工作许可人签名：	日期：
作业步骤		危害因素	可能导致的后果	风险评价					控制措施
				L	*E*	*C*	*D*	风险程度	
作业环境	室外天气潮湿	设备潮湿引起短路	（1）触电、电弧灼伤； （2）其他人身伤害； （3）设备事故	1	3	15	45	2	（1）选择适当时机操作，湿度过大时应采取相应措施； （2）保持设备干燥
	雷雨天气	雷电闪络	（1）触电、电弧灼伤； （2）其他人身伤害； （3）设备事故	1	3	15	45	2	（1）选择适当时机操作，湿度过大时应采取相应措施； （2）保持设备干燥
	海上作业	落水	（1）溺亡； （2）船舶伤害	1	2	15	30	2	（1）穿好救生衣； （2）上下船注意安全
操作前准备	接收操作指令	工作对象不清楚	（1）触电、电弧灼伤； （2）设备异常或故障	1	2	15	30	2	明确操作目的，防止弄错对象
	确定操作对象、核对设备运行方式	误操作其他设备	（1）触电、电弧灼伤； （2）设备异常或故障	1	2	15	30	2	（1）正确核对现场设备名称、标牌、系统图； （2）按规定执行操作监护制度
	填写操作票	填错操作票引起误操作	（1）触电、电弧灼伤； （2）设备异常或故障	1	2	15	30	2	（1）正确填写操作票，检查操作票填写内容是否正确； （2）严格执行操作监护制度
	选择合适的工器具	工器具选择不当	（1）触电、电弧灼伤； （2）设备异常或故障	1	2	7	14	1	（1）选择合适的操作工器具； （2）检查所用的工具，必须完好； （3）正确使用工器具

续表

作业步骤		危害因素	可能导致的后果	风险评价					控制措施
				L	E	C	D	风险程度	
操作前准备	穿戴合适的个人防护用品	穿戴不合适的个人防护用品	（1）触电、电弧灼伤； （2）其他人身伤害	1	2	7	14	1	（1）穿绝缘鞋，戴安全帽、耳塞和防尘口罩； （2）穿长袖工作服，扣好衣服和袖口； （3）戴绝缘手套
	通信联系	（1）通信不畅或错误引起误操作； （2）人员受到伤害时延误施救时间	（1）扩大事故； （2）加重人员伤害	1	2	7	7	1	携带可靠的通信工具，操作时保持联系
	工作班成员精神状态确认	（1）无法正常完成指定工作； （2）作业过程中无法清醒判断危险点	（1）触电； （2）设备事故	1	3	15	45	2	合理安排工作班成员，精神状态不佳者禁止工作
操作过程	远方、就地切换开关	（1）走错间隔； （2）误分、合开关导致设备异常断电或带电； （3）误操作造成电弧伤害； （4）操作顺序不当； （5）开关未切换即开始操作	（1）触电、电弧灼伤； （2）设备事故； （3）保护误动或拒动	1	2	15	30	2	（1）戴绝缘手套； （2）核实操作票内容和设备状态； （3）执行监护制度，唱票，确认设备位置、名称标牌，严格执行操作票制度； （4）谨防误碰或接触带电体
	开关分闸操作	（1）误合开关，误触带电体； （2）开关有缺陷； （3）操作顺序不当	（1）触电、电弧灼伤； （2）其他人身伤害； （3）设备事故； （4）潮流分布不均匀； （5）带负荷拉闸刀	1	2	15	30	2	（1）核对设备名称和编号，检查设备状态； （2）操作时与开关保持一定距离； （3）考虑好开关爆炸时的撤离线路； （4）禁止就地进行开关、闸刀操作； （5）开关合、分闸指示要清楚，必须确认开关在分闸位置才能操作闸刀； （6）闸刀无法操作时，要查明原因，特别要复查开关是否在合闸位置，或有关的接地开关未拉开而使闸刀不能操作，不要违规强行解除闭锁操作闸刀； （7）送电时，先送上该设备的保护电源和控制电源，并按母线侧闸刀—负荷侧闸刀—开关的顺序依次操作，停电时的操作顺序与此相反
	开关小车由“工作”摇至“试验”位置	（1）合位、摇把操作困难造成扭伤、碰伤； （2）电弧灼伤、短路故障、扭伤、碰伤； （3）误触带电体造成电弧伤害	（1）触电、电弧灼伤； （2）其他人身伤害； （3）设备事故	1	2	15	30	2	（1）必须确认开关与变压器状态，具备停电条件； （2）必须确认开关与开关仓对应； （3）操作前确认开关在分闸位置，通过带电显示仪电流、功率及信号灯指示判断开关确为分闸状态； （4）摇开关时需将开关仓门关好；

续表

作业步骤		危害因素	可能导致的后果	风险评价					控制措施
				L	E	C	D	风险程度	
操作过程	开关小车由“工作”摇至“试验”位置								（5）检修后新投运的开关送入仓内前必须测开关断口、相间及对地绝缘电阻； （6）移动开关位置时必须用手抓住把手，不要触碰其他位置； （7）注意检查变压器接地线装设地点； （8）注意检查变压器停运后温控装置电源确已断开； （9）不得随意解除机械闭锁
	保护投、退	（1）错停、漏停、错投、漏投保护； （2）误碰保护装置； （3）通信设备干扰保护装置	（1）设备事故； （2）保护不能正确动作； （3）保护误动	1	2	15	30	2	（1）严格执行操作票； （2）加强培训，值班人员应熟练掌握继电保护的使用方法、保护压板的切换方法及注意事项； （3）首选通过固定电话联系
	开关、闸刀分、合闸后状态检查	（1）检查不到位； （2）开关、闸刀三相分、合不同步； （3）开关、闸刀连杆断裂	（1）触电、电弧灼伤； （2）造成非全相分、合； （3）设备事故	1	1	7	7	1	（1）操作时核对设备实际位置； （2）开关、闸刀三相分、合不同步动作； （3）检查开关状态信号灯指示； （4）不得随意解除机械闭锁
	控制电源小空气开关	（1）走错间隔； （2）误分、合开关导致设备异常断电或带电	（1）触电、电弧灼伤； （2）设备事故						（1）戴绝缘手套； （2）核实操作票内容和设备状态； （3）执行监护制度，唱票，确认设备位置、名称标牌； （4）谨防误碰或接触带电体
操作结束	检查作业现场	有工具遗留在作业现场	设备事故	3	1	15	45	2	操作完成后检查现场，保证没有工具遗留

34. 箱式变压器由运行改为检修

部门：	分析日期：	记录编号：
作业地点或分析范围：箱式变压器	分析人：	

作业内容描述：箱式变压器由运行改为检修

主要作业风险：(1) 人员精神状态不佳；(2) 触电；(3) 误入带电间隔；(4) 机械伤害；(5) 设备事故；(6) 环境危害；(7) 中毒；(8) 落水

控制措施：(1) 合理安排工作成员，情绪不稳定者禁止工作；(2) 办理工作票，确认安全措施执行到位，验电，挂牌；(3) 高压试验过程中执行专人监护制度；(4) 使用临时电源时注意防止触电；(5) 在开关本体处挂牌，挂设接地线；(6) 使用绝缘手套、绝缘鞋；(7) 穿戴好个人防护用品；(8) 操作时看清设备名称、编号和状态，防止走错间隔；(9) 避免大风或雷雨天气作业；(10) 收到调度指令后方可进行停电操作；(11) 严禁没有调度指令严禁擅自进行操作；(12) 注意通风；(13) 穿好救生衣

工作负责人签名：	日期：	工作票签发人签名：	日期：	工作许可人签名：	日期：

作业步骤		危害因素	可能导致的后果	风险评价					控制措施
				L	*E*	*C*	*D*	风险程度	
作业环境	室外天气潮湿	设备潮湿引起短路	(1) 触电、电弧灼伤； (2) 其他人身伤害； (3) 设备事故	1	3	15	45	2	(1) 选择适当时机操作，湿度过大时应采取相应措施； (2) 保持设备干燥
	雷雨天气	雷电闪络	(1) 触电、电弧灼伤； (2) 其他人身伤害； (3) 设备事故	1	3	15	45	2	(1) 选择适当时机操作，湿度过大时应采取相应措施； (2) 保持设备干燥
	海上作业	落水	(1) 溺亡； (2) 船舶伤害	1	3	15	45	2	(1) 穿好救生衣； (2) 上下船注意安全
操作前准备	接收操作指令	工作对象不清楚	(1) 触电、电弧灼伤； (2) 设备异常或故障	1	2	15	30	2	明确操作目的，防止弄错对象
	确定操作对象、核对设备运行方式	误操作其他设备	(1) 触电、电弧灼伤； (2) 设备异常或故障	1	2	15	30	2	(1) 正确核对现场设备名称、标牌、系统图； (2) 按规定执行操作监护制度
	填写操作票	填错操作票引起误操作	(1) 触电、电弧灼伤； (2) 设备异常或故障	1	2	15	30	2	(1) 正确填写操作票，检查操作票填写内容是否正确； (2) 严格执行操作监护制度
	选择合适的工器具	工器具选择不当	(1) 触电、电弧灼伤； (2) 设备异常或故障	1	2	7	14	1	(1) 选择合适的操作工器具； (2) 检查所用的工具，必须完好； (3) 正确使用工器具

续表

作业步骤		危害因素	可能导致的后果	风险评价					控制措施
				L	E	C	D	风险程度	
操作前准备	穿戴合适的个人防护用品	穿戴不合适的个人防护用品	（1）触电、电弧灼伤； （2）其他人身伤害	1	2	7	14	1	（1）穿绝缘鞋，戴安全帽、耳塞和防尘口罩； （2）穿长袖工作服，扣好衣服和袖口； （3）戴绝缘手套
	通信联系	（1）通信不畅或错误引起误操作； （2）人员受到伤害时延误施救时间	（1）扩大事故； （2）加重人员伤害	1	2	7	7	1	携带可靠的通信工具，操作时保持联系
	工作班成员精神状态确认	（1）无法正常完成指定工作； （2）作业过程中无法清醒判断危险点	（1）触电； （2）设备事故	1	3	15	45	2	合理安排工作班成员，精神状态不佳者禁止工作
操作过程	远方、就地切换开关	（1）走错间隔； （2）误分、合开关导致设备异常断电或带电； （3）误操作造成电弧伤害； （4）操作顺序不当； （5）开关未切换即开始操作	（1）触电、电弧灼伤； （2）设备事故； （3）保护误动或拒动	1	2	15	30	2	（1）戴绝缘手套； （2）核实操作票内容和设备状态； （3）执行监护制度，唱票，确认设备位置、名称标牌，严格执行操作票制度； （4）谨防误碰或接触带电体
	开关、闸刀分闸操作	（1）误合开关，误触带电体； （2）开关有缺陷	（1）触电、电弧灼伤； （2）其他人身伤害； （3）设备事故	1	2	15	30	2	（1）核对设备名称和编号，检查设备状态； （2）操作时与开关保持一定距离； （3）考虑好开关爆炸时的撤离线路； （4）禁止就地进行开关、闸刀操作； （5）严格按照调度下发的操作票顺序进行操作； （6）检查开关、母线闸刀分闸反馈正常，开关间隔三相电流为零，开关三相确已分闸
	保护投、退	（1）错停、漏停、错投、漏投保护； （2）误碰保护装置； （3）通信设备干扰保护装置； （4）走错间隔	（1）设备事故； （2）保护不能正确动作； （3）保护误动	1	2	15	30	2	（1）严格执行操作票； （2）加强培训，值班人员应熟练掌握继电保护的使用方法、保护压板的切换方法及注意事项； （3）首选通过固定电话联系
	开关、接地开关分、合闸后状态检查	（1）检查不到位； （2）开关、接地开关三相分、合不同步； （3）开关、接地开关连杆断裂； （4）走错间隔	（1）触电、电弧灼伤； （2）造成非全相分、合； （3）设备事故	1	2	15	30	2	（1）操作时核对设备实际位置； （2）开关、接地开关三相分、合不同步动作； （3）检查开关状态信号灯指示； （4）不得随意解除机械闭锁

续表

作业步骤		危害因素	可能导致的后果	风险评价					控制措施
				L	E	C	D	风险程度	
操作过程	控制电源小空气开关	（1）走错间隔； （2）误分、合开关导致设备异常断电或带电	（1）触电、电弧灼伤； （2）设备事故	1	1	7	7	1	（1）戴绝缘手套； （2）核实操作票内容和设备状态； （3）执行监护制度，唱票，确认设备位置、名称标牌； （4）谨防误碰或接触带电体
操作结束	检查作业现场	有工具遗留在作业现场	设备事故	3	1	15	45	2	操作完成后检查现场，保证没有工具遗留

35. 箱式变压器由运行改为冷备用

<table>
<tr><td colspan="3">部门：</td><td colspan="5">分析日期：</td><td colspan="2">记录编号：</td></tr>
<tr><td colspan="3">作业地点或分析范围：箱式变压器</td><td colspan="7">分析人：</td></tr>
<tr><td colspan="10">作业内容描述：箱式变压器由运行改为冷备用</td></tr>
<tr><td colspan="10">主要作业风险：(1) 人员精神状态不佳；(2) 触电；(3) 误入带电间隔；(4) 机械伤害；(5) 设备事故；(6) 环境危害；(7) 中毒；(8) 落水</td></tr>
<tr><td colspan="10">控制措施：(1) 合理安排工作成员，情绪不稳定者禁止工作；(2) 办理工作票，确认安全措施执行到位，验电，挂牌；(3) 高压试验过程中执行专人监护制度；(4) 使用临时电源时注意防止触电；(5) 在开关本体处挂牌，挂设接地线；(6) 使用绝缘手套、绝缘鞋；(7) 穿戴好个人防护用品；(8) 操作时看清设备名称、编号和状态，防止走错间隔；(9) 避免大风或雷雨天气作业；(10) 收到调度指令后方可进行停电操作；(11) 严禁没有调度指令严禁擅自进行操作；(12) 注意通风；(13) 穿好救生衣</td></tr>
<tr><td colspan="2">工作负责人签名：</td><td>日期：</td><td>工作票签发人签名：</td><td colspan="3">日期：</td><td colspan="2">工作许可人签名：</td><td>日期：</td></tr>
<tr><th colspan="2" rowspan="2">作业步骤</th><th rowspan="2">危害因素</th><th rowspan="2">可能导致的后果</th><th colspan="5">风险评价</th><th rowspan="2">控制措施</th></tr>
<tr><th>L</th><th>E</th><th>C</th><th>D</th><th>风险程度</th></tr>
<tr><td rowspan="3">作业环境</td><td>室外天气潮湿</td><td>设备潮湿引起短路</td><td>(1) 触电、电弧灼伤；
(2) 其他人身伤害；
(3) 设备事故</td><td>1</td><td>3</td><td>15</td><td>45</td><td>2</td><td>(1) 选择适当时机操作，湿度过大时应采取相应措施；
(2) 保持设备干燥</td></tr>
<tr><td>雷雨天气</td><td>雷电闪络</td><td>(1) 触电、电弧灼伤；
(2) 其他人身伤害；
(3) 设备事故</td><td>1</td><td>3</td><td>15</td><td>45</td><td>2</td><td>(1) 选择适当时机操作，湿度过大时应采取相应措施；
(2) 保持设备干燥</td></tr>
<tr><td>海上作业</td><td>落水</td><td>(1) 溺亡；
(2) 船舶伤害</td><td>1</td><td>3</td><td>15</td><td>45</td><td>2</td><td>(1) 穿好救生衣；
(2) 上下船注意安全</td></tr>
<tr><td rowspan="4">操作前准备</td><td>接收操作指令</td><td>工作对象不清楚</td><td>(1) 触电、电弧灼伤；
(2) 设备异常或故障</td><td>1</td><td>2</td><td>15</td><td>30</td><td>2</td><td>明确操作目的，防止弄错对象</td></tr>
<tr><td>确定操作对象、核对设备运行方式</td><td>误操作其他设备</td><td>(1) 触电、电弧灼伤；
(2) 设备异常或故障</td><td>1</td><td>2</td><td>15</td><td>30</td><td>2</td><td>(1) 正确核对现场设备名称、标牌、系统图；
(2) 按规定执行操作监护制度</td></tr>
<tr><td>填写操作票</td><td>填错操作票引起误操作</td><td>(1) 触电、电弧灼伤；
(2) 设备异常或故障</td><td>1</td><td>2</td><td>15</td><td>30</td><td>2</td><td>(1) 正确填写操作票，检查操作票填写内容是否正确；
(2) 严格执行操作监护制度</td></tr>
<tr><td>选择合适的工器具</td><td>工器具选择不当</td><td>(1) 触电、电弧灼伤；
(2) 设备异常或故障</td><td>1</td><td>2</td><td>7</td><td>14</td><td>1</td><td>(1) 选择合适的操作工器具；
(2) 检查所用的工具，必须完好；
(3) 正确使用工器具</td></tr>
</table>

续表

作业步骤		危害因素	可能导致的后果	风险评价					控制措施
				L	E	C	D	风险程度	
操作前准备	穿戴合适的个人防护用品	穿戴不合适的个人防护用品	（1）触电、电弧灼伤； （2）其他人身伤害	1	2	7	14	1	（1）穿绝缘鞋，戴安全帽、耳塞和防尘口罩； （2）穿长袖工作服，扣好衣服和袖口； （3）戴绝缘手套
	通信联系	（1）通信不畅或错误引起误操作； （2）人员受到伤害时延误施救时间	（1）扩大事故； （2）加重人员伤害	1	2	7	7	1	携带可靠的通信工具，操作时保持联系
	工作班成员精神状态确认	（1）无法正常完成指定工作； （2）作业过程中无法清醒判断危险点	（1）触电； （2）设备事故	1	3	15	45	2	合理安排工作班成员，精神状态不佳者禁止工作
操作过程	远方、就地切换开关	（1）走错间隔； （2）误分、合开关导致设备异常断电或带电； （3）误操作造成电弧伤害； （4）操作顺序不当； （5）开关未切换即开始操作	（1）触电、电弧灼伤； （2）设备事故； （3）保护误动或拒动	1	2	15	30	2	（1）戴绝缘手套； （2）核实操作票内容和设备状态； （3）执行监护制度，唱票，确认设备位置、名称标牌，严格执行操作票制度； （4）谨防误碰或接触带电体
	开关、闸刀分闸操作	（1）误合开关，误触带电体； （2）开关有缺陷	（1）触电、电弧灼伤； （2）其他人身伤害； （3）设备事故	1	2	15	30	2	（1）核对设备名称和编号，检查设备状态； （2）操作时与开关保持一定距离； （3）考虑好开关爆炸时的撤离线路； （4）禁止就地进行开关、闸刀操作； （5）严格按照调度下发的操作票顺序进行操作； （6）检查开关、母线闸刀分闸反馈正常，开关间隔三相电流为零，开关三相确已分闸
	保护投、退	（1）错停、漏停、错投、漏投保护； （2）误碰保护装置； （3）通信设备干扰保护装置； （4）走错间隔	（1）设备事故； （2）保护不能正确动作； （3）保护误动	1	2	15	30	2	（1）严格执行操作票； （2）加强培训，值班人员应熟练掌握继电保护的使用方法、保护压板的切换方法及注意事项； （3）首选通过固定电话联系
	开关、闸刀分闸后状态检查	（1）检查不到位； （2）开关、接地开关三相分、合不同步； （3）开关、接地开关连杆断裂； （4）走错间隔	（1）触电、电弧灼伤； （2）造成非全相分、合； （3）设备事故	1	2	15	30	2	（1）操作时核对设备实际位置； （2）开关、闸刀三相分、合不同步动作； （3）检查开关状态信号灯指示； （4）不得随意解除机械闭锁

续表

作业步骤		危害因素	可能导致的后果	风险评价					控制措施
				L	E	C	D	风险程度	
操作过程	控制电源小空气开关	（1）走错间隔； （2）误分、合开关导致设备异常断电或带电	（1）触电、电弧灼伤； （2）设备事故	1	1	7	7	1	（1）戴绝缘手套； （2）核实操作票内容和设备状态； （3）执行监护制度，唱票，确认设备位置、名称标牌； （4）谨防误碰或接触带电体
操作结束	检查作业现场	有工具遗留在作业现场	设备事故	3	1	15	45	2	操作完成后检查现场，保证没有工具遗留

36. 箱式变压器由冷备用改为运行

<table>
<tr><td colspan="3">部门：</td><td colspan="6">分析日期：</td><td>记录编号：</td></tr>
<tr><td colspan="3">作业地点或分析范围：箱式变压器</td><td colspan="7">分析人：</td></tr>
<tr><td colspan="10">作业内容描述：箱式变压器由冷备用改为运行</td></tr>
<tr><td colspan="10">主要作业风险：(1) 人员精神状态不佳；(2) 触电；(3) 误入带电间隔；(4) 机械伤害；(5) 设备事故；(6) 环境危害；(7) 中毒；(8) 落水</td></tr>
<tr><td colspan="10">控制措施：(1) 合理安排工作成员，情绪不稳定者禁止工作；(2) 办理工作票，确认安全措施执行到位，验电，挂牌；(3) 高压试验过程中执行专人监护制度；(4) 使用临时电源时注意防止触电；(5) 在开关本体处挂牌，挂设接地线；(6) 使用绝缘手套、绝缘鞋；(7) 穿戴好个人防护用品；(8) 操作时看清设备名称、编号和状态，防止走错间隔；(9) 避免大风或雷雨天气作业；(10) 收到调度指令后方可进行停电操作；(11) 严禁没有调度指令严禁擅自进行操作；(12) 注意通风；(13) 穿好救生衣</td></tr>
<tr><td colspan="2">工作负责人签名：</td><td>日期：</td><td colspan="2">工作票签发人签名：</td><td colspan="2">日期：</td><td colspan="2">工作许可人签名：</td><td>日期：</td></tr>
<tr><td colspan="2" rowspan="2">作业步骤</td><td rowspan="2">危害因素</td><td rowspan="2">可能导致的后果</td><td colspan="5">风险评价</td><td rowspan="2">控制措施</td></tr>
<tr><td>L</td><td>E</td><td>C</td><td>D</td><td>风险程度</td></tr>
<tr><td rowspan="3">作业环境</td><td>室外天气潮湿</td><td>设备潮湿引起短路</td><td>(1) 触电、电弧灼伤；
(2) 其他人身伤害；
(3) 设备事故</td><td>1</td><td>3</td><td>15</td><td>45</td><td>2</td><td>(1) 选择适当时机操作，湿度过大时应采取相应措施；
(2) 保持设备干燥</td></tr>
<tr><td>雷雨天气</td><td>雷电闪络</td><td>(1) 触电、电弧灼伤；
(2) 其他人身伤害；
(3) 设备事故</td><td>1</td><td>3</td><td>15</td><td>45</td><td>2</td><td>(1) 选择适当时机操作，湿度过大时应采取相应措施；
(2) 保持设备干燥</td></tr>
<tr><td>海上作业</td><td>落水</td><td>(1) 溺亡；
(2) 船舶伤害</td><td>1</td><td>3</td><td>15</td><td>45</td><td>2</td><td>(1) 穿好救生衣；
(2) 上下船注意安全</td></tr>
<tr><td rowspan="4">操作前准备</td><td>接收操作指令</td><td>工作对象不清楚</td><td>(1) 触电、电弧灼伤；
(2) 设备异常或故障</td><td>1</td><td>2</td><td>15</td><td>30</td><td>2</td><td>明确操作目的，防止弄错对象</td></tr>
<tr><td>确定操作对象、核对设备运行方式</td><td>误操作其他设备</td><td>(1) 触电、电弧灼伤；
(2) 设备异常或故障</td><td>1</td><td>2</td><td>15</td><td>30</td><td>2</td><td>(1) 正确核对现场设备名称、标牌、系统图；
(2) 按规定执行操作监护制度</td></tr>
<tr><td>填写操作票</td><td>填错操作票引起误操作</td><td>(1) 触电、电弧灼伤；
(2) 设备异常或故障</td><td>1</td><td>2</td><td>15</td><td>30</td><td>2</td><td>(1) 正确填写操作票，检查操作票填写内容是否正确；
(2) 严格执行操作监护制度</td></tr>
<tr><td>选择合适的工器具</td><td>工器具选择不当</td><td>(1) 触电、电弧灼伤；
(2) 设备异常或故障</td><td>1</td><td>2</td><td>7</td><td>14</td><td>1</td><td>(1) 选择合适的操作工器具；
(2) 检查所用的工具，必须完好；
(3) 正确使用工器具</td></tr>
</table>

续表

作业步骤		危害因素	可能导致的后果	风险评价					控制措施
				L	*E*	*C*	*D*	风险程度	
操作前准备	穿戴合适的个人防护用品	穿戴不合适的个人防护用品	（1）触电、电弧灼伤； （2）其他人身伤害	1	2	7	14	1	（1）穿绝缘鞋，戴安全帽、耳塞和防尘口罩； （2）穿长袖工作服，扣好衣服和袖口； （3）戴绝缘手套
	通信联系	（1）通信不畅或错误引起误操作； （2）人员受到伤害时延误施救时间	（1）扩大事故； （2）加重人员伤害程度	1	2	7	7	1	携带可靠的通信工具，操作时保持联系
	工作班成员精神状态确认	（1）无法正常完成指定工作； （2）作业过程中无法清醒判断危险点	（1）触电； （2）设备事故	1	3	15	45	2	合理安排工作班成员，精神状态不佳者禁止工作
操作过程	远方、就地切换开关	（1）走错间隔； （2）误分、合开关导致设备异常断电或带电； （3）误操作造成电弧伤害； （4）操作顺序不当； （5）开关未切换即开始操作	（1）触电、电弧灼伤； （2）设备事故； （3）保护误动或拒动	1	2	15	30	2	（1）戴绝缘手套； （2）核实操作票内容和设备状态； （3）执行监护制度，唱票，确认设备位置、名称标牌，严格执行操作票制度； （4）谨防误碰或接触带电体
	开关、闸刀分合闸操作	（1）误合开关，误触带电体； （2）开关有缺陷； （3）操作顺序不当； （4）走错间隔	（1）触电、电弧灼伤； （2）其他人身伤害； （3）设备事故； （4）潮流分布不均匀； （5）带负荷拉闸刀	1	2	15	30	2	（1）核对设备名称和编号，检查设备状态； （2）操作时与开关保持一定距离； （3）考虑好开关爆炸时的撤离线路； （4）禁止就地进行开关、闸刀操作； （5）开关合、分闸指示要清楚，必须确认开关在分闸位置才能操作闸刀； （6）闸刀无法操作时，要查明原因，特别要复查开关是否在合闸位置，或有关的接地开关未拉开而使闸刀不能操作，不要违规强行解除闭锁操作闸刀； （7）送电时，先送上该设备的保护电源和控制电源，并按母线侧闸刀—负荷侧闸刀—开关的顺序依次操作，停电时的操作顺序与此相反
	保护投、退	（1）错停、漏停、错投、漏投保护； （2）误碰保护装置； （3）通信设备干扰保护装置； （4）走错间隔	（1）设备事故； （2）保护不能正确动作； （3）保护误动	1	2	15	30	2	（1）严格执行操作票； （2）加强培训，值班人员应熟练掌握继电保护的使用方法、保护压板的切换方法及注意事项； （3）首选通过固定电话联系

续表

作业步骤		危害因素	可能导致的后果	风险评价					控制措施
				L	*E*	*C*	*D*	风险程度	
操作过程	开关、接地开关分、合闸后状态检查	（1）检查不到位； （2）开关、接地开关三相分、合不同步； （3）开关、接地开关连杆断裂； （4）走错间隔	（1）触电、电弧灼伤； （2）造成非全相分、合； （3）设备事故	1	2	15	30	2	（1）操作时核对设备实际位置； （2）开关、接地开关三相分、合不同步动作； （3）检查开关状态信号灯指示； （4）不得随意解除机械闭锁
操作过程	控制电源小空气开关	（1）走错间隔； （2）误分、合开关导致设备异常断电或带电	（1）触电、电弧灼伤； （2）设备事故	1	1	7	7	1	（1）戴绝缘手套； （2）核实操作票内容和设备状态； （3）执行监护制度，唱票，确认设备位置、名称标牌； （4）谨防误碰或接触带电体
操作结束	检查作业现场	有工具遗留在作业现场	设备事故	3	1	15	45	2	操作完成后检查现场，保证没有工具遗留

37. 箱式变压器由检修改为运行

部门：								分析日期：		记录编号：
作业地点或分析范围：箱式变压器								分析人：		
作业内容描述：箱式变压器由检修改为运行										
主要作业风险：（1）人员精神状态不佳；（2）触电；（3）误入带电间隔；（4）机械伤害；（5）设备事故；（6）环境危害；（7）中毒										
控制措施：（1）合理安排工作成员，情绪不稳定者禁止工作；（2）办理工作票，确认安全措施执行到位，验电，挂牌；（3）高压试验过程中执行专人监护制度；（4）使用临时电源时注意防止触电；（5）在开关本体处挂牌，挂设接地线；（6）使用绝缘手套、绝缘鞋；（7）穿戴好个人防护用品；（8）操作时看清设备名称、编号和状态，防止走错间隔；（9）避免大风或雷雨天气作业；（10）收到调度指令后方可进行停电操作；（11）严禁没有调度指令严禁擅自进行操作；（12）注意通风										
工作负责人签名：		日期：	工作票签发人签名：			日期：		工作许可人签名：		日期：
作业步骤		危害因素	可能导致的后果	风险评价					控制措施	
				L	*E*	*C*	*D*	风险程度		
作业环境	室外天气潮湿	设备潮湿引起短路	（1）触电、电弧灼伤； （2）其他人身伤害； （3）设备事故	1	3	15	45	2	（1）选择适当时机操作，湿度过大时应采取相应措施； （2）保持设备干燥	
作业环境	雷雨天气	雷电闪络	（1）触电、电弧灼伤； （2）其他人身伤害； （3）设备事故	1	3	15	45	2	（1）选择适当时机操作，湿度过大时应采取相应措施； （2）保持设备干燥	
作业环境	海上作业	落水	（1）溺亡； （2）船舶伤害	1	3	15	45	2	（1）穿好救生衣； （2）上下船注意安全	
操作前准备	接收操作指令	工作对象不清楚	（1）触电、电弧灼伤； （2）设备异常或故障	1	2	15	30	2	明确操作目的，防止弄错对象	
操作前准备	确定操作对象、核对设备运行方式	误操作其他设备	（1）触电、电弧灼伤； （2）设备异常或故障	1	2	15	30	2	（1）正确核对现场设备名称、标牌、系统图； （2）按规定执行操作监护制度	
操作前准备	填写操作票	填错操作票引起误操作	（1）触电、电弧灼伤； （2）设备异常或故障	1	2	15	30	2	（1）正确填写操作票，检查操作票填写内容是否正确； （2）严格执行操作监护制度	
操作前准备	选择合适的工器具	工器具选择不当	（1）触电、电弧灼伤； （2）设备异常或故障	1	2	7	14	1	（1）选择合适的操作工器具； （2）检查所用的工具，必须完好； （3）正确使用工器具	

续表

作业步骤		危害因素	可能导致的后果	风险评价					控制措施
				L	*E*	*C*	*D*	风险程度	
操作前准备	穿戴合适的个人防护用品	穿戴不合适的个人防护用品	（1）触电、电弧灼伤； （2）其他人身伤害	1	2	7	14	1	（1）穿绝缘鞋，戴安全帽、耳塞和防尘口罩； （2）穿长袖工作服，扣好衣服和袖口； （3）戴绝缘手套
	通信联系	（1）通信不畅或错误引起误操作； （2）人员受到伤害时延误施救时间	（1）扩大事故； （2）加重人员伤害	1	2	7	7	1	携带可靠的通信工具，操作时保持联系
	工作班成员精神状态确认	（1）无法正常完成指定工作； （2）作业过程中无法清醒判断危险点	（1）触电； （2）设备事故	1	3	15	45	2	合理安排工作班成员，精神状态不佳者禁止工作
操作过程	远方、就地切换开关	（1）走错间隔； （2）误分、合开关导致设备异常断电或带电； （3）误操作造成电弧伤害； （4）操作顺序不当； （5）开关未切换即开始操作	（1）触电、电弧灼伤； （2）设备事故； （3）保护误动或拒动	1	2	15	30	2	（1）戴绝缘手套； （2）核实操作票内容和设备状态； （3）执行监护制度，唱票，确认设备位置、名称标牌，严格执行操作票制度； （4）谨防误碰或接触带电体
	开关合闸操作	（1）误合开关，误触带电体； （2）开关有缺陷； （3）操作顺序不当； （4）走错间隔	（1）触电、电弧灼伤； （2）其他人身伤害； （3）设备事故； （4）潮流分布不均匀； （5）带负荷拉闸刀	1	2	15	30	2	（1）核对设备名称和编号，检查设备状态； （2）操作时与开关保持一定距离； （3）考虑好开关爆炸时的撤离线路； （4）禁止就地进行开关操作； （5）严格按照调度下发的操作票顺序进行操作； （6）检查开关、母线闸刀分闸反馈正常，开关间隔三相电流为零，开关三相确已合闸
	保护投、退	（1）错停、漏停、错投、漏投保护； （2）误碰保护装置； （3）通信设备干扰保护装置； （4）走错间隔	（1）设备事故； （2）保护不能正确动作； （3）保护误动	1	2	15	30	2	（1）严格执行操作票； （2）加强培训，值班人员应熟练掌握继电保护的使用方法、保护压板的切换方法及注意事项； （3）首选通过固定电话联系
	开关、接地开关分、合闸后状态检查	（1）检查不到位； （2）开关、接地开关三相分、合不同步； （3）开关、接地开关连杆断裂； （4）走错间隔	（1）触电、电弧灼伤； （2）造成非全相分、合； （3）设备事故	1	2	15	30	2	（1）操作时核对设备实际位置； （2）开关、接地开关三相分、合不同步动作； （3）检查开关状态信号灯指示； （4）不得随意解除机械闭锁

续表

作业步骤		危害因素	可能导致的后果	风险评价					控制措施
				L	E	C	D	风险程度	
操作过程	控制电源小空气开关	(1) 走错间隔； (2) 误分、合开关导致设备异常断电或带电	(1) 触电、电弧灼伤； (2) 设备事故	1	1	7	7	1	(1) 戴绝缘手套； (2) 核实操作票内容和设备状态； (3) 执行监护制度，唱票，确认设备位置、名称标牌； (4) 谨防误碰或接触带电体
操作结束	检查作业现场	有工具遗留在作业现场	设备事故	3	1	15	45	2	操作完成后检查现场，保证没有工具遗留

38. 环网柜由运行改为检修

<table>
<tr><td colspan="3">部门：</td><td colspan="5">分析日期：</td><td>记录编号：</td></tr>
<tr><td colspan="3">作业地点或分析范围：环网柜</td><td colspan="6">分析人：</td></tr>
<tr><td colspan="9">作业内容描述：环网柜由运行改为检修</td></tr>
<tr><td colspan="9">主要作业风险：（1）人员精神状态不佳；（2）触电；（3）误入带电间隔；（4）机械伤害；（5）设备事故；（6）环境危害；（7）中毒</td></tr>
<tr><td colspan="9">控制措施：（1）合理安排工作成员，情绪不稳定者禁止工作；（2）办理工作票，确认安全措施执行到位，验电，挂牌；（3）高压试验过程中执行专人监护制度；（4）使用临时电源时注意防止触电；（5）在开关本体处挂牌，挂设接地线；（6）使用绝缘手套、绝缘鞋；（7）穿戴好个人防护用品；（8）操作时看清设备名称、编号和状态，防止走错间隔；（9）避免大风或雷雨天气作业；（10）收到调度指令后方可进行停电操作；（11）严禁没有调度指令严禁擅自进行操作；（12）注意通风</td></tr>
<tr><td colspan="2">工作负责人签名：</td><td>日期：</td><td colspan="2">工作票签发人签名：</td><td colspan="2">日期：</td><td>工作许可人签名：</td><td>日期：</td></tr>
</table>

<table>
<tr><th colspan="2" rowspan="2">作业步骤</th><th rowspan="2">危害因素</th><th rowspan="2">可能导致的后果</th><th colspan="5">风险评价</th><th rowspan="2">控制措施</th></tr>
<tr><th>L</th><th>E</th><th>C</th><th>D</th><th>风险程度</th></tr>
<tr><td rowspan="3">作业环境</td><td>室外天气潮湿</td><td>设备潮湿引起短路</td><td>（1）触电、电弧灼伤；
（2）其他人身伤害；
（3）设备事故</td><td>1</td><td>3</td><td>15</td><td>45</td><td>2</td><td>（1）选择适当时机操作，湿度过大时应采取相应措施；
（2）保持设备干燥</td></tr>
<tr><td>雷雨天气</td><td>雷电闪络</td><td>（1）触电、电弧灼伤；
（2）其他人身伤害；
（3）设备事故</td><td>1</td><td>3</td><td>15</td><td>45</td><td>2</td><td>（1）选择适当时机操作，湿度过大时应采取相应措施；
（2）保持设备干燥</td></tr>
<tr><td>海上作业</td><td>落水</td><td>（1）溺亡；
（2）船舶伤害</td><td>1</td><td>3</td><td>15</td><td>45</td><td>2</td><td>（1）穿好救生衣；
（2）上下船注意安全</td></tr>
<tr><td rowspan="4">操作前准备</td><td>接收操作指令</td><td>工作对象不清楚</td><td>（1）触电、电弧灼伤；
（2）设备异常或故障</td><td>1</td><td>2</td><td>15</td><td>30</td><td>2</td><td>明确操作目的，防止弄错对象</td></tr>
<tr><td>确定操作对象、核对设备运行方式</td><td>误操作其他设备</td><td>（1）触电、电弧灼伤；
（2）设备异常或故障</td><td>1</td><td>2</td><td>15</td><td>30</td><td>2</td><td>（1）正确核对现场设备名称、标牌、系统图；
（2）按规定执行操作监护制度</td></tr>
<tr><td>填写操作票</td><td>填错操作票引起误操作</td><td>（1）触电、电弧灼伤；
（2）设备异常或故障</td><td>1</td><td>2</td><td>15</td><td>30</td><td>2</td><td>（1）正确填写操作票，检查操作票填写内容是否正确；
（2）严格执行操作监护制度</td></tr>
<tr><td>选择合适的工器具</td><td>工器具选择不当</td><td>（1）触电、电弧灼伤；
（2）设备异常或故障</td><td>1</td><td>2</td><td>7</td><td>14</td><td>1</td><td>（1）选择合适的操作工器具；
（2）检查所用的工具，必须完好；
（3）正确使用工器具</td></tr>
</table>

续表

作业步骤		危害因素	可能导致的后果	风险评价					控制措施
				L	E	C	D	风险程度	
操作前准备	穿戴合适的个人防护用品	穿戴不合适的个人防护用品	（1）触电、电弧灼伤； （2）其他人身伤害	1	2	7	14	1	（1）穿绝缘鞋，戴安全帽、耳塞和防尘口罩； （2）穿长袖工作服，扣好衣服和袖口； （3）戴绝缘手套
	通信联系	（1）通信不畅或错误引起误操作； （2）人员受到伤害时延误施救时间	（1）扩大事故； （2）加重人员伤害	1	2	7	7	1	携带可靠的通信工具，操作时保持联系
	工作班成员精神状态确认	（1）无法正常完成指定工作； （2）作业过程中无法清醒判断危险点	（1）触电； （2）设备事故	1	3	15	45	2	合理安排工作班成员，精神状态不佳者禁止工作
操作过程	远方、就地切换开关	（1）走错间隔； （2）误分、合开关导致设备异常断电或带电； （3）误操作造成电弧伤害； （4）操作顺序不当； （5）开关未切换即开始操作	（1）触电、电弧灼伤； （2）设备事故； （3）保护误动或拒动	1	2	15	30	2	（1）戴绝缘手套； （2）核实操作票内容和设备状态； （3）执行监护制度，唱票，确认设备位置、名称标牌，严格执行操作票制度； （4）谨防误碰或接触带电体
	开关分闸操作	（1）误合开关，误触带电体； （2）开关有缺陷； （3）操作顺序不当	（1）触电、电弧灼伤； （2）其他人身伤害； （3）设备事故； （4）潮流分布不均匀； （5）带负荷拉闸刀	1	2	15	30	2	（1）核对设备名称和编号，检查设备状态； （2）操作时与开关保持一定距离； （3）考虑好开关爆炸时的撤离线路； （4）禁止就地进行开关、闸刀操作； （5）开关合、分闸指示要清楚，必须确认开关在分闸位置才能操作闸刀； （6）闸刀无法操作时，要查明原因，特别要复查开关是否在合闸位置，或有关的接地开关未拉开而使闸刀不能操作，不要违规强行解除闭锁操作闸刀； （7）送电时，先送上该设备的保护电源和控制电源，并按母线侧闸刀—负荷侧闸刀—开关的顺序依次操作，停电时的操作顺序与此相反
	保护投、退	（1）错停、漏停、错投、漏投保护； （2）误碰保护装置； （3）通信设备干扰保护装置	（1）设备事故； （2）保护不能正确动作； （3）保护误动	1	2	15	30	2	（1）严格执行操作票； （2）加强培训，值班人员应熟练掌握继电保护的使用方法、保护压板的切换方法及注意事项； （3）首选通过固定电话联系

续表

<table>
<tr><th colspan="2" rowspan="2">作业步骤</th><th rowspan="2">危害因素</th><th rowspan="2">可能导致的后果</th><th colspan="5">风险评价</th><th rowspan="2">控制措施</th></tr>
<tr><th>L</th><th>E</th><th>C</th><th>D</th><th>风险程度</th></tr>
<tr><td rowspan="2">操作过程</td><td>开关、闸刀分、合闸后状态检查</td><td>（1）检查不到位；
（2）开关、闸刀三相分、合不同步；
（3）开关、闸刀连杆断裂</td><td>（1）触电、电弧灼伤；
（2）造成非全相分、合；
（3）设备事故</td><td>1</td><td>2</td><td>15</td><td>30</td><td>2</td><td>（1）操作时核对设备实际位置；
（2）开关、闸刀三相分、合不同步动作；
（3）检查开关状态信号灯指示；
（4）不得随意解除机械闭锁</td></tr>
<tr><td>控制电源小空气开关</td><td>（1）走错间隔；
（2）误分、合开关导致设备异常断电或带电</td><td>（1）触电、电弧灼伤；
（2）设备事故</td><td>1</td><td>1</td><td>7</td><td>7</td><td>1</td><td>（1）戴绝缘手套；
（2）核实操作票内容和设备状态；
（3）执行监护制度，唱票，确认设备位置、名称标牌；
（4）谨防误碰或接触带电体</td></tr>
<tr><td>操作结束</td><td>检查作业现场</td><td>有工具遗留在作业现场</td><td>设备事故</td><td>3</td><td>1</td><td>15</td><td>45</td><td>2</td><td>操作完成后检查现场，保证没有工具遗留</td></tr>
</table>

39. 环网柜由检修改为运行

部门：								分析日期：			记录编号：
作业地点或分析范围：环网柜								分析人：			
作业内容描述：环网柜由检修改为运行											
主要作业风险：（1）人员精神状态不佳；（2）触电；（3）误入带电间隔；（4）机械伤害；（5）设备事故；（6）环境危害；（7）中毒											
控制措施：（1）合理安排工作成员，情绪不稳定者禁止工作；（2）办理工作票，确认安全措施执行到位，验电，挂牌；（3）高压试验过程中执行专人监护制度；（4）使用临时电源时注意防止触电；（5）在开关本体处挂牌，挂设接地线；（6）使用绝缘手套、绝缘鞋；（7）穿戴好个人防护用品；（8）操作时看清设备名称、编号和状态，防止走错间隔；（9）避免大风或雷雨天气作业；（10）收到调度指令后方可进行停电操作；（11）严禁没有调度指令严禁擅自进行操作；（12）注意通风											
工作负责人签名：		日期：		工作票签发人签名：			日期：		工作许可人签名：		日期：

作业步骤		危害因素	可能导致的后果	风险评价					控制措施
				L	*E*	*C*	*D*	风险程度	
作业环境	室外天气潮湿	设备潮湿引起短路	（1）触电、电弧灼伤； （2）其他人身伤害； （3）设备事故	1	3	15	45	2	（1）选择适当时机操作，湿度过大时应采取相应措施； （2）保持设备干燥
	雷雨天气	雷电闪络	（1）触电、电弧灼伤； （2）其他人身伤害； （3）设备事故	1	3	15	45	2	（1）选择适当时机操作，湿度过大时应采取相应措施； （2）保持设备干燥
	海上作业	落水	（1）溺亡； （2）船舶伤害	1	3	15	45	2	（1）穿好救生衣； （2）上下船注意安全
操作前准备	接收操作指令	工作对象不清楚	（1）触电、电弧灼伤； （2）设备异常或故障	1	2	15	30	2	明确操作目的，防止弄错对象
	确定操作对象、核对设备运行方式	误操作其他设备	（1）触电、电弧灼伤； （2）设备异常或故障	1	2	15	30	2	（1）正确核对现场设备名称、标牌、系统图； （2）按规定执行操作监护制度
	填写操作票	填错操作票引起误操作	（1）触电、电弧灼伤； （2）设备异常或故障	1	2	15	30	2	（1）正确填写操作票，检查操作票填写内容是否正确； （2）严格执行操作监护制度
	选择合适的工器具	工器具选择不当	（1）触电、电弧灼伤； （2）设备异常或故障	1	2	7	14	1	（1）选择合适的操作工器具； （2）检查所用的工具，必须完好； （3）正确使用工器具

续表

作业步骤		危害因素	可能导致的后果	风险评价					控制措施
				L	E	C	D	风险程度	
操作前准备	穿戴合适的个人防护用品	穿戴不合适的个人防护用品	(1)触电、电弧灼伤； (2)其他人身伤害	1	2	7	14	1	(1)穿绝缘鞋，戴安全帽、耳塞和防尘口罩； (2)穿长袖工作服，扣好衣服和袖口； (3)戴绝缘手套
	通信联系	(1)通信不畅或错误引起误操作； (2)人员受到伤害时延误施救时间	(1)扩大事故； (2)加重人员伤害程度	1	2	7	7	1	携带可靠的通信工具，操作时保持联系
	工作班成员精神状态确认	(1)无法正常完成指定工作； (2)作业过程中无法清醒判断危险点	(1)触电； (2)设备事故	1	3	15	45	2	合理安排工作班成员，精神状态不佳者禁止工作
操作过程	远方、就地切换开关	(1)走错间隔； (2)误分、合开关导致设备异常断电或带电； (3)误操作造成电弧伤害； (4)操作顺序不当； (5)开关未切换即开始操作	(1)触电、电弧灼伤； (2)设备事故； (3)保护误动或拒动	1	2	15	30	2	(1)戴绝缘手套； (2)核实操作票内容和设备状态； (3)执行监护制度，唱票，确认设备位置、名称标牌，严格执行操作票制度； (4)谨防误碰或接触带电体
	开关合闸操作	(1)误合开关，误触带电体； (2)开关有缺陷； (3)操作顺序不当； (4)走错间隔	(1)触电、电弧灼伤； (2)其他人身伤害； (3)设备事故； (4)潮流分布不均匀； (5)带负荷拉闸刀	1	2	15	30	2	(1)核对设备名称和编号，检查设备状态； (2)操作时与开关保持一定距离； (3)考虑好开关爆炸时的撤离线路； (4)禁止就地进行开关操作； (5)严格按照调度下发的操作票顺序进行操作； (6)检查开关、母线闸刀分闸反馈正常，开关间隔三相电流为零，开关三相确已合闸
	保护投、退	(1)错停、漏停、错投、漏投保护； (2)误碰保护装置； (3)通信设备干扰保护装置； (4)走错间隔	(1)设备事故； (2)保护不能正确动作； (3)保护误动	1	2	15	30	2	(1)严格执行操作票； (2)加强培训，值班人员应熟练掌握继电保护的使用方法、保护压板的切换方法及注意事项； (3)首选通过固定电话联系
	开关、接地开关分、合闸后状态检查	(1)检查不到位； (2)开关、接地开关三相分、合不同步； (3)开关、接地开关连杆断裂； (4)走错间隔	(1)触电、电弧灼伤； (2)造成非全相分、合； (3)设备事故	1	2	15	30	2	(1)操作时核对设备实际位置； (2)开关、接地开关三相分、合不同步动作； (3)检查开关状态信号灯指示； (4)不得随意解除机械闭锁

续表

作业步骤		危害因素	可能导致的后果	风险评价					控制措施
				L	E	C	D	风险程度	
操作过程	控制电源小空气开关	（1）走错间隔； （2）误分、合开关导致设备异常断电或带电	（1）触电、电弧灼伤； （2）设备事故	1	1	7	7	1	（1）戴绝缘手套； （2）核实操作票内容和设备状态； （3）执行监护制度，唱票，确认设备位置、名称标牌； （4）谨防误碰或接触带电体
操作结束	检查作业现场	有工具遗留在作业现场	设备事故	3	1	15	45	2	操作完成后检查现场，保证没有工具遗留

十四、风电设备校验、试验

1. 箱式变压器预防性试验

部门：			分析日期：		记录编号：
作业地点或分析范围：箱式变压器			分析人：		
作业内容描述：箱式变压器预防性试验					
主要作业风险：（1）人员精神状态不佳；（2）触电；（3）设备事故；（4）走错间隔；（5）机械伤害					
控制措施：（1）办理工作票、操作票；（2）穿戴个人防护用品；（3）设备恢复运行状态前进行全面检查；（4）工作前对工作班成员进行安全交底					
工作负责人签名：	日期：	工作票签发人签名：	日期：	工作许可人签名：	日期：

作业步骤		危害因素	可能导致的后果	风险评价					控制措施
				L	E	C	D	风险程度	
作业环境	环境	夏季高温作业	人身伤害	1	3	15	45	2	夏季高温作业做好防暑措施
	海上作业	落水	（1）溺亡； （2）船舶伤害	1	3	15	45	2	（1）穿好救生衣； （2）上下船注意安全
检修前准备	工作班成员精神状态确认	（1）无法正常完成指定工作； （2）作业过程中出现昏厥现象	（1）触电； （2）设备故障	1	2	15	30	2	合理安排工作班成员，精神状态不佳者禁止工作
	安全措施确认	（1）拉错开关或误送电导致设备带电或误动； （2）未执行工作票、操作票所列的安全措施	（1）触电； （2）设备故障	1	2	15	30	2	（1）办理操作票、工作票，严格执行工作票、操作票所列的安全措施； （2）使用个人防护用品
	安全交底	（1）走错间隔； （2）未交代现场情况	（1）触电； （2）设备故障	1	2	15	30	2	（1）工作前向工作班成员告知危险点，交代作业活动范围、内容、安全措施和注意事项； （2）对工作班成员进行安全技术交底
	个人防护用品准备	（1）未正确佩戴安全帽、穿好工作服； （2）使用不合格的安全带	（1）触电； （2）其他伤害	1	2	7	14	1	（1）正确穿戴安全帽及工作服； （2）使用在安全使用期内的安全带，并正确佩戴
	工器具准备	（1）使用的工器具无法达到工作要求； （2）工具不全，或工具破损； （3）工具未定期检测或检测不合格	（1）机械伤害； （2）触电	1	2	7	14	1	（1）做好工具、消耗材料的准备工作； （2）作业前检查工器具，应合格、完好

续表

作业步骤		危害因素	可能导致的后果	风险评价					控制措施
				L	E	C	D	风险程度	
检修过程	箱式变压器预防性试验	(1) 误碰其他带电设备； (2) 野蛮拆装设备； (3) 使用不符合规格的工器具； (4) 未验电直接进入内部	(1) 设备故障； (2) 触电； (3) 机械伤害	1	2	15	30	2	(1) 检查工作点是否带电，工作前应停电、验电，检查安全措施正确、完备后方可开工，工作过程中不得擅自更改安全措施； (2) 检查工作点上、下间隔是否带电，工作点与带电负荷或母线安全距离是否足够； (3) 进行回路改造或更换电气元件时，要注意检查控制箱各路电源是否断开，且接线端子、裸露线头可能从其他回路反送电，工作时应按要求戴好绝缘手套、穿好绝缘鞋、螺丝刀绑好绝缘胶布； (4) 严禁错误使用工器具造成设备损坏，如用过大或过小的扳手替代标准尺寸的扳手，用一字螺丝刀替代十字螺丝刀，用十字螺丝刀替代内六角或内梅花螺丝刀等； (5) 严禁野蛮拆装、检修设备，造成螺丝过力滑丝、设备开裂、设备变形等； (6) 拆卸接线时记录每个接线位置，更换完电气元件后，按记录逐一接线，保证接线正确，并检查接线是否牢固
恢复检验	结束工作	(1) 遗漏工器具； (2) 现场遗留检修杂物； (3) 不结束工作票； (4) 工作班成员未全部撤离	(1) 人身伤害； (2) 设备故障	1	3	15	45	2	(1) 收齐并检查工器具； (2) 清扫检修现场； (3) 结束工作票

2. 场用变压器预防性试验

部门：						分析日期：			记录编号：
作业地点或分析范围：场用变压器						分析人：			
作业内容描述：场用变压器预防性试验									
主要作业风险：（1）人员精神状态不佳；（2）触电；（3）设备事故；（4）走错间隔；（5）机械伤害									
控制措施：（1）办理工作票、操作票；（2）穿戴个人防护用品；（3）设备恢复运行状态前进行全面检查；（4）工作前对工作班成员进行安全交底									
工作负责人签名：		日期：	工作票签发人签名：		日期：		工作许可人签名：		日期：
作业步骤		危害因素	可能导致的后果	风险评价					控制措施
				L	*E*	*C*	*D*	风险程度	
作业环境	环境	夏季高温作业	人身伤害	1	3	15	45	2	夏季高温作业做好防暑措施
	海上作业	落水	（1）溺亡； （2）船舶伤害	1	3	15	45	2	（1）穿好救生衣； （2）上下船注意安全
检修前准备	工作班成员精神状态确认	（1）无法正常完成指定工作； （2）作业过程中出现昏厥现象	（1）触电； （2）设备故障	1	2	15	30	2	合理安排工作班成员，精神状态不佳者禁止工作
	安全措施确认	（1）拉错开关或误送电导致设备带电或误动； （2）未执行工作票、操作票所列的安全措施	（1）触电； （2）设备故障	1	2	15	30	2	（1）办理操作票、工作票，严格执行工作票、操作票所列的安全措施； （2）使用个人防护用品
	安全交底	（1）走错间隔； （2）未交代现场情况	（1）触电； （2）设备故障	1	2	15	30	2	（1）工作前向工作班成员告知危险点，交代作业活动范围、内容、安全措施和注意事项； （2）对工作班成员进行安全技术交底
	个人防护用品准备	（1）未正确佩戴安全帽、穿好工作服； （2）使用不合格的安全带	（1）触电； （2）其他伤害	1	2	7	14	1	（1）正确穿戴安全帽及工作服； （2）使用在安全使用期内的安全带，并正确佩戴
	工器具准备	（1）使用的工器具无法达到工作要求； （2）工具不全，或工具破损； （3）工具未定期检测或检测不合格	（1）机械伤害； （2）触电	1	2	7	14	1	（1）做好工具、消耗材料的准备工作； （2）作业前检查工器具，应合格、完好

续表

作业步骤		危害因素	可能导致的后果	风险评价					控制措施
				L	E	C	D	风险程度	
检修过程	场用变压器预防性试验	（1）误碰其他带电设备； （2）野蛮拆装设备； （3）使用不符合规格的工器具； （4）未验电直接进入内部	（1）设备故障； （2）触电； （3）机械伤害	1	3	15	45	2	（1）检查工作点是否带电，工作前应停电、验电，检查安全措施正确、完备后方可开工，工作过程中不得擅自更改安全措施； （2）检查工作点上、下间隔是否带电，工作点与带电负荷或母线安全距离是否足够； （3）进行回路改造或更换电气元件时，要注意检查控制箱各路电源是否断开，且接线端子、裸露线头可能从其他回路反送电，工作时应按要求戴好绝缘手套、穿好绝缘鞋、螺丝刀绑好绝缘胶布； （4）严禁错误使用工器具造成设备损坏，如用过大或过小的扳手替代标准尺寸的扳手，用一字螺丝刀替代十字螺丝刀，用十字螺丝刀替代内六角或内梅花螺丝刀等； （5）严禁野蛮拆装、检修设备，造成螺丝过力滑丝、设备开裂、设备变形等； （6）拆卸接线时记录每个接线位置，更换完电气元件后，按记录逐一接线，保证接线正确，并检查接线是否牢固
恢复检验	结束工作	（1）遗漏工器具； （2）现场遗留检修杂物； （3）不结束工作票； （4）工作班成员未全部撤离	（1）人身伤害； （2）设备故障	1	1	7	7	1	（1）收齐并检查工器具； （2）清扫检修现场； （3）结束工作票

3. 35kV高压配电系统预防性试验

<table>
<tr><td colspan="4">部门：</td><td colspan="5">分析日期：</td><td>记录编号：</td></tr>
<tr><td colspan="4">作业地点或分析范围：35kV高压配电系统</td><td colspan="6">分析人：</td></tr>
<tr><td colspan="10">作业内容描述：35kV高压配电系统（断路器、避雷器、电流互感器、电压互感器）预防性试验</td></tr>
<tr><td colspan="10">主要作业风险：（1）人员精神状态不佳；（2）触电；（3）设备事故；（4）走错间隔；（5）机械伤害；（6）损坏仪器</td></tr>
<tr><td colspan="10">控制措施：（1）办理工作票、操作票；（2）穿戴个人防护用品；（3）设备恢复运行状态前进行全面检查；（4）工作前对工作班成员进行安全交底；（5）做好隔离措施</td></tr>
<tr><td colspan="2">工作负责人签名：</td><td>日期：</td><td colspan="2">工作票签发人签名：</td><td colspan="2">日期：</td><td colspan="2">工作许可人签名：</td><td>日期：</td></tr>
<tr><td colspan="2" rowspan="2">作业步骤</td><td rowspan="2">危害因素</td><td rowspan="2">可能导致的后果</td><td colspan="5">风险评价</td><td rowspan="2">控制措施</td></tr>
<tr><td>L</td><td>E</td><td>C</td><td>D</td><td>风险程度</td></tr>
<tr><td>作业环境</td><td>环境</td><td>夏季高温作业</td><td>人身伤害</td><td>1</td><td>3</td><td>15</td><td>45</td><td>2</td><td>夏季高温作业做好防暑措施</td></tr>
<tr><td rowspan="5">检修前准备</td><td>工作班成员精神状态确认</td><td>（1）无法正常完成指定工作；
（2）作业过程中出现昏厥现象</td><td>（1）触电；
（2）设备故障</td><td>1</td><td>2</td><td>15</td><td>30</td><td>2</td><td>合理安排工作班成员，精神状态不佳者禁止工作</td></tr>
<tr><td>安全措施确认</td><td>（1）拉错开关或误送电导致设备带电或误动；
（2）未执行工作票、操作票所列的安全措施</td><td>（1）触电；
（2）设备故障</td><td>1</td><td>2</td><td>15</td><td>30</td><td>2</td><td>（1）办理操作票、工作票，严格执行工作票、操作票所列的安全措施；
（2）使用个人防护用品；
（3）试验工作进行前装设好接地线；
（4）试验前在试验场所设置警戒线，装设临时遮拦，并悬挂标示牌</td></tr>
<tr><td>安全交底</td><td>（1）走错间隔；
（2）未交代现场情况</td><td>（1）触电；
（2）设备故障</td><td>1</td><td>2</td><td>15</td><td>30</td><td>2</td><td>（1）工作前向工作班成员告知危险点，交代作业活动范围、内容、安全措施和注意事项；
（2）对工作班成员进行安全技术交底</td></tr>
<tr><td>个人防护用品准备</td><td>未正确戴安全帽、绝缘手套，未穿好绝缘靴、工作服</td><td>（1）触电；
（2）其他伤害</td><td>1</td><td>2</td><td>7</td><td>14</td><td>1</td><td>正确穿戴安全帽、工作服等</td></tr>
<tr><td>工器具准备</td><td>（1）使用的工器具无法达到工作要求；
（2）工具不全，或工具破损；
（3）工具未定期检测或检测不合格</td><td>（1）机械伤害；
（2）触电</td><td>1</td><td>2</td><td>7</td><td>14</td><td>1</td><td>（1）做好工具、消耗材料的准备工作；
（2）作业前检查工器具，应合格、完好</td></tr>
</table>

续表

<table>
<tr><th colspan="2" rowspan="2">作业步骤</th><th rowspan="2">危害因素</th><th rowspan="2">可能导致的后果</th><th colspan="5">风险评价</th><th rowspan="2">控制措施</th></tr>
<tr><th>L</th><th>E</th><th>C</th><th>D</th><th>风险程度</th></tr>
<tr><td>检修过程</td><td>35kV高压配电系统（断路器、避雷器、电流互感器、电压互感器）预防性试验</td><td>（1）误碰其他带电设备；
（2）野蛮拆装设备；
（3）接线错误，接线未接紧、接牢；
（4）使用不符合规格的工器具；
（5）未验电直接进入内部</td><td>（1）设备故障；
（2）触电；
（3）机械伤害；
（4）损坏仪器</td><td>1</td><td>3</td><td>15</td><td>45</td><td>2</td><td>（1）检查工作点是否带电，工作前应停电、验电，检查安全措施正确、完备后方可开工，工作过程中不得擅自更改安全措施；
（2）至少两个人一起工作，在加压试验不能直接监护时，设置专人监护；
（3）与带电设备保持安全距离；
（4）测量前后对被测设备进行充分放电；
（5）检查工作点上、下间隔是否带电，工作点与带电负荷或母线安全距离是否足够；
（6）严禁错误使用工器具造成设备损坏，如用过大或过小的扳手替代标准尺寸的扳手，用一字螺丝刀替代十字螺丝刀，用十字螺丝刀替代内六角或内梅花螺丝刀等；
（7）严禁野蛮拆装、检修设备，造成螺丝过力滑丝、设备开裂、设备变形等；
（8）作业时佩戴安全帽；
（9）试验时与带电设备保持安全距离，安排专人监护；
（10）进行测量工作时戴好绝缘手套，穿好绝缘靴；
（11）严禁带地线加压、升流</td></tr>
<tr><td>恢复检验</td><td>结束工作</td><td>（1）遗漏工器具；
（2）漏拆接线；
（3）现场遗留检修杂物；
（4）不结束工作票；
（5）工作班成员未全部撤离</td><td>（1）人身伤害；
（2）设备故障</td><td>1</td><td>1</td><td>7</td><td>7</td><td>1</td><td>（1）收齐并检查工器具；
（2）清扫检修现场；
（3）结束工作票</td></tr>
</table>

4. 主变压器预防性试验

部门：　分析日期：　记录编号：

作业地点或分析范围：主变压器　分析人：

作业内容描述：主变压器预防性试验

主要作业风险：（1）人员精神状态不佳；（2）触电；（3）设备事故；（4）走错间隔；（5）机械伤害；（6）损坏仪器

控制措施：（1）办理工作票、操作票；（2）穿戴个人防护用品；（3）设备恢复运行状态前进行全面检查；（4）工作前对工作班成员进行安全交底；（5）做好隔离措施

工作负责人签名：　日期：　工作票签发人签名：　日期：　工作许可人签名：　日期：

作业步骤		危害因素	可能导致的后果	风险评价 L	E	C	D	风险程度	控制措施
作业环境	环境	夏季高温作业	人身伤害	1	1	15	15	1	夏季高温作业做好防暑措施
检修前准备	工作班成员精神状态确认	（1）无法正常完成指定工作； （2）作业过程中出现昏厥现象	（1）触电； （2）设备故障	1	2	15	30	2	合理安排工作班成员，精神状态不佳者禁止工作
	安全措施确认	（1）拉错开关或误送电导致设备带电或误动； （2）未执行工作票、操作票所列的安全措施	（1）触电； （2）设备故障	1	2	15	30	2	（1）办理操作票、工作票，严格执行工作票、操作票所列的安全措施； （2）使用个人防护用品； （3）试验工作进行前装设好接地线； （4）试验前在试验场所设置警戒线，装设临时遮拦，并悬挂标示牌
	安全交底	（1）走错间隔； （2）未交代现场情况	（1）触电； （2）设备故障	1	2	15	30	2	（1）工作前向工作班成员告知危险点，交代作业活动范围、内容、安全措施和注意事项； （2）对工作班成员进行安全技术交底
	个人防护用品准备	（1）未正确佩戴安全帽、穿好工作服； （2）使用不合格的安全带	（1）触电； （2）其他伤害	1	2	7	14	1	（1）正确穿戴安全帽及工作服； （2）使用在安全使用期内的安全带，并正确佩戴
	工器具准备	（1）使用的工器具无法达到工作要求； （2）工具不全，或工具破损； （3）工具未定期检测或检测不合格	（1）机械伤害； （2）触电	1	2	7	14	1	（1）做好工具、消耗材料的准备工作； （2）作业前检查工器具，应合格、完好

续表

作业步骤		危害因素	可能导致的后果	风险评价					控制措施
				L	*E*	*C*	*D*	风险程度	
检修过程	主变压器预防性试验	（1）误碰其他带电设备； （2）野蛮拆装设备； （3）接线错误，接线未接紧、接牢； （4）使用不符合规格的工器具； （5）未验电直接进入内部	（1）设备故障； （2）触电； （3）机械伤害； （4）高处坠落； （5）高处落物； （6）损坏仪器	1	3	15	45	2	（1）检查工作点是否带电，工作前应停电、验电，检查安全措施正确、完备后方可开工，工作过程中不得擅自更改安全措施； （2）至少两个人一起工作，在加压试验不能直接监护时，设置专人监护； （3）与带电设备保持安全距离； （4）测量前后对被测设备进行充分放电； （5）检查工作点上、下间隔是否带电，工作点与带电负荷或母线安全距离是否足够； （6）进行回路改造或更换电气元件时，要注意检查控制箱各路电源是否断开，且接线端子、裸露线头可能从其他回路反送电，工作时应按要求戴好绝缘手套、穿好绝缘鞋、螺丝刀绑好绝缘胶布； （7）严禁错误使用工器具造成设备损坏，如用过大或过小的扳手替代标准尺寸的扳手，用一字螺丝刀替代十字螺丝刀，用十字螺丝刀替代内六角或内梅花螺丝刀等； （8）严禁野蛮拆装、检修设备，造成螺丝过力滑丝、设备开裂、设备变形等； （9）高处作业时系好安全带、佩戴安全帽； （10）传递工具与物件时使用吊绳，不得抛掷； （11）试验时与带电设备保持安全距离，安排专人监护； （12）进行测量工作时戴好绝缘手套； （13）严禁带地线加压、升流； （14）拆卸接线时记录每个接线位置，更换完电气元件后，按记录逐一接线，保证接线正确，并检查接线是否牢固
恢复检验	结束工作	（1）遗漏工器具； （2）漏拆接线； （3）现场遗留检修杂物； （4）不结束工作票； （5）工作班成员未全部撤离	（1）人身伤害； （2）设备故障	1	1	7	7	1	（1）收齐并检查工器具； （2）清扫检修现场； （3）结束工作票

5. 集电线路电缆交流耐压试验

部门：　　分析日期：　　记录编号：

作业地点或分析范围：集电线路电缆　　分析人：

作业内容描述：集电线路电缆交流耐压试验

主要作业风险：（1）人员精神状态不佳；（2）触电；（3）设备事故；（4）走错间隔；（5）机械伤害；（6）落水

控制措施：（1）办理工作票、操作票；（2）穿戴个人防护用品；（3）设备恢复运行状态前进行全面检查；（4）工作前对工作班成员进行安全交底；（5）穿好救生衣

工作负责人签名：　　日期：　　工作票签发人签名：　　日期：　　工作许可人签名：　　日期：

作业步骤		危害因素	可能导致的后果	风险评价 L	E	C	D	风险程度	控制措施
作业环境	环境	夏季高温作业	人身伤害	1	3	15	45	2	夏季高温作业做好防暑措施
作业环境	海上作业	落水	（1）溺亡； （2）船舶伤害	1	3	15	45	2	（1）穿好救生衣； （2）上下船注意安全
检修前准备	工作班成员精神状态确认	（1）无法正常完成指定工作； （2）作业过程中出现昏厥现象	（1）触电； （2）设备故障	1	2	15	30	2	合理安排工作班成员，精神状态不佳者禁止工作
检修前准备	安全措施确认	（1）拉错开关或误送电导致设备带电或误动； （2）未执行工作票、操作票所列的安全措施	（1）触电； （2）设备故障	1	2	15	30	2	（1）办理操作票、工作票，严格执行工作票、操作票所列的安全措施； （2）使用个人防护用品
检修前准备	安全交底	（1）走错间隔； （2）未交代现场情况	（1）触电； （2）设备故障	1	2	15	30	2	（1）工作前向工作班成员告知危险点，交代作业活动范围、内容、安全措施和注意事项； （2）对工作班成员进行安全技术交底
检修前准备	个人防护用品准备	（1）未正确佩戴安全帽、穿好工作服； （2）使用不合格的安全带	（1）触电； （2）其他伤害	1	2	7	14	1	（1）正确穿戴安全帽及工作服； （2）使用在安全使用期内的安全带，并正确佩戴
检修前准备	工器具准备	（1）使用的工器具无法达到工作要求； （2）工具不全，或工具破损； （3）工具未定期检测或检测不合格	（1）机械伤害； （2）触电	1	2	7	14	1	（1）做好工具、消耗材料的准备工作； （2）作业前检查工器具，应合格、完好

续表

<table>
<tr><th colspan="2" rowspan="2">作业步骤</th><th rowspan="2">危害因素</th><th rowspan="2">可能导致的后果</th><th colspan="5">风险评价</th><th rowspan="2">控制措施</th></tr>
<tr><th>L</th><th>E</th><th>C</th><th>D</th><th>风险程度</th></tr>
<tr><td>检修过程</td><td>集电线路电缆交流耐压试验</td><td>（1）误碰其他带电设备；
（2）野蛮拆装设备；
（3）使用不符合规格的工器具；
（4）未进行验电直接进入内部</td><td>（1）设备故障；
（2）触电；
（3）机械伤害</td><td>1</td><td>3</td><td>15</td><td>45</td><td>2</td><td>（1）检查工作点是否带电，工作前应停电、验电，检查安全措施正确、完备后方可开工，工作过程中不得擅自更改安全措施；
（2）检查工作点上、下间隔是否带电，工作点与带电负荷或母线安全距离是否足够；
（3）进行回路改造或更换电气元件时，要注意检查控制箱各路电源是否断开，且接线端子、裸露线头可能从其他回路反送电，工作时应按要求戴好绝缘手套、穿好绝缘鞋、螺丝刀绑好绝缘胶布；
（4）严禁错误使用工器具造成设备损坏，如用过大或过小的扳手替代标准尺寸的扳手，用一字螺丝刀替代十字螺丝刀，用十字螺丝刀替代内六角或内梅花螺丝刀等；
（5）严禁野蛮拆装、检修设备，造成螺丝过力滑丝、设备开裂、设备变形等；
（6）拆卸接线时记录每个接线位置，更换完电气元件后，按记录逐一接线，保证接线正确，并检查接线是否牢固</td></tr>
<tr><td>恢复检验</td><td>结束工作</td><td>（1）遗漏工器具；
（2）现场遗留检修杂物；
（3）不结束工作票；
（4）工作班成员未全部撤离</td><td>（1）人身伤害；
（2）设备故障</td><td>1</td><td>1</td><td>7</td><td>7</td><td>1</td><td>（1）收齐并检查工器具；
（2）清扫检修现场；
（3）结束工作票</td></tr>
</table>

6. 风电机组防雷检测

部门：	分析日期：	记录编号：
作业地点或分析范围：风机	分析人：	

作业内容描述：风电机组防雷检测

主要作业风险：(1) 人员精神状态不佳；(2) 触电；(3) 设备事故；(4) 走错间隔；(5) 机械伤害；(6) 落水

控制措施：(1) 办理工作票、操作票；(2) 穿戴个人防护用品；(3) 设备恢复运行状态前进行全面检查；(4) 工作前对工作班成员进行安全交底；(5) 穿好救生衣

工作负责人签名：	日期：	工作票签发人签名：	日期：	工作许可人签名：	日期：

作业步骤		危害因素	可能导致的后果	风险评价					控制措施
				L	E	C	D	风险程度	
作业环境	环境	夏季高温作业	人身伤害	1	3	15	45	2	夏季高温作业做好防暑措施
作业环境	海上作业	落水	(1) 溺亡； (2) 船舶伤害	1	3	15	45	2	(1) 穿好救生衣； (2) 上下船注意安全
检修前准备	工作班成员精神状态确认	(1) 无法正常完成指定工作； (2) 作业过程中出现昏厥现象	(1) 触电； (2) 设备故障	1	2	15	30	2	合理安排工作班成员，精神状态不佳者禁止工作
检修前准备	安全措施确认	(1) 拉错开关或误送电导致设备带电或误动； (2) 未执行工作票、操作票所列的安全措施	(1) 触电； (2) 设备故障	1	2	15	30	2	(1) 办理操作票、工作票，严格执行工作票、操作票所列的安全措施； (2) 使用个人防护用品
检修前准备	安全交底	(1) 走错间隔； (2) 未交代现场情况	(1) 触电； (2) 设备故障	1	2	15	30	2	(1) 工作前向工作班成员告知危险点，交代作业活动范围、内容、安全措施和注意事项； (2) 对工作班成员进行安全技术交底
检修前准备	个人防护用品准备	(1) 未正确佩戴安全帽、穿好工作服； (2) 使用不合格的安全带	(1) 触电； (2) 其他伤害	1	2	7	14	1	(1) 正确穿戴安全帽及工作服； (2) 使用在安全使用期内的安全带，并正确佩戴
检修前准备	工器具准备	(1) 使用的工器具无法达到工作要求； (2) 工具不全，或工具破损； (3) 工具未定期检测或检测不合格	(1) 机械伤害； (2) 触电	1	2	7	14	1	(1) 做好工具、消耗材料的准备工作； (2) 作业前检查工器具，应合格、完好

续表

作业步骤		危害因素	可能导致的后果	风险评价					控制措施
				L	E	C	D	风险程度	
检修过程	风电机组防雷检测	（1）误碰其他带电设备； （2）野蛮拆装设备； （3）使用不符合规格的工器具； （4）未验电直接进入内部	（1）设备故障； （2）触电； （3）机械伤害	1	3	15	45	2	（1）检查工作点是否带电，工作前应停电、验电，检查安全措施正确、完备后方可开工，工作过程中不得擅自更改安全措施； （2）检查工作点上、下间隔是否带电，工作点与带电负荷或母线安全距离是否足够； （3）进行回路改造或更换电气元件时，要注意检查控制箱各路电源是否断开，且接线端子、裸露线头可能从其他回路反送电，工作时应按要求戴好绝缘手套、穿好绝缘鞋、螺丝刀绑好绝缘胶布； （4）严禁错误使用工器具造成设备损坏，如用过大或过小的扳手替代标准尺寸的扳手，用一字螺丝刀替代十字螺丝刀，用十字螺丝刀替代内六角或内梅花螺丝刀等； （5）严禁野蛮拆装、检修设备，造成螺丝过力滑丝、设备开裂、设备变形等； （6）拆卸接线时记录每个接线位置，更换完电气元件后，按记录逐一接线，保证接线正确，并检查接线是否牢固
恢复检验	结束工作	（1）遗漏工器具； （2）现场遗留检修杂物； （3）不结束工作票； （4）工作班成员未全部撤离	（1）人身伤害； （2）设备故障	1	1	7	7	1	（1）收齐并检查工器具； （2）清扫检修现场； （3）结束工作票

7. 35MW 高压电抗器及套管预防性试验

<table>
<tr><td colspan="6">部门：</td><td colspan="4">分析日期：</td><td>记录编号：</td></tr>
<tr><td colspan="6">作业地点或分析范围：35MW 高压电抗器及套管</td><td colspan="5">分析人：</td></tr>
<tr><td colspan="11">作业内容描述：35MW 高压电抗器及套管预防性试验</td></tr>
<tr><td colspan="11">主要作业风险：(1) 人员精神状态不佳；(2) 触电；(3) 设备故障；(4) 走错间隔；(5) 机械伤害；(6) 起重伤害</td></tr>
<tr><td colspan="11">控制措施：(1) 办理工作票、操作票；(2) 穿戴个人防护用品；(3) 设备恢复运行状态前进行全面检查；(4) 工作前对工作班成员进行安全交底</td></tr>
<tr><td colspan="3">工作负责人签名：</td><td>日期：</td><td colspan="2">工作票签发人签名：</td><td colspan="2">日期：</td><td colspan="2">工作许可人签名：</td><td>日期：</td></tr>
<tr><td colspan="2" rowspan="2">作业步骤</td><td rowspan="2">危害因素</td><td rowspan="2">可能导致的后果</td><td colspan="5">风险评价</td><td colspan="2" rowspan="2">控制措施</td></tr>
<tr><td>L</td><td>E</td><td>C</td><td>D</td><td>风险程度</td></tr>
<tr><td>作业环境</td><td>环境</td><td>(1) 夏季高温作业；
(2) 大风、雷雨、冰冻天气作业</td><td>人身伤害</td><td>1</td><td>3</td><td>15</td><td>45</td><td>2</td><td colspan="2">(1) 夏季高温作业做好防暑措施；
(2) 避免大风、雷雨、冰冻天气作业</td></tr>
<tr><td rowspan="6">检修前准备</td><td>工作班成员精神状态确认</td><td>(1) 无法正常完成指定工作；
(2) 作业过程中出现昏厥现象</td><td>(1) 触电；
(2) 设备故障</td><td>1</td><td>2</td><td>15</td><td>30</td><td>2</td><td colspan="2">合理安排工作班成员，精神状态不佳者禁止工作</td></tr>
<tr><td>安全措施确认</td><td>(1) 拉错开关或误送电导致设备带电或误动；
(2) 未执行工作票、操作票所列的安全措施</td><td>(1) 触电；
(2) 设备故障</td><td>1</td><td>2</td><td>15</td><td>30</td><td>2</td><td colspan="2">(1) 办理操作票、工作票，严格执行工作票、操作票所列的安全措施；
(2) 使用个人防护用品</td></tr>
<tr><td>安全交底</td><td>(1) 走错间隔；
(2) 未交代现场情况</td><td>(1) 触电；
(2) 设备故障</td><td>1</td><td>2</td><td>15</td><td>30</td><td>2</td><td colspan="2">(1) 工作前向工作班成员告知危险点，交代作业活动范围、内容、安全措施和注意事项；
(2) 对工作班成员进行安全技术交底</td></tr>
<tr><td>个人防护用品准备</td><td>(1) 未正确佩戴安全帽、穿好工作服；
(2) 使用不合格的安全带</td><td>(1) 触电；
(2) 其他伤害</td><td>1</td><td>2</td><td>7</td><td>14</td><td>1</td><td colspan="2">(1) 正确穿戴安全帽及工作服；
(2) 使用在安全使用期内的安全带，并正确佩戴</td></tr>
<tr><td>工器具准备</td><td>(1) 使用的工器具无法达到工作要求；
(2) 工具不全，或工具破损；
(3) 工具未定期检测或检测不合格</td><td>(1) 机械伤害；
(2) 触电；
(3) 起重伤害</td><td>1</td><td>2</td><td>7</td><td>14</td><td>1</td><td colspan="2">(1) 做好试验工具的准备工作；
(2) 使用电动工具前要检查其是否合格，电源要有剩余电流动作装置，使用结束立即关掉电源，使用期间如遇停电应立即拔掉电源，防止来电时电动工具突然自行转动，对工作人员或设备造成机械伤害；</td></tr>
</table>

续表

作业步骤		危害因素	可能导致的后果	风险评价					控制措施
				L	E	C	D	风险程度	
检查前准备	工器具准备								（3）使用工器具前要进行检查，确认扳手没有裂痕、断口等安全隐患后方可使用，严禁使用活扳手，应使用力矩扳手及梅花扳手； （4）使用起重设备时，设置警戒围栏，保持足够安全距离
试验过程	35MW高压电抗器及套管预防性试验	（1）接线错误； （2）虚接线路； （3）野蛮拆装设备； （4）试验前未做绝缘测试； （5）作业现场存在易燃物、可燃物、助燃物； （6）试验时人员未远离现场； （7）使用吊机前，未对吊机钢丝绳和倒链进行无断股、无开裂等全面检查； （8）临时用电电源无剩余电流动作装置； （9）在套管上工作时未正确穿戴安全带； （10）工具随手乱扔； （11）工作区域下方未做隔离措施	（1）设备故障； （2）物体打击； （3）高处坠落； （4）试验伤害； （5）起重伤害； （6）火灾； （7）环境污染	1	3	15	45	2	（1）与带电设备保持安全距离，并对带电区域悬挂标示牌，装设围栏； （2）工作人员应穿绝缘鞋； （3）工作区域下方做隔离措施； （4）在套管上工作时正确穿戴安全带，且安全带高挂低用； （5）工作时，工具用完应立即放入工具包中； （6）拆卸接线时记录每个接线位置，更换完电气元件后，按记录逐一接线，保证接线正确，并检查接线是否牢固； （7）在起吊任何大的零部件时，必须找平找正； （8）轻拿轻放备件、设备，防止撞击损伤设备； （9）严禁野蛮拆装，造成螺丝过力滑丝、设备开裂、设备变形等； （10）妥善保管拆下的零部件，防止丢失、损坏； （11）正确、安全地使用经检验合格的带有剩余电流动作装置的电源线轴，且线轴配有专用检修箱电源插头； （12）高压试验工作至少应由2名熟悉高压试验操作规范的人员进行； （13）预试设备周围应设置隔离区域，悬挂警示带，并设专人监护； （14）对设备进行加压试验时应缓慢升压，升压过程中应头脑清醒、注意力集中，发现异常情况应立即停止升压并切断电源，待问题查清后方可继续进行试验； （15）试验结束后应对被试验设备进行充分放电，由试验接线人员拆除被试验设备上的临时线，再由工作负责人仔细核查；

续表

作业步骤		危害因素	可能导致的后果	风险评价					控制措施
				L	E	C	D	风险程度	
试验过程	35MW 高压电抗器及套管预防性试验								(16) 仔细检查钢丝绳和倒链，应无断股、无开裂，所承受的荷重不准超过规定值； (17) 正确使用吊环和 U 形环，使用前应仔细检查其完好性； (18) 禁止绳锁与其他易损设备接触； (19) 使用倒链起吊时应做好防滑措施； (20) 严禁站在拉紧的钢丝绳对面； (21) 恢复时逐一检查力矩是否符合要求
恢复检验	结束工作	(1) 遗漏工器具； (2) 现场遗留检修杂物； (3) 不结束工作票； (4) 工作班成员未全部撤离	(1) 人身伤害； (2) 设备故障	1	1	7	7	1	(1) 收齐并检查工器具； (2) 清扫检修现场； (3) 结束工作票

十五、风电设备检修

1. 35kV 开关柜加热器故障处理

部门：				分析日期：					记录编号：
作业地点或分析范围：35kV 开关柜				分析人：					
作业内容描述：35kV 开关柜加热器故障处理									
主要作业风险：(1) 人员精神状态不佳；(2) 触电；(3) 设备事故；(4) 走错间隔；(5) 机械伤害									
控制措施：(1) 办理工作票、操作票；(2) 穿戴个人防护用品；(3) 设备恢复运行状态前进行全面检查；(4) 工作前对工作班成员进行安全交底									
工作负责人签名：		日期：	工作票签发人签名：	日期：			工作许可人签名：		日期：
作业步骤		危害因素	可能导致的后果	风险评价					控制措施
				L	*E*	*C*	*D*	风险程度	
作业环境	环境	夏季高温作业	人身伤害	1	3	15	45	2	夏季高温作业做好防暑措施
检修前准备	工作班成员精神状态确认	(1) 无法正常完成指定工作； (2) 作业过程中出现昏厥现象	(1) 触电； (2) 设备故障	1	2	15	30	2	合理安排工作班成员，精神状态不佳者禁止工作
	安全措施确认	(1) 拉错开关或误送电导致设备带电或误动； (2) 未执行工作票、操作票所列的安全措施	(1) 触电； (2) 设备故障	1	2	15	30	2	(1) 办理操作票、工作票，严格执行工作票、操作票所列的安全措施； (2) 使用个人防护用品
	安全交底	(1) 走错间隔； (2) 未交代现场情况	(1) 触电； (2) 设备故障	1	2	15	30	2	(1) 工作前向工作班成员告知危险点，交代作业活动范围、内容、安全措施和注意事项； (2) 对工作班成员进行安全技术交底
	个人防护用品准备	未正确佩戴安全帽、穿好工作服	(1) 触电； (2) 其他伤害	1	2	7	14	1	正确穿戴安全帽及工作服
	工器具准备	(1) 使用的工器具无法达到工作要求； (2) 工具不全，或工具破损； (3) 工具未定期检测或检测不合格	(1) 机械伤害； (2) 触电	1	2	7	14	1	(1) 做好工具、消耗材料的准备工作； (2) 使用电动工具前要检查其是否合格，电源要有剩余电流动作装置，使用结束立即关掉电源，使用期间如遇停电应立即拔掉电源，防止来电时电动工具突然自行转动，对工作人员或设备造成机械伤害；

续表

作业步骤		危害因素	可能导致的后果	风险评价					控制措施
				L	E	C	D	风险程度	
检修前准备	工器具准备								（3）使用工器具前要进行检查，确认扳手没有裂痕、断口等安全隐患后方可使用，严禁使用活扳手，应使用力矩扳手及梅花扳手； （4）作业前检查工器具，应合格、完好
检修过程	35kV开关柜加热器故障处理	（1）误碰其他带电设备； （2）接线错误； （3）野蛮拆装设备； （4）检修设备控制电源未断开； （5）使用不符合规格的工器具； （6）虚接线路	（1）设备故障； （2）触电； （3）机械伤害	1	3	15	45	2	（1）检查工作点是否带电，工作前应停电、验电，检查安全措施正确、完备后方可开工，工作过程中不得擅自更改安全措施； （2）检查工作点上、下间隔是否带电，工作点与带电负荷或母线安全距离是否足够； （3）进行回路改造或更换电气元件时，要注意检查控制柜各路电源是否断开，且接线端子、裸露线头可能从其他回路反送电，工作时应按要求戴好绝缘手套、穿好绝缘鞋、螺丝刀绑好绝缘胶布； （4）严禁错误使用工器具造成设备损坏，如用过大或过小的扳手替代标准尺寸的扳手，用一字螺丝刀替代十字螺丝刀，用十字螺丝刀替代内六角或内梅花螺丝刀等； （5）严禁野蛮拆装、检修设备，造成螺丝过力滑丝、设备开裂、设备变形等； （6）拆卸接线时记录每个接线位置，更换完电气元件后，按记录逐一接线，保证接线正确，并检查接线是否牢固
恢复检验	结束工作	（1）遗漏工器具； （2）现场遗留检修杂物； （3）不结束工作票； （4）工作班成员未全部撤离	（1）人身伤害； （2）设备故障	1	1	7	7	1	（1）收齐并检查工器具； （2）清扫检修现场； （3）结束工作票

2. 35kV 开关柜线路保护测控装置故障处理

<table>
<tr><td colspan="4">部门：</td><td colspan="4">分析日期：</td><td colspan="2">记录编号：</td></tr>
<tr><td colspan="4">作业地点或分析范围：35kV 开关柜</td><td colspan="6">分析人：</td></tr>
<tr><td colspan="10">作业内容描述：35kV 开关柜线路保护测控装置故障处理</td></tr>
<tr><td colspan="10">主要作业风险：(1) 人员精神状态不佳；(2) 触电；(3) 设备事故；(4) 走错间隔；(5) 机械伤害</td></tr>
<tr><td colspan="10">控制措施：(1) 办理工作票、操作票；(2) 穿戴个人防护用品；(3) 设备恢复运行状态前进行全面检查；(4) 工作前对工作班成员进行安全交底</td></tr>
<tr><td colspan="2">工作负责人签名：</td><td>日期：</td><td>工作票签发人签名：</td><td colspan="2">日期：</td><td colspan="3">工作许可人签名：</td><td>日期：</td></tr>
<tr><td colspan="2" rowspan="2">作业步骤</td><td rowspan="2">危害因素</td><td rowspan="2">可能导致的后果</td><td colspan="5">风险评价</td><td rowspan="2">控制措施</td></tr>
<tr><td>L</td><td>E</td><td>C</td><td>D</td><td>风险程度</td></tr>
<tr><td>作业环境</td><td>环境</td><td>夏季高温作业</td><td>人身伤害</td><td>1</td><td>3</td><td>15</td><td>45</td><td>2</td><td>夏季高温作业做好防暑措施</td></tr>
<tr><td rowspan="5">检修前准备</td><td>工作班成员精神状态确认</td><td>(1) 无法正常完成指定工作；
(2) 作业过程中出现昏厥现象</td><td>(1) 触电；
(2) 设备故障</td><td>1</td><td>2</td><td>15</td><td>30</td><td>2</td><td>合理安排工作班成员，精神状态不佳者禁止工作</td></tr>
<tr><td>安全措施确认</td><td>(1) 拉错开关或误送电导致设备带电或误动；
(2) 未执行工作票、操作票所列的安全措施</td><td>(1) 触电；
(2) 设备故障</td><td>1</td><td>2</td><td>15</td><td>30</td><td>2</td><td>(1) 办理操作票、工作票，严格执行工作票、操作票所列的安全措施；
(2) 使用个人防护用品</td></tr>
<tr><td>安全交底</td><td>(1) 走错间隔；
(2) 未交代现场情况</td><td>(1) 触电；
(2) 设备故障</td><td>1</td><td>2</td><td>15</td><td>30</td><td>2</td><td>(1) 工作前向工作班成员告知危险点，交代作业活动范围、内容、安全措施和注意事项；
(2) 对工作班成员进行安全技术交底</td></tr>
<tr><td>个人防护用品准备</td><td>未正确佩戴安全帽、穿好工作服</td><td>(1) 触电；
(2) 其他伤害</td><td>1</td><td>2</td><td>7</td><td>14</td><td>1</td><td>正确穿戴安全帽及工作服</td></tr>
<tr><td>工器具准备</td><td>(1) 使用的工器具无法达到工作要求；
(2) 工具不全，或工具破损；
(3) 工具未定期检测或检测不合格</td><td>(1) 机械伤害；
(2) 触电</td><td>1</td><td>2</td><td>7</td><td>14</td><td>1</td><td>(1) 做好工具、消耗材料的准备工作；
(2) 使用电动工具前要检查其是否合格，电源要有剩余电流动作装置，使用结束立即关掉电源，使用期间如遇停电应立即拔掉电源，防止来电时电动工具突然自行转动，对工作人员或设备造成机械伤害；</td></tr>
</table>

续表

作业步骤		危害因素	可能导致的后果	风险评价					控制措施
				L	*E*	*C*	*D*	风险程度	
检修前准备	工器具准备								（3）使用工器具前要进行检查，确认扳手没有裂痕、断口等安全隐患后方可使用，严禁使用活扳手，应使用力矩扳手及梅花扳手； （4）作业前检查工器具，应合格、完好
检修过程	35kV开关柜线路保护测控装置故障处理	（1）误碰其他带电设备； （2）接线错误； （3）野蛮拆装设备； （4）检修设备控制电源未断开； （5）使用不符合规格的工器具； （6）虚接线路	（1）设备故障； （2）触电； （3）机械伤害	1	3	15	45	2	（1）检查工作点是否带电，工作前应停电、验电，检查安全措施正确、完备后方可开工，工作过程中不得擅自更改安全措施； （2）检查工作点上、下间隔是否带电，工作点与带电负荷或母线安全距离是否足够； （3）进行回路改造或更换电气元件时，要注意检查控制柜各路电源是否断开，且接线端子、裸露线头可能从其他回路反送电，工作时应按要求戴好绝缘手套、穿好绝缘鞋、螺丝刀绑好绝缘胶布； （4）严禁错误使用工器具造成设备损坏，如用过大或过小的扳手替代标准尺寸的扳手，用一字螺丝刀替代十字螺丝刀，用十字螺丝刀替代内六角或内梅花螺丝刀等； （5）严禁野蛮拆装、检修设备，造成螺丝过力滑丝、设备开裂、设备变形等； （6）拆卸接线时记录每个接线位置，更换完电气元件后，按记录逐一接线，保证接线正确，并检查接线是否牢固
恢复检验	结束工作	（1）遗漏工器具； （2）现场遗留检修杂物； （3）不结束工作票； （4）工作班成员未全部撤离	（1）人身伤害； （2）设备故障	1	1	7	7	1	（1）收齐并检查工器具； （2）清扫检修现场； （3）结束工作票

3. 35kV 开关柜小车故障处理

<table>
<tr><td colspan="3">部门：</td><td colspan="5">分析日期：</td><td>记录编号：</td></tr>
<tr><td colspan="3">作业地点或分析范围：35kV 开关柜小车</td><td colspan="6">分析人：</td></tr>
<tr><td colspan="9">作业内容描述：35kV 开关柜小车故障处理</td></tr>
<tr><td colspan="9">主要作业风险：（1）人员精神状态不佳；（2）触电；（3）设备事故；（4）走错间隔；（5）机械伤害</td></tr>
<tr><td colspan="9">控制措施：（1）办理工作票、操作票；（2）穿戴个人防护用品；（3）设备恢复运行状态前进行全面检查；（4）工作前对工作班成员进行安全交底</td></tr>
<tr><td colspan="2">工作负责人签名：</td><td>日期：</td><td>工作票签发人签名：</td><td colspan="3">日期：</td><td>工作许可人签名：</td><td>日期：</td></tr>
<tr><td colspan="2" rowspan="2">作业步骤</td><td rowspan="2">危害因素</td><td rowspan="2">可能导致的后果</td><td colspan="5">风险评价</td><td rowspan="2">控制措施</td></tr>
<tr><td>L</td><td>E</td><td>C</td><td>D</td><td>风险程度</td></tr>
<tr><td>作业环境</td><td>环境</td><td>夏季高温作业</td><td>人身伤害</td><td>1</td><td>3</td><td>15</td><td>45</td><td>2</td><td>夏季高温作业做好防暑措施</td></tr>
<tr><td rowspan="5">检修前准备</td><td>工作班成员精神状态确认</td><td>（1）无法正常完成指定工作；
（2）作业过程中出现昏厥现象</td><td>（1）触电；
（2）设备故障</td><td>1</td><td>2</td><td>15</td><td>30</td><td>2</td><td>合理安排工作班成员，精神状态不佳者禁止工作</td></tr>
<tr><td>安全措施确认</td><td>（1）拉错开关或误送电导致设备带电或误动；
（2）未执行工作票、操作票所列的安全措施</td><td>（1）触电；
（2）设备故障</td><td>1</td><td>2</td><td>15</td><td>30</td><td>2</td><td>（1）办理操作票、工作票，严格执行工作票、操作票所列的安全措施；
（2）使用个人防护用品</td></tr>
<tr><td>安全交底</td><td>（1）走错间隔；
（2）未交代现场情况</td><td>（1）触电；
（2）设备故障</td><td>1</td><td>2</td><td>15</td><td>30</td><td>2</td><td>（1）工作前向工作班成员告知危险点，交代作业活动范围、内容、安全措施和注意事项；
（2）对工作班成员进行安全技术交底</td></tr>
<tr><td>个人防护用品准备</td><td>未正确佩戴安全帽及穿好工作服</td><td>（1）触电；
（2）其他伤害</td><td>1</td><td>2</td><td>7</td><td>14</td><td>1</td><td>正确穿戴安全帽及工作服</td></tr>
<tr><td>工器具准备</td><td>（1）使用的工器具无法达到工作要求；
（2）工具不全，或工具破损；
（3）工具未定期检测或检测不合格</td><td>（1）机械伤害；
（2）触电</td><td>1</td><td>2</td><td>7</td><td>14</td><td>1</td><td>（1）做好工具、消耗材料的准备工作；
（2）使用电动工具前要检查其是否合格，电源要有剩余电流动作装置，使用结束立即关掉电源，使用期间如遇停电应立即拔掉电源，防止来电时电动工具突然自行转动，对工作人员或设备造成机械伤害；</td></tr>
</table>

续表

作业步骤		危害因素	可能导致的后果	风险评价					控制措施
				L	*E*	*C*	*D*	风险程度	
检修前准备	工器具准备								（3）使用工器具前要进行检查，确认扳手没有裂痕、断口等安全隐患后方可使用，严禁使用活扳手，应使用力矩扳手及梅花扳手； （4）作业前检查工器具，应合格、完好
检修过程	35kV 开关柜小车故障处理	（1）误碰其他带电设备； （2）接线错误； （3）野蛮拆装设备； （4）检修设备控制电源未断开； （5）使用不符合规格的工器具； （6）虚接线路	（1）触电； （2）机械伤害； （3）设备故障	1	3	15	45	2	（1）检查工作点是否带电，工作前应停电、验电，检查安全措施正确、完备后方可开工，工作过程中不得擅自更改安全措施； （2）检查工作点上、下间隔是否带电，工作点与带电负荷或母线安全距离是否足够； （3）进行回路改造或更换电气元件时，要注意检查控制柜各路电源是否断开，且接线端子、裸露线头可能从其他回路反送电，工作时应按要求戴好绝缘手套、穿好绝缘鞋、螺丝刀绑好绝缘胶布； （4）严禁错误使用工器具造成设备损坏，如用过大或过小的扳手替代标准尺寸的扳手，用一字螺丝刀替代十字螺丝刀，用十字螺丝刀替代内六角或内梅花螺丝刀等； （5）严禁野蛮拆装、检修设备，造成螺丝过力滑丝、设备开裂、设备变形等； （6）拆卸接线时记录每个接线位置，更换完电气元件后，按记录逐一接线，保证接线正确，并检查接线是否牢固
恢复检验	结束工作	（1）遗漏工器具； （2）现场遗留检修杂物； （3）不结束工作票； （4）工作班成员未全部撤离	（1）人身伤害； （2）设备故障	1	1	7	7	1	（1）收齐并检查工器具； （2）清扫检修现场； （3）结束工作票

4. 35kV 开关柜集电开关故障处理

<table>
<tr><td colspan="3">部门：</td><td colspan="6">分析日期：</td><td>记录编号：</td></tr>
<tr><td colspan="3">作业地点或分析范围：35kV 开关柜</td><td colspan="7">分析人：</td></tr>
<tr><td colspan="10">作业内容描述：35kV 开关柜集电开关故障处理</td></tr>
<tr><td colspan="10">主要作业风险：(1) 人员精神状态不佳；(2) 触电；(3) 设备事故；(4) 走错间隔；(5) 机械伤害</td></tr>
<tr><td colspan="10">控制措施：(1) 办理工作票、操作票；(2) 穿戴个人防护用品；(3) 设备恢复运行状态前进行全面检查；(4) 工作前对工作班成员进行安全交底</td></tr>
<tr><td colspan="2">工作负责人签名：</td><td>日期：</td><td>工作票签发人签名：</td><td colspan="2">日期：</td><td colspan="3">工作许可人签名：</td><td>日期：</td></tr>
<tr><td colspan="2" rowspan="2">作业步骤</td><td rowspan="2">危害因素</td><td rowspan="2">可能导致的后果</td><td colspan="5">风险评价</td><td rowspan="2">控制措施</td></tr>
<tr><td>L</td><td>E</td><td>C</td><td>D</td><td>风险程度</td></tr>
<tr><td>作业环境</td><td>环境</td><td>夏季高温作业</td><td>人身伤害</td><td>1</td><td>3</td><td>15</td><td>45</td><td>2</td><td>夏季高温作业做好防暑措施</td></tr>
<tr><td rowspan="5">作业前准备</td><td>工作班成员精神状态确认</td><td>(1) 无法正常完成指定工作；
(2) 作业过程中出现昏厥现象</td><td>(1) 触电；
(2) 设备故障</td><td>1</td><td>2</td><td>15</td><td>30</td><td>2</td><td>合理安排工作班成员，精神状态不佳者禁止工作</td></tr>
<tr><td>安全措施确认</td><td>(1) 拉错开关或误送电导致设备带电或误动；
(2) 未执行工作票、操作票所列的安全措施</td><td>(1) 触电；
(2) 设备故障</td><td>1</td><td>2</td><td>15</td><td>30</td><td>2</td><td>(1) 办理操作票、工作票，严格执行工作票、操作票所列的安全措施；
(2) 使用个人防护用品</td></tr>
<tr><td>安全交底</td><td>(1) 走错间隔；
(2) 未交代现场情况</td><td>(1) 触电；
(2) 设备故障</td><td>1</td><td>2</td><td>15</td><td>30</td><td>2</td><td>(1) 工作前向工作班成员告知危险点，交代作业活动范围、内容、安全措施和注意事项；
(2) 对工作班成员进行安全技术交底</td></tr>
<tr><td>个人防护用品准备</td><td>未正确佩戴安全帽及穿好工作服</td><td>(1) 触电；
(2) 其他伤害</td><td>1</td><td>2</td><td>7</td><td>14</td><td>1</td><td>正确穿戴安全帽及工作服</td></tr>
<tr><td>工器具准备</td><td>(1) 使用的工器具无法达到工作要求；
(2) 工具不全，或工具破损；
(3) 工具未定期检测或检测不合格</td><td>(1) 机械伤害；
(2) 触电</td><td>1</td><td>2</td><td>7</td><td>14</td><td>1</td><td>(1) 做好工具、消耗材料的准备工作；
(2) 使用电动工具前要检查其是否合格，电源要有剩余电流动作装置，使用结束立即关掉电源，使用期间如遇停电应立即拔掉电源，防止来电时电动工具突然自行转动，对工作人员或设备造成机械伤害；</td></tr>
</table>

续表

作业步骤		危害因素	可能导致的后果	风险评价					控制措施
				L	E	C	D	风险程度	
作业前准备	工器具准备								（3）使用工器具前要进行检查，确认扳手没有裂痕、断口等安全隐患后方可使用，严禁使用活扳手，应使用力矩扳手及梅花扳手； （4）作业前检查工器具，应合格、完好
检修过程	35kV开关柜集电开关故障处理	（1）误碰其他带电设备； （2）接线错误； （3）野蛮拆装设备； （4）检修设备控制电源未断开； （5）使用不符合规格的工器具； （6）虚接线路； （7）储能未释放导致机械伤人	（1）触电； （2）机械伤害； （3）设备故障	1	3	15	45	2	（1）检查工作点是否带电，工作前应停电、验电，检查安全措施正确、完备后方可开工，工作过程中不得擅自更改安全措施； （2）检查工作点上、下间隔是否带电，工作点与带电负荷或母线安全距离是否足够； （3）进行回路改造或更换电气元件时，要注意检查控制柜各路电源是否断开，且接线端子、裸露线头可能从其他回路反送电，工作时应按要求戴好绝缘手套、穿好绝缘鞋、螺丝刀绑好绝缘胶布； （4）严禁错误使用工器具造成设备损坏，如用过大或过小的扳手替代标准尺寸的扳手，用一字螺丝刀替代十字螺丝刀，用十字螺丝刀替代内六角或内梅花螺丝刀等； （5）严禁野蛮拆装、检修设备，造成螺丝过力滑丝、设备开裂、设备变形等； （6）拆卸接线时记录每个接线位置，更换完电气元件后，按记录逐一接线，保证接线正确，并检查接线是否牢固； （7）处理开关故障时，应先将储能释放，避免机械伤人
恢复检验	结束工作	（1）遗漏工器具； （2）现场遗留检修杂物； （3）不结束工作票； （4）工作班成员未全部撤离	（1）人身伤害； （2）设备故障	1	1	7	7	1	（1）收齐并检查工器具； （2）清扫检修现场； （3）结束工作票

5. 35kV 开关柜分、合闸线圈故障处理

部门：		分析日期：		记录编号：	
作业地点或分析范围：35kV 开关柜		分析人：			
作业内容描述：35kV 开关柜分、合闸线圈故障处理					
主要作业风险：（1）人员精神状态不佳；（2）触电；（3）设备事故；（4）走错间隔；（5）机械伤害					
控制措施：（1）办理工作票、操作票；（2）穿戴个人防护用品；（3）设备恢复运行状态前进行全面检查；（4）工作前对工作班成员进行安全交底					
工作负责人签名：	日期：	工作票签发人签名：	日期：	工作许可人签名：	日期：

作业步骤		危害因素	可能导致的后果	风险评价					控制措施
				L	E	C	D	风险程度	
作业环境	环境	夏季高温作业	人身伤害	1	3	15	45	2	夏季高温作业做好防暑措施
检修前准备	工作班成员精神状态确认	（1）无法正常完成指定工作； （2）作业过程中出现昏厥现象	（1）触电； （2）设备故障	1	2	15	30	2	合理安排工作班成员，精神状态不佳者禁止工作
	安全措施确认	（1）拉错开关或误送电导致设备带电或误动； （2）未执行工作票、操作票所列的安全措施	（1）触电； （2）设备故障	1	2	15	30	2	（1）办理操作票、工作票，严格执行工作票、操作票所列的安全措施； （2）使用个人防护用品
	安全交底	（1）走错间隔； （2）未交代现场情况	（1）触电； （2）设备故障	1	2	15	30	2	（1）工作前向工作班成员告知危险点，交代作业活动范围、内容、安全措施和注意事项； （2）对工作班成员进行安全技术交底
	个人防护用品准备	未正确佩戴安全帽、穿好工作服	（1）触电； （2）其他伤害	1	2	7	14	1	正确穿戴安全帽及工作服
	工器具准备	（1）使用的工器具无法达到工作要求； （2）工具不全，或工具破损； （3）工具未定期检测或检测不合格	（1）机械伤害； （2）触电	1	2	7	14	1	（1）做好工具、消耗材料的准备工作； （2）使用电动工具前要检查其是否合格，电源要有剩余电流动作装置，使用结束立即关掉电源，使用期间如遇停电应立即拔掉电源，防止来电时电动工具突然自行转动，对工作人员或设备造成机械伤害；

续表

作业步骤		危害因素	可能导致的后果	风险评价					控制措施
				L	E	C	D	风险程度	
检修前准备	工器具准备								（3）使用工器具前要进行检查，确认扳手没有裂痕、断口等安全隐患后方可使用，严禁使用活扳手，应使用力矩扳手及梅花扳手； （4）作业前检查工器具，应合格、完好
检修过程	35kV 开关柜分、合闸线圈故障处理	（1）误碰其他带电设备； （2）接线错误； （3）野蛮拆装设备； （4）检修设备控制电源未断开； （5）使用不符合规格的工器具； （6）虚接线路	（1）设备故障； （2）触电； （3）机械伤害	1	3	15	45	2	（1）检查工作点是否带电，工作前应停电、验电，检查安全措施正确、完备后方可开工，工作过程中不得擅自更改安全措施； （2）检查工作点上、下间隔是否带电，工作点与带电负荷或母线安全距离是否足够； （3）进行回路改造或更换电气元件时，要注意检查控制柜各路电源是否断开，且接线端子、裸露线头可能从其他回路反送电，工作时应按要求戴好绝缘手套、穿好绝缘鞋、螺丝刀绑好绝缘胶布； （4）严禁错误使用工器具造成设备损坏，如用过大或过小的扳手替代标准尺寸的扳手，用一字螺丝刀替代十字螺丝刀，用十字螺丝刀替代内六角或内梅花螺丝刀等； （5）严禁野蛮拆装、检修设备，造成螺丝过力滑丝、设备开裂、设备变形等； （6）拆卸接线时记录每个接线位置，更换完电气元件后，按记录逐一接线，保证接线正确，并检查接线是否牢固
恢复检验	结束工作	（1）遗漏工器具； （2）现场遗留检修杂物； （3）不结束工作票； （4）工作班成员未全部撤离	（1）人身伤害； （2）设备故障	1	1	7	7	1	（1）收齐并检查工器具； （2）清扫检修现场； （3）结束工作票

6. 35kV开关柜接地开关操动机构故障处理

<table>
<tr><td colspan="4">部门：</td><td colspan="5">分析日期：</td><td colspan="2">记录编号：</td></tr>
<tr><td colspan="4">作业地点或分析范围：35kV开关柜</td><td colspan="7">分析人：</td></tr>
<tr><td colspan="11">作业内容描述：35kV开关柜接地开关操动机构故障处理</td></tr>
<tr><td colspan="11">主要作业风险：（1）人员精神状态不佳；（2）触电；（3）设备事故；（4）走错间隔；（5）机械伤害</td></tr>
<tr><td colspan="11">控制措施：（1）办理工作票、操作票；（2）穿戴个人防护用品；（3）设备恢复运行状态前进行全面检查；（4）工作前对工作班成员进行安全交底</td></tr>
<tr><td colspan="2">工作负责人签名：</td><td>日期：</td><td>工作票签发人签名：</td><td colspan="3">日期：</td><td colspan="3">工作许可人签名：</td><td>日期：</td></tr>
<tr><td colspan="2" rowspan="2">作业步骤</td><td rowspan="2">危害因素</td><td rowspan="2">可能导致的后果</td><td colspan="5">风险评价</td><td colspan="2" rowspan="2">控制措施</td></tr>
<tr><td>L</td><td>E</td><td>C</td><td>D</td><td>风险程度</td></tr>
<tr><td>作业环境</td><td>环境</td><td>夏季高温作业</td><td>人身伤害</td><td>1</td><td>3</td><td>15</td><td>45</td><td>2</td><td colspan="2">夏季高温作业做好防暑措施</td></tr>
<tr><td rowspan="5">检修前准备</td><td>工作班成员精神状态确认</td><td>（1）无法正常完成指定工作；
（2）作业过程中出现昏厥现象</td><td>（1）触电；
（2）设备故障</td><td>1</td><td>2</td><td>15</td><td>30</td><td>2</td><td colspan="2">合理安排工作班成员，精神状态不佳者禁止工作</td></tr>
<tr><td>安全措施确认</td><td>（1）拉错开关或误送电导致设备带电或误动；
（2）未执行工作票、操作票所列的安全措施</td><td>（1）触电；
（2）设备故障</td><td>1</td><td>2</td><td>15</td><td>30</td><td>2</td><td colspan="2">（1）办理操作票、工作票，严格执行工作票、操作票所列的安全措施；
（2）使用个人防护用品</td></tr>
<tr><td>安全交底</td><td>（1）走错间隔；
（2）未交代现场情况</td><td>（1）触电；
（2）设备故障</td><td>1</td><td>2</td><td>15</td><td>30</td><td>2</td><td colspan="2">（1）工作前向工作班成员告知危险点，交代作业活动范围、内容、安全措施和注意事项；
（2）对工作班成员进行安全技术交底</td></tr>
<tr><td>个人防护用品准备</td><td>未正确佩戴安全帽、穿好工作服</td><td>（1）触电；
（2）其他伤害</td><td>1</td><td>2</td><td>7</td><td>14</td><td>1</td><td colspan="2">正确穿戴安全帽及工作服</td></tr>
<tr><td>工器具准备</td><td>（1）使用的工器具无法达到工作要求；
（2）工具不全，或工具破损；
（3）工具未定期检测或检测不合格</td><td>（1）机械伤害；
（2）触电</td><td>1</td><td>2</td><td>7</td><td>14</td><td>1</td><td colspan="2">（1）做好工具、消耗材料的准备工作；
（2）使用电动工具前要检查其是否合格，电源要有剩余电流动作装置，使用结束立即关掉电源，使用期间如遇停电应立即拔掉电源，防止来电时电动工具突然自行转动，对工作人员或设备造成机械伤害；</td></tr>
</table>

续表

作业步骤		危害因素	可能导致的后果	风险评价					控制措施
				L	*E*	*C*	*D*	风险程度	
检修前准备	工器具准备								(3) 使用工器具前要进行检查，确认扳手没有裂痕、断口等安全隐患后方可使用，严禁使用活扳手，应使用力矩扳手及梅花扳手； (4) 作业前检查工器具，应合格、完好
检修过程	35kV开关柜接地开关操动机构故障处理	(1) 误碰其他带电设备； (2) 野蛮拆装设备； (3) 检修设备控制电源未断开； (4) 使用不符合规格的工器具	(1) 触电； (2) 机械伤害； (3) 设备故障	1	3	15	45	2	(1) 检查工作点是否带电，工作前应停电、验电，检查安全措施正确、完备后方可开工，工作过程中不得擅自更改安全措施； (2) 检查工作点上、下间隔是否带电，工作点与带电负荷或母线安全距离是否足够； (3) 严禁错误使用工器具造成设备损坏，如用过大或过小的扳手替代标准尺寸的扳手，用一字螺丝刀替代十字螺丝刀，用十字螺丝刀替代内六角或内梅花螺丝刀等； (4) 严禁野蛮拆装、检修设备，造成螺丝过力滑丝、设备开裂、设备变形等
恢复检验	结束工作	(1) 遗漏工器具； (2) 现场遗留检修杂物； (3) 不结束工作票； (4) 工作班成员未全部撤离	(1) 人身伤害； (2) 设备故障	1	1	7	7	1	(1) 收齐并检查工器具； (2) 清扫检修现场； (3) 结束工作票

7. 更换35kV母线穿箱套管

部门：		分析日期：	记录编号：
作业地点或分析范围：35kV母线穿箱套管		分析人：	
作业内容描述：更换35kV母线穿箱套管			
主要作业风险：（1）人员精神状态不佳；（2）触电；（3）设备事故；（4）走错间隔；（5）机械伤害			
控制措施：（1）办理工作票、操作票；（2）穿戴个人防护用品；（3）设备恢复运行状态前进行全面检查；（4）工作前对工作班成员进行安全交底			

工作负责人签名：	日期：	工作票签发人签名：	日期：	工作许可人签名：	日期：

作业步骤		危害因素	可能导致的后果	风险评价					控制措施
				L	*E*	*C*	*D*	风险程度	
作业环境	环境	夏季高温作业	人身伤害	1	3	15	45	2	夏季高温作业做好防暑措施
检修前准备	工作班成员精神状态确认	（1）无法正常完成指定工作； （2）作业过程中出现昏厥现象	（1）触电； （2）设备故障	1	2	15	30	2	合理安排工作班成员，精神状态不佳者禁止工作
	安全措施确认	（1）拉错开关或误送电导致设备带电或误动； （2）未执行工作票、操作票所列的安全措施	（1）触电； （2）设备故障	1	2	15	30	2	（1）办理操作票、工作票，严格执行工作票、操作票所列的安全措施； （2）使用个人防护用品
	安全交底	（1）走错间隔； （2）未交代现场情况	（1）触电； （2）设备故障	1	2	15	30	2	（1）工作前向工作班成员告知危险点，交代作业活动范围、内容、安全措施和注意事项； （2）对工作班成员进行安全技术交底
	个人防护用品准备	未正确佩戴安全帽、穿好工作服	（1）触电； （2）其他伤害	1	2	7	14	1	正确穿戴安全帽及工作服
	工器具准备	（1）使用的工器具无法达到工作要求； （2）工具不全，或工具破损； （3）工具未定期检测或检测不合格	（1）机械伤害； （2）触电	1	2	7	14	1	（1）做好工具、消耗材料的准备工作； （2）使用电动工具前要检查其是否合格，电源要有剩余电流动作装置，使用结束立即关掉电源，使用期间如遇停电应立即拔掉电源，防止来电时电动工具突然自行转动，对工作人员或设备造成机械伤害；

续表

作业步骤		危害因素	可能导致的后果	风险评价					控制措施
				L	E	C	D	风险程度	
检修前准备	工器具准备								（3）使用工器具前要进行检查，确认扳手没有裂痕、断口等安全隐患后方可使用，严禁使用活扳手，应使用力矩扳手及梅花扳手； （4）作业前检查工器具，应合格、完好
检修过程	更换 35kV 母线穿箱套管	（1）接线相序错误； （2）虚接线路； （3）套管上灰尘较多； （4）拆装时，未对套管进行固定； （5）野蛮拆装设备； （6）工具随手乱扔； （7）工作区域下方未做隔离措施	（1）设备故障； （2）物体打击； （3）高处坠落	1	3	15	45	2	（1）与带电设备保持安全距离，并对带电区域悬挂标示牌，装设围栏； （2）工作人员应穿绝缘鞋； （3）更换套管时，用酒精将中性点套管擦拭干净； （4）拆装套管时，用绳索将中性点套管固定； （5）工作区域下方做隔离措施； （6）禁止绳锁与其他易损设备接触； （7）进行回路改造或更换电气元件时，要注意检查控制箱各路电源是否断开，且接线端子、裸露线头可能从其他回路反送电，工作时应按要求戴好绝缘手套、穿好绝缘鞋、螺丝刀绑好绝缘胶布； （8）严禁错误使用工器具造成设备损坏，如用过大或过小的扳手替代标准尺寸的扳手，用一字螺丝刀替代十字螺丝刀，用十字螺丝刀替代内六角或内梅花螺丝刀等； （9）严禁野蛮拆装、检修设备，造成螺丝过力滑丝、设备开裂、设备变形等； （10）工作时，工具用完应立即放入工具包中； （11）拆卸接线时记录每个接线位置，更换完电气元件后，按记录逐一接线，保证接线正确，并检查接线是否牢固
恢复检验	结束工作	（1）遗漏工器具； （2）现场遗留检修杂物； （3）不结束工作票； （4）工作班成员未全部撤离	（1）人身伤害； （2）设备故障	1	1	7	7	1	（1）收齐并检查工器具； （2）清扫检修现场； （3）结束工作票

8. 场用变压器兼接地变压器本体故障处理

<table>
<tr><td colspan="4">部门：</td><td colspan="5">分析日期：</td><td>记录编号：</td></tr>
<tr><td colspan="4">作业地点或分析范围：场用变压器兼接地变压器</td><td colspan="6">分析人：</td></tr>
<tr><td colspan="10">作业内容描述：场用变压器兼接地变压器本体故障处理</td></tr>
<tr><td colspan="10">主要作业风险：(1) 人员精神状态不佳；(2) 触电；(3) 设备事故；(4) 走错间隔；(5) 机械伤害</td></tr>
<tr><td colspan="10">控制措施：(1) 办理工作票、操作票；(2) 穿戴个人防护用品；(3) 设备恢复运行状态前进行全面检查；(4) 工作前对工作班成员进行安全交底</td></tr>
<tr><td colspan="2">工作负责人签名：</td><td>日期：</td><td>工作票签发人签名：</td><td colspan="2">日期：</td><td colspan="3">工作许可人签名：</td><td>日期：</td></tr>
<tr><td colspan="2" rowspan="2">作业步骤</td><td rowspan="2">危害因素</td><td rowspan="2">可能导致的后果</td><td colspan="5">风险评价</td><td rowspan="2">控制措施</td></tr>
<tr><td>L</td><td>E</td><td>C</td><td>D</td><td>风险程度</td></tr>
<tr><td>作业环境</td><td>环境</td><td>夏季高温作业</td><td>人身伤害</td><td>1</td><td>3</td><td>15</td><td>45</td><td>2</td><td>夏季高温作业做好防暑措施</td></tr>
<tr><td rowspan="5">检修前准备</td><td>工作班成员精神状态确认</td><td>(1) 无法正常完成指定工作；
(2) 作业过程中出现昏厥现象</td><td>(1) 触电；
(2) 设备故障</td><td>1</td><td>2</td><td>15</td><td>30</td><td>2</td><td>合理安排工作班成员，精神状态不佳者禁止工作</td></tr>
<tr><td>安全措施确认</td><td>(1) 拉错开关或误送电导致设备带电或误动；
(2) 未执行工作票、操作票所列的安全措施</td><td>(1) 触电；
(2) 设备故障</td><td>1</td><td>2</td><td>15</td><td>30</td><td>2</td><td>(1) 办理操作票、工作票，严格执行工作票、操作票所列的安全措施；
(2) 使用个人防护用品</td></tr>
<tr><td>安全交底</td><td>(1) 走错间隔；
(2) 未交代现场情况</td><td>(1) 触电；
(2) 设备故障</td><td>1</td><td>2</td><td>15</td><td>30</td><td>2</td><td>(1) 工作前向工作班成员告知危险点，交代作业活动范围、内容、安全措施和注意事项；
(2) 对工作班成员进行安全技术交底</td></tr>
<tr><td>个人防护用品准备</td><td>未正确佩戴安全帽、穿好工作服</td><td>(1) 触电；
(2) 其他伤害</td><td>1</td><td>2</td><td>7</td><td>14</td><td>1</td><td>正确穿戴安全帽及工作服</td></tr>
<tr><td>工器具准备</td><td>(1) 使用的工器具无法达到工作要求；
(2) 工具不全，或工具破损；
(3) 工具未定期检测或检测不合格</td><td>(1) 机械伤害；
(2) 触电</td><td>1</td><td>2</td><td>7</td><td>14</td><td>1</td><td>(1) 做好工具、消耗材料的准备工作；
(2) 使用电动工具前要检查其是否合格，电源要有剩余电流动作装置，使用结束立即关掉电源，使用期间如遇停电应立即拔掉电源，防止来电时电动工具突然自行转动，对工作人员或设备造成机械伤害；</td></tr>
</table>

续表

作业步骤		危害因素	可能导致的后果	风险评价					控制措施
				L	E	C	D	风险程度	
检修前准备	工器具准备								（3）使用工器具前要进行检查，确认扳手没有裂痕、断口等安全隐患后方可使用，严禁使用活扳手，应使用力矩扳手及梅花扳手； （4）作业前检查工器具合格、完好
检修过程	场用变压器兼接地变压器本体故障处理	（1）误碰其他带电设备； （2）野蛮拆装设备； （3）使用不符合规格的工器具； （4）未验电直接进入内部	（1）设备故障； （2）触电； （3）机械伤害	1	3	15	45	2	（1）检查工作点是否带电，工作前应停电、验电，检查安全措施正确、完备后方可开工，工作过程中不得擅自更改安全措施； （2）检查工作点上、下间隔是否带电，工作点与带电负荷或母线安全距离是否足够； （3）进行回路改造或更换电气元件时，要注意检查控制柜各路电源是否断开，且接线端子、裸露线头可能从其他回路反送电，工作时应按要求戴好绝缘手套、穿好绝缘鞋、螺丝刀绑好绝缘胶布； （4）严禁错误使用工器具造成设备损坏，如用过大或过小的扳手替代标准尺寸的扳手，用一字螺丝刀替代十字螺丝刀，用十字螺丝刀替代内六角或内梅花螺丝刀等； （5）严禁野蛮拆装、检修设备，造成螺丝过力滑丝、设备开裂、设备变形等； （6）拆卸接线时记录每个接线位置，更换完电气元件后，按记录逐一接线，保证接线正确，并检查接线是否牢固
恢复检验	结束工作	（1）遗漏工器具； （2）现场遗留检修杂物； （3）不结束工作票； （4）工作班成员未全部撤离	（1）人身伤害； （2）设备故障	1	1	7	7	1	（1）收齐并检查工器具； （2）清扫检修现场； （3）结束工作票

9. 接地变压器故障处理

部门：			分析日期：					记录编号：
作业地点或分析范围：接地变压器			分析人：					
作业内容描述：接地变压器故障处理								
主要作业风险：（1）人员精神状态不佳；（2）触电；（3）设备事故；（4）走错间隔；（5）机械伤害								
控制措施：（1）办理工作票、操作票；（2）穿戴个人防护用品；（3）设备恢复运行状态前进行全面检查；（4）工作前对工作班成员进行安全交底								
工作负责人签名：	日期：	工作票签发人签名：	日期：		工作许可人签名：		日期：	

作业步骤		危害因素	可能导致的后果	风险评价					控制措施
				L	E	C	D	风险程度	
作业环境	环境	夏季高温作业	人身伤害	1	2	15	30	2	夏季高温作业做好防暑措施
检修前准备	工作班成员精神状态确认	（1）无法正常完成指定工作； （2）作业过程中出现昏厥现象	（1）触电； （2）设备故障	1	2	15	30	2	合理安排工作班成员，精神状态不佳者禁止工作
	安全措施确认	（1）拉错开关或误送电导致设备带电或误动； （2）未执行工作票、操作票所列的安全措施	（1）触电； （2）设备故障	1	2	15	30	2	（1）办理操作票、工作票，严格执行工作票、操作票所列的安全措施； （2）使用个人防护用品
	安全交底	（1）走错间隔； （2）未交代现场情况	（1）触电； （2）设备故障	1	2	15	30	2	（1）工作前向工作班成员告知危险点，交代作业活动范围、内容、安全措施和注意事项； （2）对工作班成员进行安全技术交底
	个人防护用品准备	未正确佩戴安全帽、穿好工作服	（1）触电； （2）其他伤害	1	2	7	14	1	正确穿戴安全帽及工作服
	工器具准备	（1）使用的工器具无法达到工作要求； （2）工具不全，或工具破损； （3）工具未定期检测或检测不合格	（1）机械伤害； （2）触电	1	2	7	14	1	（1）做好工具、消耗材料的准备工作； （2）使用电动工具前要检查其是否合格，电源要有剩余电流动作装置，使用结束立即关掉电源，使用期间如遇停电应立即拔掉电源，防止来电时电动工具突然自行转动，对工作人员或设备造成机械伤害；

续表

作业步骤		危害因素	可能导致的后果	风险评价					控制措施
				L	E	C	D	风险程度	
检修前准备	工器具准备								（3）使用工器具前要进行检查，确认扳手没有裂痕、断口等安全隐患后方可使用，严禁使用活扳手，应使用力矩扳手及梅花扳手； （4）作业前检查工器具，应合格、完好
检修过程	接地变压器故障处理	（1）误碰其他带电设备； （2）野蛮拆装设备； （3）使用不符合规格的工器具； （4）未验电直接进入内部	（1）设备故障； （2）触电； （3）机械伤害	1	3	15	45	2	（1）检查工作点是否带电，工作前应停电、验电，检查安全措施正确、完备后方可开工，工作过程中不得擅自更改安全措施； （2）检查工作点上、下间隔是否带电，工作点与带电负荷或母线安全距离是否足够； （3）进行回路改造或更换电气元件时，要注意检查控制柜各路电源是否断开，且接线端子、裸露线头可能从其他回路反送电，工作时应按要求戴好绝缘手套、穿好绝缘鞋、螺丝刀绑好绝缘胶布； （4）严禁错误使用工器具造成设备损坏，如用过大或过小的扳手替代标准尺寸的扳手，用一字螺丝刀替代十字螺丝刀，用十字螺丝刀替代内六角或内梅花螺丝刀等； （5）严禁野蛮拆装、检修设备，造成螺丝过力滑丝、设备开裂、设备变形等； （6）拆卸接线时记录每个接线位置，更换完电气元件后，按记录逐一接线，保证接线正确，并检查接线是否牢固
恢复检验	结束工作	（1）遗漏工器具； （2）现场遗留检修杂物； （3）不结束工作票； （4）工作班成员未全部撤离	（1）人身伤害； （2）设备故障	1	1	7	7	1	（1）收齐并检查工器具； （2）清扫检修现场； （3）结束工作票

10. 无功补偿变压器故障处理

部门：		分析日期：	记录编号：
作业地点或分析范围：无功补偿变压器		分析人：	
作业内容描述：无功补偿变压器故障处理			
主要作业风险：(1) 人员精神状态不佳；(2) 触电；(3) 设备事故；(4) 走错间隔；(5) 机械伤害			
控制措施：(1) 办理工作票、操作票；(2) 穿戴个人防护用品；(3) 设备恢复运行状态前进行全面检查；(4) 工作前对工作班成员进行安全交底			
工作负责人签名：	日期：	工作票签发人签名： 日期：	工作许可人签名： 日期：

作业步骤		危害因素	可能导致的后果	风险评价					控制措施
				L	*E*	*C*	*D*	风险程度	
作业环境	环境	夏季高温作业	人身伤害	1	3	15	45	2	夏季高温作业做好防暑措施
检修前准备	工作班成员精神状态确认	(1) 无法正常完成指定工作； (2) 作业过程中出现昏厥现象	(1) 触电； (2) 设备故障	1	2	15	30	2	合理安排工作班成员，精神状态不佳者禁止工作
	安全措施确认	(1) 拉错开关或误送电导致设备带电或误动； (2) 未执行工作票、操作票所列的安全措施	(1) 触电； (2) 设备故障	1	2	15	30	2	(1) 办理操作票、工作票，严格执行工作票、操作票所列的安全措施； (2) 使用个人防护用品
	安全交底	(1) 走错间隔； (2) 未交代现场情况	(1) 触电； (2) 设备故障	1	2	15	30	2	(1) 工作前向工作班成员告知危险点，交代作业活动范围、内容、安全措施和注意事项； (2) 对工作班成员进行安全技术交底
	个人防护用品准备	未正确佩戴安全帽、穿好工作服	(1) 触电； (2) 其他伤害	1	2	7	14	1	正确穿戴安全帽及工作服
	工器具准备	(1) 使用的工器具无法达到工作要求； (2) 工具不全，或工具破损； (3) 工具未定期检测或检测不合格	(1) 机械伤害； (2) 触电	1	2	7	14	1	(1) 做好工具、消耗材料的准备工作； (2) 使用电动工具前要检查其是否合格，电源要有剩余电流动作装置，使用结束立即关掉电源，使用期间如遇停电应立即拔掉电源，防止来电时电动工具突然自行转动，对工作人员或设备造成机械伤害；

续表

作业步骤		危害因素	可能导致的后果	风险评价					控制措施
				L	E	C	D	风险程度	
检修前准备	工器具准备								(3)使用工器具前要进行检查，确认扳手没有裂痕、断口等安全隐患后方可使用，严禁使用活扳手，应使用力矩扳手及梅花扳手； (4)作业前检查工器具，应合格、完好
检修过程	无功补偿变压器故障处理	(1)误碰其他带电设备； (2)野蛮拆装设备； (3)使用不符合规格的工器具； (4)未验电直接进入内部	(1)设备故障； (2)触电； (3)机械伤害	1	2	15	30	2	(1)检查工作点是否带电，工作前应停电、验电，检查安全措施正确、完备后方可开工，工作过程中不得擅自更改安全措施； (2)检查工作点上、下间隔是否带电，工作点与带电负荷或母线安全距离是否足够； (3)进行回路改造或更换电气元件时，要注意检查控制柜各路电源是否断开，且接线端子、裸露线头可能从其他回路反送电，工作时应按要求戴好绝缘手套、穿好绝缘鞋、螺丝刀绑好绝缘胶布； (4)严禁错误使用工器具造成设备损坏，如用过大或过小的扳手替代标准尺寸的扳手，用一字螺丝刀替代十字螺丝刀，用十字螺丝刀替代内六角或内梅花螺丝刀等； (5)严禁野蛮拆装、检修设备，造成螺丝过力滑丝、设备开裂、设备变形等； (6)拆卸接线时记录每个接线位置，更换完电气元件后，按记录逐一接线，保证接线正确，并检查接线是否牢固
恢复检验	结束工作	(1)遗漏工器具； (2)现场遗留检修杂物； (3)不结束工作票； (4)工作班成员未全部撤离	(1)人身伤害； (2)设备故障	1	1	7	7	1	(1)收齐并检查工器具； (2)清扫检修现场； (3)结束工作票

11. 无功补偿装置电源模块故障处理

部门：								分析日期：	记录编号：
作业地点或分析范围：无功补偿装置								分析人：	
作业内容描述：无功补偿装置电源模块故障处理									
主要作业风险：(1) 人员精神状态不佳；(2) 触电；(3) 设备事故；(4) 走错间隔；(5) 机械伤害									
控制措施：(1) 办理工作票、操作票；(2) 穿戴个人防护用品；(3) 设备恢复运行状态前进行全面检查；(4) 工作前对工作班成员进行安全交底									
工作负责人签名：	日期：	工作票签发人签名：		日期：		工作许可人签名：		日期：	

作业步骤		危害因素	可能导致的后果	风险评价					控制措施
				L	E	C	D	风险程度	
作业环境	环境	夏季高温作业	人身伤害	1	2	15	30	2	夏季高温作业做好防暑措施
检修前准备	工作班成员精神状态确认	(1) 无法正常完成指定工作； (2) 作业过程中出现昏厥现象	(1) 触电； (2) 设备故障	1	2	15	30	2	合理安排工作班成员，精神状态不佳者禁止工作
	安全措施确认	(1) 拉错开关或误送电导致设备带电或误动； (2) 未执行工作票、操作票所列的安全措施	(1) 触电； (2) 设备故障	1	2	15	30	2	(1) 办理操作票、工作票，严格执行工作票、操作票所列的安全措施； (2) 使用个人防护用品
	安全交底	(1) 走错间隔； (2) 未交代现场情况	(1) 触电； (2) 设备故障	1	2	15	30	2	(1) 工作前向工作班成员告知危险点，交代作业活动范围、内容、安全措施和注意事项； (2) 对工作班成员进行安全技术交底
	个人防护用品准备	未正确佩戴安全帽、穿好工作服	(1) 触电； (2) 其他伤害	1	2	7	14	1	正确穿戴安全帽及工作服
	工器具准备	(1) 使用的工器具无法达到工作要求； (2) 工具不全，或工具破损； (3) 工具未定期检测或检测不合格	(1) 机械伤害； (2) 触电	1	2	7	14	1	(1) 做好工具、消耗材料的准备工作； (2) 使用电动工具前要检查其是否合格，电源要有剩余电流动作装置，使用结束立即关掉电源，使用期间如遇停电应立即拔掉电源，防止来电时电动工具突然自行转动，对工作人员或设备造成机械伤害；

续表

作业步骤		危害因素	可能导致的后果	风险评价					控制措施
				L	E	C	D	风险程度	
检修前准备	工器具准备								(3) 使用工器具前要进行检查，确认扳手没有裂痕、断口等安全隐患后方可使用，严禁使用活扳手，应使用力矩扳手及梅花扳手； (4) 作业前检查工器具，应合格、完好
检修过程	无功补偿装置电源模块故障处理	(1) 误碰其他带电设备； (2) 接线错误； (3) 野蛮拆装设备； (4) 检修设备控制电源未断开； (5) 使用不符合规格的工器具； (6) 虚接线路	(1) 设备故障； (2) 触电； (3) 机械伤害	1	3	15	45	2	(1) 检查工作点是否带电，工作前应停电、验电，检查安全措施正确、完备后方可开工，工作过程中不得擅自更改安全措施； (2) 检查工作点上、下间隔是否带电，工作点与带电负荷或母线安全距离是否足够； (3) 进行回路改造或更换电气元件时，要注意检查控制柜各路电源是否断开，且接线端子、裸露线头可能从其他回路反送电，工作时应按要求戴好绝缘手套、穿好绝缘鞋、螺丝刀绑好绝缘胶布； (4) 严禁错误使用工器具造成设备损坏，如用过大或过小的扳手替代标准尺寸的扳手，用一字螺丝刀替代十字螺丝刀，用十字螺丝刀替代内六角或内梅花螺丝刀等； (5) 严禁野蛮拆装、检修设备，造成螺丝过力滑丝、设备开裂、设备变形等； (6) 拆卸接线时记录每个接线位置，更换完电气元件后，按记录逐一接线，保证接线正确，并检查接线是否牢固
恢复检验	结束工作	(1) 遗漏工器具； (2) 现场遗留检修杂物； (3) 不结束工作票； (4) 工作班成员未全部撤离	(1) 人身伤害； (2) 设备故障	1	1	7	7	1	(1) 收齐并检查工器具； (2) 清扫检修现场； (3) 结束工作票

12. 主变压器故障处理

部门：		分析日期：		记录编号：	
作业地点或分析范围：主变压器		分析人：			
作业内容描述：主变压器故障处理					
主要作业风险：(1) 人员精神状态不佳；(2) 触电；(3) 设备事故；(4) 走错间隔；(5) 机械伤害；(6) 落水					
控制措施：(1) 办理工作票、操作票；(2) 穿戴个人防护用品；(3) 设备恢复运行状态前进行全面检查；(4) 工作前对工作班成员进行安全交底；(5) 穿好救生衣					
工作负责人签名：	日期：	工作票签发人签名：	日期：	工作许可人签名：	日期：

作业步骤		危害因素	可能导致的后果	风险评价					控制措施
				L	*E*	*C*	*D*	风险程度	
作业环境	环境	(1) 夏季高温作业； (2) 变压器油长时间暴露在湿度较大的环境	人身伤害	1	3	15	45	2	(1) 夏季高温作业做好防暑措施； (2) 天气湿度大时，尽量不打开变压器储油箱
作业环境	海上作业	落水	(1) 溺亡； (2) 船舶伤害	1	3	15	45	2	(1) 穿好救生衣； (2) 上下船注意安全
检修前准备	工作班成员精神状态确认	(1) 无法正常完成指定工作； (2) 作业过程中出现昏厥现象	(1) 触电； (2) 设备故障	1	2	15	30	2	合理安排工作班成员，精神状态不佳者禁止工作
检修前准备	安全措施确认	(1) 拉错开关或误送电导致设备带电或误动； (2) 未执行工作票、操作票所列的安全措施	(1) 触电； (2) 设备故障	1	2	15	30	2	(1) 办理操作票、工作票，严格执行工作票、操作票所列的安全措施； (2) 使用个人防护用品
检修前准备	安全交底	(1) 走错间隔； (2) 未交代现场情况	(1) 触电； (2) 设备故障	1	2	15	30	2	(1) 工作前向工作班成员告知危险点，交代作业活动范围、内容、安全措施和注意事项； (2) 对工作班成员进行安全技术交底
检修前准备	个人防护用品准备	(1) 未正确佩戴安全帽、穿好工作服； (2) 使用不合格的安全带	(1) 触电； (2) 其他伤害	1	2	7	14	1	(1) 正确穿戴安全帽及工作服； (2) 使用在安全使用期内的安全带，并正确佩戴
检修前准备	工器具准备	(1) 使用的工器具无法达到工作要求； (2) 工具不全，或工具破损； (3) 工具未定期检测或检测不合格	(1) 机械伤害； (2) 触电	1	2	7	14	1	(1) 做好工具、消耗材料的准备工作； (2) 作业前检查工器具，应合格、完好

续表

<table>
<tr><th colspan="2" rowspan="2">作业步骤</th><th rowspan="2">危害因素</th><th rowspan="2">可能导致的后果</th><th colspan="5">风险评价</th><th rowspan="2">控制措施</th></tr>
<tr><th>L</th><th>E</th><th>C</th><th>D</th><th>风险程度</th></tr>
<tr><td>检修过程</td><td>主变压器故障处理</td><td>（1）接线错误；
（2）虚接线路；
（3）拆储油箱时误将工具掉落油中；
（4）故障处理完未做绝缘、变压比、直流电阻测试；
（5）在主变压器上方工作时，未正确穿戴安全带；
（6）在主变压器上工作时，工具随手乱扔；
（7）在主变压器上工作时，工作区域下方未做隔离措施</td><td>（1）设备故障；
（2）物体打击；
（3）高处坠落</td><td>1</td><td>3</td><td>15</td><td>45</td><td>2</td><td>（1）与带电设备保持安全距离，并对带电区域悬挂标示牌，装设围栏；
（2）工作人员应穿绝缘鞋；
（3）拆储油箱时，将不需要用的工具放入工具袋中，不可将任何物品掉入油箱中；
（4）变压器检修完成后，需要进行绝缘、变压比、直流电阻测试；
（5）在主变压器上工作时，工作区域下方做隔离措施；
（6）在主变压器上方工作时，正确穿戴安全带，且安全带高挂低用；
（7）在主变压器上工作时，工具用完应立即放入工具包中；
（8）拆卸接线时记录每个接线位置，更换完电气元件后，按记录逐一接线，保证接线正确，并检查接线是否牢固</td></tr>
<tr><td>恢复检验</td><td>结束工作</td><td>（1）遗漏工器具；
（2）现场遗留检修杂物；
（3）不结束工作票；
（4）工作班成员未全部撤离</td><td>（1）人身伤害；
（2）设备故障</td><td>1</td><td>1</td><td>7</td><td>7</td><td>1</td><td>（1）收齐并检查工器具；
（2）清扫检修现场；
（3）结束工作票</td></tr>
</table>

13. 主变压器有载分接开关故障处理

<table>
<tr><td colspan="3">部门：</td><td colspan="5">分析日期：</td><td colspan="2">记录编号：</td></tr>
<tr><td colspan="3">作业地点或分析范围：主变压器有载分接开关</td><td colspan="7">分析人：</td></tr>
<tr><td colspan="10">作业内容描述：主变压器有载分接开关故障处理</td></tr>
<tr><td colspan="10">主要作业风险：（1）人员精神状态不佳；（2）触电；（3）设备事故；（4）走错间隔；（5）机械伤害；（6）落水</td></tr>
<tr><td colspan="10">控制措施：（1）办理工作票、操作票；（2）穿戴个人防护用品；（3）设备恢复运行状态前进行全面检查；（4）工作前对工作班成员进行安全交底；（5）穿好救生衣</td></tr>
<tr><td colspan="2">工作负责人签名：</td><td>日期：</td><td>工作票签发人签名：</td><td colspan="2">日期：</td><td colspan="3">工作许可人签名：</td><td>日期：</td></tr>
<tr><td colspan="2" rowspan="2">作业步骤</td><td rowspan="2">危害因素</td><td rowspan="2">可能导致的后果</td><td colspan="5">风险评价</td><td rowspan="2">控制措施</td></tr>
<tr><td>L</td><td>E</td><td>C</td><td>D</td><td>风险程度</td></tr>
<tr><td rowspan="2">作业环境</td><td>环境</td><td>（1）夏季高温作业；
（2）变压器油长时间暴露在湿度较大的环境</td><td>人身伤害</td><td>1</td><td>3</td><td>15</td><td>45</td><td>2</td><td>（1）夏季高温作业做好防暑措施；
（2）天气湿度大时，尽量不打开变压器储油箱</td></tr>
<tr><td>海上作业</td><td>落水</td><td>（1）溺亡；
（2）船舶伤害</td><td>1</td><td>3</td><td>15</td><td>45</td><td>2</td><td>（1）穿好救生衣；
（2）上下船注意安全</td></tr>
<tr><td rowspan="5">检修前准备</td><td>工作班成员精神状态确认</td><td>（1）无法正常完成指定工作；
（2）作业过程中出现昏厥现象</td><td>（1）触电；
（2）设备故障</td><td>1</td><td>2</td><td>15</td><td>30</td><td>2</td><td>合理安排工作班成员，精神状态不佳者禁止工作</td></tr>
<tr><td>安全措施确认</td><td>（1）拉错开关或误送电导致设备带电或误动；
（2）未执行工作票、操作票所列的安全措施</td><td>（1）触电；
（2）设备故障</td><td>1</td><td>2</td><td>15</td><td>30</td><td>2</td><td>（1）办理操作票、工作票，严格执行工作票、操作票所列的安全措施；
（2）使用个人防护用品</td></tr>
<tr><td>安全交底</td><td>（1）走错间隔；
（2）未交代现场情况</td><td>（1）触电；
（2）设备故障</td><td>1</td><td>2</td><td>15</td><td>30</td><td>2</td><td>（1）工作前向工作班成员告知危险点，交代作业活动范围、内容、安全措施和注意事项；
（2）对工作班成员进行安全技术交底</td></tr>
<tr><td>个人防护用品准备</td><td>（1）未正确佩戴安全帽、穿好工作服；
（2）使用不合格的安全带</td><td>（1）触电；
（2）其他伤害</td><td>1</td><td>2</td><td>7</td><td>14</td><td>1</td><td>（1）正确穿戴安全帽及工作服；
（2）使用在安全使用期内的安全带，并正确佩戴</td></tr>
<tr><td>工器具准备</td><td>（1）使用的工器具无法达到工作要求；
（2）工具不全，或工具破损；
（3）工具未定期检测或检测不合格</td><td>（1）机械伤害；
（2）触电</td><td>1</td><td>2</td><td>7</td><td>14</td><td>1</td><td>（1）做好工具、消耗材料的准备工作；
（2）作业前检查工器具，应合格、完好</td></tr>
</table>

续表

作业步骤		危害因素	可能导致的后果	风险评价					控制措施
				L	E	C	D	风险程度	
检修过程	主变压器有载分接开关故障处理	（1）接线错误； （2）虚接线路； （3）拆储油箱时误将工具掉落油中； （4）故障处理完未做绝缘、变压比、直流电阻测试； （5）在主变压器上方工作时，未正确穿戴安全带； （6）在主变压器上工作时，工具随手乱扔； （7）在主变压器上工作时，工作区域下方未做隔离措施	（1）设备故障； （2）物体打击； （3）高处坠落	1	3	15	45	2	（1）与带电设备保持安全距离，并对带电区域悬挂标示牌，装设围栏； （2）工作人员应穿绝缘鞋； （3）拆储油箱时，将不需要用的工具放入工具袋中，不可将任何物品掉入油箱中； （4）变压器检修完成后，需要进行绝缘、变压比、直流电阻测试； （5）在主变压器上工作时，工作区域下方做隔离措施； （6）在主变压器上方工作时，正确穿戴安全带，且安全带高挂低用； （7）在主变压器上工作时，工具用完应立即放入工具包中； （8）拆卸接线时记录每个接线位置，更换完电气元件后，按记录逐一接线，保证接线正确，并检查接线是否牢固
恢复检验	结束工作	（1）遗漏工器具； （2）现场遗留检修杂物； （3）不结束工作票； （4）工作班成员未全部撤离	（1）人身伤害； （2）设备故障	1	1	7	7	1	（1）收齐并检查工器具； （2）清扫检修现场； （3）结束工作票

14. 主变压器冷却风扇故障处理

部门：					分析日期：				记录编号：	
作业地点或分析范围：主变压器冷却风扇					分析人：					
作业内容描述：主变压器冷却风扇故障处理										
主要作业风险：(1) 人员精神状态不佳；(2) 触电；(3) 设备事故；(4) 走错间隔；(5) 机械伤害；(6) 落水										
控制措施：(1) 办理工作票、操作票；(2) 穿戴个人防护用品；(3) 设备恢复运行状态前进行全面检查；(4) 工作前对工作班成员进行安全交底；(5) 穿好救生衣										
工作负责人签名：	日期：	工作票签发人签名：		日期：		工作许可人签名：			日期：	

作业步骤		危害因素	可能导致的后果	风险评价					控制措施
				L	E	C	D	风险程度	
作业环境	环境	夏季高温作业	人身伤害	1	3	15	45	2	夏季高温作业做好防暑措施
作业环境	海上作业	落水	(1) 溺亡； (2) 船舶伤害	1	3	15	45	2	(1) 穿好救生衣； (2) 上下船注意安全
检修前准备	工作班成员精神状态确认	(1) 无法正常完成指定工作； (2) 作业过程中出现昏厥现象	(1) 触电； (2) 设备故障	1	2	15	30	2	合理安排工作班成员，精神状态不佳者禁止工作
检修前准备	安全措施确认	(1) 拉错开关或误送电导致设备带电或误动； (2) 未执行工作票、操作票所列的安全措施	(1) 触电； (2) 设备故障	1	2	15	30	2	(1) 办理操作票、工作票，严格执行工作票、操作票所列的安全措施； (2) 使用个人防护用品
检修前准备	安全交底	(1) 走错间隔； (2) 未交代现场情况	(1) 触电； (2) 设备故障	1	2	15	30	2	(1) 工作前向工作班成员告知危险点，交代作业活动范围、内容、安全措施和注意事项； (2) 对工作班成员进行安全技术交底
检修前准备	个人防护用品准备	(1) 未正确佩戴安全帽、穿好工作服； (2) 使用不合格的安全带	(1) 触电； (2) 其他伤害	1	2	7	14	1	(1) 正确穿戴安全帽及工作服； (2) 使用在安全使用期内的安全带，并正确佩戴
检修前准备	工器具准备	(1) 使用的工器具无法达到工作要求； (2) 工具不全，或工具破损； (3) 工具未定期检测或检测不合格	(1) 机械伤害； (2) 触电	1	2	7	14	1	(1) 做好工具、消耗材料的准备工作； (2) 作业前检查工器具，应合格、完好

续表

作业步骤		危害因素	可能导致的后果	风险评价					控制措施
				L	E	C	D	风险程度	
检修过程	主变压器冷却风扇故障处理	（1）接线错误； （2）虚接线路； （3）拆装冷却风扇时，未用绳索将冷却风扇固定； （4）在主变压器上方工作时，未正确穿戴安全带； （5）在主变压器上工作时，工具随手乱扔； （6）在主变压器上工作时，工作区域下方未做隔离措施	（1）设备故障； （2）物体打击； （3）高处坠落	1	3	15	45	2	（1）与带电设备保持安全距离，并对带电区域悬挂标示牌，装设围栏； （2）工作人员应穿绝缘鞋； （3）在主变压器上工作时，工作区域下方做隔离措施； （4）在主变压器上方工作时，正确穿戴安全带，安全带高挂抵用； （5）在主变压器上工作时，工具用完应立即放入工具包中； （6）拆装冷却风扇时，用绳索将冷却风扇固定； （7）拆卸接线时记录每个接线位置，更换完电气元件后，按记录逐一接线，保证接线正确，并检查接线是否牢固
恢复检验	结束工作	（1）遗漏工器具； （2）现场遗留检修杂物； （3）不结束工作票； （4）工作班成员未全部撤离	（1）人身伤害； （2）设备故障	1	1	7	7	1	（1）收齐并检查工器具； （2）清扫检修现场； （3）结束工作票

15. 更换主变压器高压侧电缆头

部门：								分析日期：	记录编号：
作业地点或分析范围：主变压器高压侧电缆头								分析人：	
作业内容描述：更换主变压器高压侧电缆头									
主要作业风险：（1）人员精神状态不佳；（2）触电；（3）设备事故；（4）走错间隔；（5）机械伤害；（6）落水									
控制措施：（1）办理工作票、操作票；（2）穿戴个人防护用品；（3）设备恢复运行状态前进行全面检查；（4）工作前对工作班成员进行安全交底；（5）穿好救生衣									
工作负责人签名：	日期：	工作票签发人签名：		日期：		工作许可人签名：		日期：	
作业步骤		危害因素	可能导致的后果	风险评价					控制措施
				L	*E*	*C*	*D*	风险程度	
作业环境	环境	（1）夏季高温作业； （2）大风、雷雨、冰冻天气作业	人身伤害	1	3	15	45	2	（1）夏季高温作业做好防暑措施； （2）避免大风、雷雨、冰冻天气作业
	海上作业	落水	（1）溺亡； （2）船舶伤害	1	3	15	45	2	（1）穿好救生衣； （2）上下船注意安全
检修前准备	工作班成员精神状态确认	（1）无法正常完成指定工作； （2）作业过程中出现昏厥现象	（1）触电； （2）设备故障	1	2	15	30	2	合理安排工作班成员，精神状态不佳者禁止工作
	安全措施确认	（1）拉错开关或误送电导致设备带电或误动； （2）未执行工作票、操作票所列的安全措施	（1）触电； （2）设备故障	1	2	15	30	2	（1）办理操作票、工作票，严格执行工作票、操作票所列的安全措施； （2）使用个人防护用品
	安全交底	（1）走错间隔； （2）未交代现场情况	（1）触电； （2）设备故障	1	2	15	30	2	（1）工作前向工作班成员告知危险点，交代作业活动范围、内容、安全措施和注意事项； （2）对工作班成员进行安全技术交底
	个人防护用品准备	（1）未正确佩戴安全帽、穿好工作服； （2）使用不合格的安全带	（1）触电； （2）其他伤害	1	2	7	14	1	（1）正确穿戴安全帽及工作服； （2）使用在安全使用期内的安全带，并正确佩戴
	工器具准备	（1）使用的工器具无法达到工作要求； （2）工具不全，或工具破损； （3）工具未定期检测或检测不合格	（1）机械伤害； （2）触电	1	2	7	14	1	（1）做好工具、消耗材料的准备工作； （2）使用电动工具前要检查合格，电源要有剩余电流动作装置，使用结束立即关掉电源，使用期间如遇停电应立即拔掉电源，防止来电时电动工具突然自行转动，对工作人员或设备造成机械伤害；

续表

作业步骤		危害因素	可能导致的后果	风险评价					控制措施
				L	E	C	D	风险程度	
检修前准备	工器具准备								（3）使用工器具前要进行检查，确认扳手没有裂痕、断口等安全隐患后方可使用，严禁使用活扳手，应使用力矩扳手及梅花扳手； （4）作业前检查工器具，应合格、完好
检修过程	更换主变压器高压侧电缆头	（1）接线错误； （2）虚接线路； （3）在主变压器上方工作时，未正确穿戴安全带； （4）电缆头制作不符合规范； （5）试验时人员未远离现场； （6）临时用电插牌无剩余电流动作装置； （7）作业现场存在易燃物、可燃物、助燃物； （8）拆装电缆头时，未对电缆头进行固定； （9）在主变压器上工作时，工具随手乱扔； （10）野蛮拆装设备； （11）在主变压器上工作时，工作区域下方未做隔离措施	（1）设备故障； （2）物体打击； （3）高处坠落； （4）着火； （5）试验伤害	1	3	15	45	2	（1）与带电设备保持安全距离，并对带电区域悬挂标示牌，装设围栏； （2）工作人员应穿绝缘鞋； （3）在主变压器上工作时，工作区域下方做隔离措施； （4）在主变压器上方工作时正确穿戴安全带，且安全带高挂低用； （5）拆装电缆头时，用绳索将电缆头固定； （6）制作电缆头时严格执行GB 50168—2018《电气装置安装工程　电缆线路施工及验收规范》； （7）动火作业前对需使用的氧气、乙炔罐体及减压阀、胶皮管、烤枪、回火保护器进行检查，检查无问题后方可动火作业，动火结束后检查场地无火种残留； （8）动火作业下方铺设好防火毯，工作结束必须切断焊机电源，并确认作业点周围无遗留火种后方可离开； （9）正确、安全地使用经检验合格的带有剩余电流动作装置的电源线轴，且线轴配有专用检修箱电源插头； （10）动火工作间断、终结时清理并检查现场无残留火种； （11）高压试验工作应至少有2名熟悉高压试验操作规范的人员进行； （12）预试设备周围应设置隔离区域，悬挂警示带，并设专人监护； （13）对设备进行加压试验时应缓慢升压，升压过程中应保持头脑清醒、注意力集中，发现异常情况应立即停止升压并切断电源，待问题查清后方可继续进行试验；

续表

作业步骤		危害因素	可能导致的后果	风险评价					控制措施
				L	E	C	D	风险程度	
检修过程	更换主变压器高压侧电缆头								（14）试验结束后应对被试验设备充分放电，并由试验接线人员拆除被试验设备上的临时线，再由工作负责人进行仔细核查； （15）在主变压器上工作时，工具用完应立即放入工具包中； （16）进行回路改造或更换电气元件时，要注意检查控制箱各路电源是否断开，且接线端子、裸露线头可能从其他回路反送电，工作时应按要求戴好绝缘手套、穿好绝缘鞋、螺丝刀绑好绝缘胶布； （17）严禁错误使用工器具造成设备损坏，如用过大或过小的扳手替代标准尺寸的扳手，用一字螺丝刀替代十字螺丝刀，用十字螺丝刀替代内六角或内梅花螺丝刀等； （18）严禁野蛮拆装、检修设备，造成螺丝过力滑丝、设备开裂、设备变形等； （19）拆卸接线时记录每个接线位置，更换完电气元件后，按记录逐一接线，保证接线正确，并检查接线是否牢固
恢复检验	结束工作	（1）遗漏工器具； （2）现场遗留检修杂物； （3）不结束工作票； （4）工作班成员未全部撤离	（1）人身伤害； （2）设备故障	1	1	7	7	1	（1）收齐并检查工器具； （2）清扫检修现场； （3）结束工作票

16. 主变压器中性点接地开关故障处理

部门：				分析日期：				记录编号：	
作业地点或分析范围：主变压器中性点接地开关				分析人：					
作业内容描述：主变压器中性点接地开关故障处理									
主要作业风险：(1) 人员精神状态不佳；(2) 触电；(3) 设备事故；(4) 走错间隔；(5) 机械伤害；(6) 落水									
控制措施：(1) 办理工作票、操作票；(2) 穿戴个人防护用品；(3) 设备恢复运行状态前进行全面检查；(4) 工作前对工作班成员进行安全交底；(5) 穿好救生衣									
工作负责人签名：	日期：	工作票签发人签名：		日期：			工作许可人签名：	日期：	
作业步骤		危害因素	可能导致的后果	风险评价					控制措施
				L	E	C	D	风险程度	
作业环境	环境	(1) 夏季高温作业； (2) 大风、雷雨、冰冻天气作业	人身伤害	1	3	15	45	2	(1) 夏季高温作业做好防暑措施； (2) 避免大风、雷雨、冰冻天气作业
	海上作业	落水	(1) 溺亡； (2) 船舶伤害	1	3	15	45	2	(1) 穿好救生衣； (2) 上下船注意安全
检修前准备	工作班成员精神状态确认	(1) 无法正常完成指定工作； (2) 作业过程中出现昏厥现象	(1) 触电； (2) 设备故障	1	2	15	30	2	合理安排工作班成员，精神状态不佳者禁止工作
	安全措施确认	(1) 拉错开关或误送电导致设备带电或误动； (2) 未执行工作票、操作票所列的安全措施	(1) 触电； (2) 设备故障	1	2	15	30	2	(1) 办理操作票、工作票，严格执行工作票、操作票所列的安全措施； (2) 使用个人防护用品
	安全交底	(1) 走错间隔； (2) 未交代现场情况	(1) 触电； (2) 设备故障	1	2	15	30	2	(1) 工作前向工作班成员告知危险点，交代作业活动范围、内容、安全措施和注意事项； (2) 对工作班成员进行安全技术交底
	个人防护用品准备	(1) 未正确佩戴安全帽、穿好工作服； (2) 使用不合格的安全带	(1) 触电； (2) 其他伤害	1	2	7	14	1	(1) 正确穿戴安全帽及工作服； (2) 使用在安全使用期内的安全带，并正确佩戴
	工器具准备	(1) 使用的工器具无法达到工作要求； (2) 工具不全，或工具破损； (3) 工具未定期检测或检测不合格	(1) 机械伤害； (2) 触电	1	2	7	14	1	(1) 做好工具、消耗材料的准备工作； (2) 使用电动工具前要检查其是否合格，电源要有剩余电流动作装置，使用结束立即关掉电源，使用期间如遇停电应立即拔掉电源，防止来电时电动工具突然自行转动，对工作人员或设备造成机械伤害；

续表

作业步骤		危害因素	可能导致的后果	风险评价					控制措施
				L	E	C	D	风险程度	
检修前准备	工器具准备								（3）使用工器具前要进行检查，确认扳手没有裂痕、断口等安全隐患后方可使用，严禁使用活扳手，应使用力矩扳手及梅花扳手； （4）作业前检查工器具，应合格、完好
检修过程	主变压器中性点接地开关故障处理	（1）虚接线路； （2）拆装时，未对中性点接地开关进行固定； （3）接地开关接地螺栓锈蚀未处理； （4）接地开关检修完成后未做防雷接地电阻测试； （5）野蛮拆装设备； （6）高处作业时，未正确穿戴安全带； （7）高处作业时，工具随手乱扔； （8）高处作业时，工作区域下方未做隔离措施	（1）设备故障； （2）物体打击； （3）高处坠落	1	3	15	45	2	（1）与带电设备保持安全距离，并对带电区域悬挂标示牌，装设围栏； （2）工作人员应穿绝缘鞋； （3）拆装中性点接地开关时，用绳索将中性点接地开关固定； （4）检查接地开关接地螺栓是否有锈蚀，若有锈蚀应及时更换，并喷上镀锌漆； （5）高处作业时，工作区域下方做隔离措施； （6）高处作业时，正确穿戴安全带，且安全带高挂低用； （7）禁止绳锁与其他易损设备接触； （8）进行回路改造或更换电气元件时，要注意检查控制箱各路电源是否断开，且接线端子、裸露线头可能从其他回路反送电，工作时应按要求戴好绝缘手套、穿好绝缘鞋、螺丝刀绑好绝缘胶布； （9）严禁错误使用工器具造成设备损坏，如用过大或过小的扳手替代标准尺寸的扳手，用一字螺丝刀替代十字螺丝刀，用十字螺丝刀替代内六角或内梅花螺丝刀等； （10）严禁野蛮拆装、检修设备，造成螺丝过力滑丝、设备开裂、设备变形等； （11）高处作业时，工具用完应立即放入工具包中； （12）作业完成后，对接地点进行一次接地电阻测试，电阻小于4Ω为合格； （13）拆卸接线时记录每个接线位置，更换完电气元件后，按记录逐一接线，保证接线正确，并检查接线是否牢固

续表

作业步骤		危害因素	可能导致的后果	风险评价					控制措施
				L	E	C	D	风险程度	
恢复检验	结束工作	（1）遗漏工器具； （2）现场遗留检修杂物； （3）不结束工作票； （4）工作班成员未全部撤离	（1）人身伤害； （2）设备故障	1	1	7	7	1	（1）收齐并检查工器具； （2）清扫检修现场； （3）结束工作票

17. 主变压器开关机构故障处理

部门：	分析日期：	记录编号：
作业地点或分析范围：主变压器开关机构	分析人：	
作业内容描述：主变压器开关机构故障处理		
主要作业风险：(1) 人员精神状态不佳；(2) 触电；(3) 设备事故；(4) 走错间隔；(5) 机械伤害；(6) 落水		
控制措施：(1) 办理工作票、操作票；(2) 穿戴个人防护用品；(3) 设备恢复运行状态前进行全面检查；(4) 工作前对工作班成员进行安全交底；(5) 穿好救生衣		

工作负责人签名：	日期：	工作票签发人签名：	日期：	工作许可人签名：	日期：

作业步骤		危害因素	可能导致的后果	风险评价					控制措施
				L	*E*	*C*	*D*	风险程度	
作业环境	环境	(1) 夏季高温作业； (2) 大风、雷雨、冰冻天气作业	人身伤害	1	3	15	45	2	(1) 夏季高温作业做好防暑措施； (2) 避免大风、雷雨、冰冻天气作业
作业环境	海上作业	落水	(1) 溺亡； (2) 船舶伤害	1	3	15	45	2	(1) 穿好救生衣； (2) 上下船注意安全
检修前准备	工作班成员精神状态确认	(1) 无法正常完成指定工作； (2) 作业过程中出现昏厥现象	(1) 触电； (2) 设备故障	1	2	15	30	2	合理安排工作班成员，精神状态不佳者禁止工作
检修前准备	安全措施确认	(1) 拉错开关或误送电导致设备带电或误动； (2) 未执行工作票、操作票所列的安全措施	(1) 触电； (2) 设备故障	1	2	15	30	2	(1) 办理操作票、工作票，严格执行工作票、操作票所列的安全措施； (2) 使用个人防护用品
检修前准备	安全交底	(1) 走错间隔； (2) 未交代现场情况	(1) 触电； (2) 设备故障	1	2	15	30	2	(1) 工作前向工作班成员告知危险点，交代作业活动范围、内容、安全措施和注意事项； (2) 对工作班成员进行安全技术交底
检修前准备	个人防护用品准备	(1) 未正确佩戴安全帽、穿好工作服； (2) 使用不合格的安全带	(1) 触电； (2) 其他伤害	1	2	7	14	1	(1) 正确穿戴安全帽及工作服； (2) 使用在安全使用期内的安全带，并正确佩戴
检修前准备	工器具准备	(1) 使用的工器具无法达到工作要求； (2) 工具不全，或工具破损； (3) 工具未定期检测或检测不合格	(1) 机械伤害； (2) 触电	1	2	7	14	1	(1) 做好工具、消耗材料的准备工作； (2) 使用电动工具前要检查其是否合格，电源要有剩余电流动作装置，使用结束立即关掉电源，使用期间如遇停电应立即拔掉电源，防止来电时电动工具突然自行转动，对工作人员或设备造成机械伤害；

续表

作业步骤		危害因素	可能导致的后果	风险评价					控制措施
				L	E	C	D	风险程度	
检修前准备	工器具准备								(3) 使用工器具前要进行检查，确认扳手没有裂痕、断口等安全隐患后方可使用，严禁使用活扳手，应使用力矩扳手及梅花扳手； (4) 作业前检查工器具，应合格、完好
检修过程	主变压器开关机构故障处理	(1) 虚接线路； (2) 接线错误； (3) 定值设置错误； (4) 试验伤害； (5) 未检查接地开关与相关断路器的联锁机构是否正常； (6) 野蛮拆装设备； (7) 临时用电电源无剩余电流动作装置	(1) 设备故障； (2) 临时用电； (3) 试验伤害	1	3	15	45	2	(1) 与带电设备保持安全距离，并对带电区域悬挂标示牌，装设围栏； (2) 工作人员应穿绝缘鞋； (3) 正确、安全地使用经检验合格的带有剩余电流动作装置的电源线轴，且线轴配有专用检修箱电源插头； (4) 拆卸接线时记录每个接线位置，更换完电气元件后，按记录逐一接线，保证接线正确，并检查接线是否牢固； (5) 检查接地开关与相关断路器的联锁机构，应正常； (6) 妥善保管拆下的零部件，防止丢失、损坏； (7) 进行回路改造或更换电气元件时，要注意检查控制箱各路电源是否断开，且接线端子、裸露线头可能从其他回路反送电，工作时应按要求戴好绝缘手套、穿好绝缘鞋、螺丝刀绑好绝缘胶布； (8) 严禁错误使用工器具造成设备损坏，如用过大或过小的扳手替代标准尺寸的扳手，用一字螺丝刀替代十字螺丝刀，用十字螺丝刀替代内六角或内梅花螺丝刀等； (9) 严禁野蛮拆装、检修设备，造成螺丝过力滑丝、设备开裂、设备变形等； (10) 故障处理后，按照 DL/T 596—2021《电力设备预防性试验规程》对主变压器开关进行试验； (11) 试验完成后，检查定值是否有改动
恢复检验	结束工作	(1) 遗漏工器具； (2) 现场遗留检修杂物； (3) 不结束工作票； (4) 工作班成员未全部撤离	(1) 人身伤害； (2) 设备故障	1	1	7	7	1	(1) 收齐并检查工器具； (2) 清扫检修现场； (3) 结束工作票

18. 主变压器闸刀机构故障处理

部门：									分析日期：	记录编号：
作业地点或分析范围：主变压器闸刀机构									分析人：	
作业内容描述：主变压器闸刀机构故障处理										
主要作业风险：（1）人员精神状态不佳；（2）触电；（3）设备事故；（4）走错间隔；（5）机械伤害；（6）落水										
控制措施：（1）办理工作票、操作票；（2）穿戴个人防护用品；（3）设备恢复运行状态前进行全面检查；（4）工作前对工作班成员进行安全交底；（5）穿好救生衣										
工作负责人签名：	日期：	工作票签发人签名：		日期：		工作许可人签名：			日期：	

作业步骤		危害因素	可能导致的后果	风险评价					控制措施
				L	E	C	D	风险程度	
作业环境	环境	（1）夏季高温作业； （2）大风、雷雨、冰冻天气作业	人身伤害	1	3	15	45	2	（1）夏季高温作业做好防暑措施； （2）避免大风、雷雨、冰冻天气作业
	海上作业	落水	（1）溺亡； （2）船舶伤害	1	3	15	45	2	（1）穿好救生衣； （2）上下船注意安全
检修前准备	工作班成员精神状态确认	（1）无法正常完成指定工作； （2）作业过程中出现昏厥现象	（1）触电； （2）设备故障	1	2	15	30	2	合理安排工作班成员，精神状态不佳者禁止工作
	安全措施确认	（1）拉错开关或误送电导致设备带电或误动； （2）未执行工作票、操作票所列的安全措施	（1）触电； （2）设备故障	1	2	15	30	2	（1）办理操作票、工作票，严格执行工作票、操作票所列的安全措施； （2）使用个人防护用品
	安全交底	（1）走错间隔； （2）未交代现场情况	（1）触电； （2）设备故障	1	2	15	30	2	（1）工作前向工作班成员告知危险点，交代作业活动范围、内容、安全措施和注意事项； （2）对工作班成员进行安全技术交底
	个人防护用品准备	（1）未正确佩戴安全帽、穿好工作服； （2）使用不合格的安全带	（1）触电； （2）其他伤害	1	2	7	14	1	（1）正确穿戴安全帽及工作服； （2）使用在安全使用期内的安全带，并正确佩戴
	工器具准备	（1）使用的工器具无法达到工作要求； （2）工具不全，或工具破损； （3）工具未定期检测或检测不合格	（1）机械伤害； （2）触电	1	2	7	14	1	（1）做好工具、消耗材料的准备工作； （2）使用电动工具前要检查其是否合格，电源要有剩余电流动作装置，使用结束立即关掉电源，使用期间如遇停电应立即拔掉电源，防止来电时电动工具突然自行转动，对工作人员或设备造成机械伤害；

续表

作业步骤		危害因素	可能导致的后果	风险评价					控制措施
				L	E	C	D	风险程度	
检修前准备	工器具准备								（3）使用工器具前要进行检查，确认扳手没有裂痕、断口等安全隐患后方可使用，严禁使用活扳手，应使用力矩扳手及梅花扳手； （4）作业前检查工器具，应合格、完好
检修过程	主变压器闸刀机构故障处理	（1）虚接线路； （2）接线错误； （3）野蛮拆装设备	设备故障	1	3	15	45	2	（1）与带电设备保持安全距离，并对带电区域悬挂标示牌，装设围栏； （2）工作人员应穿绝缘鞋； （3）拆卸接线时记录每个接线位置，更换完电气元件后，按记录逐一接线，保证接线正确，并检查接线是否牢固； （4）进行回路改造或更换电气元件时，要注意检查控制箱各路电源是否断开，且接线端子、裸露线头可能从其他回路反送电，工作时应按要求戴好绝缘手套、穿好绝缘鞋、螺丝刀绑好绝缘胶布； （5）严禁错误使用工器具造成设备损坏，如用过大或过小的扳手替代标准尺寸的扳手，用一字螺丝刀替代十字螺丝刀，用十字螺丝刀替代内六角或内梅花螺丝刀等； （6）严禁野蛮拆装、检修设备，造成螺丝过力滑丝、设备开裂、设备变形等； （7）妥善保管拆下的零部件，防止丢失、损坏
恢复检验	结束工作	（1）遗漏工器具； （2）现场遗留检修杂物； （3）不结束工作票； （4）工作班成员未全部撤离	（1）人身伤害； （2）设备故障	1	1	7	7	1	（1）收齐并检查工器具； （2）清扫检修现场； （3）结束工作票

19. GIS组合开关六氟化硫气体泄漏故障处理

部门：	分析日期：	记录编号：
作业地点或分析范围：GIS组合开关	分析人：	
作业内容描述：GIS组合开关六氟化硫气体泄漏故障处理		
主要作业风险：（1）人员精神状态不佳；（2）触电；（3）设备事故；（4）走错间隔；（5）机械伤害；（6）中毒；（7）落水		
控制措施：（1）办理工作票、操作票；（2）穿戴个人防护用品；（3）设备恢复运行状态前进行全面检查；（4）工作前对工作班成员进行安全交底；（5）穿好救生衣		

工作负责人签名：	日期：	工作票签发人签名：	日期：	工作许可人签名：	日期：

作业步骤		危害因素	可能导致的后果	风险评价					控制措施
				L	*E*	*C*	*D*	风险程度	
作业环境	环境	（1）夏季高温作业； （2）大风、雷雨、冰冻天气作业	人身伤害	1	3	15	45	2	（1）夏季高温作业做好防暑措施； （2）避免大风、雷雨、冰冻天气作业
	海上作业	落水	（1）溺亡； （2）船舶伤害	1	3	15	45	2	（1）穿好救生衣； （2）上下船注意安全
检修前准备	工作班成员精神状态确认	（1）无法正常完成指定工作； （2）作业过程中出现昏厥现象	（1）触电； （2）设备故障	1	2	15	30	2	合理安排工作班成员，精神状态不佳者禁止工作
	安全措施确认	（1）拉错开关或误送电导致设备带电或误动； （2）未执行工作票、操作票所列的安全措施	（1）触电； （2）设备故障	1	2	15	30	2	（1）办理操作票、工作票，严格执行工作票、操作票所列的安全措施； （2）使用个人防护用品
	安全交底	（1）走错间隔； （2）未交代现场情况	（1）触电； （2）设备故障	1	2	15	30	2	（1）工作前向工作班成员告知危险点，交代作业活动范围、内容、安全措施和注意事项； （2）对工作班成员进行安全技术交底
	个人防护用品准备	（1）未正确佩戴安全帽、穿好工作服； （2）使用不合格的安全带	（1）触电； （2）其他伤害	1	2	7	14	1	（1）正确穿戴安全帽及工作服； （2）使用在安全使用期内的安全带，并正确佩戴
	工器具准备	（1）使用的工器具无法达到工作要求； （2）工具不全，或工具破损； （3）工具未定期检测或检测不合格	（1）机械伤害； （2）触电	1	2	7	14	1	（1）做好工具、消耗材料的准备工作； （2）使用电动工具前要检查其是否合格，电源要有剩余电流动作装置，使用结束立即关掉电源，使用期间如遇停电应立即拔掉电源，防止来电时电动工具突然自行转动，对工作人员或设备造成机械伤害；

续表

作业步骤		危害因素	可能导致的后果	风险评价					控制措施
				L	*E*	*C*	*D*	风险程度	
检修前准备	工器具准备								（3）使用工器具前要进行检查，确认扳手没有裂痕、断口等安全隐患后方可使用，严禁使用活扳手，应使用力矩扳手及梅花扳手； （4）作业前检查工器具，应合格、完好
检修过程	GIS组合开关六氟化硫气体泄漏故障处理	（1）虚接线路； （2）接线错误； （3）误碰现场其他带电设备； （4）未检测现场空气中有无有毒气体即开展作业； （5）未使用六氟化硫气体回收车回收六氟化硫； （6）野蛮拆装设备； （7）六氟化硫充气压力不足或过高； （8）补充六氟化硫气体后未做微水试验	（1）设备故障； （2）中毒； （3）触电	1	3	15	45	2	（1）与带电设备保持安全距离，并对带电区域悬挂标示牌，装设围栏； （2）工作人员应穿绝缘鞋； （3）拆卸接线时记录每个接线位置，更换完电气元件后，按记录逐一接线，保证接线正确，并检查接线是否牢固； （4）检测确认现场无有毒气体后再开展作业； （5）补充六氟化硫气体时，充气压力不可太低，也不可太高，且应使用六氟化硫气体回收车回收气体； （6）补充六氟化硫完毕后进行微水试验，试验合格后才能投入使用； （7）进行回路改造或更换电气元件时，要注意检查控制箱各路电源是否断开，且接线端子、裸露线头可能从其他回路反送电，工作时应按要求戴好绝缘手套、穿好绝缘鞋、螺丝刀绑好绝缘胶布； （8）严禁错误使用工器具造成设备损坏，如用过大或过小的扳手替代标准尺寸的扳手，用一字螺丝刀替代十字螺丝刀，用十字螺丝刀替代内六角或内梅花螺丝刀等； （9）严禁野蛮拆装、检修设备，造成螺丝过力滑丝、设备开裂、设备变形等； （10）妥善保管拆下的零部件，防止丢失、损坏
恢复检验	结束工作	（1）遗漏工器具； （2）现场遗留检修杂物； （3）不结束工作票； （4）工作班成员未全部撤离	（1）人身伤害； （2）设备故障	1	1	7	7	1	（1）收齐并检查工器具； （2）清扫检修现场； （3）结束工作票

20. GIS组合开关接地开关故障处理

<table>
<tr><td colspan="3">部门：</td><td colspan="5">分析日期：</td><td>记录编号：</td></tr>
<tr><td colspan="3">作业地点或分析范围：GIS组合开关</td><td colspan="6">分析人：</td></tr>
<tr><td colspan="9">作业内容描述：GIS组合开关接地开关故障处理</td></tr>
<tr><td colspan="9">主要作业风险：(1) 人员精神状态不佳；(2) 触电；(3) 设备事故；(4) 走错间隔；(5) 机械伤害；(6) 中毒；(7) 落水</td></tr>
<tr><td colspan="9">控制措施：(1) 办理工作票、操作票；(2) 穿戴个人防护用品；(3) 设备恢复运行状态前进行全面检查；(4) 工作前对工作班成员进行安全交底；(5) 穿好救生衣</td></tr>
<tr><td>工作负责人签名：</td><td>日期：</td><td>工作票签发人签名：</td><td colspan="2">日期：</td><td colspan="2">工作许可人签名：</td><td colspan="2">日期：</td></tr>
<tr><td colspan="2" rowspan="2">作业步骤</td><td rowspan="2">危害因素</td><td rowspan="2">可能导致的后果</td><td colspan="5">风险评价</td><td rowspan="2">控制措施</td></tr>
<tr><td>L</td><td>E</td><td>C</td><td>D</td><td>风险程度</td></tr>
<tr><td rowspan="2">作业环境</td><td>环境</td><td>(1) 夏季高温作业；
(2) 大风、雷雨、冰冻天气作业</td><td>人身伤害</td><td>1</td><td>3</td><td>15</td><td>45</td><td>2</td><td>(1) 夏季高温作业做好防暑措施；
(2) 避免大风、雷雨、冰冻天气作业</td></tr>
<tr><td>海上作业</td><td>落水</td><td>(1) 溺亡；
(2) 船舶伤害</td><td>1</td><td>3</td><td>15</td><td>45</td><td>2</td><td>(1) 穿好救生衣；
(2) 上下船注意安全</td></tr>
<tr><td rowspan="5">检修前准备</td><td>工作班成员精神状态确认</td><td>(1) 无法正常完成指定工作；
(2) 作业过程中出现昏厥现象</td><td>(1) 触电；
(2) 设备故障</td><td>1</td><td>2</td><td>15</td><td>30</td><td>2</td><td>合理安排工作班成员，精神状态不佳者禁止工作</td></tr>
<tr><td>安全措施确认</td><td>(1) 拉错开关或误送电导致设备带电或误动；
(2) 未执行工作票、操作票所列的安全措施</td><td>(1) 触电；
(2) 设备故障</td><td>1</td><td>2</td><td>15</td><td>30</td><td>2</td><td>(1) 办理操作票、工作票，严格执行工作票、操作票所列的安全措施；
(2) 使用个人防护用品</td></tr>
<tr><td>安全交底</td><td>(1) 走错间隔；
(2) 未交代现场情况</td><td>(1) 触电；
(2) 设备故障</td><td>1</td><td>2</td><td>15</td><td>30</td><td>2</td><td>(1) 工作前向工作班成员告知危险点，交代作业活动范围、内容、安全措施和注意事项；
(2) 对工作班成员进行安全技术交底</td></tr>
<tr><td>个人防护用品准备</td><td>(1) 未正确佩戴安全帽、穿好工作服；
(2) 使用不合格的安全带</td><td>(1) 触电；
(2) 其他伤害</td><td>1</td><td>2</td><td>7</td><td>14</td><td>1</td><td>(1) 正确穿戴安全帽及工作服；
(2) 使用在安全使用期内的安全带，并正确佩戴</td></tr>
<tr><td>工器具准备</td><td>(1) 使用的工器具无法达到工作要求；
(2) 工具不全，或工具破损；
(3) 工具未定期检测或检测不合格</td><td>(1) 机械伤害；
(2) 触电</td><td>1</td><td>2</td><td>7</td><td>14</td><td>1</td><td>(1) 做好工具、消耗材料的准备工作；
(2) 使用电动工具前要检查其是否合格，电源要有剩余电流动作装置，使用结束立即关掉电源，使用期间如遇停电应立即拔掉电源，防止来电时电动工具突然自行转动，对工作人员或设备造成机械伤害；</td></tr>
</table>

续表

作业步骤		危害因素	可能导致的后果	风险评价					控制措施
				L	E	C	D	风险程度	
检修前准备	工器具准备								（3）使用工器具前要进行检查，确认扳手没有裂痕、断口等安全隐患后方可使用，严禁使用活扳手，应使用力矩扳手及梅花扳手； （4）作业前检查工器具，应合格、完好
检修过程	GIS组合开关接地开关故障处理	（1）虚接线路； （2）接线错误； （3）误碰现场其他带电设备； （4）未检查GIS是否因压力变低造成GIS组合开关接地开关故障； （5）未检测现场空气中有无有毒气体即开展作业； （6）未使用六氟化硫气体回收车回收六氟化硫； （7）六氟化硫充气压力不足或过高； （8）定值设置错误； （9）未检查接地开关、断路器、隔离开关的联锁机构及电气回路是否正常； （10）野蛮拆装设备； （11）试验时人员未远离现场； （12）临时用电插牌无剩余电流动作装置； （13）补充六氟化硫气体后未做微水试验	（1）设备故障； （2）中毒； （3）触电； （4）试验伤害	1	3	15	45	2	（1）与带电设备保持安全距离，并对带电区域悬挂标示牌，装设围栏； （2）工作人员应穿绝缘鞋； （3）拆卸接线时记录每个接线位置，更换完电气元件后，按记录逐一接线，保证接线正确，并检查接线是否牢固； （4）检测确认现场无有毒气体后再开展作业； （5）补充六氟化硫气体时，充气压力不可太低，也不可太高，且应使用六氟化硫气体回收车回收气体； （6）六氟化硫补充完毕后进行微水试验，试验合格后才能投入使用； （7）检查接地开关、断路器、隔离开关的联锁机构及电气回路正常； （8）正确、安全地使用经检验合格的带有剩余电流动作装置的电源线轴，且线轴配有专用检修箱电源插头； （9）妥善保管拆下的零部件，防止丢失、损坏； （10）进行回路改造或更换电气元件时，要注意检查控制箱各路电源是否断开，且接线端子、裸露线头可能从其他回路反送电，工作时应按要求戴好绝缘手套、穿好绝缘鞋、螺丝刀绑好绝缘胶布； （11）严禁错误使用工器具造成设备损坏，如用过大或过小的扳手替代标准尺寸的扳手，用一字螺丝刀替代十字螺丝刀，用十字螺丝刀替代内六角或内梅花螺丝刀等； （12）严禁野蛮拆装、检修设备，造成螺丝过力滑丝、设备开裂、设备变形等； （13）故障处理后，按照DL/T 596—2021《电力设备预防性试验规程》开展相关试验； （14）试验完成后，检查定值是否有改动

续表

作业步骤		危害因素	可能导致的后果	风险评价					控制措施
				L	*E*	*C*	*D*	风险程度	
恢复检验	结束工作	（1）遗漏工器具； （2）现场遗留检修杂物； （3）不结束工作票； （4）工作班成员未全部撤离	（1）人身伤害； （2）设备故障	1	1	7	7	1	（1）收齐并检查工器具； （2）清扫检修现场； （3）结束工作票

21. 更换蓄电池组

部门：								分析日期：	记录编号：
作业地点或分析范围：蓄电池组								分析人：	
作业内容描述：更换蓄电池组									
主要作业风险：（1）人员精神状态不佳；（2）触电；（3）设备事故；（4）走错间隔；（5）机械伤害									
控制措施：（1）办理工作票、操作票；（2）穿戴个人防护用品；（3）设备恢复运行状态前进行全面检查；（4）工作前对工作班成员进行安全交底									
工作负责人签名：	日期：	工作票签发人签名：		日期：		工作许可人签名：		日期：	

作业步骤		危害因素	可能导致的后果	风险评价					控制措施
				L	E	C	D	风险程度	
作业环境	环境	夏季高温作业	人身伤害	1	3	15	45	2	夏季高温作业做好防暑措施
检修前准备	工作班成员精神状态确认	（1）无法正常完成指定工作； （2）作业过程中出现昏厥现象	（1）触电； （2）设备故障	1	2	15	30	2	合理安排工作班成员，精神状态不佳者禁止工作
	安全措施确认	（1）拉错开关或误送电导致设备带电或误动； （2）未执行工作票、操作票所列的安全措施	（1）触电； （2）设备故障	1	2	15	30	2	（1）办理操作票、工作票，严格执行工作票、操作票所列的安全措施； （2）使用个人防护用品
	安全交底	（1）走错间隔； （2）未交代现场情况	（1）触电； （2）设备故障	1	2	15	30	2	（1）工作前向工作班成员告知危险点，交代作业活动范围、内容、安全措施和注意事项； （2）对工作班成员进行安全技术交底
	个人防护用品准备	未正确佩戴安全帽、穿好工作服	（1）触电； （2）其他伤害	1	2	7	14	1	正确穿戴安全帽及工作服
	工器具准备	（1）使用的工器具无法达到工作要求； （2）工具不全，或工具破损； （3）工具未定期检测或检测不合格	（1）机械伤害； （2）触电	1	2	7	14	1	（1）做好工具、消耗材料的准备工作； （2）使用电动工具前要检查其是否合格，电源要有剩余电流动作装置，使用结束立即关掉电源，使用期间如遇停电应立即拔掉电源，防止来电时电动工具突然自行转动，对工作人员或设备造成机械伤害； （3）使用工器具前要进行检查，确认扳手没有裂痕、断口等安全隐患后方可使用，严禁使用活扳手，应使用力矩扳手及梅花扳手； （4）作业前检查工器具，应合格、完好

续表

作业步骤		危害因素	可能导致的后果	风险评价					控制措施
				L	E	C	D	风险程度	
检修过程	更换蓄电池组	（1）误碰其他带电设备； （2）接线错误； （3）检修设备控制电源未断开； （4）使用不符合规格的工器具； （5）虚接线路	（1）设备故障； （2）触电； （3）机械伤害	1	3	15	45	2	（1）检查工作点是否带电，工作前应停电、验电，检查安全措施正确、完备后方可开工，工作过程中不得擅自更改安全措施； （2）检查工作点上、下间隔是否带电，工作点与带电负荷或母线安全距离是否足够； （3）进行回路改造或更换电气元件时，要注意检查控制箱各路电源是否断开，且接线端子、裸露线头可能从其他回路反送电，工作时应按要求戴好绝缘手套、穿好绝缘鞋、螺丝刀绑好绝缘胶布； （4）轻拿轻放备件、设备，防止撞击损伤设备； （5）严禁错误使用工器具造成设备损坏，如用过大或过小的扳手替代标准尺寸的扳手，用一字螺丝刀替代十字螺丝刀，用十字螺丝刀替代内六角或内梅花螺丝刀等； （6）严禁野蛮拆装、检修设备，造成螺丝过力滑丝、设备开裂、设备变形等； （7）拆卸接线时记录每个接线位置，更换完电气元件后，按记录逐一接线，保证接线正确，并检查接线是否牢固
恢复检验	结束工作	（1）遗漏工器具； （2）现场遗留检修杂物； （3）不结束工作票； （4）工作班成员未全部撤离	（1）人身伤害； （2）设备故障	1	1	7	7	1	（1）收齐并检查工器具； （2）清扫检修现场； （3）结束工作票

22. 直流屏充电模块故障处理

部门：　　分析日期：　　记录编号：

作业地点或分析范围：直流屏充电柜　　分析人：

作业内容描述：直流屏充电模块故障处理

主要作业风险：(1) 人员精神状态不佳；(2) 触电；(3) 设备事故；(4) 走错间隔；(5) 机械伤害

控制措施：(1) 办理工作票、操作票；(2) 穿戴个人防护用品；(3) 设备恢复运行状态前进行全面检查；(4) 工作前对工作班成员进行安全交底

工作负责人签名：　　日期：　　工作票签发人签名：　　日期：　　工作许可人签名：　　日期：

作业步骤		危害因素	可能导致的后果	风险评价					控制措施
				L	*E*	*C*	*D*	风险程度	
作业环境	环境	夏季高温作业	人身伤害	1	3	15	45	2	夏季高温作业做好防暑措施
检修前准备	工作班成员精神状态确认	(1) 无法正常完成指定工作； (2) 作业过程中出现昏厥现象	(1) 触电； (2) 设备故障	1	2	15	30	2	合理安排工作班成员，精神状态不佳者禁止工作
	安全措施确认	(1) 拉错开关或误送电导致设备带电或误动； (2) 未执行工作票、操作票所列的安全措施	(1) 触电； (2) 设备故障	1	2	15	30	2	(1) 办理操作票、工作票，严格执行工作票、操作票所列的安全措施； (2) 使用个人防护用品
	安全交底	(1) 走错间隔； (2) 未交代现场情况	(1) 触电； (2) 设备故障	1	2	15	30	2	(1) 工作前向工作班成员告知危险点，交代作业活动范围、内容、安全措施和注意事项； (2) 对工作班成员进行安全技术交底
	个人防护用品准备	未正确佩戴安全帽、穿好工作服	(1) 触电； (2) 其他伤害	1	2	7	14	1	正确穿戴安全帽及工作服
	工器具准备	(1) 使用的工器具无法达到工作要求； (2) 工具不全，或工具破损； (3) 工具未定期检测或检测不合格	(1) 机械伤害； (2) 触电	1	2	7	14	1	(1) 做好工具、消耗材料的准备工作； (2) 使用电动工具前要检查其是否合格，电源要有剩余电流动作装置，使用结束立即关掉电源，使用期间如遇停电应立即拔掉电源，防止来电时电动工具突然自行转动，对工作人员或设备造成机械伤害； (3) 使用工器具前要进行检查，确认扳手没有裂痕、断口等安全隐患后方可使用，严禁使用活扳手，应使用力矩扳手及梅花扳手； (4) 作业前检查工器具，应合格、完好

续表

作业步骤		危害因素	可能导致的后果	风险评价					控制措施
				L	E	C	D	风险程度	
检修过程	直流屏充电模块故障处理	（1）误碰其他带电设备； （2）接线错误； （3）野蛮拆装设备； （4）检修设备控制电源未断开； （5）使用不符合规格的工器具； （6）虚接线路	（1）设备故障； （2）触电； （3）机械伤害	1	3	15	45	2	（1）检查工作点是否带电，工作前应停电、验电，检查安全措施正确、完备后方可开工，工作过程中不得擅自更改安全措施； （2）检查工作点上、下间隔是否带电，工作点与带电负荷或母线安全距离是否足够； （3）进行回路改造或更换电气元件时，要注意检查控制箱各路电源是否断开，且接线端子、裸露线头可能从其他回路反送电，工作时应按要求戴好绝缘手套、穿好绝缘鞋、螺丝刀绑好绝缘胶布； （4）轻拿轻放备件、设备，防止撞击损伤设备； （5）严禁错误使用工器具造成设备损坏，如用过大或过小的扳手替代标准尺寸的扳手，用一字螺丝刀替代十字螺丝刀，用十字螺丝刀替代内六角或内梅花螺丝刀等； （6）工作时与无关设备保持足够的安全距离，必要时加装防护板； （7）工作时正确使用万用表，拆掉直流线后应及时进行包扎； （8）对裸露直流电缆严格进行绝缘包扎处理，严防直流短路； （9）严禁野蛮拆装、检修设备，造成螺丝过力滑丝、设备开裂、设备变形等； （10）拆卸接线时记录每个接线位置，更换完电气元件后，按记录逐一接线，保证接线正确，并检查接线是否牢固
恢复检验	结束工作	（1）遗漏工器具； （2）现场遗留检修杂物； （3）不结束工作票； （4）工作班成员未全部撤离	（1）人身伤害； （2）设备故障	1	1	7	7	1	（1）收齐并检查工器具； （2）清扫检修现场； （3）结束工作票

23. 叶片表面检查

部门：	分析日期：	记录编号：
作业地点或分析范围：风机叶片	分析人：	
作业内容描述：叶片表面检查		
主要作业风险：(1) 触电；(2) 机械伤害；(3) 高处坠落；(4) 中毒；(5) 其他伤害		
控制措施：(1) 办理工作票，手动停机并切至维护状态，验电，挂牌；(2) 穿戴个人防护用品；(3) 高处作业时系好安全带；(4) 设备恢复运行状态前进行全面检查		

工作负责人签名：	日期：	工作票签发人签名：	日期：	工作许可人签名：	日期：

作业步骤		危害因素	可能导致的后果	风险评价					控制措施
				L	*E*	*C*	*D*	风险程度	
作业环境	环境	(1) 雷雨天气登塔作业或靠近风机； (2) 大风天气作业； (3) 冬季覆冰掉落； (4) 夏季高温作业； (5) 海况恶劣	人身伤害	1	3	15	45	2	(1) 雷雨天气禁止靠近风机，不得从事检修工作； (2) 突遇雷雨天气时应及时撤离，来不及撤离时，双脚并拢站在安全位置； (3) 风速超过 10m/s 时，禁止机舱外使用吊机； (4) 风速达 18m/s 及以上时，不得登塔作业； (5) 风速超过 12m/s 时，不得打开机舱盖； (6) 风速超过 14m/s 时，应关闭机舱盖； (7) 风速超过 12m/s 时，不得在轮毂内工作； (8) 风速超过 18m/s 时，不得在机舱内工作； (9) 风力发电机组有结冰现象且有覆冰掉落危险时，禁止人员靠近，并在风电场入口设置警戒区域； (10) 夏季高温作业做好防暑措施； (11) 风速超过 8m/s 时，不能进行叶片吊装； (12) 风速超过 8m/s、浪高 1.2m 时，非必要不出海
检修前准备	交通	(1) 车况异常； (2) 驾乘人员未正确系安全带； (3) 道路结冰、湿滑、落石、塌方； (4) 海况异常； (5) 船舶异常	(1) 人身伤害； (2) 车辆事故； (3) 船舶事故； (4) 人员落水； (5) 机械伤害	1	3	15	45	2	(1) 出车前检查车况； (2) 行车过程中，驾乘人员正确系好安全带； (3) 根据道路情况，车辆装好防滑链，并定期对道路进行清理维护； (4) 根据窗口期合理安排出海作业； (5) 出海作业时，正确穿戴救生衣，且上下船时注意放低重心，看准时机快速完成上下船动作； (6) 停靠风机基础时，注意船的起伏规律及与风机基础距离，船稳定后快速下船

续表

作业步骤		危害因素	可能导致的后果	风险评价					控制措施
				L	E	C	D	风险程度	
操作前准备	安全措施确认	(1) 未悬挂标示牌； (2) 风机是否停机； (3) 未锁定高速轴定位销或风轮盘	(1) 触电； (2) 机械伤害； (3) 设备故障	1	2	15	30	2	(1) 办理工作票，确认执行安全措施； (2) 使用个人防护用品； (3) 在塔基停机按钮处悬挂“禁止合闸，有人工作”标示牌； (4) 在风机平台位置悬挂“在此工作”标示牌
	安全交底	(1) 扩大工作范围； (2) 发电机转速大于 500r/min，切至维护状态； (3) 走错机位或误碰带电设备； (4) 误碰旋转设备	(1) 触电； (2) 机械伤害； (3) 设备故障	1	2	15	30	2	(1) 工作前对工作班成员进行工作地点及任务明示； (2) 对工作班成员进行安全技术交底
	个人防护用品准备	(1) 未正确穿戴安全帽及工作服； (2) 使用不合格的安全带	(1) 触电； (2) 高处坠落； (3) 其他伤害	1	2	15	30	2	(1) 正确穿戴安全帽及工作服； (2) 使用在安全使用期内的安全带，并正确佩戴
	工器具准备	(1) 使用的工器具无法达到工作要求； (2) 工具不全，或工具破损； (3) 使用的试验仪器超过检验期，仪器漏电或输出异常	(1) 机械伤害； (2) 触电	1	2	7	14	1	(1) 工作前确认工器具及试验仪器状态，使用合格的工器具及试验仪器； (2) 做好工具、消耗材料的准备工作
	工作班成员精神状态确认	(1) 无法正常完成指定工作； (2) 作业过程中无法清醒判断带电设备及旋转设备； (3) 作业过程中出现昏厥现象	(1) 触电； (2) 机械伤害； (3) 高处坠落； (4) 设备故障	1	2	7	14	1	合理安排工作班成员，精神状态不佳者禁止工作
	工作人员资质审查	工作人员资质不符合要求	(1) 触电； (2) 机械伤害； (3) 高处坠落； (4) 设备故障	1	2	7	14	1	严格审查作业人员资质，不符合要求的严禁作业
检修过程	攀爬风机	(1) 塔筒平台盖板不牢固或未按规定盖好； (2) 工器具未放入工具袋，随手携带；	(1) 高处坠落； (2) 物体打击； (3) 工器具损坏	1	3	15	45	2	(1) 开工前增设围栏并悬挂警示牌； (2) 对不牢固盖板进行加固； (3) 检查免爬器或助爬器外观，系好安全带，使用工具袋等； (4) 正确佩戴安全帽

续表

作业步骤		危害因素	可能导致的后果	风险评价					控制措施
				L	E	C	D	风险程度	
检修过程	攀爬风机	（3）未系安全带或未正确系好安全带； （4）未正确佩戴安全帽； （5）未开展安全带试坠							
检修过程	装设吊篮	（1）装设人员未系安全带或未正确系好安全带； （2）吊篮未安装牢靠； （3）机舱顶部堆放物品过多，甚至掉落	（1）高处坠落； （2）物体打击； （3）设备故障	1	3	15	45	2	（1）出舱时，佩戴好安全带及双钩； （2）吊篮锚点应选择牢固位置； （3）减少机舱顶部物品堆放或不堆放
检修过程	叶片表面检查	（1）安全锁扣失效； （2）人员作业未佩戴安全带； （3）吊篮物品掉落； （4）吊篮破损	（1）设备故障； （2）触电； （3）机械伤害	1	3	15	45	2	（1）使用前，查看吊篮检测报告； （2）使用前，检查吊篮外观、安全锁扣等是否正常； （3）在作业期间，作业人员应按照规定系好安全带； （4）吊篮内物品摆放规整
检修过程	拆卸吊篮	（1）吊篮未安装牢靠； （2）机舱顶部堆放物品过多，甚至掉落	（1）高处坠落； （2）物体打击； （3）设备故障	1	3	15	45	2	（1）出舱时，佩戴好安全带及双钩； （2）吊篮锚点应选择牢固位置； （3）减少机舱顶部物品堆放或不堆放
检修过程	操作风机小吊车	（1）人员站立在吊物口盖板； （2）操作手柄漏电； （3）小吊车电动机卡涩； （4）人员在吊物口位置且未佩戴安全带； （5）物品放置在吊物口周边； （6）操作吊车不熟练； （7）吊物时，物品绑扎不牢靠或未存放在指定的吊物袋中	（1）触电； （2）高处坠落； （3）物体打击； （4）设备故障	1	3	15	45	2	（1）对操作人员进行风机吊车操作培训； （2）定期对风机吊机进行检查； （3）人员禁止站立在吊物口盖板上； （4）吊物时，确保物品绑扎牢靠或采用指定的吊物袋； （5）物品起吊后，应立即远离吊物口 6m 以上； （6）物品禁止放置在吊物口附近； （7）吊物时，应将隔离护栏关上并插入销，系好安全带
恢复检验	结束工作	（1）遗漏工器具； （2）现场遗留检修杂物； （3）不结束工作票； （4）工作班成员未全部撤离	（1）人身伤害； （2）设备故障	1	1	7	7	1	（1）收齐并检查工器具； （2）清扫检修现场； （3）结束工作票

24. 叶片根部防尘罩损坏或脱落处理

部门：				分析日期：				记录编号：
作业地点或分析范围：风机叶片				分析人：				
作业内容描述：叶片根部防尘罩损坏或脱落处理								
主要作业风险：(1) 触电；(2) 机械伤害；(3) 高处坠落；(4) 中毒；(5) 其他伤害								
控制措施：(1) 办理工作票，手动停机并切至维护状态，验电，挂牌；(2) 穿戴个人防护用品；(3) 高处作业时系好安全带；(4) 设备恢复运行状态前进行全面检查								
工作负责人签名：	日期：	工作票签发人签名：		日期：		工作许可人签名：		日期：

作业步骤		危害因素	可能导致的后果	风险评价					控制措施
				L	*E*	*C*	*D*	风险程度	
作业环境	环境	(1) 雷雨天气登塔作业或靠近风机； (2) 大风天气作业； (3) 冬季覆冰掉落； (4) 夏季高温作业； (5) 海况恶劣	人身伤害	1	3	15	45	2	(1) 雷雨天气禁止靠近风机，不得从事检修工作； (2) 突遇雷雨天气时应及时撤离，来不及撤离时，双脚并拢站在安全位置； (3) 风速超过10m/s时，禁止机舱外使用吊机； (4) 风速达18m/s及以上时，不得登塔作业； (5) 风速超过12m/s时，不得打开机舱盖； (6) 风速超过14m/s时，应关闭机舱盖； (7) 风速超过12m/s时，不得在轮毂内工作； (8) 风速超过18m/s时，不得在机舱内工作； (9) 风力发电机组有结冰现象且有覆冰掉落危险时，禁止人员靠近，并在风电场入口设置警戒区域； (10) 夏季高温作业做好防暑措施； (11) 风速超过8m/s时，不能进行叶片吊装； (12) 风速超过8m/s时、浪高1.2m时，非必要不出海
检修前准备	交通	(1) 车况异常； (2) 驾乘人员未正确系安全带； (3) 道路结冰、湿滑、落石、塌方； (4) 海况异常； (5) 船舶异常	(1) 人身伤害； (2) 车辆事故； (3) 船舶事故； (4) 人员落水； (5) 机械伤害	1	3	15	45	2	(1) 出车前检查车况； (2) 行车过程中，驾乘人员正确系好安全带； (3) 根据道路情况，车辆装好防滑链，并定期对道路进行清理维护； (4) 根据窗口期合理安排出海作业； (5) 出海作业时，正确穿戴救生衣，且上下船时注意放低重心，看准时机快速完成上下船动作； (6) 停靠风机基础时，注意船的起伏规律及与风机基础距离，稳定后快速下船

续表

作业步骤		危害因素	可能导致的后果	风险评价					控制措施
				L	E	C	D	风险程度	
检修前准备	安全措施确认	(1) 未悬挂标示牌； (2) 风机是否停机； (3) 未锁定高速轴定位销或风轮盘	(1) 触电； (2) 机械伤害； (3) 设备故障	1	2	15	30	2	(1) 办理工作票，确认执行安全措施； (2) 使用个人防护用品； (3) 在塔基停机按钮处悬挂“禁止合闸，有人工作”标示牌； (4) 在风机平台位置悬挂“在此工作”标示牌
检修前准备	安全交底	(1) 扩大工作范围； (2) 发电机转速大于 500r/min，切至维护状态； (3) 走错机位或误碰带电设备； (4) 误碰旋转设备	(1) 触电； (2) 机械伤害； (3) 设备故障	1	2	15	30	2	(1) 工作前对工作班成员进行工作地点及任务明示； (2) 对工作班成员进行安全技术交底
检修前准备	个人防护用品准备	(1) 未正确穿戴安全帽及工作服； (2) 使用不合格的安全带	(1) 触电； (2) 高处坠落； (3) 其他伤害	1	2	15	30	2	(1) 正确穿戴安全帽及工作服； (2) 使用在安全使用期内的安全带，并正确佩戴
检修前准备	工器具准备	(1) 使用的工器具无法达到工作要求； (2) 工具不全，或工具破损； (3) 使用的试验仪器超过检验期，仪器漏电或输出异常	(1) 机械伤害； (2) 触电	1	2	7	14	1	(1) 工作前确认工器具及试验仪器状态，使用合格的工器具及试验仪器； (2) 做好工具、消耗材料的准备工作
检修前准备	工作班成员精神状态确认	(1) 无法正常完成指定工作； (2) 作业过程中无法清醒判断带电设备及旋转设备； (3) 作业过程中出现昏厥现象	(1) 触电； (2) 机械伤害； (3) 高处坠落； (4) 设备故障	1	2	7	14	1	合理安排工作班成员，精神状态不佳者禁止工作
检修前准备	工作人员资质审查	工作人员资质不符合要求	(1) 触电； (2) 机械伤害； (3) 高处坠落； (4) 设备故障	1	2	7	14	1	严格审查作业人员资质，不符合要求的严禁作业
检修过程	攀爬风机	(1) 塔筒平台盖板不牢固或未按规定盖好； (2) 工器具未放入工具袋，随手携带；	(1) 高处坠落； (2) 物体打击； (3) 工器具损坏	1	3	15	45	2	(1) 开工前增设围栏并悬挂警示牌； (2) 对不牢固盖板进行加固； (3) 检查免爬器或助爬器外观，系好安全带，使用工具袋等； (4) 正确佩戴安全帽

续表

作业步骤		危害因素	可能导致的后果	风险评价					控制措施
				L	E	C	D	风险程度	
检修过程	攀爬风机	（3）未系安全带或未正确系好安全带； （4）未正确佩戴安全帽； （5）未开展安全带试坠							
	装设吊篮	（1）装设人员未系安全带或未正确系好安全带； （2）吊篮未安装牢靠； （3）机舱顶部堆放物品过多，甚至掉落	（1）高处坠落； （2）物体打击； （3）设备故障	1	3	15	45	2	（1）出舱时，佩戴好安全带及双钩； （2）吊篮锚点应选择牢固位置； （3）机舱顶部减少物品堆放或不堆放
	修补风机叶片根部防尘罩	（1）安全锁扣失效； （2）作业时未佩戴安全带； （3）油漆中毒； （4）吊篮物品掉落； （5）吊篮破损	（1）设备故障； （2）触电； （3）机械伤害	1	3	15	45	2	（1）使用前，查看吊篮检测报告； （2）使用前，检查吊篮外观、安全锁扣等是否正常； （3）在作业期间，作业人员应按照规定系好安全带； （4）吊篮内物品摆放规整
	拆卸吊篮	（1）吊篮未安装牢靠； （2）机舱顶部堆放物品过多，甚至掉落	（1）高处坠落； （2）物体打击； （3）设备故障	1	3	15	45	2	（1）出舱时，佩戴好安全带及双钩； （2）吊篮锚点应选择牢固位置； （3）机舱顶部减少物品堆放或不堆放
	操作风机小吊车	（1）人员站立在吊物口盖板； （2）操作手柄漏电； （3）小吊车电动机卡涩； （4）人员在吊物口位置未佩戴安全带； （5）物品放置在吊物口周边； （6）操作吊车不熟练； （7）吊物时，物品绑扎不牢靠或未存放在指定的吊物袋中	（1）触电； （2）高处坠落； （3）物体打击； （4）设备故障	1	3	15	45	2	（1）对操作人员进行风机吊车操作培训； （2）定期对风机吊机进行检查； （3）人员禁止站立在吊物口盖板上； （4）吊物时，确保物品绑扎牢靠或采用指定的吊物袋； 物品起吊后，应立即远离吊物口 6m 以上； （5）物品禁止放置在吊物口附近； （6）吊物时，应将隔离护栏关上并插入销，系好安全带
恢复检验	结束工作	（1）遗漏工器具； （2）现场遗留检修杂物； （3）不结束工作票； （4）工作班成员未全部撤离	（1）人身伤害； （2）设备故障	1	1	7	7	1	（1）收齐并检查工器具； （2）清扫检修现场； （3）结束工作票

25. 紧固叶片变桨轴承安装螺栓

部门：	分析日期：	记录编号：
作业地点或分析范围：风机轮毂	分析人：	

作业内容描述：紧固叶片变桨轴承安装螺栓

主要作业风险：(1) 人员思想不稳；(2) 人员精神状态不佳；(3) 着火；(4) 高处落物；(5) 车辆伤害；(6) 环境因素；(7) 触电；(8) 高处坠落

控制措施：(1) 办理工作票，手动停机并切至维护状态，挂牌；(2) 穿戴个人防护用品；(3) 设备恢复运行状态前进行全面检查

工作负责人签名：	日期：	工作票签发人签名：	日期：	工作许可人签名：	日期：

作业步骤		危害因素	可能导致的后果	风险评价					控制措施
				L	*E*	*C*	*D*	风险程度	
作业环境	环境	(1) 雷雨天气登塔作业或靠近风机； (2) 大风天气作业； (3) 冬季覆冰掉落； (4) 夏季高温作业； (5) 海况恶劣	人身伤害	1	3	15	45	2	(1) 雷雨天气禁止靠近风机，不得从事检修工作； (2) 突遇雷雨天气时应及时撤离，来不及撤离时，双脚并拢站在安全位置； (3) 风速超过 10m/s 时，禁止机舱外使用吊机； (4) 风速达 18m/s 及以上时，不得登塔作业； (5) 风速超过 12m/s 时，不得打开机舱盖； (6) 风速超过 14m/s 时，应关闭机舱盖； (7) 风速超过 12m/s 时，不得在轮毂内工作； (8) 风速超过 18m/s 时，不得在机舱内工作； (9) 风力发电机组有结冰现象且有覆冰掉落危险时，禁止人员靠近，并在风电场入口设置警戒区域； (10) 夏季高温作业做好防暑措施； (11) 风速超过 8m/s、浪高 1.2m 时，非必要不出海
检修前准备	交通	(1) 车况异常； (2) 驾乘人员未正确系安全带； (3) 道路结冰、湿滑、落石、塌方； (4) 海况异常； (5) 船舶异常	(1) 人身伤害； (2) 车辆事故； (3) 船舶事故； (4) 人员落水； (5) 机械伤害	1	3	15	45	2	(1) 出车前检查车况； (2) 行车过程中，驾乘人员正确系好安全带； (3) 根据道路情况，车辆装好防滑链，并定期对道路进行清理维护； (4) 根据窗口期合理安排出海作业； (5) 出海作业时，正确穿戴救生衣，且上下船时注意放低重心，看准时机快速完成上下船动作； (6) 停靠风机基础时，注意船的起伏规律及与风机基础距离，船稳定后快速下船

续表

作业步骤		危害因素	可能导致的后果	风险评价					控制措施
				L	E	C	D	风险程度	
检修前准备	安全措施确认	拉错开关或误送电导致设备带电或误动	(1) 触电; (2) 机械伤害; (3) 设备故障	1	2	15	30	2	(1) 办理工作票，确认执行安全措施; (2) 使用个人防护用品; (3) 在塔基停机按钮处悬挂“禁止合闸，有人工作”标示牌
	安全交底	(1) 扩大工作范围; (2) 发电机转速大于 500r/min，切至维护状态; (3) 走错机位或误碰带电设备	(1) 触电; (2) 设备故障	1	2	15	30	2	(1) 工作前对工作班成员进行工作地点及任务明示; (2) 对工作班成员进行安全技术交底
	个人防护用品准备	(1) 未正确佩戴安全帽、穿好工作服; (2) 使用不合格的安全带	(1) 触电; (2) 其他伤害	1	2	15	30	2	(1) 正确穿戴安全帽及工作服; (2) 使用在安全使用期内的安全带，并正确佩戴
	工器具准备	(1) 使用的工器具无法达到工作要求; (2) 工具不全，或工具破损	(1) 机械伤害; (2) 触电	1	2	7	14	1	做好工具、消耗材料的准备工作
	工作班成员精神状态确认	(1) 无法正常完成指定工作; (2) 作业过程中无法清醒判断带电设备及旋转设备; (3) 作业过程中出现昏厥现象	(1) 触电; (2) 机械伤害; (3) 高处坠落; (4) 设备故障	1	2	7	14	1	合理安排工作班成员，精神状态不佳者禁止工作
检修过程	攀爬风机	(1) 塔筒平台盖板不牢固或未按规定盖好; (2) 工器具未摆放在正确位置; (3) 未系安全带或未正确系好安全带	(1) 高处坠落; (2) 物体打击; (3) 工器具损坏	1	3	15	45	2	(1) 开工前增设围栏并悬挂警示牌; (2) 对不牢固盖板进行加固; (3) 检查免爬器或助爬器外观，系好安全带，使用工具袋等
	进入轮毂	(1) 未锁定风轮锁; (2) 未启动液压刹车; (3) 轮毂内氧气含量低	(1) 人身伤害; (2) 窒息	1	3	15	45	2	(1) 进入轮毂前，确保叶片收桨至90°，启动液压刹车，在叶片转速为零的情况下，插入叶轮定位销; (2) 进入轮毂内部前应检测其空间内空气含氧量，氧气含量应为19.5%～23.5%，若空气含氧量不符合要求，严禁进入作业
	紧固叶片变桨轴承安装螺栓	(1) 使用不符合规格的工器具; (2) 误碰其他带电设备;	(1) 设备故障; (2) 触电; (3) 机械伤害	1	3	15	45	2	(1) 与带电设备保持安全距离，并对带电区域悬挂标示牌; (2) 工作人员应穿绝缘鞋;

续表

<table>
<tr><td colspan="2" rowspan="2">作业步骤</td><td rowspan="2">危害因素</td><td rowspan="2">可能导致的后果</td><td colspan="5">风险评价</td><td rowspan="2">控制措施</td></tr>
<tr><td>L</td><td>E</td><td>C</td><td>D</td><td>风险程度</td></tr>
<tr><td>检修过程</td><td>紧固叶片变桨轴承安装螺栓</td><td>（3）野蛮拆装设备；
（4）不规范使用力矩扳手</td><td></td><td></td><td></td><td></td><td></td><td></td><td>（3）严禁错误使用工器具造成设备损坏，如用过大或过小的扳手替代标准尺寸的扳手，用一字螺丝刀替代十字螺丝刀，用十字螺丝刀替代内六角或内梅花螺丝刀等；
（4）严禁野蛮拆装、检修设备，造成螺丝过力滑丝、设备开裂、设备变形等</td></tr>
<tr><td>恢复检验</td><td>结束工作</td><td>（1）遗漏工器具；
（2）现场遗留检修杂物；
（3）不结束工作票；
（4）工作班成员未全部撤离</td><td>（1）人身伤害；
（2）设备故障</td><td>1</td><td>1</td><td>7</td><td>7</td><td>1</td><td>（1）收齐并检查工器具；
（2）清扫检修现场；
（3）结束工作票</td></tr>
</table>

26. 更换风速风向仪

部门：									分析日期：		记录编号：
作业地点或分析范围：风机机舱									分析人：		
作业内容描述：更换风速风向仪											
主要作业风险：（1）人员思想不稳；（2）人员精神状态不佳；（3）着火；（4）高处落物；（5）车辆伤害；（6）环境因素；（7）触电；（8）高处坠落											
控制措施：（1）办理工作票，手动停机并切至维护状态，挂牌；（2）穿戴个人防护用品；（3）设备恢复运行状态前进行全面检查											
工作负责人签名：		日期：	工作票签发人签名：			日期：		工作许可人签名：		日期：	

作业步骤		危害因素	可能导致的后果	风险评价					控制措施
				L	*E*	*C*	*D*	风险程度	
作业环境	环境	（1）雷雨天气登塔作业或靠近风机； （2）大风天气作业； （3）冬季覆冰掉落； （4）夏季高温作业； （5）海况恶劣	人身伤害	1	3	15	45	2	（1）雷雨天气禁止靠近风机，不得从事检修工作； （2）突遇雷雨天气时应及时撤离，来不及撤离时，双脚并拢站在安全位置； （3）风速超过 10m/s 时，禁止机舱外使用吊机； （4）风速达 18m/s 及以上时，不得登塔作业； （5）风速超过 12m/s 时，不得打开机舱盖； （6）风速超过 14m/s 时，应关闭机舱盖； （7）风速超过 12m/s 时，不得在轮毂内工作； （8）风速超过 18m/s 时，不得在机舱内工作； （9）风力发电机组有结冰现象且有覆冰掉落危险时，禁止人员靠近，并在风电场入口设置警戒区域； （10）夏季高温作业做好防暑措施； （11）风速超过 8m/s，浪高 1.2m 时，非必要不出海
检修前准备	交通	（1）车况异常； （2）驾乘人员未正确系安全带； （3）道路结冰、湿滑、落石、塌方； （4）海况异常； （5）船舶异常	（1）人身伤害； （2）车辆事故； （3）船舶事故； （4）人员落水； （5）机械伤害	1	3	15	45	2	（1）出车前检查车况； （2）行车过程中，驾乘人员正确系好安全带； （3）根据道路情况，车辆装好防滑链，并定期对道路进行清理维护； （4）根据窗口期合理安排出海作业； （5）出海作业时，正确穿戴救生衣，且上下船时注意放低重心，看准时机快速完成上下船动作； （6）停靠风机基础时，注意船的起伏规律及与风机基础距离，船稳定后快速下船

续表

作业步骤		危害因素	可能导致的后果	风险评价					控制措施
				L	E	C	D	风险程度	
检修前准备	安全措施确认	拉错开关或误送电导致设备带电或误动	(1) 触电； (2) 机械伤害； (3) 设备故障	1	2	15	30	2	(1) 办理工作票，确认执行安全措施； (2) 使用个人防护用品； (3) 在塔基停机按钮处悬挂“禁止合闸，有人工作”标示牌
	安全交底	(1) 扩大工作范围； (2) 发电机转速大于500r/min，切至维护状态； (3) 走错机位或误碰带电设备	(1) 触电； (2) 设备故障	1	2	15	30	2	(1) 工作前对工作班成员进行工作地点及任务明示； (2) 对工作班成员进行安全技术交底
	个人防护用品准备	(1) 未正确佩戴安全帽、穿好工作服； (2) 使用不合格的安全带	(1) 触电； (2) 其他伤害	1	2	15	30	2	(1) 正确穿戴安全帽及工作服； (2) 使用在安全使用期内的安全带，并正确佩戴
	工器具准备	(1) 使用的工器具无法达到工作要求； (2) 工具不全，或工具破损； (3) 工具未定期检测或检测不合格	(1) 机械伤害； (2) 触电	1	2	7	14	1	(1) 做好工具、消耗材料的准备工作； (2) 定期检测工器具
	工作班成员精神状态确认	(1) 无法正常完成指定工作； (2) 作业过程中无法清醒判断带电设备及旋转设备； (3) 作业过程中出现昏厥现象	(1) 触电； (2) 机械伤害； (3) 高处坠落； (4) 设备故障	1	2	7	14	1	合理安排工作班成员，精神状态不佳者禁止工作
检修过程	攀爬风机	(1) 塔筒平台盖板不牢固或未按规定盖好； (2) 工器具未摆放在正确位置； (3) 未系安全带或未正确系好安全带	(1) 高处坠落； (2) 物体打击； (3) 工器具损坏	1	3	15	45	2	(1) 开工前增设围栏并悬挂警示牌； (2) 对不牢固盖板进行加固； (3) 检查免爬器或助爬器外观，系好安全带，使用工具袋等
	更换风速风向仪	(1) 误碰其他带电设备； (2) 装错接线； (3) 野蛮拆装设备； (4) 虚接线路； (5) 作业时未系安全带	(1) 设备故障； (2) 触电； (3) 机械伤害； (4) 高处坠落； (5) 物体打击	1	3	15	45	2	(1) 与带电设备保持安全距离，并对带电区域悬挂标示牌，装设围栏； (2) 工作人员应穿绝缘鞋； (3) 严禁错误使用工器具造成设备损坏，如用过大或过小的扳手替代标准尺寸的扳手，用一字螺丝刀替代十字螺丝刀，用十字螺丝刀替代内六角或内梅花螺丝刀等；

续表

作业步骤		危害因素	可能导致的后果	风险评价					控制措施
				L	*E*	*C*	*D*	风险程度	
检修过程	更换风速风向仪								（4）严禁野蛮拆装、检修设备，造成螺丝过力滑丝、设备开裂、设备变形等； （5）拆卸接线时记录每个接线位置，更换完电气元件后，按记录逐一接线，保证接线正确，并检查接线是否牢固； （6）出机舱作业时，系好安全带及双钩，使用工具袋等
恢复检验	结束工作	（1）遗漏工器具； （2）现场遗留检修杂物； （3）不结束工作票； （4）工作班成员未全部撤离	（1）人身伤害； （2）设备故障	1	1	7	7	1	（1）收齐并检查工器具； （2）清扫检修现场； （3）结束工作票

27. 测试机组接地电阻

部门：			分析日期：		记录编号：
作业地点或分析范围：塔基及基础			分析人：		
作业内容描述：测试机组接地电阻					
主要作业风险：(1) 人员思想不稳；(2) 人员精神状态不佳；(3) 着火；(4) 高处落物；(5) 车辆伤害；(6) 环境因素；(7) 触电；(8) 高处坠落					
控制措施：(1) 办理工作票，手动停机并切至维护状态，挂牌；(2) 穿戴个人防护用品；(3) 设备恢复运行状态前进行全面检查					
工作负责人签名：	日期：	工作票签发人签名：	日期：	工作许可人签名：	日期：

作业步骤		危害因素	可能导致的后果	风险评价					控制措施
				L	*E*	*C*	*D*	风险程度	
作业环境	环境	(1) 雷雨天气登塔作业或靠近风机； (2) 大风天气作业； (3) 冬季覆冰掉落； (4) 夏季高温作业； (5) 海况恶劣	人身伤害	1	3	15	45	2	(1) 雷雨天气禁止靠近风机，不得从事检修工作； (2) 突遇雷雨天气时应及时撤离，来不及撤离时，双脚并拢站在安全位置； (3) 风速超过 10m/s 时，禁止机舱外使用吊机； (4) 风速达 18m/s 及以上时，不得登塔作业； (5) 风速超过 12m/s 时，不得打开机舱盖； (6) 风速超过 14m/s 时，应关闭机舱盖； (7) 风速超过 12m/s 时，不得在轮毂内工作； (8) 风速超过 18m/s 时，不得在机舱内工作； (9) 风力发电机组有结冰现象且有覆冰掉落危险时，禁止人员靠近，并在风电场入口设置警戒区域； (10) 夏季高温作业做好防暑措施； (11) 风速超过 8m/s，浪高 1.2m 时，非必要不出海
检修前准备	交通	(1) 车况异常； (2) 驾乘人员未正确系安全带； (3) 道路结冰、湿滑、落石、塌方； (4) 海况异常； (5) 船舶异常	(1) 人身伤害； (2) 车辆事故； (3) 船舶事故； (4) 人员落水； (5) 机械伤害	1	3	15	45	2	(1) 出车前检查车况； (2) 行车过程中，驾乘人员正确系好安全带； (3) 根据道路情况，车辆装好防滑链，并定期对道路进行清理维护； (4) 根据窗口期合理安排出海作业； (5) 出海作业时，正确穿戴救生衣，且上下船时注意放低重心，看准时机快速完成上下船动作； (6) 停靠风机基础时，注意船的起伏规律及与风机基础距离，船稳定后快速下船

续表

作业步骤		危害因素	可能导致的后果	风险评价					控制措施
				L	E	C	D	风险程度	
检修前准备	安全措施确认	拉错开关或误送电导致设备带电或误动	（1）触电； （2）机械伤害； （3）设备故障	1	2	15	30	2	（1）办理工作票，确认执行安全措施； （2）使用个人防护用品； （3）在塔基停机按钮处悬挂“禁止合闸，有人工作”标示牌
	安全交底	（1）扩大工作范围； （2）发电机转速大于500r/min，切至维护状态； （3）走错机位或误碰带电设备	（1）触电； （2）设备故障	1	2	15	30	2	（1）工作前对工作班成员进行工作地点及任务明示； （2）对工作班成员进行安全技术交底
	个人防护用品准备	（1）未正确佩戴安全帽、穿好工作服； （2）使用不合格的安全带	（1）触电； （2）其他伤害	1	2	15	30	2	（1）正确穿戴安全帽及工作服； （2）使用在安全使用期内的安全带，并正确佩戴
	工器具准备	（1）使用的工器具无法达到工作要求； （2）工具不全，或工具破损； （3）工具未定期检测或检测不合格	（1）机械伤害； （2）触电	1	2	7	14	1	（1）做好工具、消耗材料的准备工作； （2）定期检测工器具
	工作班成员精神状态确认	（1）无法正常完成指定工作； （2）作业过程中无法清醒判断带电设备及旋转设备； （3）作业过程中出现昏厥现象	（1）触电； （2）机械伤害； （3）高处坠落； （4）设备故障	1	2	7	14	1	合理安排工作班成员，精神状态不佳者禁止工作
检修过程	攀爬风机	（1）塔筒平台盖板不牢固或未按规定盖好； （2）工器具未摆放在正确位置； （3）未系安全带或未正确系好安全带	（1）高处坠落； （2）物体打击； （3）工器具损坏	1	3	15	45	2	（1）开工前增设围栏并悬挂警示牌； （2）对不牢固盖板进行加固； （3）检查免爬器或助爬器外观，系好安全带，使用工具袋等
	测试机组接地电阻	（1）误碰其他带电设备； （2）装错接线； （3）野蛮拆装设备； （4）进入轮毂前未锁风轮； （5）虚接线路	（1）设备故障； （2）触电； （3）机械伤害	1	3	15	45	2	（1）与带电设备保持安全距离，并对带电区域悬挂标示牌，装设围栏； （2）工作人员应穿绝缘鞋； （3）严禁错误使用工器具造成设备损坏，如用过大或过小的扳手替代标准尺寸的扳手，用一字螺丝刀替代十字螺丝刀，用十字螺丝刀替代内六角或内梅花螺丝刀等；

续表

作业步骤		危害因素	可能导致的后果	风险评价					控制措施
				L	E	C	D	风险程度	
检修过程	测试机组接地电阻								（4）严禁野蛮拆装、检修设备，造成螺丝过力滑丝、设备开裂、设备变形等； （5）拆卸接线时记录每个接线位置，更换完电气元件后，按记录逐一接线，保证接线正确，并检查接线是否牢固
恢复检验	结束工作	（1）遗漏工器具； （2）现场遗留检修杂物； （3）不结束工作票； （4）工作班成员未全部撤离	（1）人身伤害； （2）设备故障	1	1	7	7	1	（1）收齐并检查工器具； （2）清扫检修现场； （3）结束工作票

28. 抽检塔筒法兰连接螺栓紧固力矩

部门：			分析日期：		记录编号：
作业地点或分析范围：塔筒连接处			分析人：		
作业内容描述：抽检塔筒法兰连接螺栓紧固力矩					
主要作业风险：（1）人员思想不稳；（2）人员精神状态不佳；（3）着火；（4）高处落物；（5）车辆伤害；（6）环境因素；（7）触电；（8）高处坠落					
控制措施：（1）办理工作票，手动停机并切至维护状态，挂牌；（2）穿戴个人防护用品；（3）设备恢复运行状态前进行全面检查					
工作负责人签名：	日期：	工作票签发人签名：	日期：	工作许可人签名：	日期：

作业步骤		危害因素	可能导致的后果	风险评价					控制措施
				L	E	C	D	风险程度	
作业环境	环境	（1）雷雨天气登塔作业或靠近风机； （2）大风天气作业； （3）冬季覆冰掉落； （4）夏季高温作业； （5）海况恶劣	人身伤害	1	3	15	45	2	（1）雷雨天气禁止靠近风机，不得从事检修工作； （2）突遇雷雨天气时应及时撤离，来不及撤离时，双脚并拢站在安全位置； （3）风速超过10m/s时，禁止机舱外使用吊机； （4）风速达18m/s及以上时，不得登塔作业； （5）风速超过12m/s时，不得打开机舱盖； （6）风速超过14m/s时，应关闭机舱盖； （7）风速超过12m/s时，不得在轮毂内工作； （8）风速超过18m/s时，不得在机舱内工作； （9）风力发电机组有结冰现象且有覆冰掉落危险时，禁止人员靠近，并在风电场入口设置警戒区域； （10）夏季高温作业做好防暑措施； （11）风速超过8m/s，浪高1.2m时，非必要不出海
检修前准备	交通	（1）车况异常； （2）驾乘人员未正确系安全带； （3）道路结冰、湿滑、落石、塌方； （4）海况异常； （5）船舶异常	（1）人身伤害； （2）车辆事故； （3）船舶事故； （4）人员落水； （5）机械伤害	1	3	15	45	2	（1）出车前检查车况； （2）行车过程中，驾乘人员正确系好安全带； （3）根据道路情况，车辆装好防滑链，并定期对道路进行清理维护； （4）根据窗口期合理安排出海作业； （5）出海作业时，正确穿戴救生衣，且上下船时注意放低重心，看准时机快速完成上下船动作； （6）停靠风机基础时，注意船的起伏规律及与风机基础距离，船稳定后快速下船

续表

作业步骤		危害因素	可能导致的后果	风险评价					控制措施
				L	E	C	D	风险程度	
检修前准备	安全措施确认	拉错开关或误送电导致设备带电或误动	(1) 触电； (2) 机械伤害； (3) 设备故障	1	2	15	30	2	(1) 办理工作票，确认执行安全措施； (2) 使用个人防护用品； (3) 在塔基停机按钮处悬挂“禁止合闸，有人工作”标示牌
	安全交底	(1) 扩大工作范围； (2) 发电机转速大于 500r/min，切至维护状态； (3) 走错机位或误碰带电设备	(1) 触电； (2) 设备故障	1	2	15	30	2	(1) 工作前对工作班成员进行工作地点及任务明示； (2) 对工作班成员进行安全技术交底
	个人防护用品准备	(1) 未正确佩戴安全帽、穿好工作服； (2) 使用不合格的安全带	(1) 触电； (2) 其他伤害	1	2	15	30	2	(1) 正确穿戴安全帽及工作服； (2) 使用在安全使用期内的安全带，并正确佩戴
	工器具准备	(1) 使用的工器具无法达到工作要求； (2) 工具不全，或工具破损	(1) 机械伤害； (2) 触电	1	2	7	14	1	做好工具、消耗材料的准备工作
	工作班成员精神状态确认	(1) 无法正常完成指定工作； (2) 作业过程中无法清醒判断带电设备及旋转设备； (3) 作业过程中出现昏厥现象	(1) 触电； (2) 机械伤害； (3) 高处坠落； (4) 设备故障	1	2	7	14	1	合理安排工作班成员，精神状态不佳者禁止工作
检修过程	攀爬风机	(1) 塔筒平台盖板不牢固或未按规定盖好； (2) 工器具未摆放在正确位置； (3) 未系安全带或未正确系好安全带	(1) 高处坠落； (2) 物体打击； (3) 工器具损坏	1	3	15	45	2	(1) 开工前增设围栏并悬挂警示牌； (2) 对不牢固盖板进行加固； (3) 检查免爬器或助爬器外观，系好安全带，使用工具袋等
	抽检塔筒法兰连接螺栓紧固力矩	(1) 塔筒平台盖板不牢固或未按规定盖好； (2) 使用工器具时未摆放在正确位置； (3) 未系安全带或未正确系好安全带； (4) 误碰旋转设备	(1) 触电； (2) 高处坠落； (3) 物体打击； (4) 机械伤害	1	3	15	45	2	(1) 工器具在使用过程中用绳索绑扎，防止掉落； (2) 巡检结束后及时清理杂物及工具； (3) 作业前安全交底； (4) 作业过程中正确佩戴好安全带，工具放在工具包内； (5) 作业过程中下部严禁站人，设专人看护

续表

作业步骤		危害因素	可能导致的后果	风险评价					控制措施
				L	E	C	D	风险程度	
检修过程	力矩紧固	（1）手被液压手柄挤伤； （2）触电	（1）机械伤害； （2）触电； （3）物体打击； （4）高处坠落； （5）设备故障	1	3	15	45	2	（1）手握在液压扳手运动反方向部位，防止挤压手指； （2）液压扳手头在螺栓上卡好后再施加压力，作业人员之间必须配合默契； （3）套筒头和力矩扳手连接必须牢固，施加力矩时注意把握节奏； （4）不允许弯折液压油管，快速接头必须连接完好； （5）在有限空间内作业时，注意周围环境，避免磕碰受伤； （6）按照厂家维护手册要求，对各个连接部位进行力矩紧固，确保预紧力一致； （7）力矩扳手、液压扳手在使用前要进行力矩校验
恢复检验	结束工作	（1）遗漏工器具； （2）现场遗留检修杂物； （3）不结束工作票； （4）工作班成员未全部撤离	（1）人身伤害； （2）设备故障	1	1	7	7	1	（1）收齐并检查工器具； （2）清扫检修现场； （3）结束工作票

29. 紧固电缆夹板

部门：				分析日期：			记录编号：	
作业地点或分析范围：风机电缆				分析人：				
作业内容描述：紧固电缆夹板								
主要作业风险：（1）人员思想不稳；（2）人员精神状态不佳；（3）着火；（4）高处落物；（5）车辆伤害；（6）环境因素；（7）触电；（8）高处坠落								
控制措施：（1）办理工作票，手动停机并切至维护状态，挂牌；（2）穿戴个人防护用品；（3）设备恢复运行状态前进行全面检查								
工作负责人签名：	日期：	工作票签发人签名：		日期：		工作许可人签名：	日期：	
作业步骤	危害因素	可能导致的后果	风险评价					控制措施
			L	*E*	*C*	*D*	风险程度	
作业环境 环境	（1）雷雨天气登塔作业或靠近风机； （2）大风天气作业； （3）冬季覆冰掉落； （4）夏季高温作业； （5）海况恶劣	人身伤害	1	3	15	45	2	（1）雷雨天气禁止靠近风机，不得从事检修工作； （2）突遇雷雨天气时应及时撤离，来不及撤离时，双脚并拢站在安全位置； （3）风速超过10m/s时，禁止机舱外使用吊机； （4）风速达18m/s及以上时，不得登塔作业； （5）风速超过12m/s时，不得打开机舱盖； （6）风速超过14m/s时，应关闭机舱盖； （7）风速超过12m/s时，不得在轮毂内工作； （8）风速超过18m/s时，不得在机舱内工作； （9）风力发电机组有结冰现象且有覆冰掉落危险时，禁止人员靠近，并在风电场入口设置警戒区域； （10）夏季高温作业做好防暑措施； （11）风速超过8m/s，浪高1.2m时，非必要不出海
检修前准备 交通	（1）车况异常； （2）驾乘人员未正确系安全带； （3）道路结冰、湿滑、落石、塌方； （4）海况异常； （5）船舶异常	（1）人身伤害； （2）车辆事故； （3）船舶事故； （4）人员落水； （5）机械伤害	1	3	15	45	2	（1）出车前检查车况； （2）行车过程中，驾乘人员正确系好安全带； （3）根据道路情况，车辆装好防滑链，并定期对道路进行清理维护； （4）根据窗口期合理安排出海作业； （5）出海作业时，正确穿戴救生衣，且上下船时注意放低重心，看准时机快速完成上下船动作； （6）停靠风机基础时，注意船的起伏规律及与风机基础距离，船稳定后快速下船

续表

作业步骤		危害因素	可能导致的后果	风险评价					控制措施
				L	E	C	D	风险程度	
检修前准备	安全措施确认	拉错开关或误送电导致设备带电或误动	(1) 触电； (2) 机械伤害； (3) 设备故障	1	2	15	30	2	(1) 办理工作票，确认执行安全措施； (2) 使用个人防护用品； (3) 在塔基停机按钮处悬挂“禁止合闸，有人工作”标示牌
	安全交底	(1) 扩大工作范围； (2) 发电机转速大于 500r/min，切至维护状态； (3) 走错机位或误碰带电设备	(1) 触电； (2) 设备故障	1	2	15	30	2	(1) 工作前对工作班成员进行工作地点及任务明示； (2) 对工作班成员进行安全技术交底
	个人防护用品准备	(1) 未正确佩戴安全帽、穿好工作服； (2) 使用不合格的安全带	(1) 触电； (2) 其他伤害	1	2	15	30	2	(1) 正确穿戴安全帽及工作服； (2) 使用在安全使用期内的安全带，并正确佩戴
	工器具准备	(1) 使用的工器具无法达到工作要求； (2) 工具不全，或工具破损	(1) 机械伤害； (2) 触电	1	2	7	14	1	做好工具、消耗材料的准备工作
	工作班成员精神状态确认	(1) 无法正常完成指定工作； (2) 作业过程中无法清醒判断带电设备及旋转设备； (3) 作业过程中出现昏厥现象	(1) 触电； (2) 机械伤害； (3) 高处坠落； (4) 设备故障	1	2	7	14	1	合理安排工作班成员，精神状态不佳者禁止工作
检修过程	攀爬风机	(1) 塔筒平台盖板不牢固或未按规定盖好； (2) 工器具未摆放在正确位置； (3) 未系安全带或未正确系好安全带	(1) 高处坠落； (2) 物体打击； (3) 工器具损坏	1	3	15	45	2	(1) 开工前增设围栏并悬挂警示牌； (2) 对不牢固盖板进行加固； (3) 检查免爬器或助爬器外观，系好安全带，使用工具袋等
	紧固电缆夹板	(1) 塔筒平台盖板不牢固或未按规定盖好； (2) 使用工器具时未摆放在正确位置； (3) 未系安全带或未正确系好安全带； (4) 误碰旋转设备	(1) 触电； (2) 高处坠落； (3) 物体打击； (4) 机械伤害	1	3	15	45	2	(1) 工器具在使用过程中用绳索绑扎，防止掉落； (2) 工作结束后及时清理杂物及工具； (3) 作业前安全交底； (4) 作业过程中正确佩戴好安全带，工具放在工具包内； (5) 作业过程中下部严禁站人，设专人看护； (6) 按照厂家维护手册要求，对各个连接部位进行力矩紧固，确保预紧力一致； (7) 力矩扳手在使用前要进行力矩校验

续表

作业步骤		危害因素	可能导致的后果	风险评价					控制措施
				L	E	C	D	风险程度	
恢复检验	结束工作	(1) 遗漏工器具； (2) 现场遗留检修杂物； (3) 不结束工作票； (4) 工作班成员未全部撤离	(1) 人身伤害； (2) 设备故障	1	1	7	7	1	(1) 收齐并检查工器具； (2) 清扫检修现场； (3) 结束工作票

30. 紧固电缆接地

部门：　　分析日期：　　记录编号：

作业地点或分析范围：风机电缆　　分析人：

作业内容描述：紧固电缆接地

主要作业风险：(1) 人员思想不稳；(2) 人员精神状态不佳；(3) 着火；(4) 高处落物；(5) 车辆伤害；(6) 环境因素；(7) 触电；(8) 高处坠落

控制措施：(1) 办理工作票，手动停机并切至维护状态，挂牌；(2) 穿戴个人防护用品；(3) 设备恢复运行状态前进行全面检查

工作负责人签名：　　日期：　　工作票签发人签名：　　日期：　　工作许可人签名：　　日期：

作业步骤		危害因素	可能导致的后果	风险评价					控制措施
				L	*E*	*C*	*D*	风险程度	
作业环境	环境	(1) 雷雨天气登塔作业或靠近风机； (2) 大风天气作业； (3) 冬季覆冰掉落； (4) 夏季高温作业； (5) 海况恶劣	人身伤害	1	3	15	45	2	(1) 雷雨天气禁止靠近风机，不得从事检修工作； (2) 突遇雷雨天气时应及时撤离，来不及撤离时，双脚并拢站在安全位置； (3) 风速超过10m/s时，禁止机舱外使用吊机； (4) 风速达18m/s及以上时，不得登塔作业； (5) 风速超过12m/s时，不得打开机舱盖； (6) 风速超过14m/s时，应关闭机舱盖； (7) 风速超过12m/s时，不得在轮毂内工作； (8) 风速超过18m/s时，不得在机舱内工作； (9) 风力发电机组有结冰现象且有覆冰掉落危险时，禁止人员靠近，并在风电场入口设置警戒区域； (10) 夏季高温作业做好防暑措施； (11) 风速超过8m/s，浪高1.2m时，非必要不出海
检修前准备	交通	(1) 车况异常； (2) 驾乘人员未正确系安全带； (3) 道路结冰、湿滑、落石、塌方； (4) 海况异常； (5) 船舶异常	(1) 人身伤害； (2) 车辆事故； (3) 船舶事故； (4) 人员落水； (5) 机械伤害	1	3	15	45	2	(1) 出车前检查车况； (2) 行车过程中，驾乘人员正确系好安全带； (3) 根据道路情况，车辆装好防滑链，并定期对道路进行清理维护； (4) 根据窗口期合理安排出海作业； (5) 出海作业时，正确穿戴救生衣，且上下船时注意放低重心，看准时机快速完成上下船动作； (6) 停靠风机基础时，注意船的起伏规律及与风机基础距离，船稳定后快速下船

续表

作业步骤		危害因素	可能导致的后果	风险评价					控制措施
				L	E	C	D	风险程度	
检修前准备	安全措施确认	拉错开关或误送电导致设备带电或误动	(1) 触电； (2) 机械伤害； (3) 设备故障	1	2	15	30	2	(1) 办理工作票，确认执行安全措施； (2) 使用个人防护用品； (3) 在塔基停机按钮处悬挂“禁止合闸，有人工作”标示牌
	安全交底	(1) 扩大工作范围； (2) 发电机转速大于500r/min，切至维护状态； (3) 走错机位或误碰带电设备	(1) 触电； (2) 设备故障	1	2	15	30	2	(1) 工作前对工作班成员进行工作地点及任务明示； (2) 对工作班成员进行安全技术交底
	个人防护用品准备	(1) 未正确佩戴安全帽、穿好工作服； (2) 使用不合格的安全带	(1) 触电； (2) 其他伤害	1	2	15	30	2	(1) 正确穿戴安全帽及工作服； (2) 使用在安全使用期内的安全带，并正确佩戴
	工器具准备	(1) 使用的工器具无法达到工作要求； (2) 工具不全，或工具破损	(1) 机械伤害； (2) 触电	1	2	7	14	1	做好工具、消耗材料的准备工作
	工作班成员精神状态确认	(1) 无法正常完成指定工作； (2) 作业过程中无法清醒判断带电设备及旋转设备； (3) 作业过程中出现昏厥现象	(1) 触电； (2) 机械伤害； (3) 高处坠落； (4) 设备故障	1	2	7	14	1	合理安排工作班成员，精神状态不佳者禁止工作
检修过程	攀爬风机	(1) 塔筒平台盖板不牢固或未按规定盖好； (2) 工器具未摆放在正确位置； (3) 未系安全带或未正确系好安全带	(1) 高处坠落； (2) 物体打击； (3) 工器具损坏	1	3	15	45	2	(1) 开工前增设围栏并悬挂警示牌； (2) 对不牢固盖板进行加固； (3) 检查免爬器或助爬器外观，系好安全带，使用工具袋等
	紧固电缆接地	(1) 塔筒平台盖板不牢固或未按规定盖好； (2) 使用工器具时未摆放在正确位置； (3) 未系安全带或未正确系好安全带； (4) 误碰旋转设备	(1) 触电； (2) 高处坠落； (3) 物体打击； (4) 机械伤害	1	3	15	45	2	(1) 工器具在使用过程中用绳索绑扎，防止掉落； (2) 工作结束后及时清理杂物及工具； (3) 作业前安全交底； (4) 作业过程中正确佩戴好安全带，工具放在工具包内； (5) 作业过程中下部严禁站人，设专人看护； (6) 按照厂家维护手册要求，对各个连接部位进行力矩紧固，确保预紧力一致； (7) 力矩扳手在使用前要进行力矩校验

续表

作业步骤		危害因素	可能导致的后果	风险评价					控制措施
				L	E	C	D	风险程度	
恢复检验	结束工作	（1）遗漏工器具； （2）现场遗留检修杂物； （3）不结束工作票； （4）工作班成员未全部撤离	（1）人身伤害； （2）设备故障	1	1	7	7	1	（1）收齐并检查工器具； （2）清扫检修现场； （3）结束工作票

31. 塔筒防腐处理

<table>
<tr><td colspan="3">部门：</td><td colspan="6">分析日期：</td><td>记录编号：</td></tr>
<tr><td colspan="3">作业地点或分析范围：风机塔筒</td><td colspan="7">分析人：</td></tr>
<tr><td colspan="10">作业内容描述：塔筒防腐处理</td></tr>
<tr><td colspan="10">主要作业风险：(1) 人员思想不稳；(2) 人员精神状态不佳；(3) 着火；(4) 高处落物；(5) 车辆伤害；(6) 环境因素；(7) 触电；(8) 高处坠落</td></tr>
<tr><td colspan="10">控制措施：(1) 办理工作票，手动停机并切至维护状态，挂牌；(2) 穿戴个人防护用品；(3) 设备恢复运行状态前进行全面检查</td></tr>
<tr><td colspan="2">工作负责人签名：</td><td>日期：</td><td colspan="2">工作票签发人签名：</td><td colspan="3">日期：</td><td>工作许可人签名：</td><td>日期：</td></tr>
<tr><td colspan="2" rowspan="2">作业步骤</td><td rowspan="2">危害因素</td><td rowspan="2">可能导致的后果</td><td colspan="5">风险评价</td><td rowspan="2">控制措施</td></tr>
<tr><td>L</td><td>E</td><td>C</td><td>D</td><td>风险程度</td></tr>
<tr><td>作业环境</td><td>环境</td><td>(1) 雷雨天气登塔作业或靠近风机；
(2) 大风天气作业；
(3) 冬季覆冰掉落；
(4) 夏季高温作业；
(5) 海况恶劣</td><td>人身伤害</td><td>1</td><td>3</td><td>15</td><td>45</td><td>2</td><td>(1) 雷雨天气禁止靠近风机，不得从事检修工作；
(2) 突遇雷雨天气时应及时撤离，来不及撤离时，双脚并拢站在安全位置；
(3) 风速超过 10m/s 时，禁止机舱外使用吊机；
(4) 风速达 18m/s 及以上时，不得登塔作业；
(5) 风速超过 12m/s 时，不得打开机舱盖；
(6) 风速超过 14m/s 时，应关闭机舱盖；
(7) 风速超过 12m/s 时，不得在轮毂内工作；
(8) 风速超过 18m/s 时，不得在机舱内工作；
(9) 风力发电机组有结冰现象且有覆冰掉落危险时，禁止人员靠近，并在风电场入口设置警戒区域；
(10) 夏季高温作业做好防暑措施；
(11) 风速超过 8m/s，浪高 1.2m 时，非必要不出海</td></tr>
<tr><td>检修前准备</td><td>交通</td><td>(1) 车况异常；
(2) 驾乘人员未正确系安全带；
(3) 道路结冰、湿滑、落石、塌方；
(4) 海况异常；
(5) 船舶异常</td><td>(1) 人身伤害；
(2) 车辆事故；
(3) 船舶事故；
(4) 人员落水；
(5) 机械伤害</td><td>1</td><td>3</td><td>15</td><td>45</td><td>2</td><td>(1) 出车前检查车况；
(2) 行车过程中，驾乘人员正确系好安全带；
(3) 根据道路情况，车辆装好防滑链，并定期对道路进行清理维护；
(4) 根据窗口期合理安排出海作业；
(5) 出海作业时，正确穿戴救生衣，且上下船时注意放低重心，看准时机快速完成上下船动作；
(6) 停靠风机基础时，注意船的起伏规律及与风机基础距离，船稳定后快速下船</td></tr>
</table>

续表

作业步骤		危害因素	可能导致的后果	风险评价					控制措施
				L	*E*	*C*	*D*	风险程度	
检修前准备	安全措施确认	拉错开关或误送电导致设备带电或误动	(1) 触电； (2) 机械伤害； (3) 设备故障	1	2	15	30	2	(1) 办理工作票，确认执行安全措施； (2) 使用个人防护用品； (3) 在塔基停机按钮处悬挂“禁止合闸，有人工作”标示牌
	安全交底	(1) 扩大工作范围； (2) 发电机转速大于500r/min，切至维护状态； (3) 走错机位或误碰带电设备	(1) 触电； (2) 设备故障	1	2	15	30	2	(1) 工作前对工作班成员进行工作地点及任务明示； (2) 对工作班成员进行安全技术交底
	个人防护用品准备	(1) 未正确佩戴安全帽、穿好工作服； (2) 使用不合格的安全带	(1) 触电； (2) 其他伤害	1	2	15	30	2	(1) 正确穿戴安全帽及工作服； (2) 使用在安全使用期内的安全带，并正确佩戴
	工器具准备	(1) 使用的工器具无法达到工作要求； (2) 工具不全，或工具破损	(1) 机械伤害； (2) 触电	1	2	7	14	1	做好工具、消耗材料的准备工作
	工作班成员精神状态确认	(1) 无法正常完成指定工作； (2) 作业过程中无法清醒判断带电设备及旋转设备； (3) 作业过程中出现昏厥现象	(1) 触电； (2) 机械伤害； (3) 高处坠落； (4) 设备故障	1	2	7	14	1	合理安排工作班成员，精神状态不佳者禁止工作
检修过程	攀爬风机	(1) 塔筒平台盖板不牢固或未按规定盖好； (2) 工器具未放入工具袋，随手携带； (3) 未系安全带或未正确系好安全带； (4) 未正确佩戴安全帽； (5) 未开展安全带试坠	(1) 高处坠落； (2) 物体打击； (3) 工器具损坏	1	3	15	45	2	(1) 开工前增设围栏并悬挂警示牌； (2) 对不牢固盖板进行加固； (3) 检查免爬器或助爬器外观，系好安全带，使用工具袋等； (4) 正确佩戴安全帽
	装设吊篮	(1) 未系安全带或未正确系好安全带； (2) 吊篮未安装牢靠； (3) 机舱顶部堆放物品过多，甚至掉落	(1) 高处坠落； (2) 物体打击； (3) 设备故障	1	3	15	45	2	(1) 出舱时，佩戴好安全带及双钩； (2) 吊篮锚点应选择牢固位置； (3) 机舱顶部减少物品堆放或不堆放

续表

作业步骤		危害因素	可能导致的后果	风险评价					控制措施
				L	E	C	D	风险程度	
检修过程	塔筒防腐处理	（1）安全锁扣失效； （2）未佩戴安全带； （3）吊篮物品掉落； （4）吊篮破损； （5）喷漆、刷漆过程中未戴口罩	（1）设备故障； （2）触电； （3）机械伤害； （4）中毒	1	3	15	45	2	（1）使用前，查看吊篮检测报告； （2）使用前，检查吊篮外观、安全锁扣等是否正常； （3）在作业期间，应按照规定系好安全带； （4）吊篮内物品摆放规整； （5）喷漆、刷漆过程中正确佩戴防毒面罩等劳保工具
检修过程	拆卸吊篮	（1）吊篮未安装牢靠； （2）机舱顶部堆放物品过多，甚至掉落	（1）高处坠落； （2）物体打击； （3）设备故障	1	3	15	45	2	（1）出舱时，佩戴好安全带及双钩； （2）吊篮锚点应选择牢固位置； （3）机舱顶部减少物品堆放或不堆放
检修过程	操作风机小吊车	（1）人员站立在吊物口盖板； （2）操作手柄漏电； （3）小吊车电动机卡涩； （4）人员在吊物口位置未佩戴安全带； （5）物品放置在吊物口周边； （6）人员操作吊车不熟悉； （7）吊物时，物品绑扎不牢靠或未存放在指定的吊物袋中	（1）触电； （2）高处坠落； （3）物体打击； （4）设备故障	1	3	15	45	2	（1）对操作人员进行风机吊车操作培训； （2）定期对风机吊机进行检查； （3）人员禁止站立在吊物口盖板上； （4）吊物时，确保物品绑扎牢靠或采用指定的吊物袋； （5）物品起吊后，人员应立即远离吊物口 6m 以上； （6）物品禁止放置在吊物口附近； （7）吊物时，应将隔离护栏关上并插入销，系好安全带
恢复检验	结束工作	（1）遗漏工器具； （2）现场遗留检修杂物； （3）不结束工作票； （4）工作班成员未全部撤离	（1）人身伤害； （2）设备故障	1	1	7	7	1	（1）收齐并检查工器具； （2）清扫检修现场； （3）结束工作票

32. 防雷系统故障处理

部门：				分析日期：			记录编号：	
作业地点或分析范围：防雷系统				分析人：				
作业内容描述：防雷系统故障处理								
主要作业风险：(1) 人员思想不稳；(2) 人员精神状态不佳；(3) 着火；(4) 高处落物；(5) 车辆伤害；(6) 环境因素；(7) 触电；(8) 高处坠落								
控制措施：(1) 办理工作票，手动停机并切至维护状态，挂牌；(2) 穿戴个人防护用品；(3) 设备恢复运行状态前进行全面检查								
工作负责人签名：	日期：	工作票签发人签名：		日期：		工作许可人签名：		日期：

作业步骤		危害因素	可能导致的后果	风险评价					控制措施
				L	*E*	*C*	*D*	风险程度	
作业环境	环境	(1) 雷雨天气登塔作业或靠近风机； (2) 大风天气作业； (3) 冬季覆冰掉落； (4) 夏季高温作业； (5) 海况恶劣	人身伤害	1	3	15	45	2	(1) 雷雨天气禁止靠近风机，不得从事检修工作； (2) 突遇雷雨天气时应及时撤离，来不及撤离时，双脚并拢站在安全位置； (3) 风速超过 10m/s 时，禁止机舱外使用吊机； (4) 风速达 18m/s 及以上时，不得登塔作业； (5) 风速超过 12m/s 时，不得打开机舱盖； (6) 风速超过 14m/s 时，应关闭机舱盖； (7) 风速超过 12m/s 时，不得在轮毂内工作； (8) 风速超过 18m/s 时，不得在机舱内工作； (9) 风力发电机组有结冰现象且有覆冰掉落危险时，禁止人员靠近，并在风电场入口设置警戒区域； (10) 夏季高温作业做好防暑措施； (11) 风速超过 8m/s，浪高 1.2m 时，非必要不出海
检修前准备	交通	(1) 车况异常； (2) 驾乘人员未正确系安全带； (3) 道路结冰、湿滑、落石、塌方； (4) 海况异常； (5) 船舶异常	(1) 人身伤害； (2) 车辆事故； (3) 船舶事故； (4) 人员落水； (5) 机械伤害	1	3	15	45	2	(1) 出车前检查车况； (2) 行车过程中，驾乘人员正确系好安全带； (3) 根据道路情况，车辆装好防滑链，并定期对道路进行清理维护； (4) 根据窗口期合理安排出海作业； (5) 出海作业时，正确穿戴救生衣，且上下船时注意放低重心，看准时机快速完成上下船动作； (6) 停靠风机基础时，注意船的起伏规律及与风机基础距离，船稳定后快速下船

续表

<table>
<tr><th colspan="2" rowspan="2">作业步骤</th><th rowspan="2">危害因素</th><th rowspan="2">可能导致的后果</th><th colspan="5">风险评价</th><th rowspan="2">控制措施</th></tr>
<tr><th>L</th><th>E</th><th>C</th><th>D</th><th>风险程度</th></tr>
<tr><td rowspan="5">检修前准备</td><td>安全措施确认</td><td>拉错开关或误送电导致设备带电或误动</td><td>（1）触电；
（2）机械伤害；
（3）设备故障</td><td>1</td><td>2</td><td>15</td><td>30</td><td>2</td><td>（1）办理工作票，确认执行安全措施；
（2）使用个人防护用品；
（3）在塔基停机按钮处悬挂“禁止合闸，有人工作”标示牌</td></tr>
<tr><td>安全交底</td><td>（1）扩大工作范围；
（2）发电机转速大于500r/min，切至维护状态；
（3）走错机位或误碰带电设备</td><td>（1）触电；
（2）设备故障</td><td>1</td><td>2</td><td>15</td><td>30</td><td>2</td><td>（1）工作前对工作班成员进行工作地点及任务明示；
（2）对工作班成员进行安全技术交底</td></tr>
<tr><td>个人防护用品准备</td><td>（1）未正确佩戴安全帽、穿好工作服；
（2）使用不合格的安全带</td><td>（1）触电；
（2）其他伤害</td><td>1</td><td>2</td><td>15</td><td>30</td><td>2</td><td>（1）正确穿戴安全帽及工作服；
（2）使用在安全使用期内的安全带，并正确佩戴</td></tr>
<tr><td>工器具准备</td><td>（1）使用的工器具无法达到工作要求；
（2）工具不全，或工具破损</td><td>（1）机械伤害；
（2）触电</td><td>1</td><td>2</td><td>7</td><td>14</td><td>1</td><td>做好工具、消耗材料的准备工作</td></tr>
<tr><td>工作班成员精神状态确认</td><td>（1）无法正常完成指定工作；
（2）作业过程中无法清醒判断带电设备及旋转设备；
（3）作业过程中出现昏厥现象</td><td>（1）触电；
（2）机械伤害；
（3）高处坠落；
（4）设备故障</td><td>1</td><td>2</td><td>7</td><td>14</td><td>1</td><td>合理安排工作班成员，精神状态不佳者禁止工作</td></tr>
<tr><td rowspan="2">检修过程</td><td>攀爬风机</td><td>（1）塔筒平台盖板不牢固或未按规定盖好；
（2）工器具未摆放在正确位置；
（3）未系安全带或未正确系好安全带</td><td>（1）高处坠落；
（2）物体打击；
（3）工器具损坏</td><td>1</td><td>3</td><td>15</td><td>45</td><td>2</td><td>（1）开工前增设围栏并悬挂警示牌；
（2）对不牢固盖板进行加固；
（3）检查免爬器或助爬器外观，系好安全带，使用工具袋等</td></tr>
<tr><td>防雷系统故障处理</td><td>（1）塔筒平台盖板不牢固或未按规定盖好；
（2）使用工器具时未摆放在正确位置；
（3）未系安全带或未正确系好安全带；
（4）误碰旋转设备；
（5）作业前未断开控制电源</td><td>（1）触电；
（2）高处坠落；
（3）物体打击</td><td>1</td><td>3</td><td>15</td><td>45</td><td>2</td><td>（1）工器具在使用过程中用绳索绑扎，防止掉落；
（2）作业结束后及时清理杂物及工具；
（3）作业前安全交底；
（4）作业过程中正确佩戴好安全带，工具放在工具包内；
（5）作业过程中下部严禁站人，设专人看护；
（6）作业前检查控制电源已断开，并验电</td></tr>
</table>

续表

作业步骤		危害因素	可能导致的后果	风险评价					控制措施
				L	E	C	D	风险程度	
恢复检验	结束工作	（1）遗漏工器具； （2）现场遗留检修杂物； （3）不结束工作票； （4）工作班成员未全部撤离	（1）人身伤害； （2）设备故障	1	1	7	7	1	（1）收齐并检查工器具； （2）清扫检修现场； （3）结束工作票

33. 检查紧急逃生装置

<table>
<tr><td colspan="4">部门：</td><td colspan="5">分析日期：</td><td colspan="2">记录编号：</td></tr>
<tr><td colspan="4">作业地点或分析范围：紧急逃生装置</td><td colspan="7">分析人：</td></tr>
<tr><td colspan="11">作业内容描述：检查紧急逃生装置</td></tr>
<tr><td colspan="11">主要作业风险：(1) 人员思想不稳；(2) 人员精神状态不佳；(3) 着火；(4) 高处落物；(5) 车辆伤害；(6) 环境因素；(7) 触电；(8) 高处坠落</td></tr>
<tr><td colspan="11">控制措施：(1) 办理工作票，手动停机并切至维护状态，挂牌；(2) 穿戴个人防护用品；(3) 设备恢复运行状态前进行全面检查</td></tr>
<tr><td colspan="2">工作负责人签名：</td><td>日期：</td><td>工作票签发人签名：</td><td colspan="3">日期：</td><td colspan="3">工作许可人签名：</td><td>日期：</td></tr>
<tr><td colspan="2" rowspan="2">作业步骤</td><td rowspan="2">危害因素</td><td rowspan="2">可能导致的后果</td><td colspan="5">风险评价</td><td colspan="2" rowspan="2">控制措施</td></tr>
<tr><td>L</td><td>E</td><td>C</td><td>D</td><td>风险程度</td></tr>
<tr><td>作业环境</td><td>环境</td><td>(1) 雷雨天气登塔作业或靠近风机；
(2) 大风天气作业；
(3) 冬季覆冰掉落；
(4) 夏季高温作业；
(5) 海况恶劣</td><td>人身伤害</td><td>1</td><td>3</td><td>15</td><td>45</td><td>2</td><td colspan="2">(1) 雷雨天气禁止靠近风机，不得从事检修工作；
(2) 突遇雷雨天气时应及时撤离，来不及撤离时，双脚并拢站在安全位置；
(3) 风速超过 10m/s 时，禁止机舱外使用吊机；
(4) 风速达 18m/s 及以上时，不得登塔作业；
(5) 风速超过 12m/s 时，不得打开机舱盖；
(6) 风速超过 14m/s 时，应关闭机舱盖；
(7) 风速超过 12m/s 时，不得在轮毂内工作；
(8) 风速超过 18m/s 时，不得在机舱内工作；
(9) 风力发电机组有结冰现象且有覆冰掉落危险时，禁止人员靠近，并在风电场入口设置警戒区域；
(10) 夏季高温作业做好防暑措施；
(11) 风速超过 8m/s，浪高 1.2m 时，非必要不出海</td></tr>
<tr><td>检修前准备</td><td>交通</td><td>(1) 车况异常；
(2) 驾乘人员未正确系安全带；
(3) 道路结冰、湿滑、落石、塌方；
(4) 海况异常；
(5) 船舶异常</td><td>(1) 人身伤害；
(2) 车辆事故；
(3) 船舶事故；
(4) 人员落水；
(5) 机械伤害</td><td>1</td><td>3</td><td>15</td><td>45</td><td>2</td><td colspan="2">(1) 出车前检查车况；
(2) 行车过程中，驾乘人员正确系好安全带；
(3) 根据道路情况，车辆装好防滑链，并定期对道路进行清理维护；
(4) 根据窗口期合理安排出海作业；
(5) 出海作业时，正确穿戴救生衣，且上下船时注意放低重心，看准时机快速完成上下船动作；
(6) 停靠风机基础时，注意船的起伏规律及与风机基础距离，船稳定后快速下船</td></tr>
</table>

续表

作业步骤		危害因素	可能导致的后果	风险评价					控制措施
				L	E	C	D	风险程度	
检修前准备	安全措施确认	拉错开关或误送电导致设备带电或误动	（1）触电； （2）机械伤害； （3）设备故障	1	2	15	30	2	（1）办理工作票，确认执行安全措施； （2）使用个人防护用品； （3）在塔基停机按钮处悬挂“禁止合闸，有人工作”标示牌
	安全交底	（1）扩大工作范围； （2）发电机转速大于500r/min，切至维护状态； （3）走错机位或误碰带电设备	（1）触电； （2）设备故障	1	2	15	30	2	（1）工作前对工作班成员进行工作地点及任务明示； （2）对工作班成员进行安全技术交底
	个人防护用品准备	（1）未正确佩戴安全帽、穿好工作服； （2）使用不合格的安全带	（1）触电； （2）其他伤害	1	2	15	30	2	（1）正确穿戴安全帽及工作服； （2）使用在安全使用期内的安全带，并正确佩戴
	工器具准备	（1）使用的工器具无法达到工作要求； （2）工具不全，或工具破损； （3）工具未定期检测或检测不合格	（1）机械伤害； （2）触电	1	2	7	14	1	（1）做好工具、消耗材料的准备工作； （2）定期检测工器具
	工作班成员精神状态确认	（1）无法正常完成指定工作； （2）作业过程中无法清醒判断带电设备及旋转设备； （3）作业过程中出现昏厥现象	（1）触电； （2）机械伤害； （3）高处坠落； （4）设备故障	1	2	7	14	1	合理安排工作班成员，精神状态不佳者禁止工作
检修过程	攀爬风机	（1）塔筒平台盖板不牢固或未按规定盖好； （2）工器具未摆放在正确位置； （3）未系安全带或未正确系好安全带	（1）高处坠落； （2）物体打击； （3）工器具损坏	1	3	15	45	2	（1）开工前增设围栏并悬挂警示牌； （2）对不牢固盖板进行加固； （3）检查免爬器或助爬器外观，系好安全带，使用工具袋等
	检查紧急逃生装置	（1）误碰其他带电设备； （2）野蛮拆装设备； （3）检查时未系挂钩	（1）设备故障； （2）触电； （3）机械伤害； （4）高处坠落	1	3	15	45	2	（1）与带电设备保持安全距离，并对带电区域悬挂标示牌，装设围栏； （2）工作人员应穿绝缘鞋； （3）严禁野蛮拆装、检修设备，造成螺丝过力滑丝、设备开裂、设备变形等； （4）检查时，系好安全带及挂钩

续表

作业步骤		危害因素	可能导致的后果	风险评价					控制措施
				L	E	C	D	风险程度	
恢复检验	结束工作	（1）遗漏工器具； （2）现场遗留检修杂物； （3）不结束工作票； （4）工作班成员未全部撤离	（1）人身伤害； （2）设备故障	1	1	7	7	1	（1）收齐并检查工器具； （2）清扫检修现场； （3）结束工作票